普通高等教育"十四五"规划教材

中国石油和石化工程教材出版基金资助项目

精细化学品复配原理与技术

（第二版）

唐丽华　贾长英　张晓娟　王凤洁　李　辉　编著

沈国良　审

U0263345

中国石化出版社

内 容 提 要

本书分三篇,系统地介绍了复配型精细化学品生产中的复配原理与复配技术。上篇介绍复配原理,包括物质间的作用,表面活性剂的性能与应用,溶解理论与溶剂的选择,乳化理论与技术,粉碎、混合与干燥的相关知识,胶体溶液基本理论;中篇介绍常用剂型及复配技术,包括固体制剂、气体制剂、液体制剂、半固体制剂(膏剂)的类型、配方组成、制备技术及实例;下篇以复配型精细化学品开发实例为例,介绍了复配型精细化学品的开发过程。最后将复配型精细化学品研究与开发过程中涉及的常用参考数据等资料,归纳整理于附录中。

本书可作为应用化学(精细化工)及相关专业大专院校师生的专业基础性教材,也可供从事复配型精细化学品生产和研究的专业技术人员参考阅读。

图书在版编目(CIP)数据

精细化学品复配原理与技术 / 唐丽华等编著. —2 版.
—北京:中国石化出版社,2022.6
普通高等教育"十四五"规划教材
ISBN 978-7-5114-6652-5

Ⅰ. ①精… Ⅱ. ①唐… Ⅲ. ①精细化工-化工产品-
配制-高等学校-教材 Ⅳ. ①TQ072

中国版本图书馆 CIP 数据核字(2022)第 057656 号

未经本社书面授权,本书任何部分不得被复制、抄袭,或者以任何
形式或任何方式传播。版权所有,侵权必究。

中国石化出版社出版发行
地址:北京市东城区安定门外大街 58 号
邮编:100011 电话:(010)57512500
发行部电话:(010)57512575
http://www.sinopec-press.com
E-mail:press@sinopec.com
北京柏力行彩印有限公司印刷
全国各地新华书店经销
*
787×1092 毫米 16 开本 20.5 印张 514 千字
2022 年 9 月第 2 版 2022 年 9 月第 1 次印刷
定价:58.00 元

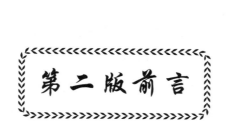

第二版前言

本书第一版于 2008 年 6 月出版发行，被国内多所高等院校选作专业教材，2013 年入选辽宁省首批"十二五"普通高等教育本科省级规划教材，并于 2021 年获沈阳工业大学首批"十四五"规划重点培育教材。

随着精细化工技术的发展，以及新领域、新材料中新型精细化学品的应用，原有教材的部分内容已不适应低碳、绿色的发展要求。为此，作者在中国石化出版社编辑的安排及指导下，对教材第一版的部分有误数据和产品质量标准等内容进行校勘、更正、补充和更新，并纳入近年来精细化学品及复配技术的新成果，与时俱进，以期为精细化工领域应用型创新性技术人才在复配型精细化学品的开发中提供技术支持。

主要修订内容包括：

（1）将全书整体框架划分为上篇复配原理，中篇常用剂型及复配技术，下篇产品开发与配方设计，使全书逻辑层次清晰、全面系统；

（2）在第 2 章中增加了氢键在构筑超分子体与制备新材料中的作用；

（3）在第 5 章中增加了三元相图，使微乳液组成的确定更加清晰；

（4）调整第 6 章与第 7 章顺序；

（5）在第 6 章、第 8 章和第 9 章中分别增加了相应的操作设备图和工艺流程图，突出了技术的应用实践性；

（6）对第 9 章、第 10 章和第 12 章中的产品检验标准进行了更新；

（7）在第 12 章增加了配方设计，为产品创新奠定基础；

（8）在各章结尾给出一定数量思考题，方便读者掌握要点并深入理解相关内容。

加强技术创新，调整和优化精细化工产品结构，开发高性能化、专用化、绿色化产品，已成为当前精细化工发展的重要特征，也是我国精细化工发展的重要方向。因此，本书的再版必将对国内精细化工行业中精细化学品的发展带来积极作用。

再版工作由贾长英老师具体负责，修改方案得到了沈阳工业大学唐丽华和张晓娟教授的指导和认可，王凤洁和李辉老师的复核和校验，杨振声、邹明旭、王艳玲、张丹阳老师的积极参与，营口理工学院陈红教授的勘误，华南理工大学王志明教授的供稿。全书由沈阳工业大学沈国良教授主审。同时也参阅了线上最新文献资源，文献作者列于书后。

限于编者水平有限，书中疏漏之处仍在所难免，恳请专家学者和广大读者批评斧正，在此对各位老师和各文献作者表示诚挚谢意！

获取本书教学课件，请扫描二维码：

第一版前言

精细化学品是一类与人们的生活、生产关系密切的产品，渗透到人们生活、生产的各个角落，如牙膏、洗涤剂、化妆品等日常用品，涂料、油漆等建筑装饰材料，催化剂、印染助剂、塑料助剂、橡胶助剂、水处理剂、油品添加剂等工业生产中使用的各种助剂，医药、农药、染料、颜料等产品。

纵观这些产品可以得出精细化学品的一些突出特点：①与人们的日常生活关系密切，工农业生产中不可缺少；②多数产品为多种组分配合在一起的复方产品，如牙膏、洗涤剂、化妆品、医药、农药、涂料等。因此精细化学品的生产行业——精细化学工业（Fine Chemical Industry，简称精细化工）所采用的生产方法有两类，其一是在化合物分子水平上的合成与分离技术；其二为在合成化合物基础上的复配技术。

随着人们生活水平的提高，需要越来越多的性能优越的具有专用功能的精细化学品。由于单一化合物难以满足产品的多种用途之需要，目前决定产品最终使用功能的技术即为复配技术，解决的方式主要为采用复方和适宜商品形式（剂型），为此精细化学品复配技术已成为制备具有专用功能精细化学品的关键，尽管对于复杂体系而言没有经验方法的运用暂时还不行。

纵观国内已出版的相关书籍可知，有关精细有机合成方面的专著已有很多，关于精细化学品配方方面的书籍也不少，近年也出版了一些关于精细化工剂型加工技术方面的书籍，但缺少较为系统的，集配方、原理与技术于一体的书籍。基于此，本书试图对在将一种或多种活性成分复配生产成适宜商品形式中起作用的不同学科，特别是有关胶体和表面化学与生产工艺的内容进行一些探索，并结合国内外有关化学品配方理论和剂型加工工艺方面的大量资料，对影响复配技术的因素和决定化学品最终使用性能的复配型精细化学品配方原理和配制技术进行较为系统的归纳和总结，以期为复配型精细化学品的研究与开发做点贡献。

本书主要通过三个层次的叙述来实现对上述内容的阐述。

第一部分，从复配型精细化学品的特点——复方制剂，即多种物质组合在一起，以一定的形态来表达或满足使用者需要的角度出发，介绍复配型精细化学品的生产(复配)原理，包括分子间及物质间的相互作用、表面活性剂的性能及复配原理、溶剂的类型及其溶解机理、乳化理论、胶体溶液的基础理论、固态物质的粉碎、混合与干燥的相关理论。

第二部分，以产品的物理形态分章介绍复配型精细化学品的生产(复配)技术，包括固体制剂、气体制剂、液体制剂、半固体制剂(膏剂)等的含义、类型、配方组成及制备技术。

第三部分，以具体实例(作者部分研究成果)介绍复配型精细化学品开发过程，包括文献查阅、配方解析、剂型确定、配方设计及配方优化方法等。

最后，将复配型精细化学品研究与开发过程中涉及的常用参考数据等资料，归纳整理于附录中。

本书由唐丽华教授任主编并提出写作方案和提纲，承担第1、6章和第8章的8.1、8.2编写；第4、7章和第10章的10.1、10.2、10.3由张晓娟教授编写；第3、5章和第10章的10.4由陈红编写；第2、11章和附录由贾长英编写；第9章和第8章的8.3、8.4、第10章的10.5、第12章的12.1、12.2由徐恒启编写；第12章12.3中的开发实例分别由唐丽华、张丹阳、王永杰、陈红、贾长英等提供和撰写。全书由沈国良教授主审。

本书的编著完成得益于国内外大量参考资料。主要参考书籍及文献已列于书末，限于篇幅在此恕不能一一列出。编者对各参考书籍及文献的作者表示诚挚的谢意！

在本书的编写过程中，虽然作者酝酿较长时间，也做了较大努力、投入了较多精力，但还会存在某些不足，甚至错误之处，恳请专家学者和广大读者批评斧正。

中篇　常用剂型及复配技术

下篇　产品开发与配方设计

上 篇

复 配 原 理

第1章 绪 论

1.1 精细化学品定义及类别

1.1.1 精细化学品定义

至今为止，对于精细化学品的定义还没有一个公认的比较严格的提法。关于精细化学品的释义，国际上有三种说法。

传统的含义指的是纯度高、产量小、具有特定功能的化工产品。

欧美各国所接受的释义包括两部分：①精细化学品，是指小量生产的无差别化学品，例如原料医药、原料农药、原料染料等。②专用化学品，是指小量生产的差别化学品，例如医药制剂、农药制剂、商品染料等。其中，无差别化学品是具有固定熔点或沸点，能以分子式或结构式表示其结构的化学品；而不具备上述条件的称为差别化学品。

日本的含义为具有高附加值、技术密集型、设备投资少、多品种、小批量生产的化学品，即将欧美释义的精细化学品和专用化学品统称为精细化学品。

中国原则上采用日本对精细化学品的释义。中国化工界得到多数人认同的精细化学品的定义是：能增进或赋予一种(类)产品以特定功能，或本身具有特定功能的小批量、高纯度和高利润的化学品。

无论怎样对精细化学品释义，从其生产角度来说，精细化学品的含义应包括两个方面，其一是在化合物分子水平上主要采用合成与分离技术所得到的具有特定功能的高纯度化学品，如高纯试剂、催化剂、医药(原药)、农药(原药)、合成材料助剂等；其二是在合成化合物基础上，主要以复配技术为生产手段所制备的具有最终使用功能的化学品，如化妆品、洗涤剂、涂料、胶黏剂、香料等。

1.1.2 精细化学品类别

纵观世界主要工业国家关于精细化学品的范围划分可以看出，虽然有所不同，但差别不大，只是划分范围的宽窄不同。随着科学技术的不断发展，一些新型精细化工行业正在不断出现，行业会越分越细。例如：在日本1984年版《精细化工年鉴》中将精细化工行业分为35个类别，而到1985年则发展为51个类别，包括医药、农药、合成染料、有机颜料、涂料、胶黏剂、香料、化妆品、盥洗卫生用品、表面活性剂、合成洗涤剂、肥皂、印刷用油墨、塑料增塑剂、其他塑料添加剂、橡胶添加剂、成像材料、电子用化学品与电子材料、饲料添加剂与兽药、催化剂、合成沸石、试剂、燃料油添加剂、润滑剂、润滑油添加剂、保健食品、金属表面处理剂、食品添加剂、混凝土外加剂、水处理剂、高分子絮凝剂、工业杀菌防霉剂、芳香除臭剂、造纸用化学品、纤维用化学品、溶剂与中间体、皮革用化学品、油田用化学品、汽车用化学品、炭黑、脂肪酸及其衍生物、稀有气体、稀有金属、精细陶瓷、无机纤维、贮氢合金、非晶态合金、火药与推进剂、酶、功能高分子材料等。据2016年版《精细化学品年鉴》，日本精细化工行业分为4个领域和36个分行业。

1987 年，我国原化学工业部"关于精细化工产品分类的暂行规定和有关事项的通知"中明确规定我国精细化工产品包括 11 大类，即农药、染料、涂料（包括油漆和油墨）及颜料、试剂和高纯物、信息用化学品（包括感光材料、磁性材料等能接受电磁波的化学品）、食品和饲料添加剂、胶黏剂、催化剂和各种助剂、化工系统生产的化学药品（原料药）、日用化学品、功能高分子材料（包括功能膜、偏光材料等）。其中催化剂和各种助剂的内容最为丰富，而每类助剂中还分为多种类型。

值得指出的是，精细化工涵盖范围很广，上述分类并未包含精细化学品的全部内容，除 11 大类之外，还有如生物技术产品、医药制剂、酶、精细陶瓷和电子化学品等也属于精细化学品范畴。

电子化学品是为电子工业配套的精细化学品，是电子工业重要的支撑材料之一。电子化学品的质量不仅直接影响电子产品的质量，而且对微电子制造技术的产业化有重大影响。目前电子化学品已成为世界各国为发展电子工业而优先开发的关键材料之一。

综合上述几种分类情况可以看出，精细化学品的生产除具备一些基本的化工生产技术以外，还有其自身的专用技术：复配增效技术、剂型加工与改造技术。所以如从生产角度对精细化学品进行分类，基本可划分为两大类产品：一类是在化合物分子水平上，主要以合成、分离提纯技术为主要生产技术，同时结合少量复配增效技术得到的有特定功能的合成型精细化学品，如医药、兽药、农药、染料、颜料、功能高分子材料、试剂、高纯物、催化剂、生化酶、无机精细化学品、感光材料、合成材料助剂等；另一类则主要以配方技术（能左右产品最终使用功能）和剂型加工技术（能影响产品使用方式）所构成的复配技术为主要生产手段所得到的有特定功能的复配型化学品，如洗涤剂、涂料、化妆品、香料、胶黏剂等。本书则主要讨论复配型精细化学品的生产（复配）原理与生产（复配）技术。

1.2　精细化学品的特征

由上述的精细化学品释义和类别可以看出，精细化学品在质与量上的基本特性是小批量、多品种、特定功能和专用性质。精细化学品不同于通用化学品，其生产过程是由化学合成、复配增效、剂型加工、商品化四个部分组成的。在每一生产过程中又包含各种化学的、物理的、生理的、技术的以及经济的要求和考虑，这必然导致精细化学品在生产、经济和商业等方面具有不同于通用化学品的特征，而精细化工也必然是高技术密集型的产业。

1.2.1　生产特性

（1）小批量、多品种、多剂型

精细化学品的专用性强，有一定的应用范围，但用量不大，多数品种是以克、毫克、甚至微克计。医药在制成成药后，其剂型有片剂、颗粒剂、丸剂、粉剂、溶液或针剂等，每个患者的服用量都以毫克计；香精在加香制品中的用量一般也只有每千克产品几毫克；染料在纺织品上的用量也不过是织物重量的 3%~5%；造纸化学品和皮革化学品的用量一般为 1%~4% 等。同时产品更新换代快、市场寿命短，因此其生产批量较小。对某一个具体品种而言，年产量少则几百公斤到几吨，多的可达上千吨。小批量的概念是相对于通用化学品而论的，也有一些例外，如十二烷基苯磺酸，它是各种洗涤剂中的主要成分，所以用量非常大。

精细化学品多品种的特点是与其批量小及具有特定功能的特征相联系的，是与满足应用对象对产品性能的多种需要而对应的。例如：对于染料来说，不仅要求色谱齐全，能上染多种纤维，而且还要求能应用于塑料、木材、金属等各种材料的着色，以及满足正在开发的其他许多功能性用途之需要。同时不同的颜色，每种染料又有不同的性能以适应不同的工艺。因此，染料品种的数量必然庞大，而且新的品种不断出现。又如食品添加剂，可分为食用色素、食用香精、甜味剂、营养强化剂、防腐抗氧保鲜剂、乳化增稠品质改良剂、发酵制品等七大类，约一千余个品种。

精细化学品不同于通用化学品的一个突出特点是，前者更强调最终使用功能和多种用途或功能，且与应用对象关系密切。为了满足各种专门用途的需要，不仅需要多组分复配，而且要求制成多种剂型。经过多组分复配和剂型加工所生产的商品数目，远远超过由合成而得到的单一产品数目。例如，家用洗涤剂有块状（如肥皂）、粉状（如洗衣粉）以及液体洗涤剂等。

随着精细化学品应用领域的不断扩大和商品的创新，除了通用型精细化学品外，专用品种会愈来愈多，因此不断地开发新品种、新剂型及提高开发新品种的能力是当前国际上精细化工发展的总趋势，这些都说明多品种、多剂型不仅是精细化工生产的一个特征，也是精细化工综合水平的体现。

（2）采用间歇式多流程和多功能生产装置

精细化学品的多品种、小批量，在生产上表现为经常更换和更新品种，决定了精细化学品的生产应以间歇式为主。虽然精细化学品品种繁多，但从精细有机合成这一步来说，其合成单元反应不外乎十几个，尤其是一些同系列产品，其合成所经之单元反应及所采用的生产过程和设备，有很多相似之处。从复配和剂型加工过程来说，也不外乎计量、混合（包括溶解、分散、悬浮等）、热交换、成型、分装等单元操作，很多单元操作设备是可以通用的，同类剂型的精细化学品更是如此。因此以单元反应和单元操作为基础，若干个单元反应器或若干个单元操作设备组合起来生产不同的产品，从而建立一套多功能的生产装置和多品种的综合生产流程，一套流程装置可以经常改变产品的品种和牌号，具有相当大的适应性。除制药、香料等需要精密的和多组合的设备外，大多数精细化学品的生产设备采用搪瓷玻璃或不锈钢材质。

（3）高技术密集度

精细化工是综合性较强的技术密集型工业。首先，精细化学品的生产工艺流程长、涉及的单元反应多、原料复杂、中间过程控制要求严格等，其中包括多步合成、分离技术、分析测试、性能筛选、复配技术、剂型加工、商品化、应用开发及技术服务等。其次，技术密集还体现在产品的更新换代快、技术专利性强和市场竞争激烈等。技术密集也表现为情报密集、信息快。因为精细化学品是根据具体应用对象而设计的，而应用对象的要求会经常发生变化，一旦有新的要求提出，就必须按照新要求来重新设计产品结构，或对原有的化学结构进行改进，或者调整配方和剂型，以便生产出满足应用对象要求的新产品。随着世界各国环保意识的日益增加，新产品开发的投资和速度必将会受到严重的影响。同时，大量的基础研究所产生的新化学品也需要寻求新的用途。为此，某些大型化学公司已经采用计算机信息处理技术对国际化学界研制的各种新化合物进行贮存、分类及功能检索，以达到快速设计和筛选的目的。

1.2.2 经济特性

（1）投资率高

投资率是指附加价值与固定资产的比率。在总体上，精细化学品一般产量都较小，装置规模也较小，多数采用间歇生产方式，与连续化生产的大装置相比，具有投资少、见效快的特点，这表明精细化工投资率高。精细化学品的生产设备投资仅为石油化工生产设备投资平均指数的 0.3~0.5、化肥工业的 0.2~0.3，而且返本期短，一般投产五年即可收回全部设备投资，有些产品还可以更短些。

（2）附加价值高

附加价值是指在产品产值中扣去原材料、税金、设备和厂房的折旧费后，剩余部分的价值，即从原材料开始加工至产品的过程中实际增加的价值，包括利润、工人劳动、动力消耗以及技术开发等费用。附加价值高可以反映出产品加工过程中所需劳动、技术利用情况以及利润是否高等。在化学工业中，精细化学品的附加价值率（附加价值率是附加价值与产值的比率）最高。初级化工产品随着加工深度的不断延伸，精细化程度越高，附加价值不断提高。

（3）利润率高

因为精细化学品技术开发的成功率低、时间长、费用高，其结果必然导致技术垄断性强，销售利润率高。

1.2.3 商业特性

（1）独家经营，技术保密

由于精细化工是一技术密集型工业，因此在精细化学品产品的生产中必然是技术保密性强、专利垄断性强。特别是专用化学品多数是复配型的，其配方和剂型加工技术带有很高的保密性，如可口可乐饮料，其分装销售网遍布世界各地，但配方仅为总部极少数人掌握，严格控制，排斥他人，从而保证其独家经营，独占市场，并不断扩大生产，获得更多的利润。精细化工公司通过自己拥有的新产品技术开发部得到的技术进行生产，并以此为手段在国内及国际市场上进行激烈竞争，因而技术保密、专利保护是十分重要的环节。

（2）商品性强，市场性强

由上述精细化学品的释义和类别可知，精细化学品不仅品种繁多，而且是专用化学品、终端化学品，更强调的是产品的最终使用功能，直接与应用对象接触，用户不仅对商品的选择性很高，还经常会对商品提出许多新的更适用的要求。精细化学品的市场寿命不仅取决于它的质量和性能，而且还取决于它对市场需求变化的适应性，取决于产品的应用技术和技术服务。因此，在进行新产品、新技术开发之前做好市场调研和预测，了解消费者的心理需求，了解科学技术发展所提出的新课题，熟悉国内外同行的新动向，做到知己知彼，与此同时，还需要花大力量去研究产品的应用技术和技术服务，方能在同行强手面前赢得市场竞争的胜利。其中，后者的重要性绝不亚于产品的开发。

1.3 精细化工定义及在国民经济中的作用

"精细化工"是精细化学工业（Fine Chemical Industry）的简称，是生产精细化学品工业的通称。精细化学品成为工农业生产和日常生活的物质资料的重要组成部分，有的参与生产过程，有的参与应用过程。精细化工行业是国民经济中不可缺少的组成部分，其生产和发展总是与人们的生活、生产活动紧密相连的。随着科学技术的进步，人们生活水平的提高，一些新兴精细化工行业正不断出现、发展，并向更深的领域渗透，而一些原有的精细化工行业也继续充实新内容。精细化工已成为当代高科技领域中不可缺少的重要组成部分，所谓高科技领域是指当代科学、技术和工程的前沿。发达国家正在对化学工业进行战略改造，将重点转移到精细化工行业上。

20世纪80年代以来，世界各国都在大力发展精细化工。在工业发达国家中，精细化学品的发展在化学工业中的增长趋势日益明显。其中，日本最为显著；德国原来就有良好的化学工业基础，近年来加速了精细化学品的开发和生产；美国的石油资源比较丰富，并有强大的科技实力，因而发展精细化工的能力巨大。

精细化工在工农业生产和日常生活中所发挥的作用是广泛的、明显的、不可缺少的，因为其生产的精细化学品有如下一些作用：

首先，直接用作最终产品或它们的主要成分。如医药、染料、香料等。

其次，增进或赋予各种材料以特性。通常环境下的结构材料，如桥梁、船舶、汽车、飞机、发电机、水坝、建筑材料需要精细化学品；对特殊条件下使用的结构材料，如海洋构筑物、原子反应堆、高温气体、宇宙火箭、特殊化工装置等，也离不开精细化学品的辅助作用。增进和赋予一种(类)产品以特定功能的性能涉及很多方面，如机械加工方面的硬度、耐磨性、尺寸稳定性等；电、磁制品方面的绝缘性、超导性、半导性、光导性、光电变换性、离子导电性、电子放射性、强磁和弱磁性等；光学器具方面的集光性、荧光性、透光性、偏光性、导光性等；化学上的催化性、选择性、表面活性、耐蚀性、物质沉降性等等。这许许多多方面都需要借助于一定的精细化学品来完成和实现。

再次，增进和保障农、林、牧、渔业的丰产丰收。如选种、浸种、育秧、病虫害防治、土壤化学、水质改良、果品早熟和保鲜等都需要借助特定的精细化学品的作用来完成。

此外，保障和增进人类健康、提供优生优育、保护环境清洁卫生，以及为人们生活提供丰富多彩的衣食住行用等方面的享受产品等，都需要添加精细化学品来发挥其特定功能。

不仅如此，精细化工所具有的投资效率高、附加价值高、利润率高的特点，已经影响到一些国家的技术经济政策。不断提高化学工业内部结构中的精细化工产品的比重，即精细化率(即精细化工总产值与化工总产值的比率)已成为世界各国共同的趋势。精细化工被视为"生财"和"聚财"之道，精细化率已成为衡量一个国家化学工业现代化程度的标准。因此我们必须有紧迫感和危机感，加速发展精细化工，使我国在世界新科技发展中占有重要地位。

1.4 研究精细化学品复配技术的重要性

综上所述，精细化学品已成为工农业生产和日常生活中物质资料的重要组成部分，精细化学品的生产主要有两种技术，即先进的合成与分离技术和复配技术。在发达国家，合成产品数量与商品数量之比为1:20，我国目前仅为1:1.5，不仅品种数量少，而且质量差，关键的原因之一是复配增效技术落后。因此大力开展精细化学品复配技术的研究是我国精细化工发展必须给予足够重视的一个环节。那么，何谓复配技术？复配技术能解决什么问题？研究精细化学品复配技术的重要性有哪些？

1.4.1 复配技术的定义与作用

迄今为止，对于精细化学品复配技术的定义还没有一个比较严格的提法。根据众多专家学者及资料的观点，精细化学品复配技术的释义可归纳如下：为了满足应用对象的特殊要求或多种需求，为了适应各种专门用途的需要，针对单一化合物难以解决这些要求和需要而提出的，研究精细化学品配方理论和制剂成型理论与技术的一门综合性应用技术，一般人们称之为"1+1>2"的技术。这样一门技术能解决哪些问题呢？

首先，复配技术可以解决采用单一化合物难以满足应用对象的特殊需要或多种要求的问题。由于应用对象的特殊性，很多情况下采用单一化合物难以满足应用对象的特殊需要或多种要求。例如，人们日常生活中使用的洗涤剂，由于使用者的特殊性（如手工洗涤、机器洗涤）、洗涤对象的多样性（如洗涤衣物、洗涤餐具，衣物中还包括丝绸面料、化纤面料、棉麻织物等）以及污垢的种类不同、洗涤介质不同等情况，很难选用一种洗涤去污成分来满足这些特殊情况的应用。因此，洗涤剂中除了洗涤去污成分表面活性物之外，用于水体系的还需加入磷酸盐类螯合剂，以螯合碱土金属离子、软化硬水、提高表面活性物的可用性，同时它本身也具有洗涤去污作用；若加入碳酸钠，可与污垢中的酸性物质反应成皂，提高去污力，使溶液 pH 值不会下降。洗涤衣物的洗涤剂中加入抗再沉积剂，可以通过分散、悬浮、胶溶、乳化等方式防止脱除的污垢重新返回到织物上；除此之外，还可加入胶溶悬浮剂、漂白剂、酶、荧光增白剂、香精等，以提高衣物洗涤剂的综合洗涤性能和商品性。而用于洗涤餐具的洗涤剂，除选用特殊的洗涤去污成分表面活性物（安全、卫生、无毒、无刺激性等）之外，还应加入护肤（手洗用品）成分、保护瓷器釉面成分等。再如，在化纤油剂中，要求合成纤维纺丝油剂应具有平滑、抗静电、有集束或抱合作用、热稳定性好、挥发性低、对金属无腐蚀、可洗性好等特性，而且合成纤维的形式及品种不同（如长丝或短丝），或加工的方式不同（如高速纺或低速纺），所用的油剂也不同。为了满足上述各种要求，化纤油剂一般都是多组分的复配型产品，其成分以润滑油及表面活性剂为主，配以抗静电剂等助剂，有时配方中会涉及十多种组分。又如金属清洗剂，组分中要求有溶剂、除锈剂、缓蚀剂等。有时为了使用方便及安全，也可将单一产品加工成复合组分商品，如液体染料就是为了使印染工业避免粉尘污染环境和便于自动化计量而提出的，它们的组分要用到分散剂、防沉淀剂、防冻剂、防腐剂等。

其次，通过复配技术可使产品增效、改性和扩大应用范围。例如，许多农药本身不溶于水，可溶于有机溶剂，若加入适宜乳化剂则可制成稳定乳状液，如乳化剂调配适当可使该乳液在植物叶面上接触角等于零，乳液在叶面上容易完全润湿，杀虫效果好。聚氯乙烯及其共聚物用途十分广泛，从下水道、地板、一直到坐垫材料，但聚氯乙烯对热及光都不稳定，会分解放出氯化氢，当加入环氧大豆油后就可吸收游离基引发剂及分解出的氯化氢，这样就可使复配后的聚氯乙烯提高其应用性能。通常两种或两种以上主产品或主产品与助剂复配，应用时效果远优于单一主产品的性能。如表面活性剂与颗粒相互作用，改变了粒子表面电荷性能或空间隔离性，从而使物质颗粒的分散体系或乳液体系稳定。

第三，通过复配技术改变商品的性能和形式后，可赋予精细化学品更强的市场竞争力。例如，洗涤剂可以制成颗粒剂和液体制剂，它们各有特点和适用范围。颗粒剂（如洗衣粉）是传统的洗涤剂，它运输、贮存、使用方便，价格低廉，是发展中国家洗涤剂的主要品种。液体洗涤剂与颗粒洗涤剂相比，在生产过程中节约能源、节省资源、避免粉尘和其他污染，同时配方易于调整，能很方便地得到不同品种的洗涤剂制品，而且生产过程简单，通常具有良好的水溶性，适用于冷水洗涤，使用方便，节省能源，溶解迅速，且产品外观及包装美观，对消费者有吸引力。液体洗涤剂是洗涤剂产品剂型发展的一种主要趋势。

第四，通过复配技术可以增加和扩大商品数目，提高经济效益。例如，润舒滴眼液是在原氯霉素滴眼液配方的基础上加入了玻璃酸钠、甘油等组分后，产品的疗效与应用性能得到很大改进，使每天滴眼用药次数大大减少，可能导致的口腔味苦现象被有效地控制，尽管润舒滴眼液的售价约为原氯霉素滴眼液的 10 倍，但是受患者欢迎，所以生产商等获取了很高的经济效益。再如，香精可以制成真溶液型、乳状液型和微胶囊型。其中，香精绝大部分制成真溶液型；乳状液型的乳化香精可以通过乳化抑制香料挥发，大量用水可以降低香精成本，若用于果味饮料，可以增加浑浊度，提高加香产品的商品外观；微胶囊香精热稳定性高，保香期长，贮运方便，具有逐步释放香气的功能，因此常用于家庭日用品、纺织品、文化用品、化妆品等需要长期保持香气的制品中使用，但制造技术要求高，制造成本也较高。其他如化妆品，常用的脂肪醇只有很少几种，而由其复配衍生出来的商品，则是五花八门，难以作出确切的统计。农药、表面活性剂等门类的产品，情况也是如此。

1.4.2　精细化学品复配技术的研究内容与重要性

由上述复配技术的含义和作用可知，复配型精细化学品的复配原理与技术的研究已成为产品走向市场成功的决定性因素。加强这方面的应用基础研究及应用技术研究是当务之急，需要大力加强该方面的研究。

为了满足各种专门用途的需要，许多用化学合成得到的产品，常常必须加入多种其他原料进行复配和剂型加工。由于应用对象的特殊性，很难采用单一的化合物来满足要求，于是配方的研究便成为决定性的因素。复配技术之所以被称为 1+1>2 的技术，主要原因是因为采用两种或两种以上主产品或主产品与助剂复配，应用时效果远优于单一主产品的性能。为了满足专用化学品的特殊功能，并且便于使用以及考虑贮存的稳定性等，根据产品的性质，常常要将专用化学品制成适当的剂型。所谓剂型是指将专用化学品加工制成的物理形态或分散形式，如溶液、胶体溶液、乳状液、混悬液、半固体（膏体）、粉剂、颗粒、气（喷）雾剂、微胶囊、脂质体等。而剂型加工亦是复配技术的重要研究内容。在精细化工剂型加工中，有些专用化学品只能制成特定剂型，如牙膏、护肤化妆品、润滑脂等一般宜制成半固体（膏体）；饮料一般宜制成溶液类制剂。对于这类制品，除配方研究外，剂型加工技术的研究课题是运用物理的、化学的、生物的等技术，制成符合剂型要求的、稳定的、商品外观好的制剂。有些专用化学品则可制成多种剂型，此时，除了需要研究制剂技术外，还要研究如何选用剂型、确定剂型，因为不同的剂型其适用对象、应用特点、制备成本是不同的。例如，洗涤剂可以制成颗粒剂、块状制剂及液体制剂，这些剂型的特点是不同的。其中，颗粒剂（如洗衣粉）、块状制剂（如肥皂、香皂）是传统的洗涤剂，它们运输、贮存和使用方便，且价格低廉，是发展中国家洗涤剂的主要品种。液体洗涤剂由于其存在很多优点（见上述 1.4.1）而成为洗涤剂由固态向液态发展是一种趋势。农药常常采用缓释技术制造成适当剂型。如果剂型选择得当，可以使产品的性能大为改观，根据专用化学品的应用领域，采取各种技术和措施，制成适当剂型。因此，剂型加工、剂型改造亦成为研究专用化学品的热点之一。

综上所述，精细化学品复配技术的研究内容包括两大部分：其一是精细化学品的配方研究，包括(旧)配方的解析技术研究，新配方确定的方法和途径研究。在确定新配方的同时，应将剂型加工的问题统筹考虑。其二为复配型精细化学品的制剂成型技术研究，包括剂型确定依据和宗旨、各类剂型加工技术的研究等。

配方研究是精细化工产品应用技术开发的中心工作。配方本身确有一定的科学性，但很大程度上也依赖于经验的积累。一个优秀的配方研究人员，不仅要有科学理论知识作指导，同时还必须具有各种化学品的性能方面的丰富知识；此外，还要有一定的经验以及直觉。后者是指类似于艺术的感觉。例如，化妆品中香水的复配几乎就是一种艺术。配方研究人员的任务是根据一项具体的应用要求，以企业生产的某一种化工产品为开发对象，通过大量筛选式的复配试验，确定需要加入的助剂或添加剂的种类及数量、最佳应用工艺等。这时，除考虑确定最佳的应用配方以及应用工艺外，如何降低成本、如何推广应用技术也是十分重要的。

剂型是精细化工产品的应用形式，对功能的发挥极为重要，显效速度差异很大。有些剂型特别是固体剂型，其中活性成分的性质和制备工艺不同会对功能产生影响。如活性成分的晶型、粒子大小不同，均可直接影响活性成分功能的发挥。又如农药制剂中的喷雾剂型要比固体制剂(如粉剂、颗粒剂等)杀灭害虫的速度快。通常改变剂型可以降低或消除敏感成分的氧化分解，减少不良气味的影响，这在食品添加剂中尤为明显，如维生素 A、D，若制成普通溶液类或固体剂型，则易氧化变质，且有人们难以接受的气味，若制成微胶囊即可克服这一缺点。

综上可知，精细化学品复配技术是一门科学学科，其具有显著的以物理、物理化学、胶体和界面化学、分析和相当重要的生产工艺学(制剂成型技术)为中心的交叉学科特性。现代商品形式和应用形式依赖于很多生产工艺学方法和先进的近代分析法。因此，复配型精细化学品的生产原理与生产技术已经发展成为以科学为载体的复配技术，尽管对于复杂体系而言没有经验方法的运用暂时还不行，但正在逐渐用科学判据来代替经验方法，这便是本书所要阐述的主要内容。

思 考 题

1. 下列精细化工产品中，哪些是合成型精细化学品？哪些是复配型精细化学品？
涂料(油漆等)；洗面奶等化妆品；鞋油；无水乙醇；化学试剂(氯仿等)；香水；洗衣粉；果蔬洗涤液；工业清洗剂；表面活性剂(如十二醇硫酸钠、十二烷基苯磺酸钠、Span-80)；牙膏；胶黏剂；医药原药(例阿司匹林原药：乙酰水杨酸)；衣领净；农药原药(熏蒸性杀虫剂二溴磷的原药：1,2-二溴-2,2-二氯乙基二甲基磷酸酯)。
2. 从生产角度考虑，精细化学品分成几类？
3. 何谓复配技术？复配技术能解决哪些问题？
4. 复配技术主要研究内容包括哪些？
5. 何谓剂型？何谓剂型加工？
6. 精细化学品生产的专用技术有哪些？

第2章 物质间的作用

2.1 概　　述

从产品剂型看，复配型精细化学品主要有固体剂型、液体剂型和烟剂三种。固体剂型主要类型有：粉剂、微粉剂、颗粒剂、微粒剂等；液体剂型又有水剂、乳剂、超低容量油剂（农药）、微乳剂、悬浮剂之分。从复配型产品所用的原料看，包括无机物（如洗涤剂中的硅酸盐、无机碱，水质稳定剂中的钼酸盐、葡萄糖酸钠、锌盐等）、有机物（如水质稳定剂中的有机多元膦酸、苯并三氮唑，化妆品中的表面活性剂，鞋油中的蜡质原料等）、生物活性物质（如洗涤剂中的蛋白酶、淀粉酶等）。从所用原料的相对分子质量大小看，包括高分子原料（如胶黏剂、涂料、印刷油墨中的各种聚合物）、低分子原料（如丙酮、甲醇、乙酸乙酯等）。从所用物质的物态看，有气态、液态和固态等。

复配型精细化学品的生产过程中会涉及各种物质间的溶解、分散、悬浮、混合等作用过程，不同物质间的这些作用过程因物质本身的性质、物质存在状态、界面性质等不同而呈现不同的过程。相对分子质量较小的组分间的溶解、分散等过程比较简单，相对分子质量较大的组分之间的混合、溶解等过程非常复杂。在复配过程中必须考虑各类组分间的溶解、结晶、电离、化学反应、胶体的形成、固体表面的润湿、吸附等多种物理、化学现象。例如，在涂料、油墨、胶黏剂、金属清洗剂、农药气雾剂、农药粉剂、乳液类和膏霜类化妆品等的生产或制备过程中，都涉及物质之间的溶解、分散等过程。这些过程和现象都与物质的分子间作用力类型和大小有关，而分子间作用力又决定着物质的存在状态和界面性质。

2.2　物质的相与界面

2.2.1　物质的相与界面的含义、类型和特点

物质的聚集状态称为相，密切接触的两相之间的过渡区称为界面。常见的物质聚集状态有气相、液相和固相；常见的相界面有气-液界面、气-固界面、液-液界面、液-固界面和固-固界面五种类型。通常将其中一个接触相为气相时产生的界面称为表面，如气体-液体接触面、气体-固体接触面，表面只是界面的一种。

界面不是一个没有厚度的纯粹几何面，而是有一定厚度的两相之间的过渡区，可以是单分子层，也可以是多分子层，一般假设有几个分子厚度。这一层的结构和性质与它两侧紧邻的本体相大不一样。对于任何一个相界面，分布在相界面上的分子与相内部的分子的受力情况、能量状态和所处的环境均不相同。当体系的表面积不大，表面层上的分子数目相对相内部而言微不足道时，可以忽略表面性质对体系的影响；当物质形成高度分散体系时，如乳状液、发泡液、悬浮液等，所研究的体系有巨大的表面积，表面层分子在整个体系中所占的比例较大，表面性质就显得十分突出。比如将大块固体碾成粉末或做成多孔性物质时，其吸附量便显著增加。粒子分割（或分散）得愈细，表面积愈大，表现出的表面效应愈强。

2.2.2 相内与界面上的分子或物质的物理性质

物质表面层的分子与内部分子周围的环境不同，任何一个相，其表面分子与内部分子的受力情况不同，液体内部任何一个分子受四周邻近相同分子的作用力是对称的，各个方向的力彼此抵消，合力为零，分子在液体内部移动不需要做功。但液体表面层的分子，它的下方受到邻近液体分子的引力，上方受到气体分子的引力。由于气体分子间的力小于液体分子间的力，所以表面分子所受的作用力是不对称的，合力指向液体内部。在气液界面上的分子受到指向液体内部的拉力，液体表面都有自动缩成最小的趋势。

物质由分子或原子所组成，物质界面上的分子与内部分子的热力学状态不一样，表面层上的分子受到剩余力场的作用，若将一个分子从相的内部迁移到界面，就必须克服体系内部分子间的引力而对体系做功。处在体系界面或表面层上的分子，其能量应比相内部分子的能量高。所有一切界面现象，如吸附、润湿、分散、乳化、洗涤等都是由于界面分子与体系内部分子的能量不同而引起的。当增加体系的界面或表面积时，相当于把更多的分子从内部迁移到表面层上来，体系的能量同时增加，外界因此而消耗了功。在温度、压力和组成恒定，可逆地增加单位表面积时，环境对体系所做的功，叫作表面功，该表面功变成了单位表面层分子的吉布斯自由能。

界面或表面上总是存在着一种力图使界面或表面收缩的力，称为表面张力。只要有表面存在，上面就有表面张力。表面张力垂直于边界线指向表面的中心，并与表面相切；如果表面是弯曲的，例如水珠的表面，则表面张力的方向与液面的切线相垂直。

表面张力是普遍存在的，不仅在液体表面有，固体表面也有，而且在液-固界面、液-液界面以及固-固界面处也存在相应的界面张力。表面张力是表面化学中最重要的物理量，是产生一切表面现象的根源。

表面张力是温度、压力和组成的函数。对于组成不变的体系，例如纯水、指定溶液等，其表面张力取决于温度和压力的大小。

从分子间的相互作用来看，表面张力是由于表面分子所处的不对称力场造成的。表面上的分子所受的力主要是指向液体内部分子的吸引力，当增加液体表面积(即将分子由液体内部移至表面上)时所做的表面功，就是为了克服这种吸引力而做的功。由此看来，表面张力也是分子间吸引力的一种量度。分子运动论说明，温度升高，分子的动能增加，一部分分子间的吸引力就会被克服。其结果是气相中的分子密度增加或液相中分子间距增大，最终使表面分子所受力的不对称性减弱，因而使表面张力下降。这就是表面张力随着温度升高而降低的原因。压力对表面张力的影响很小，一般情况下可以忽略不计。

根据能量最低的原则，在一定的条件下，体系总是自发地使表面能达到最低。纯液体自发地使表面积降到最小，于是液滴总是保持球形。纯液体中只有一种分子，在一定温度和压力下，其表面张力 γ 是一定的。对于溶液，在一定的温度和压力下，其表面张力 γ 随着溶质类型和溶质浓度的不同而改变。无机盐类的水溶液，其表面张力 γ 随着溶质浓度的增大而升高；大部分极性有机物的水溶液，其表面张力 γ 随着溶质浓度的增大而降低，通常开始降低得快一些，后来降低得慢一些；含碳原子 8 个以上的有机酸盐、有机胺盐、磺酸盐、苯磺酸盐等的水溶液，其表面张力 γ 随着溶质浓度的增大而急剧下降，但到一定浓度后却几乎不再变化，这类能够显著降低水的表面张力的物质叫作表面活性剂，表面活性剂在复配技术中有广泛的应用。

12

设有一杯质量摩尔浓度为 c_B 的溶液，上方是空气或它的蒸气，该溶液的气-液界面即表面(厚度一般不超过 10 个分子直径)就具有特殊的性质，它既不同于上方的气相，也不同于下方的溶液本体相，把表面层作为一个特殊的相来处理，称为表面相，用符号 σ 表示。表面相中的每一个分子都处于不均匀力场中，结果都受到一个指向溶液本体(也称为体相)的合力的作用。如果表面相中的溶质分子受到的不平衡力比溶剂分子小一些，那么表面相中溶质分子所占的比例大于溶剂分子所占的比例，就会使表面能和表面张力减小。为此有更多的溶质分子倾向于由溶液本体转移到表面上，以降低表面能，结果使得表面相的浓度高于本体浓度，即 $c_\sigma > c_B$。这就像溶液表面有一种特殊的吸引作用将溶质分子从内部吸引到表面上来。将这种表面浓度与本体浓度不同的现象叫作表面吸附。如果表面相中的溶质分子受到的不平衡力比溶剂分子大，则溶质分子倾向于进入溶液，使表面相浓度减小。把吸附结果使表面相浓度增大的吸附称为正吸附，吸附结果使表面相浓度减小的吸附称为负吸附。表面吸附是溶液体系为了降低表面张力从而降低表面能而发生的一种表面现象，在一定温度和压力下，对于一个指定的溶液，其浓度差 $c_\sigma - c_B$ 是一定值。表面吸附的性质和程度用表面吸附量 Γ(也常叫作表面超量或表面浓度)表示，Γ 值大于零，发生正吸附；Γ 值小于零，发生负吸附；Γ 值离零越远，表明吸附程度越大。

固体表面与液体表面一样，具有不均匀力场。由于固体表面的不均匀程度远远大于液体表面，一般具有更高的表面能。因此，当固体特别是高能表面固体与周围的介质接触时，将自发地降低其表面自由能，并伴随着界面现象发生。当液体与固体接触时，随着液体和固体表面性质及液-固界面性质的不同，液体对固体的润湿情况不同。任何润湿过程都是固体与液体相互接触的过程，即原来的固体表面和液体表面消失，取而代之的是固-液界面，结果使体系的吉布斯自由能降低。表面吉布斯自由能降低得越多，则润湿程度越大。能被液体所润湿的固体，称为亲液性的固体；不能被液体所润湿的固体，则称为憎液性的固体。固体表面的润湿性能与其结构有关。常见的液体是水，所以极性固体皆为亲水性，而非极性固体大多为憎水性。常见的亲水性固体有石英、硫酸盐等，憎水性固体有石蜡、某些植物的叶等。

固体表面和液体表面有一个重要的共同点，即表面上的力场是不饱和的，表面分子都处于非均匀力场之中，有表面张力存在。固体的表面现象与液体的不同，液体能够自动地缩小表面积以降低表面吉布斯自由能，同时溶液表面还能对溶液中的溶质产生表面吸附，以进一步降低表面吉布斯自由能。固体表面上的分子几乎是不能移动的，固体表面上原子和分子的位置就是在表面形成时它们所处的位置。无论经过多么精心磨光的固体表面，实际上都是凹凸不平的。正是由于固体表面的不均匀性，表面上可能没有两个原子或分子所处的情况是完全一样的。尽管固体表面和液体表面不同，但它们产生吸附作用的实质都是趋向于使表面吉布斯自由能降到最低。为了降低表面张力，固体表面虽然不能像溶液表面那样从体相内部吸附溶质，但却能够从表面外部空间中吸附气体分子。当无规则热运动的气体分子碰撞到固体表面时，就有可能被吸附到固体表面上。固体表面吸附气体分子以后，表面上的不均匀力场就会减弱，从而使表面张力降低。当气体在固体表面上被吸附时，固体叫吸附剂，被吸附的气体叫吸附质。按吸附质(吸附分子)与吸附剂(固体表面)的作用力的性质不同，可把吸附分为物理吸附和化学吸附。物理吸附过程中没有电子转移、化学键的改变或原子的重排等，产生吸附的力是范德华引力，这类吸附与气体在表面上的凝聚很相似，越是易于液化的气体越易被吸附；化学吸附过程一般需要一定的活化能，其吸附力是化学键力。由吸附等温线的类型可以了解有关吸附剂的表面性质、孔的分布性质、吸附质与吸附剂相互作用等有关信息。

2.3 分子间作用力

2.3.1 分子间作用力含义及来源

分子间作用力简称分子间力(intermolecular forces),因早在 1873 年荷兰物理学家范德华(Van der Waals)注意到这种力的存在并进行了卓有成效的研究,所以人们称分子间力为范德华力(Van der Waals forces),它是指分子与分子之间存在的某种相互吸引的作用力,如气体在一定条件下凝聚成液体,甚至凝结成固体,就是由于分子间力存在的缘故。

分子间力相当弱,通常共价键键能约为 150~500kJ/mol,然而分子间这种微弱的作用力对物质的熔点、沸点、表面张力、稳定性等都有相当大的影响。1930 年伦敦(London)应用量子力学原理阐明了分子间力的本质是一种电性引力,欲理解这种力的由来,需首先了解偶极矩和极化率。

(1) 分子的极性和偶极矩

偶极矩的概念是德拜(Debye)在 1912 年提出来的,用来衡量分子极性大小,偶极矩愈大,分子的极性愈强。偶极矩 P 是一个矢量,其方向规定为从正到负,其定义为分子中电荷中心(正电荷中心 δ^+ 或负电荷中心 δ^-)上的电荷量 δ 与正负电荷中心间距离 d 的乘积:$P = \delta \cdot d$。

分子几何构型对称(如平面三角形、正四面体)的多原子分子,其偶极矩为零,是非极性分子(如 CH_4、CCl_4);分子几何构型不对称(如 V 形:H_2O、H_2S、SO_2;四面体形,三角锥形)的多原子分子,其偶极矩不等于零,是极性分子。

(2) 分子的变形性和极化率

在外电场(E)的作用下,分子内部的电荷分布将发生相应的变化。如果非极性分子放在电容器的两个平板之间,分子中带正电荷的核将被引向负极,而带负电荷的电子云将被引向正极,其结果是核和电子云产生相对位移,分子发生相对变形,称为分子的变形性(deformability)。这样,非极性分子原来重合的正负电荷中心,在电场影响下互相分离,产生了偶极,此过程称为分子的变形极化,所形成的偶极称为诱导偶极(induction dipole)。电场愈强,分子变形愈大诱导偶极愈大。若取消外电场,诱导偶极自行消失,分子重新恢复为非极性分子,所以诱导偶极与电场强度 E 成正比。

$$P_{诱导} = \alpha \cdot E \qquad (2-1)$$

式中比例常数 α 是衡量分子在电场作用下变形性大小的量度,称为分子诱导极化率,简称极化率(polarizability)。分子中电子数愈多,电子云愈弥散,则 α 愈大。如外电场强度一定,则 α 愈大的分子,$P_{诱导}$ 愈大,分子的变形性也愈大。

对于极性分子来说,本身就存在着偶极,此偶极称为固有偶极或永久偶极(permanent dipole)。极性分子通常都作不规则的热运动,若在外电场的作用下,其正极转向负电极,其负极转向正电极,各个分子偶极按电场的方向排列,此过程称为取向,亦称分子的定向极化。同时电场也使分子正负电荷中心之间的距离拉大,发生变形,产生诱导偶极,所以此时的偶极矩为固有偶极和诱导偶极之和,分子的极性有所增强。

分子的取向、极化和变形,不仅在电场中发生,而且在相邻分子间也可以发生。这是因为极性分子的固有偶极就相当于无数个微电场,所以当极性分子与极性分子、极性分子与非极性分子相邻时同样也会发生极化作用。这种极化作用对分子间力的产生有重要影响。

2.3.2 分子间作用力类型及特点

由以上分子间作用力的含义及来源可知，分子间作用力类型因分子的极性不同而不同，而分子极性又与分子的组成及其空间结构有关。分子间作用力的常见类型如下。

（1）色散力

色散力是非极性分子间普遍存在的一种作用力。

色散力，此力为伦敦所阐明，又称伦敦力（London force），它是由同种分子间产生的极化所引起。一般可以认为：原子和分子内核和电子，不是静止而是运动的，能周期性地瞬变两者的相对位置，从而造成非极性分子也有周期性的瞬间偶极矩，随这种偶极矩会产生一种同频率的电场，于是诱导邻近分子极化。邻近分子的极化反过来会促进瞬变偶极矩的变化幅度增大，增大了的分子偶极矩，会再较强地诱导邻近分子，这样相互反复作用，诱导了分子极化，于是便产生非极性分子间的引力，即色散力。色散力随分子中原子数目的增多或分子表面积的加大而加大，随分子间距离的增长而减小，即色散力的大小与分子的极化率有关，极化率 α 愈大，则分子间的色散力也愈大。

非极性分子的偶极矩虽为零，但它们之间确实存在相互作用。例如室温下 Br_2 为液体，I_2 为固体，Cl_2、N_2、CO_2 等非极性分子在低温下呈液态，甚至固态。这些物质能维持某种聚集态，就是由于在非极性分子间存在一种相互作用力。这是因为分子在运动过程中电子云分布不是始终均匀的，每瞬间分子内带负电的部分(电子云)和带正电的部分(核)不时地发生相对位移，致使电子云在核的周围摇摆，分子发生瞬时变形极化，产生瞬时偶极(instantaneous dipole)。因而非极性分子始终处于异极相邻状态，这种瞬时偶极之间的相互作用称为色散力（dispersion force）。

（2）诱导力

当极性分子与非极性分子相邻时，则非极性分子受极性分子的诱导而变形极化，产生诱导偶极，这种固有偶极与诱导偶极之间的相互作用称为诱导力（induction force）。此力为1920年德拜所提出，又称德拜力（Debye force）。诱导力的大小与分子的偶极矩及分子的极化率有关，极性分子偶极矩愈大，极性与非极性两种分子的极化率愈大，则诱导力也大。

（3）取向力

当极性分子与极性分子相邻时，极性分子的固有偶极间必然发生同极相斥，异极相吸，从而先取向后变形，这种固有偶极与固有偶极间的相互作用称为取向力（orientation force）。此力由葛生在1912年提出，又称葛生力（Keenson force）。取向力的大小与分子的偶极矩和极化率均有关，主要取决于固有偶极，即分子的固有偶极愈大，分子间的取向力也大。

以上三种作用力均为电性引力，它们既没有方向性也没有饱和性，其大小分别为色散力：0.05~40kJ/mol，诱导力：2~10kJ/mol，取向力：5~25kJ/mol；根据不同情况，这三种力存在于不同类型分子之间：非极性分子之间只有色散力；非极性分子与极性分子之间有诱导力和色散力；极性分子之间有取向力、诱导力和色散力。这些作用力的总和称为分子间力，其大小与分子间距离的6次方成反比，所以只有在分子充分接近时，分子间才有显著的作用，一般作用范围在300~500pm之间，小于300pm斥力迅速增大，大于500pm引力显著减弱。

(4) 氢键力

当氢原子与电负性很大而半径很小的原子(例如 F、O、N)形成共价型氢化物时,由于原子间共用电子对的强烈偏移,氢原子几乎呈质子状态。这个氢原子还可以和另一个电负性大且含有孤对电子的原子产生静电吸引作用,这种引力称为氢键力(hydrogen bonds)。氢键的形成可用 X—H······ : Y 通式表示。式中 X、Y 代表 F、O、N 等电负性大而半径小的原子,X 和 Y 可以相同也可以不同,H······ : Y 间的键为氢键。

氢键力不同于以上三种分子间力,它有饱和性和方向性。氢键的饱和性是由于氢原子半径比 X 或 Y 的原子半径小得多,当 X—H 分子中的 H 与 Y 形成氢键后,已被电子云所包围,这时若有另一个 Y 靠近时必被排斥,所以每一个 X—H 只能和一个 Y 相吸引而形成氢键。氢键的方向性是由于 Y 吸引 X—H 形成氢键时,将采取 X—H 键轴的方向,即 X—H······ : Y 在一直线上。这样的方位使 X 与 Y 电子云之间的斥力最小,可以稳定地形成氢键。

氢键除在分子间形成外,也可以在分子内形成。典型的例子是邻硝基苯酚中羟基 OH 可与硝基的氧原子形成分子内氢键。

氢键的存在十分普遍,许多重要的化合物如水、醇、酚、酸、氨基酸、蛋白质、酸式盐、碱式盐以及结晶水合物等都存在氢键,生物体中腺嘌呤和胸腺嘧啶的结合都依赖于氢键。

在精细化学品的复配过程中,涉及各种不同的物质。不同物质间的相互作用常与分子间作用力有关,分子间作用力又因物质的种类不同而不同。无机化合物,除金属和炭等由同种元素组成的单质外,均由离子组成,是具有离子结构的物质。如食盐(NaCl),由 Na^+ 和 Cl^- 组成。离子排列成点阵,相互间的作用力主要是不同性电荷间的电性吸引力。有机化合物,则是以碳链为骨架,碳氢等原子之间,通过共用电子对形成共价键而结合。当分子内不存在吸电子或斥电子基团,或分子结构对称时,分子内的正负电中心重合,偶极矩为零,此时分子之间存在的相互作用力主要是色散力;当有机物分子内存在极性基团时,分子内的正负电中心不重合,偶极矩不为零,此时分子间的相互作用力除色散力外,还有诱导力和取向力,属于偶极间的异电性吸引作用力。

2.3.3 分子间力对物质性质的影响

分子间力对物质性质的影响是多方面的。液态物质分子间力愈大,汽化热就愈大,沸点愈高;固态物质分子间力愈大,熔化热就愈大,熔点也就愈高。一般而言,结构相似的同系物相对分子质量愈大,分子变形性也就愈大,分子间力愈强,物质的沸点、熔点也就愈高。例如稀有气体、卤素等,其沸点和熔点随着相对分子质量的增大而升高。

分子间力对液体的互溶性以及固、气态非电解质在液体中的溶解度也有一定影响。溶质和溶剂间的分子间力愈大,则溶质在溶剂中的溶解度也愈大。

另外,分子间力对分子型物质的硬度也有一定的影响。极性小的聚乙烯、聚异丁烯等物质,分子间力较小,因而硬度不大;含有极性基团的有机玻璃等物质,分子间力较大,具有一定的硬度。

氢键的形成对物质的性质影响重大。

(1) 对熔点、沸点的影响

HF 在卤化氢中,相对分子质量最小,熔点、沸点应最低,但事实却反常的高,这是由于 HF 能形成氢键,而 HCl、HBr、HI 却不能。当液态 HF 汽化时,必须破坏氢键,需要克服较多的能量，所以沸点较高，而其余物质由于只需克服分子间力，因此熔点、沸点较低。

氧族氢化物、氮族氢化物熔点、沸点变化趋势与卤化氢相同，也是因为 H_2O 和 NH_3 都能形成氢键的结果。另外，碳族氢化物由于 CH_4 没有条件形成氢键，所以 CH_4 分子间主要以分子间力聚集在一起，为此 CH_4 的熔点、沸点在同族元素的氢化物中最低。

（2）对溶解度的影响

如果溶质分子与溶剂分子间能形成氢键，将有利于溶质分子的溶解。例如乙醇和乙醚都是有机化合物，前者能溶于水，而后者则不溶，主要是乙醇分子中羟基（—OH）和水分子形成分子间氢键，如 CH_3—CH_2—OH……：OH_2；而在乙醚分子中不具有形成氢键的条件。同样 NH_3 易溶于水也是形成氢键的缘故。

（3）对生物体的影响

氢键对生物体的影响极为重要，最典型的是生物体内的蛋白质和脱氧核糖核酸（DNA）。

蛋白质分子是由 α-氨基酸通过酰胺键（—CO—NH）连接成的长链组成，这种酰胺键称为肽键，由若干个氨基酸通过肽键构成的多肽称为多肽链。肽链主链上的亚氨基与羰基氧原子间形成的氢键是维系蛋白质分子二级结构最重要的化学键；侧链基团之间或侧链基团与主链基团间形成的氢键，对维系蛋白质分子三级结构有一定作用。

脱氧核糖核酸（DNA）分子是两条反平行的多聚脱氧核苷酸链，绕同一中心轴盘旋而形成右手双螺旋结构；每条主链由磷酸和脱氧核糖相间连接而成，位于螺旋外侧，碱基位于螺旋内侧；两链间的碱基以氢键互相配对，腺嘌呤（A）与胸腺嘧啶（T）配，有两个氢键，鸟嘌呤（G）与胞嘧啶（C）配，有三个氢键；两主链间以大量的氢键连接组成螺旋状的立体构型。在生物体的 DNA 中，根据两根主链氢键匹配的原则可复制出相同的 DNA 分子。

因此，氢键对蛋白质维持一定的空间构型起重要作用；可以说由于氢键的存在，使 DNA 的克隆得以实现，保持物种的繁衍。

（4）氢键在构筑超分子体与制备新材料中的作用

氢键作为生命体系中重要的一种作用力，由于其高度定向性、专一性、可调节性等特点，在很多超分子体系中起着至关重要的作用而被描述为"超分子化学里的万能作用"，广泛应用到制备新型功能材料如聚集诱导发光、新型涂层材料和新能源材料研究中，已获前沿结果。

2.4 物质间的溶解、分散与悬浮

2.4.1 物质间的溶解

（1）概述

物质间的溶解是指一种或一种以上的物质（溶质）以分子或离子状态分散在另一种物质（溶剂）中形成的均匀分散体系的过程。由溶解过程所形成的分散体系称为溶液。

物质间的溶解过程是溶质和溶剂的分子或离子相互作用的过程，其中包括溶剂之间的相互作用、溶质分子间的相互作用、溶质与溶剂分子间的相互作用。这些相互作用的力主要是范德华力、氢键力和偶极力。物质间的溶解，从根本上说就是溶质的溶剂化过程，当溶质与溶剂分子间的作用力大于溶质与溶质分子间的作用力时，则溶质分子间的吸引力被克服，溶质分子从溶质晶格上脱离，进入溶剂分子之间，继而发生扩散，最终发生溶解。此溶解过程最终使溶质在溶剂中达到溶解平衡为止，即溶质的溶解速度与其凝聚、结晶速度相等。当溶质分子之间的引力大于溶剂对溶质分子的引力时，因溶解过程不能进行而不能溶解。

（2）分子间作用力与物质间的溶解

① 物质的化学键类型与分子的极性　物质的化学键类型与分子的极性直接影响物质的溶解性。物质间互溶的一般规律是"相似相溶"，即具有晶格结构的离子型无机化合物易溶于强极性溶剂；极性强的有机化合物易溶于强极性溶剂；弱极性或非极性的有机化合物则易溶于弱极性或非极性的溶剂。此规律的本质，就是分子的极性结构相似的不同物质分子之间的作用力，比结构上完全不同或差异较大的不同物质分子之间的作用力强，因而有较好的互溶性。例如，氯化钠，是离子晶格的无机化合物，可溶于强极性的溶剂水中，而不能溶于非极性的溶剂汽油中。这是因为水分子的正负电中心不重合，产生偶极，故可在氯化钠的 Na^+ 和 Cl^- 周围，通过偶极取向而对离子施加相反电性的吸引力，帮助 Na^+ 和 Cl^- 克服离子间的电性吸引力离开晶格，使得溶解过程得以进行。而汽油是非极性分子，不具有拆开离子晶格的能力。石蜡和汽油都是非极性的烃类有机物，都是非极性分子，二者之间的作用力相似，所以石蜡分子之间的作用力可被汽油与石蜡之间的作用力代替，从而使石蜡分子分散于汽油中。

分子的极性结构是否相似，归根到底取决于分子内电子分布的均匀性。若电子分布均匀，则正负电中心重合，分子为非极性。电子分布不均匀，则分子的某一部分带正电，另一部分带负电。正负电中心电荷的多少和距离的大小，均影响分子极性的大小，因而用二者的乘积来描述分子的极性结构，此乘积即前述的偶极矩。由于偶极矩的值，可反映分子的极化程度，说明分子极性的大小，故在判断物质间的互溶性时，偶极矩是一个重要的参考因素。又由于物质的介电常数与物质的偶极矩有密切关系，某些液体之所以具有很大的介电常数，正是由于分子中存在很大的偶极矩引起的。因而介电常数在考虑物质的溶解性时也可起参考作用。极性大的物质其偶极矩及介电常数较大，在极性溶剂中有较大的溶解性；偶极矩小、介电常数小的物质，则较易溶于非极性溶剂。许多物质溶解性的差别，从偶极矩均可得到解释。比如有机化合物，其同分异构体溶解性常有较大差别，如丁醇在 100g 水中，其三种同分异构体正丁醇、异丁醇、仲丁醇的溶解度分别是 7.9g、9.5g、12.5g，而叔丁醇则与水无限互溶。造成此差别的原因与各异构体的碳链结构不同、偶极矩不同有关。常见物质的偶极矩及介电常数参见附录。但必须注意，测定温度对上述数值也有较大影响。

② 氢键的存在　氢键的存在对物质的溶解性有很重要的影响。当物质的分子中含有能与水形成氢键的基团时，通常都有较大的水溶性。比如硫醇与醇相比，由于硫的电负性比氧弱得多，故硫醇中与硫相连的氢不能与水分子生成氢键，因而比相应的醇在水中的溶解度低。如乙醇可与水以任意比例混合，乙硫醇在 100g 水中仅能溶解 1.5g。又如有机胺的伯胺、仲胺，因与氮原子相连的氢可与水分子生成氢键，而叔胺的氮原子上没有氢原子，不能与水通过氢键而结合，故叔胺与异构体伯胺、仲胺相比，在水中的溶解度较低。同理，酯由于不能与水分子生成氢键，故与相应的羧酸相比，酯在水中的溶解度较羧酸低。而醇酸，则由于分子上同时含有羟基和羧基两种极性基团，它们均能与水形成氢键，所以在水中的溶解度比相应的羧酸还大。如丁酸在 100g 水中仅溶 5.62g，羟基丁二酸（苹果酸）的 D-及 L-苹果酸却可与水互溶。

③ 溶剂化作用　溶剂化作用对物质的溶解有相当大的影响。所谓溶剂化是指当溶质或

其所含的极性官能团能电离时，由于离子的电性可吸引水的异性偶极，故溶质便被溶剂水分子包围即被溶剂化。溶剂化减少了被分散的溶质分子由于热运动产生分子碰撞而凝聚的可能，故有利于溶解过程的进行。

④ 溶质相对分子质量及分子中含的活性基团的种类和数量　溶质相对分子质量及分子中含的活性基团的种类和数量，对其溶解性也有重大影响。当分子中含有足够数量的亲水基团时，就有很好的水溶性；若含有足够的憎水基团，就在非极性溶剂中有较好的溶解性。例如分子结构为 $CH_3—(CH_2)_n—O—(CH_2CH_2O)_mH$ 的脂肪醇聚氧乙烯醚类非离子表面活性剂，随着其亲水基团—(OCH_2CH_2) 数目的增多，产品水溶性增大。$m>n$ 时，产品水溶性大；$m=n/3 \sim n$ 时，产品在水和油中都有适度的溶解；而当 $m<n$ 时，则产品不溶于水但有很好的油溶性。含有极性亲水基团的有机物，如醇、酸、醛、酮等，在水中的溶解度随着相对分子质量的增大，分子中亲水基团数目与碳原子数的比值逐渐降低，极性亲水基团的影响逐渐减少，其水溶性也随之下降。

⑤ 物质的酸碱性　"相似相溶"是判断物质互溶性最常用的经验规则，但实践中也存在许多例外，如结构并不相同的环己酮、苄胺、硝基乙烷之间却有很好的互溶性。物质酸碱性的"酸碱电子理论"是判断物质溶解性的又一规则。此规则把物质的溶解看作是溶质和溶剂之间的酸碱作用。路易斯酸碱质子理论，将能接受电子对的物质看作酸，能提供电子对的物质看作是碱。根据皮而逊的观点，又把容易得电子的定义为"硬酸"，对外层电子抓得紧难失去电子的定义为"硬碱"，反之称为"软酸""软碱"。按酸碱电子理论判断物质溶解性时就有"硬（酸）溶硬（碱）、软（酸）溶软（碱）"的规则。

⑥ 其他因素　影响物质溶解性的其他因素有温度、搅拌等外部条件。大多数物质都随温度的升高而溶解度增大，但也有一些物质的溶解度随温度的变化很小，如氯化钠。还有些物质随温度升高，溶解度下降。如聚氧乙烯醚型非离子表面活性剂，其在水中溶解度是借助于分子中的亲水基团—OCH_2CH_2 及—OH 中的氧原子与水分子通过氢键结合而具水溶性，当温度升高时，氢键断裂，水分子脱落，水溶性减弱，直至变成不溶于水。

（3）高分子物质的溶解及溶解度参数

① 高分子物质的溶解性　许多精细化工配方产品，如溶剂型合成胶黏剂、各种涂料、印刷油墨等的制备与生产中，常涉及高分子物质的溶解。高分子物质在溶剂中的溶解与小分子物质的溶解不同，由于其相对分子质量大，一般不可能呈真溶液状态。高分子物质的溶解常需经历溶胀阶段。在这个阶段中，高分子物质与溶剂分子互相钻入对方分子中间的空隙中去。由于高分子物质的相对分子质量大，向溶剂中扩散的速度慢；而相对分子质量较小的溶剂则很容易钻入高分子物质的空隙中，使高分子物质的分子间几乎全部被溶剂分子所充满，此时即产生溶胀现象。随着溶解过程继续深化，开始形成稀溶液和稠溶液两相。两相浓度相差极大，在低于某一温度时，两相甚至会达到平衡而保持分层现象，这一温度叫作临界溶解温度。温度升高，分子运动加剧，两相间分子扩散加快，最后达到浓度均一的单相溶液。

溶剂对高分子物质的溶解能力，也遵循"相似相溶"经验规则，即分子结构相似、极性相同或相近的高分子材料与溶剂有良好的相溶性。因此，当高分子化合物中含有羧基（—COOH）、氨基（—NH$_2$）、羟基（—OH）、酰胺基（—CO—NH$_2$）、羰基（—C＝O）等极性亲水基团、且在分子内占优势时，就容易在水介质中分散成高分子溶液；若仅含有烷基或芳基等较大的非极性基团时，就容易在非极性溶剂中分散。此外，对于同种高分子物质，相对分子质量低的比相对分子质量高的较易溶解。

高分子物质的溶解比较复杂，影响因素很多，尚无比较成熟的理论指导。一种溶剂对高分子物质溶解力的强弱，一般可以通过观察一定浓度溶液的形成速度及其黏度来判断。溶解力越强，溶解速度越快，溶液黏度越低。也可以通过测试稀释剂的稀释比值来判断，即溶解力越强，可容纳稀释剂量越多。还可以通过考察溶液的稳定性或溶液适应温度变化的能力来判断。溶解力越强，贮存时不会分层或出现不溶物，受温度影响也小。

除上述的"相似相溶"经验规则和通过实验观察判断溶剂的溶解力外，溶剂与高分子物质的相溶性，还可由"溶解度参数"来判断和选择。溶剂与高分子物质的溶解度参数越接近，其相溶性越好。

② 溶解度参数　溶解度参数是衡量液体间及高分子物质与溶剂间互溶性的一个特性值。物质靠分子间的作用能而使其聚集在一起，这种作用能称为内聚能，单位体积的内聚能称为内聚能密度（CED），内聚能密度的平方根定义为溶解度参数 δ。溶解度参数 δ 值取决于物质的内聚强度，而内聚强度是由分子间的作用力产生的。因而，溶解度参数 δ 相近，液体间或溶剂与高分子物质的互溶性越好。溶解度参数可作为非极性或极性不很强的物质选择溶剂的参考指标，当这类物质与某一溶剂的溶解度参数相等或相差不超过 ± 1.5 时，该物质便可溶于此溶剂中，否则不溶。一般来说，含有亲电子基（酸性基）的高分子易和含有亲核基（给电子基或碱性基）的溶剂相互作用而发生溶解，反之亦然。

亲电子基强弱次序：

$—SO_3H—COOH>—C_6H_4OH>=CHCN>=CHNO_2>—CH_2Cl>=CHCl$

亲核基强弱次序：

$—CH_2NH_2> —C_6H_4NH_2> —CON(CH_3)_2> —CONH—> —CH_2COCH_2—> —CH_2OCOCH_2—>$
$—CH_2OCH_2—$

有关多种不同极性溶剂的溶解机理，物质间溶解的规律以及溶剂的选择等详细内容参见第 4 章。

2.4.2　物质间的分散

一些不溶于水的固体物质如尘土、烟灰、污垢、染料、颜料、有机农药等，其颗粒密度比水大，在水中容易下沉。当水中加入表面活性剂后，就能将固体颗粒分割成极细小的微粒而悬浮在水中，这种促使固体颗粒分割成小颗粒，并使之均匀地分散于液体中的作用称为分散作用。能促进固体粒子在液体中悬浮并具有悬浮稳定性的物质称为分散剂。

在精细化学品的许多生产工艺中，需要将固体微粒均匀和稳定地分散在液体介质中，例如油漆、药物、染料、颜料等。近年来在造纸、印染、纺织、石油、涂料、化妆品等行业以及工业水处理和油田开发过程中，使固体微粒均匀稳定地分散在水介质中显得更为重要，甚至认为是能否使工艺成功的关键。

分散的基本原理与乳化相同，两者的主要区别是乳化的界面是液-液界面，分散的界面是固-液界面，从本质上看，都是一种物质在另一种物质中的分散。分散作用的机理是表面活性剂的疏水的碳氢链（亲油基）容易吸附在疏水的固体粒子表面，而亲水基团伸入水中，在固体的表面形成一层吸附膜，吸附膜的形成降低了固-液之间的界面张力，使液体容易浸润固体的表面，并渗入固体粒子的孔道内。随着表面活性剂的不断渗入，最终使粒子胀破成微小的颗粒分散在液体中。此时，每个细微颗粒外面都有一层离子表面活性剂的吸附膜，该膜的所有亲水基团指向水相，存在于水中的电性相反的反离子与之形成双电层，由于每个固体微小颗粒都带相同的电荷，因而不易聚集到一起，促进了固体颗粒的分散和悬浮。若所用的是非离子表面活性剂，细小颗粒外层虽无双电层形成而产生电荷，但细小颗粒外面的非离子表面活性剂所形成的较厚的水化层也能使细小微粒稳定地悬浮在水中。

固体的分散过程一般有三个阶段。

（1）固体微粒的润湿

把固体微粒均匀分散在液体中，首先液体必须能充分润湿每一固体微粒或粒子团，并且至少要在最后阶段实现铺展润湿，使空气能完全被润湿介质从微粒表面上被取代。当加入表面活性剂作为润湿剂时，由于在固体微粒的表面形成了吸附层，降低了固-气界面或固-液界面的表面张力，降低了界面张力和接触角，因此增加了固体微粒在液体介质中的分散能力。

（2）粒子的分散或破碎

粒子或粒子团一旦被液体润湿，粒子就会在液体介质中逐渐分散开来。离子型表面活性剂可以通过在粒子团中的粒子表面的吸附，使粒子带有相同的电荷，从而使它们相互排斥而加速分散，也可以吸附在粒子团的缝隙中，或者吸附在由于粒子晶体应力作用所造成的微隙中，产生排斥力的作用，降低了固体粒子或粒子团破碎所需要的机械功，从而使粒子团破碎或使粒子破碎成更小的晶体，并逐步分散在液体介质中。

（3）阻止固体微粒的重新聚集

固体微粒一旦分散在液体中，得到的是一个均匀的分散体系，但稳定与否要取决于各自分散的固体微粒能否重新聚集形成凝聚物。由于表面活性剂吸附在固体微粒的表面，从而阻止微粒的重新聚集，降低了粒子聚集的倾向，增加了分散体系的热力学稳定性。

一般来说，固体微粒分散在水为介质的分散体系中是最常见的。为了阻止微粒聚集，大多数应用的是离子型表面活性剂。例如当分散的固体以非极性为主时，可加入各种离子型表面活性剂。当这些离子型表面活性剂吸附在不带电荷的固体微粒表面时，会使其带有同种电荷而相互排斥，从而形成阻止粒子聚集的屏障，同时由于表面活性剂分子在固体粒子表面的定向排列——非极性基团指向非极性粒子的表面，极性基团指向水相，这就降低了固-液界面的界面张力，也更有利于固体粒子在水相中的分散。这种吸附效率是随着憎水基团碳链的增长而增加，在这种情况下，长碳链的离子型表面活性剂比短碳链的更有效。但是对于已带有电荷的固体微粒分散体系，为了稳定、均匀地分散，则一般不用离子型表面活性剂。因为如果使用的是和固体微粒带相反电荷的表面活性剂，则在微粒所带的电荷被完全中和前，可能已发生絮凝而不能有效地分散，这样只有当中和粒子的表面电荷之后，再吸附第二层表面活性剂离子，固体微粒才能重新带电荷，重新分散；如果使用和固体微粒带相同电荷的表面活性剂时，由于表面活性剂的极性基团只能指向带相同电荷的固体微粒表面外，即指向水相，这种吸附状况的固体微粒，由于静电斥力而阻止微粒之间的吸附，从而达到分散的效果。因此只有当水相中的离子型表面活性剂的浓度比较高时，才有强的吸附作用，使分散体系稳定。对带有电荷的固体微粒的分散一般使用结构中带有较多极性基团的聚电解质（常称离子型高分子表面活性剂）。它们分子中所带相同电荷数越多，电离能也越大。除了电能屏蔽作用可以使固体微粒分散体系趋于稳定外，空间障碍也可以阻止粒子间的相互吸引和紧密靠近。因此，在很多场合下，非离子型表面活性剂对固体微粒有很好的分散作用，其机理是产生了很大的空间障碍。

2.4.3 物质间的悬浮

通常把粉碎前的固体颗粒称为二次粒子，经过粉碎的固体颗粒称为一次粒子，如染料干燥后形成二次粒子，用研磨机或混合机粉碎后成为一次粒子。一次粒子在分散介质中形成分散体系的过程就是物质间的悬浮过程。固体物质以细小的微粒分散在液体中形成的体系称为悬浮液。悬浮液中固体粒子的直径在 $0.1 \sim 10\mu m$ 的范围。悬浮液属于粗分散体系，分散固体粒子大于胶体粒子，多数粒径在 $0.5 \sim 10\mu m$，但有时也可达 $50\mu m$ 以上。悬浮液中分散的固体颗粒，与未分散的大颗粒比较，同样具有很大的表面自由能，具有自发的聚集趋势和增长趋势；由于重力作用，悬浮在液体中的固体粒子会发生沉降。沉降到容器底部的粒子相互接触和挤压导致聚结而不能再分散。这些不稳定性是悬浮液在配方、生产和贮存中应该关注的重要问题。

固体物质的颗粒越小，微粒数越多，总表面积越大，表面能也越大。固体粉碎后由于具有较高的表面能而有一种集合的倾向，这种集合按粒子间结合力的大小分为两类：

① 需要用强的机械力加以粉碎，因为颗粒本身具有强的结合力，粉碎成各个小粒子后，不易恢复到原来的状态，它们的集合称为聚集。

② 用比较弱的机械力，或者固体在液体中界面上作用的物理力即可把固体颗粒分裂成小粒子，外力消除后又恢复至原来的粒子集合状态，如染料、颜料，这种集合称为凝聚或絮凝。在布朗运动、外来振动或搅拌等作用下，相互碰撞的微粒就会凝聚。

一般情况下，悬浮过程所形成的分散体系是热力学和动力学的不稳定体系，在精细化学品的复配过程中，为保持悬浮液的稳定就需加入如润湿剂、分散剂、助悬剂等。润湿剂的作用是增加固体粒子的亲水性，分散剂的作用主要是防止已经分散的粒子再凝聚，在分散介质中防止粒子凝聚而沉降，保持悬浮液状态稳定存在。常用的分散剂有阴离子型（如油酸钠、月桂醇硫酸钠、十二烷基苯磺酸钠和琥珀酸二辛酯磺酸钠等低相对分子质量表面活性剂）、非离子型、高分子类型的表面活性剂。

思 考 题

1. 分子间作用力包括哪几种类型？
2. 色散力、诱导力、取向力、氢键等分子间作用力是否具有方向性和饱和性？
3. 常见的物质相态有哪些？常见的物质相界面又包括哪些？何谓表面？
4. 分散过程包括哪三个阶段？分散体系的稳定机理？
5. 简述溶解的本质和溶解的一般规律。
6. 溶解度参数可作为哪类物质选择溶剂的参考指标？通常该参考指标值是多少能溶解？

第3章　表面活性剂的性能与应用

3.1　概　　述

表面活性剂的功能主要是它能改变表(界)面的物理化学性质,从而产生一系列的应用性能,具有广泛的用途。其应用几乎已渗透到所有的工业领域中。在许多行业里,表面活性剂作为重要的助剂常常能极大地改进生产工艺和产品性能,特别在复配型精细化学品中,表面活性剂的吸附、增溶、乳化、分散、洗涤、润湿及渗透等作用是至关重要的。

3.1.1　表面活性剂的定义、类型及应用

3.1.1.1　表面活性剂的定义

在恒温恒压条件下,纯液体因只有一种分子,其表面张力是一定值。而对于溶液就不同了,在溶液中至少存在两种或两种以上的分子,其溶液的表面张力会随溶质的浓度变化而改变。这种变化可分为三种类型,如图3-1所示。

第一类是表面张力随溶质浓度的增加略有上升,且往往接近于直线(曲线3),这类的溶质有 $NaCl$、Na_2SO_4、KNO_3 等无机盐和蔗糖、甘露醇等多羟基有机物。

第二类是表面张力随溶质浓度增加而逐渐下降,在浓度很稀时下降较快,随浓度增加下降变慢(曲线2)。属于此类的溶质有低相对分子质量的醇类、酸类、醛类等大部分极性有机物。

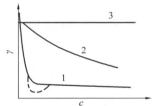

图 3-1　水溶液的表面张力与溶质浓度的几种典型关系

第三类是在溶液浓度较稀时,表面张力急剧下降,当溶液的浓度达到一定值后,溶液的表面张力就不再下降了(曲线1)。属于这类的溶质有八个碳以上的有机羧酸盐、磺酸盐、苯磺酸盐等。

如果一种物质(甲)能降低另一种物质(乙)的表面张力,就说甲物质(溶质)对乙物质(溶剂)有表面活性,若甲物质不能使乙物质的表面张力降低,那么甲物质对乙物质则无表面活性。由于水是常用的溶剂,因此表面活性剂往往是对水而言。图3-1中曲线3溶液的溶质无表面活性,称为非表面活性物质;曲线2、1溶液中的溶质有表面活性,被称为表面活性物质。而以很低的浓度就能显著降低溶剂的表面张力的物质叫表面活性剂。表面活性剂是一大类有机化合物,它们的性质极具特色,应用极为灵活、广泛,有很大的实用价值和理论意义。表面活性剂一词来自英文 surfactant,实际上是短语 surface active agent 的缩合词,缩写为 SAA。在欧洲工业界和技术人员常用 tenside 来称呼此类物质。因此从词义来看暗示表面活性剂具有两种特性:①活跃于表(界)面;②改变表(界)面张力。表面活性剂是这样一种物质,加入很少量时即能大大降低溶剂(一般为水)的表面张力(气/液)或界面张力(液/液),改变界面状态,使界面呈活化状态,从而产生润湿、乳化、增溶、发泡、净洗等一系列作用。

实际应用的表面活性剂品种很多,但若将其化学结构的特点加以归纳,会发现表面活性剂有一个共同的基本结构,即分子中有一个对溶剂(主要是水)吸引力弱的基团,如碳氢化

合物，称为疏液基团（或称憎液基团），在水溶液中通常称为疏水基团，也称为亲油基团（li-pophile）；另一个是对溶剂（或水）吸引力强的基团，称为亲液基团或亲水基团（hydrophile）。此亲水基团可以是离子，也可以是不电离的基团。因此表面活性剂分子中既存在亲水基团（一个或一个以上），又存在亲油基团，是一种两亲分子，这样的分子结构使之一部分溶于水而另一部分易自水逃离而具有双重性质。尽管表面活性剂有各种各样的性能和用途，但就它们的分子结构而言都是由亲水基和疏水基两部分组成。

3.1.1.2　表面活性剂的分类

由于亲水基和疏水基种类很多，以致由它们组合的表面活性剂数量也多，为了了解它们的性质、结构、用途和合成，必须进行分类。现在普遍采用的是 ISO（International Standard Organization）分类法，即 ISO 2131—1972（E）简单分类法，以及在此基础上进一步完善的 ISO/TR 896—1977（E）科学分类法。由于绝大部分表面活性剂是水溶性的，所以使用这种分类法可以较好地将结构、物化性质及应用反映出来，易于掌握。

油溶性表面活性剂如含氟型、有机金属型、高分子型、有机硅型及双分子表面活性剂不包含在其中。

（1）按离子类型分类

表面活性剂溶于水时，凡能电离生成离子的叫离子型表面活性剂；凡不能电离的叫非离子型表面活性剂。阴离子表面活性剂是溶于水后极性基带负电，主要有羧酸盐、磺酸盐、硫酸酯盐及磷酸盐等。阳离子表面活性剂是溶于水后极性基带正电，主要有季铵盐、胺盐等。两性表面活性剂分子溶于水后极性基团既有带正电的，也有带负电的，主要有甜菜碱型、氨基酸型等。这种分类方法有许多优点，因为每种离子的表面活性剂各有其特性，所以只要弄清楚表面活性剂的离子类型，就可以决定其应用范围。

（2）按相对分子质量分类

①低分子表面活性剂：相对分子质量约在 200~1000，大部分表面活性剂都是低分子表面活性剂。

②中分子表面活性剂：相对分子质量约在 1000~10000，例如聚氧丙烯、聚氧乙烯醚。

③高分子表面活性剂：相对分子质量约在 10000 以上，例如聚合脂肪酸类、天然糖类等。

（3）按工业用途分类

从工业实用出发，表面活性剂可分为精炼剂、渗透剂、润湿剂、乳化剂、发泡剂、消泡剂、净洗剂、防锈剂、杀菌剂、匀染剂、固色剂、平滑剂、抗静电剂等。

3.1.1.3　表面活性剂的应用

在复配型精细化工产品中，表面活性剂一方面可以作为配方中的主剂发挥其作用，例如交通工具的清洗，机器零部件的清洗，电子仪器及印刷设备的洗涤，锅炉、油储罐的洗涤等。根据被洗物的特点及性质，配方也有所改变，但都是根据表面活性剂的乳化、增溶、润湿、渗透、分散等性能辅以其他助剂达到清洗去除油渍、锈迹、杀菌及保护表面层的目的；另一类是利用表面活性剂的派生性质作为助剂使用，应用于润滑、柔软、催化、抗静电、杀菌、消泡、防水、浮选、驱油、电子工业、仿生材料、生物技术等方面，还有许多应用正在不断开发中。

在实际应用中，表面活性剂除了一般的阴离子、非离子、阳离子、两性表面活性剂外，为了满足合成橡胶、合成树脂、涂料生产中的乳化聚合的需要，还开发了功能性表面活性剂。而含硅、氟、硫等表面活性剂广泛应用于纺织、合成纤维工业、造纸工业、水处理、食品、照相器材、制药、皮革等各个领域中。

3.1.2 表面活性剂的性能

表面活性剂品种繁多，结构复杂多样，虽然不同结构的表面活性剂有其特有的性能，但也有共同的性能特征。

3.1.2.1 胶束的形成及临界胶束浓度

表面活性剂分子是由难溶于水的疏水基和易溶于水的亲水基所组成。当它溶于水中，即使浓度很低，也能在界面(表面)发生吸附，从而明显地降低界面张力或表面张力，并使界面(表面)呈现活化状态。如图3-2所示，油酸钠(肥皂)的水溶液的表面张力随浓度而变化的情况，在溶液的浓度很稀时(0.1%，约为0.0033mol/L)即可将水的表面张力从72mN/m降低到25mN/m左右。其他表面活性剂如十二烷基磺酸钠需0.01mol/L的浓度可以将水的表面张力降至32mN/m左右，同样有类似图3-2的曲线关系，也就是表面活性剂在水中的浓度增加，溶液的表面张力开始急剧下降，后又保持基本上恒定不变。为了解释这个问题，参见图3-3。图3-3为表面活性剂随其水溶液的浓度变化在溶液中生成胶团的过程。当溶液中表面活性剂浓度极低时，如图3-3(a)所示，空气和水几乎是直接接触着，水的表面张力降低的不多，空气和水的表面上还没有聚集很多的表面活性剂，接近纯水的状态。(b)比(a)的浓度稍有上升，相当于图3-2表面张力急剧下降部分。同时，水中的表面活性剂也三三两两地聚集在一起，互相地把憎水基靠在一起，开始形成小胶团，即所谓的"胶束"。(c)表示表面活性剂的浓度逐渐升高，水溶液表面聚集了足够量的表面活性剂，

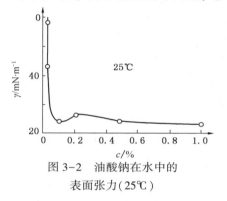

图3-2 油酸钠在水中的
表面张力(25℃)

并毫无间隙地密布于液面上形成所谓单分子膜。此时空气与水处于完全隔绝状态。相当于图3-2中表面张力曲线停止下降部分。如果再提高浓度，则水溶液中的表面活性剂分子就各自以几十、几百地聚集在一起，因此形成胶束。表面活性剂形成胶束的最低浓度称为临界胶束浓度(CMC)。此时表面活性剂分子在表面浓集已经达到饱和，表面张力降低到最低值。(d)表示浓度已经大于临界胶束浓度时的表面活性剂分子状态。若再继续增加，溶液的表面张力几乎不再下降，只是溶液中的胶团数目和聚集数增加。

为了了解胶束的形成，可观察表面活性剂在水中溶解时的现象。水分子通过氢键形成一定的结构，名为水结构。当表面活性剂以单分子状态溶于水后，表面活性剂分子之所以能溶于水，是因为亲水基与水的亲和力大于疏水基对水的斥力。水中的一些氢键结构将重新排

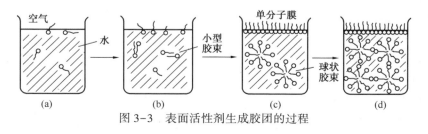

图3-3 表面活性剂生成胶团的过程

列，水分子与表面活性剂分子或离子形成一种有序的新结构。表面活性剂在水中为了使其疏水基不被排斥，它的分子不停地转动。通过两种途径以寻求成为稳定分子：第一个途径是把亲水基留在水中，疏水基伸向空气即为表面吸附，其分子形成疏水基向上，亲水基向下的定向吸附层，这样表面自由能显著降低，表面张力降低；另一种途径是让表面活性剂分子的疏水基互相靠在一起，尽可能地减少疏水基和水的接触，形成了胶束。

胶束的大小可以用缔合成一个胶团粒子的表面活性分子或离子的平均数目，即聚集数 n 来衡量。聚集数 n 可以从几十到几千甚至上万。胶束的形状主要有球形、棒状及层状结构。临界胶束浓度的测定方法有表面张力法、电导法、染料法等。其影响因素主要有表面活性剂的碳氢链长、碳氢链分支及极性基位置、碳氢链中其他取代基、亲水基团、温度等。

表面活性剂的各种性能均与胶束有关，由于表面活性剂胶束的形成，使溶液的微环境发生了很大的变化，如降低表面张力和电离势、增溶、聚集、改变解离常数、分散产物或电荷、乳化等。故此表面活性剂才能在复配型精细化工产品中得到广泛的应用。

3.1.2.2 表面活性剂的 HLB 值

表面活性剂要吸附于界面而呈现特有的界面活性，必须使疏水基团和亲水基团之间有一定的平衡，这种反映平衡的程度，由美国 Atlas 研究机构的 Griffin 于 1949 年首创，称为亲疏平衡值，即 HLB 值（Hydrophile-Lipophile Balance），用于表示表面活性剂的亲水性。HLB 值是指表面活性剂分子中亲油和亲水的这两个相反的基团的大小和力量的平衡。HLB 值是表面活性剂的一种实用性量度，而又与分子结构有关。HLB 值可以通过计算的方法得到或由实验所得。

疏水基和亲水基两者应根据用途不同而有一定的平衡要求。若亲水性太强，在水中溶解度太大，不利于界面吸附；但疏水性太强，则亲水性太小，就不能溶于水。例如在庚烷-水体系中，若所用表面活性剂为己酸钠（$C_5H_{11}COONa$），它虽然不易溶于庚烷，但容易溶于水，故不易吸附于界面而使界面张力降低甚多。因此，己酸钠在庚烷-水体系中，由于亲水性太强，而疏水性不够，故不能有效地降低这一体系的界面张力。表 3-1 列出了一些商品表面活性剂的 HLB 值。

表 3-1　一些商品表面活性剂的 HLB 值

名　　称	离子类型	HLB 值
油酸	阴	1
失水山梨醇三油酸酯（Span-85）	非	1.8
失水山梨醇三硬脂酸酯（Span-65）	非	2.1
失水山梨醇单油酸酯（Span-80）	非	4.3
失水山梨醇单硬脂酸酯（Span-60）	非	4.7
失水山梨醇单棕榈酸酯（Span-40）	非	6.7
失水山梨醇单月桂酸酯（Span-20）	非	8.6
聚氧乙烯失水山梨醇单硬脂酸酯（Tween-61）	非	9.6
聚氧乙烯失水山梨醇单油酸酯（Tween-81）	非	10.0
聚氧乙烯失水山梨醇三硬脂酸酯（Tween-65）	非	10.5
聚氧乙烯失水山梨醇三油酸酯（Tween-85）	非	11
聚氧乙烯烷基酚（Igelol CA-630）	非	12.8

名　　称	离子类型	HLB 值
聚氧乙烯月桂醚（PEG400）	非	13.1
聚氧乙烯蓖麻油(乳化剂 EL)	非	13.3
聚氧乙烯失水山梨醇单月桂酸酯(Tween-21)	非	13.3
聚氧乙烯失水山梨醇单油酸酯(Tween-80)	非	15
聚氧乙烯失水山梨醇单硬脂酸酯(Tween-60)	非	14.9
聚氧乙烯失水山梨醇单棕榈酸酯(Tween-40)	非	15.6
聚氧乙烯失水山梨醇单月桂酸酯(Tween-20)	非	16.7
油酸钠	阴	18
油酸钾	阴	20
N-十六烷基-N-乙基吗啉基乙基硫酸盐	阳	25~30
十二烷基硫酸钠	阴	约40

HLB 值的计算分为：

① 非离子表面活性剂 HLB 值的计算——Griffin 法。

② 聚乙二醇类和多元醇类非离子表面活性剂的 HLB 值可以用式(3-1)计算。

$$HLB = \frac{\text{亲水基相对分子质量}}{\text{表面活性剂相对分子质量}} \times \frac{100}{5} \qquad (3-1)$$

③ 多元醇型脂肪酸酯非离子表面活性剂的 HLB 值计算。

$$HLB = 20\left(1 - \frac{S}{A}\right) \qquad (3-2)$$

式中，S 为多元醇酯的皂化值(soap value)；A 为原料脂肪酸的酸值(acidity value)。

④ 对于含环氧丙烷、氮、硫、磷等非离子表面活性剂，以上公式均不适用，而需实验测定。

⑤ 其他类型表面活性剂的 HLB 值的计算。

对于阴离子和阳离子表面活性剂就不能用式(3-1)、式(3-2)来计算 HLB 值，因为阴离子和阳离子的亲水基的亲水性，其单位质量要比非离子表面活性剂的亲水基要大得多，而且由于亲水基的种类不同，单位质量的亲水性的大小也各不相同。因此阴离子和阳离子表面活性剂的 HLB 值可以通过基值法和基团数法计算。

a. 基值法：日本小田良平利用有机化合物的疏水性基(有机性基)和亲水性基(无机性基)数值比来计算 HLB 值。

$$HLB = 10 \times \frac{\Sigma\,(\text{无机性基值})}{\Sigma\,(\text{有机性基值})} \qquad (3-3)$$

有机化合物的有机性基值和无机性基值可以通过表 3-2 查得。

b. 基团数法：Davies 于 1963 年将 HLB 值作为结构因子的总和来处理。由已知的实验数据，可得出各种基团的 HLB 值，称为 HLB 基团数。一些 HLB 基团数列于表 3-3 中。计算方法见式(3-4)。

$$HLB = 7 + \Sigma\,(\text{亲水的基团数}) - \Sigma\,(\text{亲油的基团数}) \qquad (3-4)$$

表 3-2　有机性基值和无机性基值

无机性基	数 值	有机性基	数 值
轻金属盐	>500	—NH$_2$、—NHR、—NR$_2$	70
重金属盐、胺、胺盐	>400	C=O	65
—ASO$_3$H、—ASO$_2$H	300	—COOR	60
—SO$_3$NHCO—	260	C=NH	50
—N=N—NH—	260	—O—O—	40
SO$_3$H、—NH—SO—NH—	250	—N=N—	30
—SO$_2$HN—	240	O	20
—CO—NH—CO—NH—		苯	15
—CONHCO—	230	非芳香环	10
—NOH	220	三键	3
=N—NH	210	二键	2
—CONH—	200	—CO—O—CO	110
—CSSH	180	—OH	100
—CSOH、—COSH	160	萘	85
蒽、菲	155	—NH—NH—	80
—COOH	150	—O—CO—O—	80
内酯环	120		

有机兼无机性基	有机性基	无机性基
SO$_2$	40	110
—SCN	70	80
—NCS	70	75
—NO$_2$	70	70
—CN	40	70
—NO	50	50
—ONO$_2$	64	40
—NC	40	40
—N=C=O	30	30
—I	60	20
—O—NO—、—SH、—S—	40	20
—Cl、—Br	20	20
—F	5	5
=S	50	10

表 3-3　一些 HLB 基团数值

亲水的基团数	数 值	亲油的基团数	数 值
—COOK	21.1	=CH—	0.475
—COONa	19.1	CH$_2$—	0.475
—SO$_3$Na	11	—CH	0.475
—N(叔胺)	9.4	—CH—	0.475
酯(失水山梨醇环)	6.8	—CF$_2$—	0.87
酯(游离)	2.4	—CF$_3$	0.87
—COOH	2.1		
—OH(游离)	1.9		
—O—	1.3		
—OH(失水山梨醇环)	0.5		
—(CH$_2$CH$_2$O)	0.33		

28

⑥ 混合表面活性剂的 HLB 值。一般认为 HLB 值具有加和性，因而可以预测一种混合表面活性剂的 HLB 值，虽然并不很严密，但大多数表面活性剂的 HLB 值数据表明偏差较小，因此加和性仍可应用。混合表面活性剂的 HLB 值的计算如式如下：

$$HLB = \frac{W_A HLB_A + W_B HLB_B}{W_A + W_B} \qquad (3-5)$$

式中，W_A 和 W_B 为混合表面活性剂中 A 和 B 的质量；HLB_A 和 HLB_B 为 A 和 B 表面活性剂单独使用时的 HLB 值。

在复配型产品的配方中，当配制各种剂型和产品时，因产品的性质不同及目的要求和用途不同，对表面活性剂的 HLB 值的需要和运用情况也就各异。总的来说，为保证配成剂型的稳定和性能优良，表面活性剂的 HLB 值必须符合一定要求。例如制备各种乳剂时，必须了解各成分所需的 HLB 值，从中选择最适当 HLB 值的表面活性剂作为乳化剂。像液体石蜡要配成 O/W 型乳剂，乳化时所需乳化剂的 HLB 值为 10~12。而棉籽油 W/O 型乳剂所需乳化剂的 HLB 值为 7.5，蜂蜡制成 W/O 型乳剂所需乳化剂的 HLB 值为 5，而制 O/W 型则所需乳化剂的 HLB 值为 10~16。

3.2　表面活性剂在复配型精细化学品中的作用

由于表面活性剂分子的双亲结构使得它既可以产生界面吸附，又可以在溶液内部形成胶束，从而产生吸附、增溶、乳化、分散、洗涤、润湿、渗透等一系列的作用。

3.2.1　吸附作用

众所周知，活性炭和白土有脱色的功能，这是由于液体中的有色杂质由液体内部迁移至活性炭（或白土）与液体的界面上，而起到脱色的功能。肥皂有起泡和乳化作用，这是因为肥皂分子由水中移至气-液界面和油-水界面的结果。这种物质自一相中迁移至界面的过程称为吸附。吸附可发生在各种界面上。活性炭和白土的脱色是发生在固-液界面上。肥皂的起泡作用是肥皂被吸附在气-液界面上，而乳化则是肥皂被吸附在液-液界面上。

3.2.1.1　吸附的类型
吸附的类型可分为物理吸附和化学吸附。

（1）物理吸附
由物理作用产生的吸附是 Van der Waals 引力，为一般普遍现象，容易进行，无选择性，速度较快，是可逆性的吸附，吸附量也有差异。在吸附的过程中无电子转移、化学键的产生和破坏，使吸附分子光谱特征峰发生某些位移或吸收峰强度有变化；吸附热较低，吸附温度也较低。

（2）化学吸附
在相与相之间发生反应，有条件才能进行（不可逆的），吸附速度慢；相互之间形成化学键，使光谱在紫外、可见光和红外区出现特征吸收峰；吸附热高，吸附温度较高。
以上的区别是相对的，特别是吸附热与吸附温度高低并无严格的区分界限。

3.2.1.2　吸附等温式
人们用某些方程式对实验测得的各种类型的吸附等温线加以描述，或提出某些吸附模型来说明所得的实验结果，以便从理论上加以认识，从而产生了一些吸附理论并总结推导出若干种吸附等温方程式。

（1）Freundlich 吸附等温式

Freundlich 通过大量实验数据，总结出经验方程式(3-6)，称为 Freundlich 吸附方程式。

$$V = Kp^{\frac{1}{n}} \quad (n > 1) \tag{3-6}$$

式中，V 为吸附体积；K 为常数，与温度、吸附剂种类、采用的计量单位有关；n 为常数，和吸附体系的性质有关，通常 $n > 1$，n 决定了等温线的形状。如果要验证吸附数据是否符合 Freundlich 吸附等温式，应将式(3-6)改为直线式（两边取对数）。

$$\lg V = \lg K + \frac{1}{n}\lg p \tag{3-7}$$

以 $\lg V$ 对 $\lg p$ 作图，察看是否为一直线。由直线的截距可以求得 K，由斜率可以求得 n。

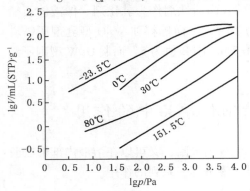

图 3-4　NH₃ 在木炭上的吸附

实验证明在压力不高时（不超过 13.33kPa），CO 在活性炭上的吸附按 Freundlich 直线式作图是很好的直线。图 3-4 为 NH₃ 在木炭上的吸附结果。由图可见在中压部分 $\lg V$ 和 $\lg p$ 同样有很好的直线关系，但在低压和高压部分则不能得到很好的直线。另外图 3-4 还表明，温度升高，吸附量减小，即低温时的 K 值相对地比高温时大，而 $1/n$ 值则相反。此式的特点是没有饱和值。

Freundlich 公式不能说明吸附作用的机理，但它可同时应用于化学吸附和物理吸附，也可用于溶液吸附。

（2）Langmuir 吸附等温式

Langmuir 吸附等温式是用分子运动学说导出吸附量与气体压力之间的关系式。设在吸附剂表面上有许多不饱和键的空位，而且设①气体分子的吸附是单分子层的；②气体分子被吸附在固定的表面位置上；③达到平衡时，气体分子的吸附速度与解吸速度相等；④吸附速度与固体表面空位数值成正比，且吸附平衡是动态平衡；⑤相邻的被吸附分子之间没有作用力。

$$气体分子（空间）\underset{解吸}{\overset{吸附}{\rightleftharpoons}} 气体分子（被吸附在固体表面上）$$

设 θ 为某一瞬间已被吸收气体的固体表面积占总表面积的分数，也就是固体表面被吸附质覆盖的分数。$(1-\theta) =$ 未被覆盖的分数。因单位面积固体对气体的吸附速度与气体的压力成正比，同时因为只有气体碰撞到表面空白部分时，才能被吸附，所以吸附速度又与$(1-\theta)$成正比。故

$$吸附速度 = K_1 p (1 - \theta) \tag{3-8}$$

式中，K_1 是一定温度下的比例常数。

气体从单位表面积上解吸的速度和 θ 成正比：

$$解吸速度 = K_2 \theta \tag{3-9}$$

其中 K_2 也是一定温度下比例常数，相当于 $\theta = 1$ 时的解吸速度，在达到平衡时有下式：

$$K_1 p (1 - \theta) = K_2 \theta \quad 或 \quad \theta = \frac{K_1 p}{K_2 + K_1 p}$$

令
$$K = \frac{K_1}{K_2}$$

则
$$\theta = \frac{Kp}{1 + Kp} \qquad (3-10)$$

此即为 Langmuir 吸附式。它说明表面覆盖率 θ 与平衡压力 p 之间的关系，式中 K 是吸附作用的平衡常数（又称吸附系数），K 值的大小表示固体表面吸附气体能力的强弱程度。由式(3-10)可知：

① 当压力足够小时（或吸附很弱时），$Kp \ll 1$，则 $\theta \approx Kp$，即 θ 与 p 呈线性关系。这表示吸附量与气体压力成正比。

② 当压力足够大时（或吸附很强时），$Kp \gg 1$，则 $\theta \approx 1$，即与 p 无关。表示吸附达到饱和，吸附量不再随压力的改变而改变，即等温线在高压时变成水平线。

③ 当压力适中时，用式(3-10)表示。

以上三种情况的图形见图 3-5。

若以 X 表示压力为 p 时的实际吸附量，X_m 表示表面吸满单层分子时的吸附量，则固体表面被覆盖的分数 $\theta = X/X_m$，将此关系式代入式(3-10)，得：

$$\theta = \frac{X}{X_m} = \frac{Kp}{1 + Kp} \qquad X = \frac{KpX_m}{1 + Kp} \qquad (3-11)$$

从式(3-11)知，当 $p \to \infty$ 时，则 $X \to X_m$；而当 $p \to 0$ 时，则 $X \to KpX_m$。因而已知 K 和 X，即可求 X_m 的值。为了计算方便，将式(3-11)写成：

$$\frac{p}{X} = \frac{1}{KX_m} + \frac{p}{X_m} \qquad (3-12)$$

据此式以 p/X 对 p 作图，应为直线，可从直线的斜率和截距求出单分子层吸附量 X_m，见图 3-6。

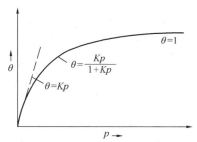

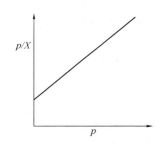

图 3-5　三种情况的 Langmuir 吸附等温线　　　图 3-6　Langmuir 吸附等温线

Langmuir 吸附等温式用于化学吸附或溶液中吸附大分子时，结果较好。但因溶剂和溶质均能被固体吸附，各因素影响使溶液吸附复杂化，吸附等温线形式多种。

（3）BET 吸附等温线

从实验测得的许多吸附等温线看，大多数固体对气体的吸附并不是单分子层的，尤其物理吸附基本上都是多分子层的吸附。1938 年 Brunauer、Emmet 和 Teller 三人在 Langmuir 单分子层吸附理论的基础上，提出多分子层吸附理论，简称 BET 吸附理论。再进一步说明吸附表面已经吸附一层分子后，由于分子引力继续发生多分子层吸附。但第一层的吸附与第二层以后的吸附各层，则为相同分子（吸附质）之间的相互作用。第一层吸附热是吸附剂与吸附质之间产生的。第二层以后的各层，则是吸附质本身之间的作用力产生的。故除第一层之外，其他各层的吸附热相当于气体的液化热。吸附达到平衡后，气体的吸附量 X，等于各层吸附量的总和，与压力 p 之间的关系为：

$$\frac{p}{X(p_0 - p)} = \frac{1}{X_m C} + \frac{(C - 1)p}{X_m C p_0} \qquad (3-13)$$

式中，p_0 为相同温度下该气体的饱和蒸气压；X_m 为单分子层吸附量；C 为与吸附和液化热有关的常数，$C = e^{(E_1 - E_2)/RT}$；E_1 为第一层吸附热；E_2 为第二层以后的各层的液化热；R 为气体常数；T 为绝对温度。

BET 式主要应用于测定固体的表面积，为一简单有效、较准确的方法。由此公式求固体的比表面积的关键，是通过实验测得一系列对应的 p 和 X 值，然后将 $p/X(p_0-p)$ 对 p/p_0 作图，得到直线，直线的截距是 $1/X_m C$，斜率为 $(C-1)/X_m C$，故求得：

$$X_m = \frac{1}{\text{截距} + \text{斜率}} \qquad (3-14)$$

若每克吸附剂的总表面积为比表面积，用 S 表示，当已知每一个吸附质的横截面积时，则可求出吸附剂的比表面积，按式(3-15)计算：

$$S = N X_m A \times 10^{-16} \qquad (3-15)$$

式中，S 为比表面积，cm^2/g；N 为阿伏加德罗常数；X_m 为单分子层吸附量，mol；A 为吸附质的横截面积。测定吸附剂的比表面积常用的吸附质为氮，其横截面积为 $0.162nm^2$。

BET 的公式若变为下式，可求其他类型的等温线。

$$X = \frac{X_m C p}{(p_0 - p)[1 + (C - 1)(p/p_0)]} \qquad (3-16)$$

相对压力变小时，式(3-16)简化为：

$$X = \frac{X_m C p/p_0}{1 + (C - 1)p/p_0} \qquad (3-17)$$

3.2.1.3 溶液吸附的经验规律

固体自溶液中的吸附是最常见的吸附现象之一。溶液吸附规律比较复杂，至今尚无完满的理论。但是由于溶液中的吸附具有重要的实际意义，实践中也总结出了一些规律。

① 使固-液表面自由能降低最多的溶质，被吸附的量最多。例如活性炭吸附水溶液中的脂肪酸时，其吸附量随碳链的加长而增加。图 3-7 即说明随碳链的加长，炭-液界面的自由能的降低也更多。

② 溶解度低的物质易被吸附。如硅胶自四氯化碳和苯中吸附苯甲酸，图 3-8 说明苯甲酸在四氯化碳和苯中的溶解度，由于二种溶剂在硅胶表面的吸附差不多，故不考虑溶剂的影响，可知溶解度越小，吸附量越多。因为溶质的溶解度小，自溶液中逸出倾向越大，更易被吸附。

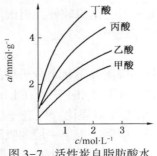

图 3-7 活性炭自脂肪酸水溶液中的吸附等温线

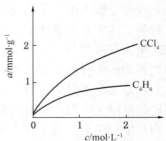

图 3-8 硅胶自四氯化碳和苯中吸附甲酸的等温线

③ 极性吸附剂容易吸附极性溶质、非极性吸附剂易吸附非极性溶质。由几种脂肪酸的吸附可知：脂肪酸极性次序为：甲酸>乙酸>丙酸>丁酸。水的极性最大，而活性炭是非极性吸附剂，固体对几种酸在水溶液中的吸附顺序为：丁酸>丙酸>乙酸>甲酸(图 3-7)。

3.2.1.4 影响吸附的因素

溶液中的吸附是溶质和溶剂分子争夺表面的净结果，影响因素复杂，主要有以下几点：

（1）比表面积

吸附是一种表面现象，吸附量与固体比表面积成正比，吸附气体的体积与比表面积成正比，溶液中的吸附也一样。但溶液中的吸附较吸附气体复杂。

以活性炭为例，其比表面积和单位吸附能力的关系见表 3-4。

表 3-4　活性炭的比表面积和单位吸附能力的关系

比表面积/$m^2 \cdot g^{-1}$	吸附量①		比表面积/$m^2 \cdot g^{-1}$	吸附量①	
	酚	苯胺蓝		酚	苯胺蓝
402	0.09	0.05	990	0.15	0.20
600	0.15	0.11	1065	0.15	0.28
815	0.15	0.14			

① 溶液浓度为 0.1g/L 时，每克活性炭所吸附溶质的克数。

（2）吸附剂

同系有机物在溶液中被吸附时，吸附量随着碳链增长而有规律地增加(这就是 Traube 规则)。当然由于体系性质不同，也有反 Traube 规则的。

（3）溶质的溶解度

溶解度越小的溶质越容易被吸附。因为溶质的溶解度越小，说明溶质与溶剂之间的相互作用力相对地越弱，于是被吸附的倾向越大。例如，含碳氢链的化合物，其同系物随着碳链的增加疏水性加大，结果在水溶液中的吸附也随之增加。

（4）界面张力

吸附是界面现象，界面张力越低的物质越容易在界面上吸附。

（5）pH 值

溶液的 pH 值对吸附量的影响十分显著(若溶质为带电荷的离子或胶体粒子)，特别是弱酸、弱碱性盐或有色物质更是如此。因为 pH 值影响这些物质的解离度，对于未解离分子的吸附，远大于其离子型。对于两性物质，在其等电点时，吸附作用最强，因为此时的解离度和溶解度均最小。对于非电解质，pH 值对其吸附的影响不明显。

（6）温度

温度提高，分子运动使距离拉开，黏度减小，促进溶质分子的扩散，有利于溶液中溶质的吸附作用加快。但温度对吸附的影响很难得到统一的规律。一般说，在吸附过程中，不宜采用过高温度。

3.2.2　增溶作用

表面活性剂在国民经济的各个领域有着广泛的应用，特别是在复配型精细化学品中其应用更广泛。基本应用原理是表面活性剂在溶液中的胶团化作用和在界面上吸附作用，因胶团化作用而形成的胶团(在非水溶剂中形成反胶团)或其他有序组合体使得表面活性剂溶液有独特的物理化学性质，其中增溶作用有重要地位。表面活性剂在水溶液中形成胶束后，具有能使不溶或微溶于水的有机化合物的溶解度显著增大的能力，且溶液呈透明状，这种作用称为增溶作用。能产生增溶作用的表面活性剂称为增溶剂，被增溶的有机物称为被增溶物。

实践证明，表面活性剂的浓度在临界胶束浓度（CMC）以下被增溶物的溶解度几乎不变，达到 CMC 以后则显著增高，这表明起增溶作用的内因是胶束，如果在已增溶的溶液中继续加入被增溶物，当达到一定量后，溶液呈白浊色，这时生成的白浊液即为乳状液，在白色乳状液中再加入表面活性剂，溶液又变得透明无色，这种乳化和增溶是连续的。但乳化和增溶本质上是有差异的，增溶作用可使被增溶物的化学势显著降低，使体系更加稳定，即增溶在热力学上是稳定的，而乳化在热力学上是不稳定的。

随着对两亲分子有序组合体认识的深入，增溶作用的研究已不限于通常意义上的胶团中发生的现象，在囊泡、脂质体、吸附双层等各种形式的有序组合体中的增溶作用引起了人们广泛的兴趣。

增溶作用应用十分广泛，在化妆品、去污、纺织品生产、农药、乳液聚合、环境保护、三次采油以及药物和生物过程等方面都起重要作用。

3.2.2.1　增溶作用的模式

增溶作用是与胶束密切相关的现象，因此需要弄清被增溶物在胶束中的位置和状态，以进一步认识增溶的本质、了解被增溶物与胶束之间的相互作用是至关重要的。

据紫外分光光度法、核磁共振波谱法、电子自旋共振频谱法对各种物质增溶于胶束中的位置和状态的研究表明，被增溶的物质和表面活性剂类型的不同，其被增溶的位置和状态也不同。

被增溶物的增溶方式与被增溶物的分子结构和胶团的类型有关，一般有以下四种方式。

（1）非极性分子在胶束内部的增溶

被增溶物进入胶束内部，犹如被增溶物溶于液体烃内，如图 3-9（a）所示。正庚烷、苯、乙苯等简单烃类的增溶即属于这种方式增溶，其增溶量随着表面活性剂的浓度增加而增大。

（2）增溶于表面活性剂分子间的"栅栏"处

长链的醇、胺等极性有机两亲分子，一般增溶于胶团的分子"栅栏"处，如图 3-9（b）所示。以非极性的碳氢链插入胶团内核，而极性基处于表面活性剂极性头之间参插排列，通过氢键或偶极子相互作用联系起来。若极性有机物的非极性碳氢链较长时，极性分子伸入胶团内核的程度增加，甚至极性基也将被拉入内核。

（3）在胶束表面的增溶

被增溶物分子吸附于胶束的表面区域，或靠近胶束"栅栏"表面的区域，如图 3-9（c）所示。如高分子物质、甘油、蔗糖以及某些不溶于烃的物质增溶属于这种增溶方式。这种方式增溶的增溶量在 CMC 以上时几乎是一定值，较以上两种方式的增溶量少。

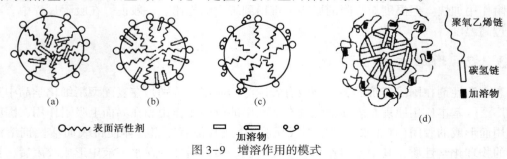

图 3-9　增溶作用的模式

（4）在聚氧乙烯链间的增溶

具有聚氧乙烯基非离子表面活性剂的增溶与上述不同，被增溶物包藏于胶束外层的聚氧乙烯的亲水链中，见图3-9（d）。例如苯、苯酚等增溶即属于这种方式的增溶。这种方式的增溶量大于前三种情况。

3.2.2.2 增溶作用的主要影响因素

从增溶作用的模型可看出，被增溶物质的增溶量与增溶剂和被增溶物的分子结构及性质有关，与胶束的数目，即表面活性剂的CMC有关。

（1）增溶剂的分子结构和性质

碳氢链长的影响，在同系的表面活性剂中，碳氢链越长，胶束行为出现的浓度越小。这是因为碳氢链增长，分子的憎水性增大，因而表面活性剂聚集成胶束的趋势增高，即CMC降低，胶束的数目增多，在较小的浓度下即能发生增溶作用，增溶能力增大。

对于极性有机物如长链醇、硫醇等在离子型胶团中的增溶部位为插入表面活性剂的"栅栏"中，分子的旋转和卷曲受到很大的阻碍，因此增溶作用主要取决于极性有机物碳氢链的长度。当被增溶物碳氢键长接近表面活性剂的碳氢链长时，增溶作用迅速减小；大于表面活性剂的碳氢链长时，增溶作用非常小。表3-5为在脂肪酸钾溶液中不同碳氧链长的正构直链醇的溶解度。

从表中可看出，表面活性剂的碳氢链越长，被增溶物的溶解度越大；被增溶物的碳氢链越长，溶解度越小。

表面活性剂的碳氢链具有分支时，由于CMC值较高且聚集数 n 较小因而增溶作用差。

表面活性剂的类型对增溶作用有影响，聚氧乙烯链非离子表面活性剂的增溶作用主要发生在由聚氧乙烯构成的外壳之中，因此必须同时考虑碳氢链长和聚氧乙烯链的长度这两个因素。通常，聚氧乙烯链长对增溶的影响较碳氢链更大。对于具有相同聚氧乙烯链的非离子表面活性剂，其碳氢链越长，增溶非极性有机物能力越强；反之，在非离子表面活性剂的碳氢链相同的条件下，其聚氧乙烯链越长，增溶能力越差。

极性有机物主要增溶于聚氧乙烯的外壳之中，所以增溶量随聚氧乙烯链增长而增大。

表面活性剂的类型不同，对烃类和极性有机物的增溶作用的顺序是：非离子表面活性剂>阳离子表面活性剂>阴离子表面活性剂。其主要原因是大多数非离子表面活性剂的亲水性较离子型表面活性剂差，CMC小易形成胶团，因此在浓度很低时就能产生增溶作用，所以增溶作用强。阳离子型表面活性剂因形成的胶团较疏松的缘故而增溶作用比阴离子表面活性剂的强。

表3-5 在0.1mol/L脂肪酸钾溶液中醇的溶解度

正醇的碳数	溶 解 度						
	C_8	C_9	C_{10}	C_{11}	C_{12}	C_{13}	C_{14}
C_7	0.3	0.43	0.60	0.64	0.64	0.68	0.72
C_8	0.06	0.30	0.41	0.48	0.47	0.51	0.51
C_9	0.018	0.25	0.32	0.30	0.42	0.44	0.47
C_{10}	0.01	0.21	0.31	0.35	0.37	0.41	0.45
C_{11}	0.01	0.24	0.29	0.36	0.36	0.39	0.381

（2）被增溶物的分子结构和性质

被增溶物不论以何种方式增溶，其增溶量均与分子结构和性质(碳氢链长、支链、取代基、极性、电性、摩尔体积及被增溶物的物理状态等)有关。

① 被增溶物分子的链长、环化、不饱和度和支化度　脂肪烃和烷基芳烃的增溶量随链长增加而减小。环化能使增溶量增高。不饱和化合物的增溶量较相应的饱和化合物大。带支链的饱和化合物的增溶量与相应的直链异构体大致相同。多环化合物的增溶量随相对分子质量增大而减小，甚至较相对分子质量相等直链化合物的增溶量还要小。例如萘的增溶量小于正癸烷和正丁苯，其原因可能是增溶多环化合物的胶束体积需远远大于增溶简单的碳氢化合物的胶束。表3-6列出了一些被增溶物链长、不饱和度、环化对增溶量的影响。

表 3-6　被增溶物的链长、不饱和度、环化对增溶量的影响

被增溶物		摩尔体积/ mm³·mol⁻¹	增溶量/ mol	每升溶液中被增溶物在胶束中的体积/mm³	每个胶束(150个分子)中增溶的分子个数
碳　数	名　称				
C₅	正戊烷	113.4	0.247	27.9	59
C₆	正己烷	131.5	0.178	23.2	42
	己三烯	—	0.425	—	99
	环己烷	104.5	0.430	45.9	102
	苯	88.5	0.533	47.2	126
C₇	正庚烷	147.5	0.125	18.4	30
	甲苯	107.0	0.403	43.7	96
C₈	正辛烷	163.1	0.105	17.2	24
	乙苯	123.0	0.280	34.0	66
	苯乙烯	120.0	0.322	39.6	78
C₉	正壬烷	178.2	0.082	14.6	20
	正丙苯	140.5	0.209	29.2	50
C₁₀	正丁苯	157.0	0.147	22.3	35
多环	萘	112.2	0.042	4.7	10
	菲	174.0	0.0085	1.03	2.0
	芴	—	0.0056	—	1.3
	蒽	142.3	0.00108	0.123	0.26

② 摩尔体积和曲面压力　从表3-6看出，碳氢化合物的增溶量与本身的摩尔体积近似地成反比，摩尔体积越大，增溶量越小。胶束内层由于受胶束弯曲界面产生的压力的影响，使得被增溶物分子穿入胶束受到阻碍，从而导致增溶量减小。胶束的曲率半径越小，增溶量越小。

③ 被增溶物的极性　被增溶物的增溶量随极性增大而增高，例如，正庚烷的1个氢原子被1个—OH基取代的正庚醇，其增溶量增加1倍；又如乙酸戊酯、甲基特丁基醚、甲基异丁基甲酮等，它们的增溶量约为相对分子质量和体积小于它们的相应烃的2倍以上。

以上所述被增溶物摩尔体积与增溶的关系，仅适用于碳氢化合物增溶于胶束内层的情形。对于极性化合物来说，其极性的大小和形成氢键的能力决定着它们在胶束"栅栏"中的位置。当表面活性剂溶液的浓度不很大时，胶束呈球状，碳氢链难以深入胶束内部，所以处于胶束"栅栏"界面的极性化合物较深入胶束内部的非极性化合物的增溶量要大得多。因此，

被增溶物的极性越小，碳氢链越长，其增溶量越小。

（3）有机添加物

表面活性剂的胶团在增溶了非极性的烃类有机化合物之后，会使胶团胀大，有利于极性有机化合物插入胶团的"栅栏"中，使极性有机物的增溶量增加。与之相反，当表面活性剂胶团在增溶了极性有机化合物后，也能使非极性的烃类有机化合物的增溶量增加。非极性的烃类有机物的增溶量随极性有机化合物碳氢链增加、极性减弱而增加。因此在碳氢链相同的条件下硫醇、胺和醇的增溶能力为 RSH>RNH$_2$>ROH。此外，表面活性剂胶团在增溶了一种极性有机物后，会使胶团"栅栏"处可增溶的空位减少，而使后增溶的极性有机物的增量减少。

（4）电解质

在离子表面活性剂溶液中加入无机盐可增加烃类的增溶量，减小极性有机物的增溶量。加入无机盐可使表面活性剂的 CMC 下降，由于 CMC 降低，胶束的数量增多，所以增溶能力增大。另一方面，由于加入无机盐会使胶束中"栅栏"分子间的电斥力减小，于是分子排列得更紧密，减少了极性化合物可被增溶的位置，因此极性有机物被增溶的能力降低。

加入盐的种类不同，对增溶能力的影响也不同，钠盐的影响比钾盐大。加入相同阳离子而不同阴离子的盐，对增溶能力的影响亦不同，例如钾盐对橙 OT 在十二酸钾溶液中增溶的影响，氢氧化钾大于硫氰酸钾，硫氰酸钾又大于氯化钾。

在非离子表面活性剂溶液中加入无机盐，其浊点降低，增溶量增高，并且随加入盐的浓度增大而增高。

（5）温度

温度对增溶的影响，因表面活性剂和被增溶物的不同而不同。影响增溶的因素有二：①温度的变化引起胶团性质（如 CMC、胶团聚集数、胶团大小等）的改变；②温度改变分子间相互作用，这种分子间相互作用既涉及增溶物与表面活性剂间的作用，也包括表面活性剂与溶剂间的作用。对于离子型表面活性剂来说，温度对胶束大小的影响不大，主要是影响被增溶物在胶束中的溶解度，其原因可能是热运动使胶束中能发生增溶的空间增大。

对于聚氧乙烯型的非离子表面活性剂来说，温度升高，聚氧乙烯链的水化作用减小，胶束易于形成，胶束的聚集数亦显著增加，于是非极性碳氢化合物和卤代烷烃等的增溶量增大。对于极性被增溶物来说，其增溶位置是在胶束的"栅栏"的界面区域，温度上升起始阶段，由于表面活性剂分子的热运动加剧，胶束的聚集数增多，故增溶能力随温度升高而增大。温度继续升高，则聚氧乙烯链脱水加快，而易缩卷得更紧，使胶束"栅栏"界面区域起增溶的空间减小，于是增溶能力下降。对于碳氢链较短的极性化合物来说，在接近表面活性剂溶液的浊点时，其被增溶能力更为显著。此外，对于某些醇如正辛醇，其增溶量随温度升高而下降。

（6）混合表面活性剂

以等物质的量混合的两种同电性的离子表面活性剂的混合液，其增溶能力处于此两种表面活性剂单独溶液的增溶能力之间。阴离子表面活性剂和阳离子表面活性剂的混合液，其增溶能力较两者任一单独的增溶能力大。

阴离子型与非离子型表面活性剂混合使用对增溶作用的影响比较复杂。如 C$_8$H$_{17}$C$_6$H$_4$SO$_3^-$Na$^+$ 与 C$_{12}$H$_{25}$(OC$_2$H$_4$)$_9$OH 混合时可使染料黄 OB 增溶量增大；而 C$_{10}$H$_{21}$C$_6$H$_4$ SO$_3^-$Na$^+$ 与 C$_{12}$H$_{25}$(OC$_2$H$_4$)$_9$OH 混合时却使染料黄 OB 的增溶量减小。有人认为这种差异是

因阴离子表面活性剂碳链中引入的芳环与聚氧乙烯链相互作用所致。

溶剂的性质和相对分子质量对水的增溶也有影响。溶剂极性增大，反胶团聚集数减小，并对表面活性剂极性基团有竞争作用，这些都不利于水的增溶。以烷烃为溶剂时，随其相对分子质量增大常在某一碳链长度水的增溶量有极大值。

水在非离子表面活性剂反胶团中的增溶量随表面活性剂浓度、聚氧乙烯链长、温度的增加而增加。电解质对聚氧乙烯类非离子表面活性剂比对离子表面活性剂增溶能力的影响小，而且电解质中阴离子比阳离子影响大得多。电解质的影响主要是因盐析作用，破坏聚氧乙烯链的醚氧原子与增溶水的氢键。

不同类型表面活性剂在非水溶剂中对水增溶能力的大小依次为：阴离子型表面活性剂>非离子型表面活性剂>阳离子型表面活性剂。

3.2.2.3　增溶时应注意的问题

（1）浊点及影响浊点的条件

非离子表面活性剂的水溶液加热至某一温度时，溶液即变为浑浊，并导致表面活性剂形成油层与水层分开，冷后恢复澄清，变浑浊时的温度称为浊点。不同的增溶剂有不同的浊点，有的表面活性剂还有二重浊点。

一般在药剂上使用表面活性剂作为注射液或滴眼液的增溶剂时，要求一定的稳定性，耐灭菌温度而不致破坏，必须选择浊点在85℃以上的，这样在高温灭菌时才不致分层。

（2）增溶剂加入的方法

增溶剂加入的方法不同，增溶量有差异。例如在维生素A棕榈酸酯的增溶中，如果先将增溶剂与被增溶物混合，再不断加水，结果增溶量较大。而如果先将增溶剂与水混合，再逐渐加入被增溶物，则增溶量较小。因此为了能最大限度地增溶药物，最好先将被增溶物与增溶剂混合，再缓慢加水。

（3）增溶时用量的影响

增溶时所用的溶剂(水)、表面活性剂和被增溶物三者的用量比例适当，便可得到澄清的水溶液，加水稀释仍保持澄清。若三者的比例不适当，配成溶液后，加水稀释即出现浑浊。

3.2.2.4　表面活性剂增溶作用的应用

增溶作用在各工业部门具有广泛应用：

（1）在乳液聚合中的应用

乳液聚合是使原料分散于水中形成乳状液，在催化剂的作用下进行聚合。原料单体在表面活性剂水溶液中乳化形成复配品，常处于三种状态：①在乳状液液滴中(包括了大部分单体)；②溶于水相中成为一般的真溶液；③增溶于胶束中。一般使用水溶性的聚合引发剂时，反应主要发生于水相的胶束中；采用非离于表面活性剂作为乳化剂时往往不能得到好的聚合效果。水溶性的催化剂在水相中引发反应，聚合反应在胶束中进行，分散于水相中的乳状液滴仅作为提供反应原料的储库。随着聚合反应的进行，乳状液不断减少，以致最后消失，而胶束中的单体逐渐聚合为所期望的高分子物质，脱离胶束形成新的、分散于水相中的高聚物液滴。待聚合全部完成时，即成为固体小球；而表面活性剂作为稳定剂吸附于其表面。乳液聚合过程中，由于高聚物不断生成，吸附更多的表面活性剂，直到最后胶束完全消失。

（2）在石油生产中的应用

借助于增溶作用可提高石油的采收率，其有效办法是将黏附在岩层砂石上的油"驱赶"

出来，即所谓"驱油"。为此利用表面活性剂在溶液中形成胶束的性质，如将表面活性剂、助剂(醇类起促进胶束形成的作用)和油混合在一起，经搅动，使之形成均匀的"胶束溶液"复配品。这种复配品溶液能溶解原油且有足够的黏度，能很好地润湿岩层，遇水不分层，当流过石岩层时能有效地洗下黏附于砂石上的原油，从而达到提高石油采收的目的。

（3）在其他方面的应用

在胶片生产过程中，胶片上常常出现微小油脂杂质造成的"彗星"斑点，若在乳化剂中加入效能良好的表面活性剂，即可消除这种斑点。这可能是由于表面活性剂的胶束起增溶作用或发生分散作用使之分散成更小的杂点而消失的缘故。

增溶在洗涤过程中起着除油垢的重要作用。在干洗过程中，表面活性剂在非水溶液中形成逆胶束，对油污起增溶作用，从而洗除污垢。

在生理过程中，某些具有两亲性的生物物质的增溶作用有着重要作用。有些两亲性有机分子与蛋白质的相互作用可引起多种变化(如变性、沉淀、钝化等)，在这种相互作用中两亲性分子的胶团结构和性质有重要意义。如在一定浓度下一些脂肪酸阴离子表面活性剂可使天然蛋白质沉淀，而在更高浓度下却又使沉淀溶解，并且这类作用还与介质 pH 值和离子强度有关。许多研究证实，胆盐及脂肪酸盐对一些水不溶性物质的乳化和增溶起重要作用，从而有助于这些物质的消化与吸收。

3.2.3 乳化作用

乳化是一种液体以微细液滴的形式均匀分散于另一不相混溶的液体中，形成较稳定的乳状液体的过程。乳化作用是表面活性剂应用最广泛的特性。从广义角度看，油漆、抛光液、农药、金属切削油、奶油、冰淇淋、化妆品、金属清洗液和纤维油等复配品种都是乳状液或以乳状液形式应用的工业产品。

3.2.3.1 乳化作用在农药复配品中的应用

农药产品的制剂加工多数是以复配品的形式出现，其应用中经常遇到分散问题，其中应用最广的一种体系就是乳状液。

在田间使用农药时，一般要求经过简单搅拌而且在较短时间内就能制成喷洒液。有时由于季节、地点的不同，水温和水质也有变化，地面喷洒和飞机喷洒等对浓度要求也不同，因此要制成适于各种条件使用的乳状液。目前常遇到的农药乳状液主要有三类。

① 可溶性乳状液 通常由亲水性大的原药组成的所谓可溶解性乳油复配品，如敌百虫、敌敌畏、乐果、氧化乐果、甲胺磷等乳油，兑水得到。由于原药能与水混溶，形成真溶液状乳状液。乳化剂主要功能是分散作用和赋予乳状液展着、润湿和渗透性能。

② 可溶化型乳状液 通常由所谓增溶型乳油兑水而得的复配品。外观是透明或半透明的蓝色或其他色，油滴粒径小，一般在 $0.1\mu m$ 或更小。乳化稳定性好，对水质、水温及稀释倍数有好的适应能力。乳剂用量也较高，一般在 10% 以上。

③ 浓乳状液 通常由所谓乳化性乳油或浓乳剂兑水而得。油滴粒径分布在 $0.1\sim1.0\mu m$ 之间，乳状液乳化稳定性好。油滴粒径多在 $1\sim10\mu m$ 之间。这种乳状液乳化稳定性较好。若油滴粒径大于 $10\mu m$，乳状液稳定性差，一般应避免应用。

3.2.3.2 在机械加工及防锈中的应用

在金属切削加工时，刀具切削金属使其发生变化，同时刀具与工件之间不断摩擦因而产生切削力及切削温度，严重地影响了刀具的寿命、切削效率及工件的质量。因此，如何减少切削力和降低切削温度是切削加工中的一个重要问题。常用的一种方法是选用合适的金属切削冷却液。合理选用金属切削冷却液，一般可以提高加工光洁度 1～2 级，减少切削力 15%～30%，降低切削温度 100～150℃，成倍地提高刀具耐用度并能带走切削物。切削冷却液的种类很多，其中最广泛使用的是水包油型乳化复配品切削液。

采用水包油型防锈油封存金属工件具有省油、改善劳动条件、降低成本、安全及不易燃等优点。可在油相中加入油溶性缓蚀剂如石油磺酸钡、十八胺等，乳化剂可采用水溶性好又有缓蚀作用的羧酸盐类，如二烯基丁二酸钠盐、磺化羊毛脂钠盐等，制备成水包油防锈油。

3.2.3.3 乳化作用在化妆复配品中的应用

护肤乳液是化妆品中的一种，护肤乳液也称液态膏霜，是化妆品中一大类颇受人喜爱的化妆品，涂于皮肤上能铺展成一层极薄而均匀的油脂膜，不仅能滋润皮肤还能起到保持皮肤的水分防止蒸发的作用。护肤乳液也分水包油和油包水型两种乳状液。其主要成分包括：高级醇、脂肪酸；乳化剂主要为阴离子表面活性剂、非离子表面活性剂；水相为低级醇、多元醇、水溶性高分子和蒸馏水等。

3.2.3.4 乳化剂在原油开采中的应用

（1）乳化钻井液

① 油包水型（W/O）钻井液　在钻井过程中，有时会遇到高度水敏性的黏土矿物层、高盐层、高钙层，若用水基钻井液进行钻井往往会引起水敏性地层的水化膨胀和剥蚀掉块，井壁坍塌或缩径，造成卡钻和井眼不规则等钻井复杂问题，甚至会无法钻井。为了防止水基钻井液带来的这种因钻井液中的水进入地层后带来的上述问题，因此采用 W/O 型乳化钻井液。

② 水包油型（O/W）钻井液　O/W 型钻井乳化液用于地层压力低的地区的钻井，O/W 型钻井液可以配制高油水比、低密度（密度小于 1000kg/m³）的钻井液，在地层压力低的地区用这种低密度 O/W 型钻井液可阻止钻井液漏失。

（2）水包油型（O/W）乳液除垢剂

油气田井下和地面管道、设备的内表面经常产生石蜡、沥青以及无机物组成的非水溶性混合积垢，给石油生产带来麻烦和困难。采用 O/W 型乳液除垢剂清洗地面管道，可以大大地提高工效、减轻劳动强度。

水包油型乳液除垢剂的基本组成：油相为多种烃类溶剂如芳香烃及煤油、柴油，水相为含有无机转化剂如马来酸二钠盐、适量的有机碱如各种胺类、适量的醇醚类助洗剂和一定量的水。乳化剂用非离子 O/W 乳化剂。

3.2.3.5 乳化剂在注射乳剂中的应用

国外 20 世纪 30 年代初期已开始研究乳化剂在注射乳剂中的应用。国内自 1958 年起，也开展静脉注射用脂肪乳剂的研究，并取得了一定的进展。注射用乳化剂的要求很高，不仅要求纯度高、毒性低、无溶血作用及副作用，且要求化学稳定性良好，贮存期间不应分解，能耐受高温消毒不起浊。因此符合这些要求的表面活性剂不多，合成表面活性剂主要是非离子型中的 Tween 类、Pluronic F68，天然表面活性剂为磷脂类。例如采用乳化剂配以各种维生素、泛酸、烟酰胺、水便可配制成多种维生素静脉注射液。

3.2.4 分散作用

在复配型精细化学品中，分散作用的应用十分广泛。固体粉末均匀地分散在某一种液体中的现象，称为分散。粉碎好的固体粉末混入液体后往往会聚结而下沉，但加入某些表面活性剂后，便能使颗粒较稳定地悬浮在溶液之中，这种作用称为表面活性剂的分散作用。例如洗涤剂能使油污分散在水中，表面活性剂能使颜料分散在油中而成为复配型精细化学品——油漆。

表面活性剂在分散过程中的作用体现在分散过程中各个阶段。Parfitt将固体在液体中的分散过程分为三个阶段：使粉体润湿，将附着于粉体上的空气以液体介质取代；使固体粒子团簇破碎和分散；阻止已分散的粒子再聚集。

3.2.4.1　表面活性剂在分散过程中的作用

（1）表面活性剂在分散过程中的主要作用

① 降低液体介质的表面张力、固液界面张力和液体在固体上的接触角，提高其润湿性质和降低体系的界面能，同时可提高液体向固体粒子孔隙中的渗透速度，以利于表面活性剂在固体界面的吸附，并产生其他有利于固体粒子聚集体粉碎、分散的作用。

② 离子型表面活性剂在某些固体粒子上的吸附可增加粒子表面电势，提高粒子间的静电排斥作用，有利于分散体系的稳定。

③ 在固体粒子表面上亲液基团朝向液相的表面活性剂定向吸附层的形成，有利于提高疏液分散体系粒子的亲液性，有时也可以形成吸附溶剂化层。

④ 长链表面活性剂和聚合物大分子在粒子表面吸附形成厚吸附层起到空间稳定作用。

⑤ 表面活性剂在固体表面结构缺陷上的吸附不仅可降低界面能，而且能在表面上形成机械屏障，有利于固体研磨分散。

（2）以水为分散介质的分散体系中表面活性剂的作用

对非极性固体粒子，非极性固体多指碳质固体（如石墨、炭黑、活性炭等）。这些固体表面大多疏水性较强，应用离子型表面活性剂和非离子型表面活性剂均可提高其润湿、分散性能。

对极性固体粒子，极性固体在水介质中表面大多都带有某种电荷，带电符号由各物质的等电点和介质pH值决定。①当表面活性剂离子与粒子表面带电符号相反时，吸附易于进行。但若恰发生电性中和，失去粒子间静电排斥作用，可能会导致粒子聚集。②表面活性剂离子与粒子带电符号相同时，表面活性剂浓度低时因电性相斥作用吸附难以进行，吸附量小。浓度高时，也可因已吸附的极少量表面活性剂的疏水基与溶液中的表面活性剂发生疏水作用形成表面胶团，提高粒子表面的亲水性和静电排斥作用，使体系得以稳定。

非离子表面活性剂对各种表面性质的粒子均有较好分散、稳定作用。很可能是因为长的聚乙烯链以卷曲状伸到水相中，对粒子间的碰撞可起到空间阻碍作用。而且厚的聚乙烯链水化层与水相性质接近，使有效Hamaker常数大大降低，从而也减小了粒子的范德华力。

（3）在非水介质体系中表面活性剂的作用

非水介质一般介电常数小，粒子间静电排斥不是体系稳定的主要原因。在这种情况下表面活性剂的作用表现如下：①空间稳定作用：吸附在粒子上的表面活性剂以其疏水基伸向液相阻碍粒子的接近。②熵效应：吸附有长链表面活性剂分子的粒子靠近时使长链的活动自由度减少，体系熵减小，同时吸附分子伸向液相的是亲液基团，粒子间的吸附势能也就降低了。对于介电常数大的有机介质，还需考虑表面电性质对分散稳定性的影响。

能使分散体系形成并使其稳定的外加物质称为分散剂。常用的分散剂有无机分散剂、低相对分子质量有机分散剂（主要为常用的阴离子型、阳离子型、非离子型、两性等表面活性剂）、高分子分散剂、天然产物分散剂。

3.2.4.2 分散作用的应用

在复配型精细化学品中，分散剂的应用非常广泛，例如，在颜料生产中，钛酸酯作为颜料的分散剂已有应用且环保。在颜料表面吸附的低相对分子质量的钛酸酯在水存在下可很快水解，形成亲水表面，分散于水中的该颜料又可与脂肪酸或脂肪胺反应形成亲油表面，可用于油基性涂料和印刷油墨制造。在药物混悬剂中分散的应用也十分广泛，混悬液型药剂是不溶性药物粉末微粒在分散媒内构成的不均匀分散系的液体制剂，分散剂在混悬剂中作助悬剂。其主要作用是降低分散相与分散媒间的界面张力，有助于疏水性药物的润湿与分散。外用的混悬剂常加入肥皂、月桂醇硫酸钠与二丁基琥珀酰磺酸钠等；内服的混悬剂则多用吐温类及司盘类；注射用混悬剂中常加入海藻酸钠、羧甲基纤维素钠及硬脂酸铝等。

3.2.5 洗涤作用

表面活性剂的洗涤作用是表面活性剂具有最大实际用途的基本特性。洗涤作用可以描述为：将浸在某种介质（常用的为水）中的固体表面的污垢去除的过程。在洗涤过程中，加入洗涤剂以减弱污垢与固体表面的黏附作用并施以机械力搅动，借助于介质（水）的冲力将污垢与固体表面分离而悬浮于介质中，最后将污垢冲洗干净。

3.2.5.1 洗涤作用简介

（1）污垢的种类

① 油性污垢（油污）　油性污垢大多是油溶性的液体或半固体，其中包括动植物油脂、脂肪酸、脂肪醇、胆固醇和矿物油及其氧化物等。

② 固体污垢　固体污垢包括煤烟、灰尘、泥土、沙、水泥、皮屑、石灰和铁锈等。液体污垢和固体污垢在物理性质和化学性质上存在较大差异，去除机理也不同。

（2）污垢的黏附

污垢在被洗物品表面上的黏附大致有以下 4 种：①机械黏附，主要指的是固体尘土黏附的现象。②分子间力黏附，被洗物品和污垢以分子间范德华力（包括氢键）结合。③静电力黏附，在有些特殊条件下污垢也可通过静电引力而黏附。④化学结合力，污垢通过化学吸附产生的化学结合力与固体表面的黏附。

（3）污垢的去除

在洗涤过程中，洗涤剂是不可缺少的。洗涤剂在洗涤过程中具有以下作用：一是除去固体表面的污垢；另一作用是使已经从固体表面脱离下来的污垢能很好地分散和悬浮在洗涤介质中，使其不再沉积在固体表面。洗涤的过程可表示为：

固体表面·污垢+洗涤剂+介质 ⟺ 固体表面·洗涤剂·介质+污垢·洗涤剂·介质

洗涤过程中，洗涤效率取决于以下因素：固体与污垢的黏附强度，固体表面与洗涤剂的黏附强度以及洗涤剂与污垢间的黏附强度。固体表面与洗涤剂间的黏附作用强，有利于污垢从固体表面去除；而洗涤剂与污垢的黏附作用强，有利于阻止污垢的再沉积；另外，不同性质的表面与不同性质的污垢之间有不同性质的结合力，因此三者间有不同的黏附强度。在水介质中，非极性污垢由于其疏水性不易被水洗净。在非极性表面的非极性污垢，由于可通过范德华力吸附于非极性物品表面上，三者间有较高的黏附强度，因此比在亲水的物品表面难于去除。极性的污垢在疏水的非极性表面上比在极性强的亲水表面上容易去除。

3.2.5.2 表面活性剂在洗涤中的作用

由于洗涤体系的复杂性，表面活性剂在洗涤中所起的作用是十分复杂的，下面作一简单介绍。

（1）降低表(界)面张力

表面活性剂是洗涤剂的主要成分，降低体系的表面张力是表面活性剂十分重要的表面性质，大多数性能优良的表面活性剂均具有明显降低体系表面张力的能力。在洗涤过程中，表面活性剂能使洗涤液具有较低的表面张力，这有利于洗涤液产生润湿作用。此外，洗涤液具有较低的表面张力，有利于液体油污的乳化悬浮，防止油污的再沉积。因此表面活性剂降低表面张力的能力是决定洗涤作用的关键因素之一。

（2）表面活性剂在界面的吸附作用

表面活性剂在界面上的吸附也是决定洗涤效率非常重要的因素。由于表面活性剂在界面上的吸附使界面及表面的各种性质均发生变化，如体系的能量、电性质、化学性质及机械性能都会发生变化。

表面活性剂在油-水界面上的吸附主要导致界面张力的降低，从而有利于液体油污的去除。表面活性剂在固-固界面的吸附降低了黏附能，有利于固体污垢的去除。油-水界面张力的降低有利于使液体污垢乳化、防止油污再沉积于洗涤物表面，提高了洗涤效率。所以说表面活性剂在界面上的吸附是洗涤的最基本原因，没有吸附的存在就不会有表面活性剂的洗涤功能。

表面活性剂在固-液界面的吸附状态不仅与表面活性剂的类型有关，而且与固体粒子的电性有关。

（3）表面活性剂的乳化与起泡作用

乳化作用在洗涤过程中占有相当重要的地位，因为液体油污经"卷缩"成油珠，从固体表面脱离进入洗涤液后，还有很多与被洗物品表面接触而再黏附物品表面的机会。为了防止液体油污再沉积的发生，最好的办法是将油污乳化，使其能稳定地分散悬浮于洗涤液中。在某些场合泡沫有助于油污的去除。如洗涤液形成的泡沫可以把从玻璃表面洗下来的油滴带走。另外在溶液中丰富的泡沫能在洗涤过程中给人带来润滑、柔软的舒适感觉。

（4）表面活性剂的增溶作用

在通常的洗涤过程中使用临界胶团浓度较大的阴离子表面活性剂作洗涤剂时，表面活性剂胶团的增溶作用对液体油污去除的影响不是主要的。当使用临界胶团浓度较小的非离子表面活性剂作为洗涤剂时，增溶作用对液体油污去除的影响非常重要。

3.2.5.3 洗涤剂

表面活性剂是洗涤剂的主要成分，没有表面活性剂就不会有复配型洗涤剂。常用的洗涤剂配方中，主要以阴离子表面活性剂、非离子表面活性剂为主，还加有少量的两性表面活性剂。

常用的阴离子表面活性剂有脂肪酸盐、烷基苯磺酸盐、脂肪醇硫酸盐、脂肪醇聚氧乙烯硫酸盐、α-烯烃硫酸盐、脂肪醇聚氧乙烯羧酸盐以及脂肪酸甲酯磺酸盐。

常用的非离子表面活性剂主要以聚氧乙烯型的非离子表面活性剂为主，以及其他类型的非离子表面活性剂。聚氧乙烯型的非离子表面活性剂以聚氧乙烯烷基醇醚、聚氧乙烯烷基酚醚为常用。

由于两性表面活性剂的低毒性和对皮肤的、眼睛的低刺激性，良好的生物降解性和配伍性，常用于低刺激性的洗涤剂配方中。常用的两性表面活性剂主要有 N-酰基氨基酸型、甜菜碱型、咪唑啉型。

助剂有无机助剂和有机助剂两种。无机助剂有碳酸钠、三聚磷酸钠、焦磷酸钠、硅酸钠及硫酸钠等，有机助剂有羧甲基纤维素或甲基纤维素等。目前洗涤剂品种繁多，但表面活性剂在复配型洗涤剂中所起的作用如上所述。

3.2.6　润湿与渗透作用

润湿与渗透是最常见的现象，也是生活和生产中的重要过程，如水对动植物机体的润湿，水对土壤的润湿，生产过程中的机械润湿，注水采油、洗涤、焊接等均与润湿有关。

对纺织品而言，由于纤维是一种多孔性物质，有着巨大的表面积，使溶液沿着纤维迅速扩展，渗入纤维的空隙，把空气取代出去，将空气-纤维表面(气-固表面)的接触代之以液体-纤维(液-固界面)表面的接触，这个过程叫润湿。用来增进润湿的助剂叫润湿剂。

纤维物由无数纤维组成，可以想象纤维之间构成了无数毛细管，如果液体润湿了毛细管壁，则液体能够在毛细管内上升至一定高度，从而使高出的液柱产生静压强，促使溶液渗透到纤维内部，此即为渗透。纺织物在染整加工过程中，不但要润湿织物表面，还需要使溶液渗透到纤维空隙中去。所以凡是能够促使液体表面润湿的物质也就能够使溶液在织物内部渗透，在这种意义来说，润湿剂也就是渗透剂。在复配型精细化学品中，润湿与渗透的应用是十分广泛的。

3.2.6.1　润湿的基础理论

将一滴液体滴在一固体表面上，此液体在固体表面可铺展形成一薄层或以一小液滴的形式停留于固体表面，我们称前者为完全润湿，后者为不完全润湿或部分润湿。因此润湿作用一定涉及三相，其中两相必为流体(气体或液体)。

1805 年由 T. Young 提出了润湿方程，常称为杨氏(Young)方程式：

$$\delta_{SG} - \delta_{SL} = \delta_{LG} \cos\theta \tag{3-18}$$

上式是润湿的基本方程，其中 δ_{SG}、δ_{SL}、δ_{LG} 分别是气-固、液-固、气-液的表面张力，θ 是接触角(若在固、液、气三相交界处，作气-液界面的切线，自此切线经过液体内部到达固-液交界线之间的夹角，被称为接触角。利用接触角作为液体对固体润湿程度的判据，常常将 $\theta = 90°$ 作为标准，把 $\theta < 90°$ 称为润湿，而把 $\theta > 90°$ 称作不润湿。$\theta = 0°$ 为完全润湿，$\theta = 180°$ 为不完全润湿)。以液体润湿固体为例，液体表面张力 δ_{LG} 减少液体和固体之间的界面，即液滴表面趋向收缩为球形，而 δ_{SG} 使液滴展开。δ_{SL} 与 δ_{SG} 相反，力图使固-液界面缩小。δ_{SL} 越小，液体在固体表面上展开所需的力越小，容易在固体表面上展开。δ_{LG} 的作用也使液-固表面减小，δ_{LG} 越小则液体易在固体表面展开。因此，δ_{SG} 力图使溶液展开，δ_{LG} 与 δ_{SL} 力图使液滴收缩。润湿情况越好，液滴在固体表面展开得越多，接触角 θ 越小；反之，润湿情况越差，液滴展开越少，接触角越大。

润湿过程可分为三类：沾湿、浸湿及铺展。它们各自在不同的实际过程中起作用。

(1) 沾湿

沾湿过程就是当液体与固体接触后，将液-气和固-气界面变为固-液界面的过程。在沾湿中常用的是沾附功 W_a。

$$W_a = \gamma_{SG} + \gamma_{LG} - \gamma_{SL} \tag{3-19}$$

式中，γ_{SG}、γ_{LG}、γ_{SL} 分别为单位面积的固-气、液-气和固-液界面自由能；W_a 是黏附过程体系对外所能做的最大功，也就是将固-液接触自界面交界处拉开，外界所需的最小功，显然此值越大则固-液界面结合越牢。故 W_a 是固-液界面结合能力及两相分子间相互作用力大小的表征。$W_a \geq 0$ 即沾湿发生的条件。

（2）浸湿

指固体浸入液体的过程，其实质是固-气界面被固-液界面所代替。

① 硬固体表面的浸湿　硬固体表面即为非孔性固体的表面，硬固体表面的完全浸湿，其实质是固-气界面完全被固-液界面所代替，而液体表面在浸湿过程中无变化；硬固体的部分浸湿，其实质是体系的固-气界面被固-液界面部分取代的过程。

② 软固体表面的浸湿　软固体表面即为多孔性固体表面，它的浸湿过程常称为渗透过程，有式（3-20）成立。

$$W_i = \gamma_{SG} - \gamma_{SL} \qquad (3-20)$$

式中，W_i 为浸湿功。W_i 反映液体在固体表面上取代气体的能力。γ_{SG} 越大、γ_{SL} 越小，越有利于浸湿的进行。

$W_i \geq 0$ 即浸湿发生的条件。

（3）扩展（铺展）

乳剂涂于片基上时，不仅要求乳剂黏附于片基上不脱落，而且希望能自行扩展，成为均匀的薄膜。所以，扩展是以固-液界面代替固-气界面的同时，液体表面也同时扩展。

$$S = \gamma_{SG} - \gamma_{SL} - \gamma_{SA} \qquad (3-21)$$

式中，S 为扩展系数。

由式（3-19）、式（3-20）、式（3-21）可知，$W_a > W_i > S$，若 $S \geq 0$，则 $W_a > W_i > 0$，所以扩展是润湿的最高标准，能扩展则必然沾湿和浸湿。

3.2.6.2　渗透

当一种多孔性固体（例如棉絮）未经脱脂就浸入水中时，水不容易很快浸透，如加表面活性剂后，情况就会完全改变。表面活性剂能够明显减小液体的表面张力，水与棉表面的接触角降低了，水就在棉表面上铺展，即渗透入棉絮内部。渗透作用实际上是润湿作用的一个应用。

3.2.6.3　应用实例

（1）润湿在复配型农药中的应用

许多植物和害虫、杂草不易被水和药液润湿，不易黏附、持留，这是因为它们表面常覆盖着一层疏水蜡质层，这一层疏水蜡质层是低能表面，水和药剂在上面会形成接触角大于90°的液滴。加上疏水蜡质层表面的粗糙会使接触角更进一步增大，使得药液对蜡质层的润湿性不好。在农药制剂中加入润湿剂后，药液在蜡质层上的润湿状况得到改善甚至可以在其表面上铺展。作用原理是当药中添加了润湿剂后，润湿剂会以疏水的碳氢链通过色散力吸附在蜡质层的表面，而亲水基则伸入药液中形成定向吸附膜取代了疏水的蜡质层。由于亲水基与药液间有很好的相容性，所以液-固表面张力下降。润湿剂在药液表面的定向吸附也使得药液表面张力下降，因此接触角减小，这样药液润湿性会得到改善。随着润湿剂在固-液和气-液界面吸附量的增加，接触角会由大于90°变到小于90°甚至为0°，使药液完全在其上铺展。

（2）润湿在采油中的应用

在原油的开采中，为了提高油层采收率而使用各种驱油剂。由于水价格较低，目前油田使用得最普遍的驱油剂是水。为了提高水驱油的效率，因此采用溶有表面活性剂的水混合制剂，称之为活水，活水中添加的表面活性剂主要是润湿剂。其具有较强的降低油-水界面张力和使润湿反转的能力。常用的润湿剂有：支链的壬基酚聚氧乙烯醚、支链的十二烷基磺酸钠、烷基硫酸钠、聚氧乙烯聚氧丙烯丙二醇醚等。

（3）润湿在泡沫浮选中的应用

许多重要的金属（如钼、铜）在矿脉中的含量很低，冶炼前必须设法提高其品位。为此，采用泡沫浮选方法。先将原矿磨成粉（0.01~0.1mm），再倾入盛有水的大桶中，由于矿粉通常皆被水润湿，所以沉于桶底。若加入一些促集剂（表面活性剂），因为表面活性剂易被硫化矿物（钼、铜等在矿脉中常为硫化物）吸附，致使矿物表面成为亲油性的，鼓入空气后，矿粉则附在气泡上并和气泡一起浮出水面并被捕收，而不含硫化物的矿渣则仍留桶底。这样可将有用的矿物与无用的矿渣分开。若矿粉中含有多种金属，则可以用不同的促集剂和其他助剂使各种矿物分别浮起而被捕收。促集剂的作用是改变矿粉的表面性质，其极性基团吸附在矿物表面上，而非极性基团朝向水中，由于矿粉表面由亲水变为亲油，当不断加入促集剂时，固体表面上即生成一个亲油性很强的薄膜，促进了矿物的浮选。

（4）渗透的应用

渗透广泛用于印染和纺织工业中。染料溶液或染料分散液中必须使用渗透剂，以使染料均匀地渗透到织物中；纺织品在树脂整理液中处理时浸渍时间很短，很难被树脂液渗透，会造成整理渗透不匀和外部树脂偏多的现象，降低了整理效果。为改善此种情况，采用渗透剂最为合适，常用非离子表面活性剂；织物在漂白时，由于漂白工艺连续化，漂白速度加快，次氯酸漂白液不易均匀渗透被漂织物，达不到预期的漂白效果，这样渗透剂的好坏直接影响织物的白度，漂白时多使用非离子表面活性剂。

3.3 表面活性剂的复配原理与应用

目前，在研究和开发表面活性剂的领域中有两个主要方向：一是研究表面活性剂的结构与性能之间的关系，找出结构对性能的影响规律，从而可以根据性能要求合成出与其结构相匹配的表面活性剂；或者相反，根据成品表面活性剂的结构而确定其性能，为产品的使用与开发提供理论依据。二是通过现有表面活性剂的复配体系获得具有优越性能的新产品，也就是复配体系协同效应，也称增效作用。其含义是指一种表面活性剂与其他表面活性剂或无机电解质、有机化合物以及高聚物的复配，其溶液物理化学性质会有明显的变化，其表面活性效果优于各个组分的性能，而此种性质甚至是原组分本身所不具有的。

实际应用中很少用表面活性剂纯品，绝大多数场合以混合物形式使用。这是由于以下两个原因所造成：首先是经济上的原因；其次，在实际应用中没有必要使用纯表面活性剂，恰恰相反，经常使用加入各种添加剂的表面活性剂配方带来成本的大幅度降低。而更重要的原因是，经过复配的表面活性剂具有比单一表面活性剂更好的使用效果。例如在一般洗涤剂配方中，表面活性剂只占总成分的20%~30%，其余大部分是无机物及少量有机物，而所用的表面活性剂也不是纯品，往往是一系列同系物混合物。因此，应弄清楚表面活性剂的复配基本规律，以寻求各种符合实际用途的高效复配配方。在这里，对表面活性剂的复配原理与应用进行初步的、概括的讨论。

3.3.1 无机电解质与表面活性剂的相互作用

表面活性剂的复配配方中，往往加入大量的无机电解质，可以使溶液的表面活性提高。

这种协同作用主要表现在离子型表面活性剂与无机盐混合溶液中。

3.3.1.1 无机电解质与离子型表面活性剂的相互作用

对于离子型表面活性剂，在其中加入与表面活性剂有相同离子的无机盐不仅可降低同浓度溶液的表面张力，而且还可降低表面活性剂的 CMC，此外还可以使溶液的最低表面张力降得更低，即达到全面增效作用。

无机电解质浓度对溶液的表面活性也有明显影响，例如在 $C_{12}H_{25}OSO_3Na$ 溶液中，增加 NaCl 浓度可使 CMC 下降，见表 3-7。

除了反离子的浓度，反离子的价数的影响也很大，高价离子比一价离子有更大的降低表面活性剂溶液表面张力的能力(若高价离子使表面活性剂形成沉淀则例外)。

无机盐对离子型表面活性剂表面活性的影响，主要是由于反离子压缩了表面活性剂离子头的离子氛厚度，减少了表面活性剂离子头之间的排斥作用，从而使表面活性剂更容易吸附于表面并形成胶团，导致溶液的表面张力与 CMC 降低。

表 3-7　NaCl 浓度对 $C_{12}H_{25}OSO_3Na$ 的 CMC 的影响

NaCl 浓度/mol · L^{-1}	CMC/mol · L^{-1}	NaCl 浓度/mol · L^{-1}	CMC/mol · L^{-1}
0	0.0081	0.2	0.00083
0.02	0.0038	0.4	0.00052

3.3.1.2 无机电解质对非离子表面活性剂的影响

对于非离子表面活性剂，无机盐对其性质影响较小。当盐浓度较小时(如小于 0.1 mol/L)，非离子表面活性剂的表面活性几乎没有显著变化。只是在无机盐浓度较大时，表面活性剂才显示变化，但与离子型表面活性剂相比变化小得多。无机盐对非离子表面活性剂的影响主要在于疏水基团的"盐析"作用，而不是对亲水基的作用。非离子表面活性剂有一个特性，即在温度升高至一定值时，溶液出现混浊，即浊点。电解质的盐析作用可以降低非离子表面活性剂的浊点，它与降低 CMC、增加胶束聚集数相应，使得表面活性剂易缔合成更大的胶团，到一定程度即分离出新相，溶液出现混浊。

虽然无机盐电解质对非离子表面活性剂溶液性质影响主要是"盐析作用"，但也不能完全忽略电性相互作用。对于聚氧乙烯链为极性头的非离子表面活性剂，链中的氧原子可以通过氢键与 H_2O 及 H_3O^+ 结合，从而使这种非离子表面活性剂分子带有一些正电性。从这个角度来讲，无机盐对聚氧乙烯型非离子表面活性剂表面活性的影响与离子型表面活性剂的有些相似，只不过由于聚氧乙烯型非离子表面活性剂极性基的正电性远低于离子型表面活性剂，无机盐的影响也小很多。

3.3.2　极性有机物与表面活性剂的相互作用

少量有机物的存在能增加表面活性剂的表面活性，使表面活性剂在水溶液中的 CMC 发生很大变化，并使表面活性剂水溶液的表面张力降低更多。

一般表面活性剂的工业产品中几乎不可避免地含有少量未被分离出去的极性有机物，在实际应用的表面活性剂配方中，为了调节配方的应用性能，也常加入极性有机物作为添加剂。

3.3.2.1 长链脂肪醇的影响

脂肪醇的存在对表面活性剂溶液的表面张力、CMC 以及其他性质(如起泡性，泡沫稳定性，乳化性能及增溶作用等)都有显著影响。在长链醇的溶解度范围内，表面活性剂的 CMC

随醇浓度增加而下降。长链脂肪醇可降低表面活性剂溶液的 CMC，这种作用的大小随脂肪醇碳氢链的加长而增大，表面活性剂的 CMC 随醇浓度增加而下降。但浓度高时，则 CMC 随浓度变大而增加。由于浓度增加，溶液性质改变，使未形成胶束的表面活性剂分子的溶解度变大，CMC 提高；或是由于浓度增加而使水溶液的介电常数减小，于是胶束的离子头之间的排斥作用增加，不利于胶束的形成，从而使 CMC 变大。

脂肪醇能改变表面活性可能是脂肪醇参与了胶束的形成，与表面活性剂混杂在一起形成胶束，在醇浓度较小时，醇分子本身的碳氢链周围有"冰山"结构，所以醇分子参与表面活性剂胶束的形成过程是容易自发进行的自由能降低过程，溶液中醇的存在就使胶束容易形成，CMC 自然降低。

3.3.2.2 短链醇的影响

短链醇在浓度小时可使表面活性剂的 CMC 降低；在浓度高时，则 CMC 随浓度变大而增加。原因是在醇浓度较小时，醇分子本身的碳氢链周围有"冰山"结构，所以醇分子参与表面活性剂胶团形成的过程是容易自发进行的自由能降低过程，溶液中醇的存在使 CMC 降低。但在醇浓度较大时，一方面溶液性质改变，使表面活性剂的溶解度变大；另一方面由于醇浓度增加而使溶液的介电常数变小，胶团的离子头之间的排斥作用增加，不利于胶团的形成。因此这两种效应综合的结果，导致醇浓度高时，CMC 升高。

3.3.2.3 水溶性、极性较强的极性有机物的影响

有些水溶性较强的极性有机物如尿素、N-甲基乙酰胺、乙二醇、1,4-二氧六环等使表面活性剂的 CMC 上升。对于这种现象，一般认为是水结构形成与破坏的结果。此类化合物在水中易于通过氢键与水分子结合，相对来说使水本身结构易于破坏。此类化合物对于表面活性剂分子疏水链周围的"冰山"结构也同样起到破坏作用，使其不易形成。此外，这类化合物也能使表面活性剂在水中的溶解度大为增加。这就会使表面活性剂吸附于表面及形成胶团的能力减弱，导致表面活性下降。

另外一类强极性的、水溶性的添加物，如果糖、木糖以及山梨糖醇、环己六醇等，则使表面活性剂的 CMC 降低。这可被认为是此类化合物使表面活性剂的疏水基在水中的稳定性降低，于是易于形成胶团。

3.3.2.4 表面活性剂助溶剂的影响

某些表面活性剂由于在水中溶解度太小，对应用不利，需要在配方中加入增加溶解度的添加剂，即助溶剂。常用作助溶剂的是二甲苯磺酸钠一类化合物。适当的助溶剂应该是在增加表面活性剂溶解性的同时，一般不显著降低表面活性剂的表面活性。使用时常常将不同的助溶剂混合使用，以增强助溶效果。

3.3.2.5 水溶性高分子化合物的影响

水溶性高分子化合物在实际使用时，总是往往与表面活性剂复配使用。在乳状液中常将一些高分子化合物如明胶、阿拉伯树胶等和表面活性剂一起使用，使乳状液稳定性提高。这些性能的提高主要由于表面活性剂与水溶性高分子化合物发生相互作用，导致表面活性剂溶液黏度的增加。

3.3.3 阴离子表面活性剂与阳离子表面活性剂的相互作用

长期以来，在表面活性剂复配应用过程中把阳离子型表面活性剂与阴离子型表面活性剂的复配视为禁忌，一般认为两者在水溶液中相互作用会产生沉淀或絮状络合物，从而产生负

效应甚至使表面活性剂失去表面活性。有人研究发现，在一定条件下阴、阳离子表面活性剂复配体系具有很高的表面活性，显示出极大的增效作用，这样的复配体系已成功地用于实际。由于阴、阳离子表面活性剂复配在一起，相互之间必然产生强烈的电性作用，因而使表面活性大大提高。有人认为阳离子表面活性剂与阴离子表面活性剂混合之后形成了"新的络合物"，并会表现出优异的表面活性和各方面的增效效应。

表 3-8 列出了阴、阳离子表面活性剂混合体系的临界胶束浓度和在临界胶束浓度时的表面张力。表中数据表明，与单一表面活性剂相比，只要在阳（或阴）离子表面活性剂中加入少量相反离子的表面活性剂，即可使溶液的表面张力大大下降（两种离子表面活性剂的碳链数相等），在某物质的量比时表面张力达到最低值，CMC 下降到小于单一表面活性剂溶液。

更值得一提的是，通过复配，还可使一些本来表面活性很差的"边缘"表面活性剂也具有很高的表面活性。表 3-8 中 $C_8H_{17}NMe_3Br-C_8H_{17}SO_4Na$ 混合体系就是一个典型例子。

阴、阳离子表面活性剂混合体系的协同作用来源于阴、阳离子间的强吸引力，使溶液内部的表面活性剂分子更易聚集形成胶团，表面吸附层中的表面活性剂分子的排列更为紧密，表面能更低。

阴、阳离子表面活性剂复配后会导致每一组分吸附量增加。这同样是由于阴、阳离子表面活性剂间存在强烈相互作用，这种相互作用包括异性离子间的静电吸引作用以及烃基间的憎水相互作用。阴、阳离子表面活性剂在吸附层呈等比组成时达到最大电性吸引，表面吸附层分子排列更加紧密而使表面吸附增加。

与复合物表现出的高表面活性相关的是阴、阳离子表面活性剂混合后，所表现出的较好的润湿性能、每一组分吸附量增加、溶液的起泡性或泡沫稳定性也会发生很大的变化。实验证明等物质量的阴、阳离子表面活性剂混合后，溶液所产生的泡沫寿命，或在水-油体系中液滴的寿命，都比单一表面活性剂溶液所产生的泡沫寿命或液滴寿命要长得多。

由于阴、阳离子表面活性剂复配体系中，表面活性离子的正、负电性相互中和，其溶液的表面及胶团双电层不复存在，因此无机盐对之无显著影响，而且并不是在任何场合以任何方式都可以形成的，特别是阴离子表面活性剂和阳离子表面活性剂之间形成的分子间化合物，一般是很难制备的，必须严格地按一定的物质的量比例，并遵循一定的混合方式才可以。否则不仅得不到有相互作用并能提高它们表面活性的分子间化合物，反而得到性质彼此抵消的离子化合物，并从水溶液中沉淀析出。

表 3-8　阴、阳离子混合表面活性剂的 CMC 和表面张力（25℃）

表面活性剂	CMC/mol·L^{-1}	表面张力/mN·m^{-1}
$C_8H_{17}NMe_3Br-C_{12}H_{25}SO_4Na$（1:1）	4×10^{-4}	26
$C_{12}H_{25}NMe_3Br-C_8H_{17}SO_4Na$（1:1）	4×10^{-4}	23
$C_{16}H_{33}NMe_3Br-C_8H_{17}SO_4Na$（1:1）	3×10^{-5}	26
$C_8H_{17}NMe_3Br-C_8H_{17}SO_4Na$（10:1）	3.3×10^{-2}	23
$C_8H_{17}NMe_3Br-C_8H_{17}SO_4Na$（1:10）	2.5×10^{-2}	23
$C_8H_{17}NMe_3Br-C_8H_{17}SO_4Na$（1:50）	5.0×10^{-2}	25
$C_8H_{17}NMe_3Br$	2.6×10^{-1}	41
$C_{12}H_{25}NMe_3Br$	1.6×10^{-2}	40
$C_{16}H_{33}NMe_3Br$	9.0×10^{-4}	37
$C_8H_{17}SO_4Na$	1.4×10^{-1}	39
$C_{12}H_{25}SO_4Na$	8.0×10^{-3}	38

3.3.4　非离子表面活性剂与离子表面活性剂的相互作用

非离子表面活性剂与离子表面活性剂的复配已有广泛的应用。如非离子表面活性剂(特别是聚氧乙烯基作为亲水基)加到一般肥皂中,量少时起钙皂分散作用(防硬水作用),量多时形成低泡洗涤剂配方。有关非离子表面活性剂与离子表面活性剂复配规律可总结如下:

① 在离子表面活性剂中加入非离子表面活性剂,将使表面活性提高。

在非离子表面活性剂加入量很少时,就会使表面张力显著降低。如在十二烷基硫酸钠(SDS)中加入 $C_{12}E_5$ 后,在 $C_{12}E_5$ 的浓度很小时可使 CMC 及表面张力大大降低,当 SDS 的浓度增加到其 CMC 附近时,溶液的表面张力出现了最低值,此时的 $C_{12}E_5$ 在混合溶液中的摩尔分数仅是 0.001。

② 在非离子表面活性剂中加入离子表面活性剂,溶液的表面活性增加。

③ 在非离子表面活性剂中加入离子表面活性剂,将使浊点升高。但这种混合物的浊点不清楚,界限不够分明,实际上常有一段较宽的温度范围。

④ 许多研究表明,阴离子表面活性剂与非离子表面活性剂的相互作用强于阳离子表面活性剂与非离子表面活性剂,这可能是由于非离子表面活性剂(如聚氧乙烯链中的氧原子)通过氢键与 H_2O 及 H_3O^+ 结合,从而使这种非离子表面活性剂分子带有一些正电性。因此阴离子表面活性剂与此类非离子表面活性剂的相互作用中还有类似于异电性表面活性剂之间的电性作用。

3.3.5　阴离子表面活性剂与两性表面活性剂的相互作用

阴离子表面活性剂不仅能与非离子表面活性剂发生相互作用,而且能与两性表面活性剂发生强烈的相互作用,提高表面活性以及改变各种性能。

固定溶液中总表面活性剂的浓度不变,改变阴离子表面活性剂和两性表面活性剂的比率,测定表面张力,会发现随着两性表面活性剂比率的增大,混合体系表面张力逐渐减小,达最低值后,又逐渐增大;混合体系的临界胶束浓度也逐渐减小,达到最低值后保持一稳定水平。

阴离子表面活性剂和两性表面活性剂的混合体系之所以会出现协同增效作用与阴离子表面活性剂和两性表面活性剂在水溶液中的相互作用特性有着密切的关系。由于两性表面活性剂分子中有正电荷存在,溶液中阴离子表面活性剂和两性表面活性剂之间存在着相互作用。两性表面活性剂极性基团所带的正电荷对阴离子表面活性剂的阴离子基团存在静电吸引作用,而且阴离子表面活性剂和两性表面活性剂的碳氢链还存在一定的疏水相互作用,因而在液-气界面表面活性剂分子排列得更致密,吸附量更大,复配后表面活性更高。

溶液中阴离子表面活性剂和两性表面活性剂之间形成了某种复合物或称为分子间化合物,由于这种分子间化合物的形成,自然改变了许多和表面活性有关的性质以及其他物理性质。可以通过 pH 值测定法、表面张力测定法和示踪原子测试法等来研究这种相互作用。

这种复合物的生成在一定程度上可提高界面活性的性质,在实用上往往可以在阴离子表面活性剂中加入一定比例的两性表面活性剂,从而使阴离子表面活性剂的洗净能力提高许多。特别在较硬的水中进行洗涤,这种效果更为明显。例如,在烷基苯磺酸钠中加入一定量的两性表面活性剂可以提高其洗净能力,降低污染。

3.3.6 阳离子表面活性剂与两性表面活性剂的相互作用

两性表面活性剂和阳离子表面活性剂同样存在着相互作用。主要表现在混合后所发生的黏度、发泡体积等方面的变化。例如两性表面活性剂 $C_{12}H_{25}NHCH_2CH_2COOH$（DBA）和阳离子表面活性剂 $C_{16}H_{33}N^+(CH_3)Br^-$（CTAB）在溶液中存在着强烈的相互作用，摩尔分数在 0.4～0.6 之间时，初期气泡的体积显著降低，摩尔分数在 0.6 左右时，出现气泡体积的极小值。在碱性条件下，它们混合后的溶液黏度在开始阶段随 pH 值的增加而增加，在 pH 值达到 9.4 时，黏度也达到最大值，pH 值再增加，黏度下降。在 pH 值达到 9.4 时，溶液黏度不仅出现最大值，同时溶液也可能出现混浊或沉淀。

3.3.7 表面活性剂的复配变化及禁忌

一般来说，离子类型相同的表面活性剂可以互相复配使用，不会引起稳定性问题。例如阴离子表面活性剂脂肪醇聚氧乙烯醚硫酸钠经常与脂肪醇硫酸盐等同时配合使用，两者性能互补、泡沫丰富，长期存放不发生化学变化；非离子表面活性剂的兼容性也非常好，可以方便地与其他离子类型的表面活性剂同时配合使用。现简单说明一下表面活性剂的配伍变化及禁忌。

3.3.7.1 阴离子表面活性剂的配伍变化及禁忌

阴离子表面活性剂多为有机酸盐，pH 值 7 以上活性大，pH 值 5 以下活性低。

（1）肥皂类

钾、钠皂碱性强，能被无机酸水解为脂肪酸而失效。另外，制成乳剂，加少量电解质使乳剂稳定，加入大量电解质可以引起盐析而导致乳剂破坏。二价或三价金属离子（Ca^{2+}，Mg^{2+}，Zn^{2+}，Pb^{2+}，Hg^{2+}，Al^{3+} 等）可使由肥皂形成的乳剂破坏或发生转相。金属皂的碱性较弱，对酸敏感，如弱酸（硼酸、水杨酸等）也能引起相分离。有机胺皂的碱性最弱，pH = 8 时，界面活性最强。遇酸和金属离子较一般肥皂稳定。但酸的浓度较大时，可使三乙醇胺的脂肪酸酯水解，与金属离子相遇，可沉淀变成相应的金属皂类，而发生相分离或转化。

（2）硫酸或磺酸化物

可溶于水和油，对酸性物质稳定，抗碱土金属的能力决定于极性基的性质。通常磺酸化物较硫酸化物性质稳定。SLS（月桂醇硫酸钠）和三乙醇胺月桂酸硫酸酯、十八醇硫酸酯钠等制成的乳剂，与碱或醋酸铅、碘、2%氧化汞和高浓度的水杨酸配伍时要分层，与2%浓度以上的阳离子型染料如吖啶黄、普鲁黄、雷佛奴尔配伍时可使乳剂破坏，同时染料的杀菌力亦降低。而 SLS 与 10%浓度以下的硫酸钠配伍时表面活性可增强，与氧化锌、鱼石蜡、黄氧化汞、樟脑、酚类、磺胺类、硫黄、次硝酸铋等配伍，不发生变化。

二辛基琥珀酰磺酸钠（AOT）溶于水、油、脂肪、烃类，能形成 O/W 或 W/O 乳剂，与 Ca^{2+}、Mg^{2+} 等离子无禁忌。在酸性介质中稳定，在碱性条件下（pH>9）很快分解，当含电介质超过 10%时，可使其乳剂破坏。

硫酸化油的钙盐可溶于水，与无机钙盐配合，对低浓度的酸或电解质也较稳定，常用硫酸化蓖麻油及氢化蓖麻油，后者更稳定，不易酸败或变化。

C_{12}～C_{18} 的硫酸化脂肪醇去垢作用最好，硫酸化脂肪醇类的性质与肥皂相似，但对酸并不如肥皂那样敏感，pH 值在 5 以上，表面活性作用最强。本类活性剂特点是在有适量的无机盐存在时，能增加它的活化作用。

3.3.7.2 阳离子表面活性剂的配伍变化及禁忌

阳离子表面活性剂可溶于酸性溶液，在酸性环境中稳定，对光及热均稳定，不挥发。阳离子表面活性剂在配方中与碘、碘化物、高锰酸钾、硼酸等复配时，可产生不溶性沉淀。与红汞、黄氧化汞、氧化锌、硝酸银、过氧化物、白陶土、酒石酸和酚类等均属禁忌配伍。

硫酸锌、硼酸溶液加季铵盐有混浊物生成，影响透明度。

3.3.7.3 非离子表面活性剂的配伍变化及禁忌

非离子表面活性剂不解离，遇电解质、酸、碱均稳定，pH 值可在较大范围内变动。水溶液在低温时稳定，加热到较高温度时可出现浑浊，冷后又恢复。与酚类、羟基酸类化合物及鞣质配伍有禁忌。

在以阳离子表面活性剂作防腐剂的配方中，加非离子表面活性剂往往可以降低阳离子表面活性剂的防腐效力。

思 考 题

1. 表面活性剂结构上的显著特征是什么？表面活性剂具有的乳化、增溶、润湿、分散等作用，本质上与表面活性剂在溶液中的哪两种现象有关？

2. 何谓 CMC？影响 CMC 的因素有哪些？CMC 在复配中有何指导作用？

3. 何谓 HLB 值？其大小与表面活性剂的亲水、亲油性有何关系？HLB 值范围对实际应用有何指导意义？

4. 混合表面活性剂的 HLB 值如何计算？

5. 何谓表面活性剂的增溶作用？其对溶质进行增溶时，增溶模式有哪些类型？

6. 增溶作用的主要影响因素有哪些？

7. 增溶时应注意哪些问题？

8. 表面活性剂在洗涤过程中有哪些作用？

9. 以液体污垢的去除为例，说明洗涤包括哪些过程？

10. 表面活性剂水溶液中加入无机电解质，会对表面活性剂的表面活性产生哪些影响？

11. 表面活性剂水溶液中加入长链脂肪醇，会对表面活性剂的表面活性产生怎样影响？

12. 复配时若阴离子表面活性剂和阳离子表面活性剂搭配使用，二者搭配不当一般会导致溶液出现什么现象？

13. 非离子表面活性剂和离子表面活性剂搭配使用时，为什么一般情况下阴离子-非离子表面活性剂的相互作用强于阳离子-非离子表面活性剂的相互作用？

14. 阴离子表面活性剂、阳离子表面活性剂及非离子表面活性剂的复配变化及禁忌有哪些？

15. 计算题：将 2 份 Span-20(HLB 值为 8.6) 和 4 份 Tween-80(HLB 值为 15.0) 两种表面活性剂混合，求混合后的 HLB 值是多少？(参考答案：12.77)

第4章 溶解理论与溶剂的选择

4.1 概　　述

溶剂在精细化工配方产品中具有十分重要的地位，这是因为许多物质只有在溶液或液体混合物状态时才能显现出其最大的用途，最佳的使用性能，同时，也可以改善加工性能、生产工艺及使用方法。因此，许多配方产品本身即为液态混合物。此外，即使最终为非液态的某些产品，其在制造过程或使用过程中亦常须使用溶剂。溶剂在产品配制中的作用，是将物质转变为适合某一特定用途的一种形式，溶剂的作用常常不只是单一的溶解功能，还能赋予制剂以某些特定的性能，影响产品的质量。例如，在涂料的配制中，通过溶剂或溶剂混合物的选择可以改善涂料的起泡、流挂、流平等涂膜表观性以及涂料的黏结性、防腐性、户外耐久性等。在配制油漆时，溶剂的作用就是溶解树脂及添加剂，使其具有良好的施工性能，并形成均匀相的、机械性能及外观良好的漆膜，好的油漆溶剂，可使漆膜坚韧有光泽，易涂刷或喷涂；不好的溶剂则会使漆膜发白、脆裂，甚至在施工过程产生沉淀、分层等不良现象。在农药的配制中，好的农药溶剂，除能将活性组分及配伍物质溶解外，还能赋予制剂以某些特定的性能，如增效或提高制剂在作物或害虫体表的展布性、渗透性，降低农药的毒性及药害，提高施药的效率等；反之，不好的溶剂则会造成农药制剂变质、毒性及药害增加等不良效果。因此，在精细化工配方产品中，溶剂的选择将直接影响产品的性能及使用性能，如何选好溶剂有着十分重要的意义。在精细化工配方产品中，与溶剂有关的产品很多，如涂料、油漆、油墨、黏合剂、金属清洗剂、织物干洗剂、农药乳油、气雾剂、油膏剂、乳油状的其他产品等的配制常用有机物质作溶剂，而水乳液、悬浮液、水溶液状的产品及精细化工产品应用配方中的电镀液等，则常用无机物质作溶剂，尤其是水。

本章将介绍有关溶剂与溶解的一般知识，溶剂的选择原则、溶解规律等内容。在介绍有关内容之前，首先介绍几个与溶剂分类和应用有关的术语。

① 溶剂　广义上说是指在均匀的混合物中含有的一种过量存在的组分。狭义地说，是指溶解其他物质(一般指固体)而在化学组成上不发生任何变化的液体，或者与固体发生化学反应并将固体溶解的液体。溶解生成的均匀混合物体系称为溶液；被溶解的物质称为溶质，即量少的成分；在溶液中过量的成分叫溶剂。溶剂也称为溶媒，即含有溶解溶质的媒质之意。但是在工业上所说的溶剂一般是指能够溶解油脂、蜡、树脂(这一类物质多数在水中不溶解)而形成均匀溶液的单一化合物或者两种以上组成的混合物，这类物质多为有机物质。而在配方产品中应用的，除了常用于溶解上述有机物质的溶剂外，尚有用于溶解无机物质或作为稀释剂用于水乳液系统的无机溶剂，如水、液氨、液态金属、无机气体等。一般的溶剂在室温下是液体，但也可以是固体(离子溶剂)或气体(二氧化碳)。溶剂与增塑剂不同，限制溶剂的沸点不超过250℃。为了区分溶剂与单体及其他活性物质，把溶剂看作非活性物质。

② 极性　极性是在分子中生成两个相反的电性中心的能力。这个概念在溶剂中用于描述溶剂的溶解能力及溶剂和溶质的相互作用。因为极性取决于偶极矩、氢键、焓和熵，如果

没有物理定义，它就是一个综合的性质。偶极矩对溶剂极性的影响最大。高对称性的分子(例如苯)和脂肪烃(例如己烷)没有偶极矩被称为非极性的。二甲亚砜、酮类、酯类和醇类是有偶极矩(从高到低顺序排列)的化合物的例子，它们是极性的、中等极性的和偶极的液体。

③ 可极化性　可极化性是指一些电中性的溶剂分子，可以由外部电磁场感应生成偶极的性质。

④ 常规溶剂　常规的溶剂是指不发生化学缔合(例如它的分子之间生成络合物)的溶剂。

⑤ 非质子/质子性溶剂　非质子溶剂(通常也称作惰性溶剂)对质子有非常小的亲和力和不能分解给出质子。非质子溶剂也称惰性的、不离解的或非离子的溶剂。质子溶剂含有给予质子的基团。

⑥ 供质子溶剂　可以贡献出质子的酸性溶剂。

⑦ 亲质子溶剂　能与氢离子结合或能作为质子受体的碱性溶剂。

⑧ 溶剂化显色　在溶剂存在下，紫外线/可见光吸收的波长和强度的变化现象。向蓝色(短波长)方向的移动随着溶剂的极性提高而增大。

⑨ 可混溶性　溶解度参数相差不大于 5 个单位的溶剂常常是可混溶的，但如果溶剂是强极性的，这个一般的规律是不适用的。

⑩ 反应性　按照定义，溶剂应该是非活性的介质，但是在一些过程中溶剂将在反应中被消耗以防止它蒸发(污染)。溶剂以两个主要方式影响反应速率：降低黏度和降低吉布斯活化能垒。

⑪ 吸湿性　一些溶剂，如醇类和乙二醇类是吸湿的，因此是不适宜在某些要求干燥的环境或预定的冰点的场合应用。

⑫ 溶剂强度　溶剂强度用以确定形成清澈的溶液所必需的溶剂浓度和估算预先设计的体系的稀释能力。用于此目的的两种测定量为贝壳松脂丁醇(溶液溶解)值和苯胺点。

⑬ 挥发性　溶剂的挥发性有助于估计溶剂在低于它的沸点下的蒸发速度。Knudson、Henry、Cox、Antoine 和 Clausius-Claryron 方程用来估算在液体上方溶剂的蒸气压、溶剂的蒸发速率和溶剂上方大气的组成。溶剂的沸点是给出它蒸发速率的一个指标，但是因为摩尔蒸发焓的影响仍不足以准确估算溶剂的蒸发速率。

⑭ 残渣　残渣可能不是与非挥发性的残渣就是与加工后留下的残余溶剂潜含量有关。前者由溶剂的规格估算，后者由系统和工艺设计确定。

⑮ 致癌物　溶剂可能属于一类致癌的物质。有几类溶剂是这类物质的代表，如有机硫化合物、胺类、卤代烃类、芳香烃中的某些物质。

⑯ 致突变物　诱导有机体突变的物质、引起遗传学的改变，例如遗传的突变或染色体的结构和数目的变化。

⑰ 易燃性　几个数据用于评价溶剂的爆炸危险和可燃性。闪点和自燃温度用于确定溶剂的可燃性和引燃它的可能性；烃类的闪点和它们的初沸点有关；爆炸下限和上限规定了溶剂安全浓度范围。

⑱ 可燃性　净燃烧热和热值有助于估算从燃烧废溶剂可以回收的潜在能量。另外，燃烧产物的组成被认为能评价潜在的腐蚀作用和对环境的影响。

⑲ 生物降解能力　几种方法用于表示生物降解能力，包括生物降解半衰期、生物需氧量、化学需氧量和理论需氧量。

4.2 溶剂的类型、溶解机理及溶剂的选择

4.2.1 溶剂的分类及其特点

溶剂的种类很多，溶剂的分类方法也很多，常见的分类方法如下。

4.2.1.1 按沸点高低分类

（1）低沸点溶剂（沸点低于100℃）

这类溶剂的特点是蒸发速度快，易干燥，黏度低，大多具有芳香气味。属于这类溶剂的一般是活性溶剂或稀释剂。例如：甲醚、乙醚、丙醚、甲醇、乙醇、丙醇、异丙醇、乙酸乙酯、乙酸异丙酯、丙酸甲酯、丙酸乙酯、碳酸甲酯、丙酮、3-戊酮、丁酮、2-戊酮、甲酸甲酯、甲酸异丁酯、二氯乙烷、三氯乙烷、二氯乙烯、二氯丙烷、溴乙烷、碳酸二甲酯、二氯甲烷、氯代丁烷、氯代异戊烷、四氯化碳、二硫化碳、苯、环己烷。

（2）中沸点溶剂（沸点范围在100~150℃）

这类溶剂用于硝基喷漆，流平性能好。例如：丁醇、异丁醇、2-庚酮、环己酮、乙酸戊酯、乙酸仲戊酯、乙二醇一异丙醚、乙二醇一乙酸酯、仲丁醇、戊醇、仲戊醇、甲基戊醇、四氢糠醇、4-庚酮、2-己酮、甲基环己酮、乙酸丁酯、乙酸异丁酯、乙酸仲丁酯、乙酸甲基戊酯、乙酸-3-甲氧基丁酯、丙酸戊酯、乳酸异丙酯、碳酸二乙酯、乙二醇一乙醚、乙二醇一甲醚、乙二醇二乙醚、乙酸-2-甲氧基乙酯、糠醛、异丙叉丙酮、氯苯、甲苯、二甲苯。

（3）高沸点溶剂（沸点范围在150~200℃）

这类溶剂的特点是蒸发速度慢，溶解能力强，作为涂料溶剂时涂膜流动性好，可以防止沉淀和涂膜发白。例如：苄醇、2-乙基己醇、糠醇、双丙酮醇、甲基己醇、异佛尔醇、二氯乙醚、双丙酮、二异丁基（甲）酮、乙酸环己酯、乙酸-2-乙基丁酯、乙酸糠酯、乙酰乙酸乙酯、乳酸乙酯、丁酸丁酯、草酸二乙酯、苯甲酸乙酯、乙二醇一丁醚、乙二醇一苄醚、乙酸-2-丁氧基乙酯、二甘醇一丁醚、二甘醇一甲醚、二甘醇二乙醚、甲氧基丁氧基二醇乙酸酯、乙二醇二乙酸酯、二甘醇二乙酸酯。

（4）增塑剂和软化剂（沸点在300℃左右）

这类溶剂的特点是形成的薄膜黏接强度和韧性好。例如硝化纤维素用的樟脑、乙基纤维素用的邻苯二甲酸二甲酯、聚氯乙烯用的邻苯二甲酸二辛酯等。

4.2.1.2 按蒸发速度快慢分类

快速蒸发溶剂：蒸发速度在乙酸丁酯的3倍以上者，如丙酮、乙酸乙酯、苯等。

中速蒸发溶剂：蒸发速度在乙酸丁酯的1.5倍以上者，如乙醇、甲苯、乙酸仲丁酯等。

慢速蒸发溶剂：蒸发速度比工业戊醇快，比乙酸仲丁酯慢，如乙酸丁酯、戊醇、乙二醇一乙醚等。

特慢蒸发溶剂：蒸发速度比工业戊醇慢，如乳酸乙酯、双丙酮醇、乙二醇一丁醚。

4.2.1.3 按溶剂的极性分类

物质极性大小用介电常数与偶极矩表示。介电常数（ε）是表示电解质在电场中贮存静电能的相对能力，即$\varepsilon = C/C_0$。C为同一电容器中用某一物质作为电解质时的电容，C_0为真空时的电容。介电常数愈小，绝缘性能愈好，极性愈小，反之极性愈大。也就是说，介电常数

大的为极性溶剂，介电常数小的为弱极性溶剂或非极性溶剂。根据介电常数的测定可求出分子的偶极矩。偶极矩(μ)是两个电荷中一个电荷的电量(Q)与这个分子中两个正负电荷间的距离(P_1、P_2)的乘积。当$\mu=0$时则分子为非极性分子，否则为极性分子。如果一个分子中的正电荷与负电荷排列不对称，则引起电性不对称，分子中的一部分具有较明显的阳性，另一部分则具有较明显的阴性，这些分子间能够互相吸引。所以，偶极矩的大小表示分子极化程度的大小。根据极性相似的物质相互容易溶解的规则，在溶剂的选择应用时，偶极矩是一个重要的参考因素。

表4-1给出了一些常用溶剂的介电常数值及极性随介电常数变化的规律。

表4-1　常用溶剂的介电常数与极性规律

溶剂的介电常数(近似值)	溶剂名称	极性高低
80	水	
50	丙二醇	极
30	甲醇、乙醇	性
20	醛，酮和高级醇，醚，酯	降
5	氯仿、正烷苯、四氯化碳、乙醚、石油醚	低
0	植物油	

按照极性大小，溶剂可分为极性溶剂和非极性溶剂，而极性溶剂又可分为强极性(通常所说的极性溶剂)和半极性溶剂。

（1）极性溶剂

指含有羟基或羧基等极性基团的溶剂。此类溶剂极性强、介电常数大，如水、丙二醇。极性溶剂可溶解酚醛树脂、醇酸树脂。

（2）非极性溶剂

指介电常数低的溶剂，如石油烃、苯、二硫化碳等。非极性溶剂溶解油性酚醛树脂、香豆酮树脂等，主要用于清漆的制造。

（3）半极性溶剂

指极性介于典型的极性溶剂和典型的非极性溶剂之间的溶剂，如乙醇、丙酮等。半极性溶剂能对非极性的溶质分子诱导而产生某种程度的偶极。

4.2.1.4　按化学组成分类

（1）有机溶剂

如脂肪烃、芳香烃、萜烯烃、卤代烃、醇、醛、酸、酯、乙二醇及其衍生物、酮、醚、缩醛、含氮化合物、含硫化合物等。有机溶剂在配方中广泛用于溶解油脂、天然和合成树脂、颜料、农药等有机物质，从而广泛用于油墨、涂料、胶黏剂、化妆品、清洗剂、农药乳油等配方中。

（2）无机溶剂

如水、液氮、液态二氧化碳、液态二氧化硫、强酸、熔融盐等。其中水是最重要的无机溶剂。

因天然水中含有泥砂、杂质及细菌等，为适应不同配方产品对水质的不同要求，需要对水进行不同程度的净化处理。根据水处理方法不同水可分为以下4种：

① 硬水与软水　天然淡水都含有钙盐、镁盐等。含有大量钙盐及镁盐的水称为硬水；而含有碳酸氢钙、碳酸氢镁较多的水则称为暂时硬水。当将后者煮沸时，其中的碳酸氢盐会

变成碳酸盐而大部分析出，过滤可除去，暂时硬水可变为软水。而将前者煮沸时，所溶的盐不析出，故称为永久硬水。软水为只含有少量或不含可溶性钙盐的水，如雨水、蒸馏水、去离子水等。软水煮沸不发生显著变化。

② 自来水　将天然淡水经过多孔物质组成的过滤器过滤，除去其中的悬浮物、大部分细菌，并经加氯消毒后，由输水系统供应的水即为自来水。自来水中仍含有钙、镁盐及氯离子等。

③ 蒸馏水　可分为普通蒸馏水和高纯蒸馏水。普通蒸馏水是通过蒸馏设备除去自来水或天然水中所含的可溶性、不溶性、挥发性、不挥发性的杂质、细菌，通过冷凝器而收集的冷凝水。而高纯蒸馏水则是将普通蒸馏水用石英玻璃蒸馏器再蒸馏一次至数次而得的蒸馏水。

④ 去离子水（离子交换水）　是将水通过阴、阳离子交换树脂柱（或膜），用树脂柱上的阴、阳离子换去含于水中的阴、阳离子而得的水。经交换后，水中只含有从交换柱上交换下来的离子。此时，阳离子可能为 H^+ 或 Na^+，阴离子可能为 OH^- 或 Cl^-，视选用的离子交换树脂的牌号而定。若仅需去除水中的有害阳离子，可让水仅通过阳离子交换柱。反之，若仅需除去水中的有害阴离子，则可让水仅通过阴离子交换柱。

不同类型的配方，对水的纯度要求不同。配方产品配制与应用时，如何选择水质，可考虑如下因素。

① 产品的卫生要求　例如化妆品等对细菌、微生物要求甚严的产品，应考虑选用蒸馏水。

② 配方原料及工艺对电解质的允许度　就工业生产而言，供选择的水有自来水、蒸馏水和去离子水。选用自来水，其成本最低，但自来水中常含有钙、镁盐及氯离子等，能否选用自来水，要看配方组分及工艺是否受自来水中钙、镁盐及氯离子的影响。

③ 包装容器的材质要求　离子水，特别是其中的 Cl^-，易引起金属容器腐蚀，故以金属容器包装的均要用无离子水为溶剂。

④ 对水质的适应性要强　这是配方设计时应考虑的原则。应用时必须以大量水稀释的产品如农药乳油、洗涤剂、水质稳定剂、杀菌灭藻剂、锅炉阻垢剂等尤为重要。此类产品的配制常选用不同的混合乳化剂以提高其对水质的适应性。通常，水硬度越高，要适当提高乳化剂的亲水性能，即要选择亲水性更强一些的优良的非离子组分或者亲水性强一些的阴离子钙盐，也可以减少钙盐比例来达到目的。反之，在硬度较低的水中，为了获得满意的乳化性能，形成好的乳状液，需要适当提高乳化剂的亲油性能。就是说，需要选用亲油性更好一些的优良的非离子组分或亲油性更好的钙盐，也可以提高钙盐组分的比例来达到。良好的水质适应性，是产品推广应用的必要条件。

4.2.1.5　按化学结构分类

（1）醇类物质

这是一类性能优良的溶剂，对某些树脂的溶解力好，对染料溶解力尤佳，且气味好。醇类溶剂按其分子的碳链上连接的羟基数目不同，可分为一元醇和多元醇。一元醇主要有甲醇、乙醇、丁醇、辛醇、高碳支链醇等，它们常作为农药、树脂、脂肪等的溶剂、稀释剂等。醇还被称为替溶剂或增效剂，对于单独使用无溶解性的醇，与酮、酯混合可以活化醇使之成为溶剂。由于乙醇价格低，常与其他溶剂混溶以降低成本。丁醇挥发性比乙醇慢，用于油漆等，其特殊作用可溶解无支化、沉淀的漆料。因此，可防止漆膜发白、针孔、橘皮、气泡等毛病。多元醇常用的有二元醇、三元醇，如乙二醇、丙三醇、聚乙二醇等。较短碳链的二元醇是染料、酚醛树脂、丙烯醛和邻苯二甲酸丙三酯等合成树脂、某些天然橡胶和天然树脂的选择性溶剂。

近年来，随着石油化工的发展，溶剂业也在快速发展。由于芳烃类、氯代烃类溶剂的毒性并且容易造成环境污染等，使它的应用和发展受到限制，醇类、酯类溶剂的应用将会发展。

（2）酯类溶剂

酯类溶剂代表性的品种为乙酸乙酯、乙酸丁酯，和近年发展的乳酸乙酯、乳酸丁酯等。其中乙酸丁酯在硝基漆和聚氨酯漆中应用最为广泛。20世纪80年代后，由己二酸二甲酯、戊二酸二甲酯、混合二元酸二甲酯（DBE）、丁二酸二甲酯组成的混合酯类开始取代了许多有毒溶剂，特别用于聚氨酯、丙烯酸酯类的有效溶剂，其优点是沸程宽、低毒、安全、味小，用于涂料可改善漆膜的流平性和光泽；作为酯类溶剂，最好按照技术要求进行复配。

（3）酮类溶剂

酮类溶剂主要有丙酮、甲乙酮、甲基异丁基酮、环己酮、甲戊酮等。这是一类性能优良的溶剂，由于具有溶解力强、高选择性、低毒或无毒、性能稳定、低腐蚀性、作业性好、低挥发性、操作损失少、容易回收等特点，有些品种已经取得了快速的发展。

作为溶剂，它的消费领域主要用于涂料、橡胶、胶黏剂、有机合成、医药及农药等行业。这类溶剂，特别适用于高固体分涂料。如甲戊酮，不但黏度低，且溶解能力好，有助于改善高固体分涂料流平性和流动性，但略有异味。再如环丁酮为中沸点的强溶剂，挥发性低，适用于合成顺式二氯菊酸和硝酸纤维等，可改善漆膜流平性，易于形成光滑平整的表层，但由于挥发性低，应与其他溶剂混合使用。

（4）石油、芳烃溶剂

石油溶剂包括低沸点的石油醚和高沸点的溶剂汽油等。芳烃溶剂有甲苯、二甲苯等，这类溶剂在涂料业中为用量最大的常用溶剂。例如二甲苯性能较好，其挥发速率比甲苯慢，毒性比甲苯低，价格较便宜，广泛用于稀释剂配方中。由于环境法规的限制，近年已开发了一些不污染环境的新溶剂用于涂料的生产。由于涂料已向着水基、无溶剂或无污染型的优良溶剂发展，这类溶剂的发展将会逐渐趋缓。但由于它们具有溶解力适宜、沸点低、闪点低的特点，加之价格较低，在低档油漆等产品中还会被继续使用。

（5）醇醚类溶剂

这类溶剂主要是乙二醇醚类，如乙二醇乙醚、乙二醇丁醚等。该类溶剂对油类、脂肪、润滑脂等有较大的溶解能力。较低相对分子质量的烷基醚与醇的混合物是纤维素酯的有效溶剂，含单环氧基或双环氧基的烷基醚常用作环氧树脂的活性稀释剂。

4.2.1.6　按工业应用分类

乙酸纤维素用溶剂，如丙酮等；硝化纤维素用溶剂，如乙醇等；树脂及橡胶用溶剂，如二甲苯等；纤维素醚用溶剂，如乙酸乙酯等；氯化橡胶用溶剂，如乙酸丁酯等；合成树脂用溶剂，如异丁酯等；纤维素酯漆用溶剂及配合剂，如苄醇等。

4.2.1.7　按溶剂用途分类

黏度调节剂、增塑剂、共沸混合物、萃取剂、固体用溶剂、浸渍剂、制药用溶剂、载体等。

4.2.2 溶剂溶解能力的判断

溶剂的溶解能力，简单地说就是指溶解物质的能力，即溶质被分散和被溶解的能力。在水溶液中一般用溶解度来衡量，这指适用于溶解低分子结晶化合物。对于有机溶剂的溶液，尤其是高分子物质，溶解能力往往表现在一定浓度溶液形成的速度和一定浓度溶液的黏度，无法明确地用溶解度表示。因此，溶剂溶解能力应包括以下几个方面：①将物质分散成小颗粒的能力；②溶解物质的速度；③将物质溶解到某一种浓度的能力；④溶解大多数物质的能力；⑤与稀释剂混合组成混合溶剂的能力。

选择溶剂的意思是溶剂必须与溶质在整个浓度和温度范围内形成热力学稳定的混合物。使用以数字表示的溶剂能力判断标准可以帮助选择溶剂。溶剂的溶解能力可以得自热力学分析（例如，聚合物与溶剂混合的吉布斯自由能或化学势的变化），但是这些标准不仅取决于溶剂的性质，也与溶质的结构和浓度有关。因此，提出各种不同的方法估算溶剂的溶解能力。工业上判断溶剂溶解能力的方法有稀释比法、黏度法、黏度−相图法、贝壳松脂−丁醇（溶液溶解）值、苯胺点试验等。

4.2.2.1 稀释比法（dilution ratio method）

稀释比（DR）是表示溶剂对稀释剂的容许极限，最常用的稀释剂是甲苯。DR 是稀释剂加到给定的溶液中引起所溶解的树脂沉淀时的溶剂体积，这一比值可以表征在原先的溶剂中稀释剂与树脂溶液的相容性。在相容性高时可以加入较多的稀释剂。DR 取决于聚合物的浓度，随着聚合物浓度的增加，DR 也增大；温度以相似的方式影响 DR。DR 的测定必须在标准的条件下进行。例如，用来测定溶解硝化纤维素的溶剂的溶解能力时，先配制成含量一定的硝化纤维素溶液，再用稀释剂滴定到开始出现浑浊为止（稀释剂不是溶剂，因为它没有溶解硝化纤维素的能力），求出溶剂的稀释比（DR）。

溶剂的稀释比（DR）= 稀释剂加入量（呈浑浊点）/溶剂量

稀释比数值愈大愈好，即稀释剂加入量越多，溶剂的溶解能力越强。

4.2.2.2 黏度法

一般溶解能力大的溶剂，对溶质分子的分散能力也大，形成的溶液黏度低。因此，从溶液的黏度可以判断溶剂的溶解能力大小。溶液为真溶液时，可用绝对黏度表示，但对于纤维素衍生物、树脂等一类物质，多数形成胶体溶液，无法用绝对黏度表示。在同温度、同浓度下对于同一物质的各种溶液，只能通过比黏度的测定找出黏度与溶解能力之间的关系。具体方法如下：

（1）定浓度法

在制备一定浓度的溶液时，黏度愈低，溶剂的溶解能力越大。用某一标准溶剂组成的溶液黏度作标准，选择同一浓度的溶液进行黏度比较，以此表示各种溶剂的溶解能力。

（2）定黏度法

该法主要用来测定硝化纤维素、树脂溶液的黏度，应用范围在 $0.05 \sim 0.13 Pa \cdot s$（25℃）之间。测定时至少需要三种以上浓度的黏度，求出黏度−浓度曲线。根据曲线再求出在某一黏度下用各种溶剂组成的溶液（同一种树脂和稀释剂）中所含溶质的量，含量大的表示溶剂的溶解能力大。定黏度法所测结果和稀释比法的测定基本上是一致的。

4.2.2.3 黏度−相图法

这是将稀释比法和定黏度法组合作图的方法。溶剂工业是利用三角坐标图，找出稀释剂对溶剂的比例、树脂的浓度和黏度三个变数之间的关系。

4.2.2.4 贝壳松脂-丁醇(溶液溶解)值(KB)

这是测定石油系稀释剂溶解能力最常用的方法。即在一定量贝壳松脂-丁醇溶液(在1-丁醇中的质量分数为20%)中滴加石油系稀释剂至出现沉淀或浑浊时所需的毫升数。用于滴定的溶剂的数量取为 KB 的值。具体试验方法是将 100g 贝壳松脂溶于 500g 丁醇中配制成标准溶液,温度在(25±2)℃,取 20g 贝壳松脂-丁醇溶液滴加石油系稀释剂至出现浑浊时,求所需稀释剂的毫升数,试验平均误差为±0.1mL。滴加毫升数的数值愈高表示溶解能力愈强。石油系烃类溶剂的平均贝壳松脂-丁醇试验值见表 4-2。

表 4-2　石油系烃类溶剂的平均贝壳松脂-丁醇试验值

溶 剂		平均贝壳松脂-丁醇试验值/mL	溶 剂	平均贝壳松脂-丁醇试验值/mL
脂肪烃	石油醚	25		
	戊烷	25		
	异己烷	24.5		
	己烷	30	芳香烃 工业纯苯	107
	异庚烷	35.5	工业甲苯	106
	庚烷	38	工业二甲苯	103
	异辛烷	32	重芳烃溶剂	100
	辛烷	37		
	松香水			

KB 值和溶解度参数 δ 之间的关系适合的经验关系式为:$\delta = 129 + 0.06KB$

KB 值起初是溶剂芳香性的度量值。应用 KB 值有可能将溶剂顺序排列如下:脂肪族烃<环烷烃<芳香烃。

4.2.2.5 苯胺点(AP)法

苯胺点(AP)是在温度降低的模式下,苯胺在给定的溶剂中(苯胺对溶剂的比值为1)相分离的温度。苯胺点是苯胺-溶剂体系的一个临界温度,即为等体积的烃类溶剂和苯胺(各 5mL)相互溶解时的最低温度。这是在石油工业中常用的判断石油系溶剂溶解能力的方法,也是在烃类混合物中测定芳香烃含量的方法。苯胺点的高低与化学组成有关,烷烃最高(70~76℃),环烷烃次之(35~55℃),芳烃最低(30℃以下)。由于芳烃的苯胺点很低,故常常将芳烃溶剂和庚烷等体积混合,所测定的苯胺点称为混合苯胺点。苯胺点或混合苯胺点愈低,则溶剂的溶解能力愈强,芳烃的含量也愈高。表 4-3 为各种溶剂的苯胺点。

表 4-3　各种溶剂的苯胺点　　　　　　　　　　　℃

溶剂	苯	甲苯	乙苯	邻二甲苯	异丙苯	丙苯	丁烷	异戊烷	己烷	庚烷	异丁烯
苯胺点	-30	-30	-30	-20	-5	-30	107.6	77.8	68.6	70.0	14.9

苯胺点与 KB 值的关系为:

在 $KB<50$ 时,$KB = 996 - 0.806\rho - 0.177AP + 0.0755(358 - 5/9T_b)$

在 $KB>50$ 时,$KB = 177.7 - 10.6\rho - 0.249AP + 0.10(358 - 5/9T_b)$

式中,T_b 为溶剂的沸点;ρ 为溶剂的密度。

苯胺点取决于烃类分子中的碳原子的数目，可用于描述复杂的芳香族溶剂。

4.2.3 极性溶剂的溶解机理(液体制剂)

在极性溶剂中，水是最常用的溶剂，尤其是在当今，人们对环保越来越重视的情况下，配制绿色制剂，它是首选溶剂。水是介电常数大极性较强的溶剂，这是由水分子的结构所决定的。水分子是由两个氢原子与一个氧原子组成的，其中 2 个氢与氧形成两个 O—H 键，而两个 O—H 键互成 104.5°的 V 字形：

$$O^{\delta^-} \underset{104.5°}{\diagdown} H\delta^+ \quad H\delta^+$$

氧的电负性相当高，共用电子强烈偏向氧的一边，使其带有负电荷；而氢原子显现出较强的正电性，使其带正电荷，形成了偶极分子。由于水的这种极性，大大减弱了电解质中带相反电荷离子间的吸引力。根据 Coulmb 定律：

$$F = q_1 q_2 / \varepsilon r^2$$

式中，F 为正负离子(溶质)间静电引力；q_1 和 q_2 分别为两种离子的电荷；r 是离子间距离；ε 是介电常数。

显然溶剂(水)介电常数值越大，其离子间的引力就越小，所以水的偶极分子对溶质的引力，远大于溶质分子本身离子间的结合力，克服了溶质分子本身离子间的结合力，使其溶质分子溶于水(溶剂)中，这就是水能溶解各种盐类或其他电解质等离子型溶质的基本原因，而且很多溶质在水中的溶解度无限的大。例如，有机农药除草剂乙甲四氯和2,4-滴(2,4-二氯苯氧基乙酸)都是苯氧乙酸类，它们的酸在水中溶解度很低，但是制成乙甲四氯钠盐和2,4-滴钠盐后，在水中的溶解度大大增加，因此可以制成各种不同浓度的水剂。除钠盐外，亦可制成胺盐、二甲胺盐或乙醇胺盐等。

对于其他极性溶质，如有机酸、糖类、低级酯类、醛类、酮类、胺类、酰胺类等，在极性溶剂中，通过偶极作用，特别是通过氢键作用，使分子或离子溶剂化而使之溶解。水之所以能溶解上述物质，主要是通过溶质分子(非极性部分不大)的极性基团与水偶极分子形成氢键，使其"水化"而溶解。

$$
\begin{array}{cc}
R—O\cdots H—O & R—C=O\cdots H—O \\
R & R—N—H\cdots O \\
R/C=O\cdots H—O & R—N—H\cdots O
\end{array}
$$

但是，溶质分子中非极性部分对氢键形成有障碍作用，因为它能遮蔽极性基团，使水分子不容易接近，非极性基团部分越大障碍作用也越大。例如，含三个碳原子以下的烷醇和叔丁醇在 25℃下可以与水混溶。正丁醇在水中溶解度仅 8% 左右，含 6 个碳原子以上的伯醇的溶解度在 1% 以下，高级烷醇几乎完全不溶于水。

非极性溶质如烷烃，之所以不溶于水，主要原因在于，如果要使烷烃溶解于水，必须使烷烃分子在水中间占据一个位置，要做到这一点，就要使某些水分子彼此分开，把位置让出来给烷烃。但水分子和水分子之间也能形成氢键，有很强的吸引力，而水分子和烷烃分子之间只有微弱的色散力。所以即使用很强的搅拌把烷烃分散在水中，也会被"挤"出来，聚集成为另一个相。

4.2.4 非极性溶剂的溶解机理

根据相似者相溶的规律，一般非极性溶剂能溶解非极性溶质，其溶解的原理是通过色散作用。所谓色散作用，就是两个非极性分子之间产生的吸引作用。而这种吸引作用是如何产生的呢？非极性物质的分子，虽然在一段时间内大体上看来分子的正、负电中心是重合的，表现出非极性，但是分子中的电子和原子核是在不停地运动着，运动过程中，它们会发生瞬时相对位移，表现出分子的正、负电中心不重合，形成了瞬时偶极。当两个非极性分子靠得很近时，例如相距只有几百皮米时，两个分子的电中心处于异极相邻的状态，于是乎两个分子之间产生了吸引作用，即色散作用。当溶剂与溶质分子之间的吸引力超过了溶质本身分子间的内聚力时，则溶质溶解于溶剂之中。非极性溶剂借助这种微弱的色散作用力而溶解具有相同内聚力的非极性物质，但这种作用不能减弱电解质离子间的吸引力，也不能与其他极性物质形成氢键，也难以减弱极性溶质本身的内聚力。正因为非极性溶剂与溶质分子之间的吸引力是很小的，远不如极性溶剂与离子型溶质之间的离子吸引力，不如极性物质之间形成的氢键及其极性溶质本身的内聚力，所以，一般来说，非极性物质不能溶解在极性物质中。如果要提高非极性物质在极性物质中的溶解度，则需加助溶剂或者增溶剂才行。

4.2.5 半极性溶剂的溶解机理

有些溶剂如甲醇、乙醇、丙酮等，其极性介于典型的极性溶剂和典型的非极性溶剂之间，称之为半极性溶剂。这类极性溶剂由于对非极性溶质分子具有诱导作用，而使非极性溶质分子产生某种程度的极性。具体说来，半极性溶剂本身具有一定程度的不重合正负电荷中心，当非极性溶质与它靠近时，在弱极性分子电场的诱导下，非极性溶质分子中原来重合的正负电中心被拉开（极化），这样溶剂分子和溶质分子保持着异极相邻的状态，在它们之间由此而产生了吸引作用，减弱了非极性溶质的内聚力使其溶解。关于诱导作用大小，除了与距离有关外，还与极性溶剂的偶极矩和非极性溶质的极化率有关：因为极性溶剂的偶极矩愈大诱导作用愈强，极化率愈大则被诱导而"两极分化"愈显著，产生的诱导作用愈强。例如苯，因为极化率大而能在醇中溶解。半极性溶剂可以做中间溶剂，使极性液体与非极性液体混溶。例如丙酮（起助溶作用）能增加乙醚在水中的溶解度，丙二醇能增加薄荷油、苯甲酸苄酯等在水中的溶解度。溶剂的这些特性，对复配型精细化学品的配制起着重要的指导作用。

4.2.6 复合溶剂的溶解机理

复合溶剂是指两种或两种以上的溶剂，混合后能成为其溶液，由于各自溶剂的极性不同，它们混合后也有不同的极性，多数都具有提高溶质的溶解度的功能。因此它能适应各种不同极性溶质、弱电解质和非极性溶质的溶解。复合溶剂的选择可以依据纯溶剂的介电常数进行。复合溶剂的介电常数与其组成溶剂的介电常数有关且介于组成溶剂的介电常数之间，复合溶剂的介电常数（ε_m）是各种组分介电常数（ε_1、ε_2）与其体积分数（φ_1、φ_2）乘积之和：

$$\varepsilon_m = \varphi_1\varepsilon_1 + \varphi_2\varepsilon_2 \tag{4-1}$$

只要知道纯溶剂的介电常数，任意配比复合溶剂的介电常数均可计算。如果已知溶质的介电常数，则可从理论上选择适宜的复合溶剂及其配比。

例如在配制杀虫单与锐劲特可溶性制剂时，首先考虑如何选择溶剂。杀虫单的结构为：$(CH_3)_2NCH(CH_2S_2O_3Na)(CH_2S_2O_3H)$，它有两个亲水基，所以在水中溶解度非常大，另外还溶于工业乙醇，而在其他溶剂中溶解度就很小了。因此选择水作溶剂。锐劲特的化学结构为：

该原药为白色粉末，25℃时在水中的溶解度仅为 0.2g/L，但在丙酮、环己酮中有较大的溶解度。另外丙酮与水互溶，而环己酮在水中溶解度很低，但易溶于乙醇。因此如果选用环己酮作溶剂时，还需加入乙醇溶剂制成复合溶剂，才能将以上两种原药制成可溶性制剂。当然也可以选用二甲基甲酰胺、二甲亚砜作第二种溶剂，然后再通过冷贮、热贮等试验来验证配方的可行性、可靠性。

4.2.6.1　复合溶剂对非极性溶质的溶解

假设复合溶剂可以简单地看作是其组成的线性结合。以水与其他溶剂的复合溶剂为例，在真实溶液中，如果某非极性溶质在水中溶解，溶剂被含水的复合溶剂增溶的程度主要与溶剂的极性（以油水分配系数为指标）有关，而与溶质在水中的溶解度大小无直接联系。四氯苯的三种异构体在水中的溶解度分别相差一个数量级，但在乙醇-水、聚乙二醇-水和甘油-水等三种复合溶剂中均表现出相同的增溶系数。因为对于非极性溶质而言，在辛醇-水体系中的分配系数减小，由聚乙二醇、丙二醇、甘油等溶剂与水形成的复合溶剂增溶的能力逐个减弱。

4.2.6.2　复合溶剂对弱电解质的溶解

在醇-水复合溶剂中，醇的加入降低了弱电解质的离解，随着解离常数的降低（或 pK_a 值增加），非电解质在水中的溶解度下降。另一方面，随着醇的加入，溶剂的极性也发生了变化，可能较纯水更接近于电解质的极性，而增加其溶解度。所以，总的影响取决于二种作用的对比。例如未解离苯巴比妥的水溶解度为 0.005mol/L，假定调配浓度为 0.236mol/L 的苯巴比妥水溶液，则根据弱电解质的溶解度计算公式，溶质在低于 pH = 9.07 的溶液中不能完全溶解。如果在水中加入 30% 乙醇，未解离苯巴比妥的溶解度可增加至 0.028mol/L，而其 pK_a 则从在纯水中的 7.41 上升到 7.92，如果保持 pH = 9.07 条件不变，同样的计算表明，该溶液中苯巴比妥浓度达 0.424mol/L 才可能出现沉淀。或者说，在 30% 乙醇溶液中，即使溶液 pH 值略有降低，也不至于析出沉淀。由此可见，在苯巴比妥这一例子中，醇对溶剂极性的影响比对溶质解离常数的影响更重要。

4.2.6.3　复合溶剂对极性和半极性溶质的溶解

复合溶剂对极性溶质或半极性溶质的溶解不能用上述直线关系表示，而一般与复合溶剂的比例呈抛物线关系。随着溶质极性的增强，抛物线的弧度越明显，而随着极性的减弱，逐渐成为线性关系。虽然对半极性溶质的溶解在理论上也有不少讨论，但预测结果与实际情况仍存在较大的差距。从经验而言，半极性溶质在复合溶剂中的溶解度增加程度较小，一般不超过一个数量级，而对于非极性溶质，可能增加溶解度 5 个数量级以上。

极性溶质可以与水性溶液结合，它们与水分子的强烈相互作用大于其自身分子间的结合，在水中加入极性较水低的溶剂只能减少其溶解度，所以，以溶解度对第二溶剂的比例分数作图时，其溶解度曲线实际上是单向下降的，且随着溶质极性的增大，溶解度曲线的负斜率增大。

4.2.7 溶剂的选择

溶剂的选择，受产品所需求的使用性能及使用方式等因素的制约，因而溶剂的选择是配方设计与研究的一个重要内容。不同配方对溶剂的具体要求不同，一般可参照下述原则进行。

4.2.7.1 有较好的溶解能力

作为溶剂，有较好的溶解能力是首要的条件。在确定了配方的主要成分后，选择溶剂时，可参考以下规则：

① 相似相溶规则 即化学结构与极性相似的物质之间，有较好的互溶性。

② 溶解度参数近似原则 即溶解度参数相近的液体，溶剂与高分子物质之间有较好的互溶性。

③ 混合溶剂规则 即当单独使用一种溶剂不能达到溶解性能要求，或使用单一溶剂不能满足产品对溶剂的其他性能要求时，应使用混合溶剂。混合溶剂组分的确定可通过实验设计，借助混合溶剂溶解度参数的计算公式来确定。

物质的溶解度数据对溶剂选择有直接参考作用。溶剂的溶解能力，不一定要求越大越好，能满足配制与应用要求即可。比如农药乳剂，自19世纪70~80年代起，对溶剂的选择已不追求溶解度愈高愈好，而只要求适当的溶解度。而对超低容量喷雾用溶剂，溶解度则一定要高。所以何谓适当，要由农药品种、剂型和应用技术而定，其差别是很大的。

这些规则将在后面物质间的溶解规律一节中做详细的介绍。

4.2.7.2 合适的蒸发速度

溶剂的蒸发速度，是选择溶剂时必须考虑的一个重要参数。不同配方产品，对溶剂的蒸发速度要求不同。

对于涂料、油墨、胶黏剂等在使用对象表面上成膜的产品，蒸发速度合适与否，将直接影响成膜的性能与施工应用性能。以凹印油墨为例，若溶剂蒸发过快，则油墨就可能干固在凹版上而不能转移到印刷物上，即令油墨失去转移性而无法使用。若溶剂蒸发过慢，又会影响下道工序，并发生产品黏结或黏脏等现象。又如涂料，若溶剂蒸发太快，则在涂刷的表面上很快就形成一层硬皮，此时，内层的溶剂尚来不及迁移到表面，而内层溶剂要由内层逸出时，就会穿破表面破坏表面的完整，造成多孔而不均匀的涂膜。若挥发太慢，又会造成针孔流挂等缺陷。

溶剂的蒸发速度，常与施工方法有关，仍以涂料为例，当以涂刷方法施工时，选择的溶剂的蒸发速度应慢一些；若施工方法为喷涂时，但若太快，则会造成堵塞喷孔。

溶剂的蒸发速度，通常有两种表示方法：一为"挥发速度"，是指一定量的溶剂于测定温度下挥发完全或定量挥发所需的时间(min)；另一种表达方式是"比蒸发速度"，是以乙酸丁酯(或甲苯、乙醚、CCl_4等)为1.00(或100)，其他溶剂的蒸发速度与其相比而得的相对数值。

溶剂的蒸发速度与沸点有关。就单一溶剂而言，沸点愈低，蒸发速度愈快。但也有例外，例如乙酸乙酯和乙醇的沸点相近，但前者的蒸发速度则大于后者。又如水的沸点不高，但蒸发速度却很慢。此外还须注意，混合溶剂的蒸发速度因受两种溶剂分子的互相制约，故其蒸发速度不是组分溶剂的蒸发速度的算术平均值。溶剂的蒸发速度还受外界因素的影响，室温高、空气流通快、相对湿度低，均能促使加快蒸发。

溶剂的挥发速度是一个重要参数，它不仅影响产品的性能，还对溶剂的毒性、安全性有直接影响。

4.2.7.3 注意使用安全

溶剂的不安全因素包括其易燃易爆性、毒性、腐蚀性等几个方面。

（1）溶剂的易燃易爆性

溶剂易燃易爆的危险性，可从溶剂的闪点、自燃点、燃点（即着火点）、爆炸极限等去判断。

① 闪点　表示可燃性液体表面的蒸气和空气混合物与火焰接触发生闪火时的最低温度。闪火是液体表面的蒸气瞬间着火燃烧，要燃烧下去，需连续产生蒸气。通常，燃烧继续发生的温度比闪点约高 10℃。溶剂闪点的高低，表明其发生爆炸及着火的可能性的大小。按铁路安全规定，闪点在 28℃ 以下的，即属一级易燃液体；闪点在 28~45℃ 的为二级易燃液体；闪点在 45℃ 以上的为可燃液体。

② 自燃点　指溶剂蒸气与空气的混合物在不需外来火焰而自行着火燃烧的温度。溶剂的自燃点，表示溶剂易发生火灾的程度。

③ 燃点（着火点）　指可燃性液体加热至其表面上的蒸气和空气的混合物与火焰接触立即着火并能继续燃烧时的最低温度。

④ 爆炸极限　当可燃物质的蒸气或粉尘与空气混合并达到一定浓度时，遇火源会发生爆炸，该浓度范围即为爆炸极限。在此范围外，因混合物中可燃物太少或含空气太少，故均不能产生燃烧爆炸。所以爆炸极限范围越宽，爆炸危险性越大。

从上可见，若一种可燃性溶剂其蒸发速度大，闪点、自燃点低，爆炸极限宽的话，其着火或爆炸的危险就大。在选择溶剂时应尽量选用较安全的溶剂。在操作时应避免使用碰撞能产生火花的工具。应选用防爆电机、照明设备，溶剂的存放、贮存必须严格遵守危险品贮运规则等。

（2）溶剂的毒性

溶剂可以通常皮肤、呼吸道、消化道被人体吸收并产生毒害。长期接触低浓度蒸气及吸入高浓度的蒸气，是引起中毒的主要原因。在外界气温、空气湿度、流通情况相同的条件下，溶剂的蒸发速度决定着其在空间的浓度，而溶剂在脂肪和水中的溶解性，则决定了其被人体吸收的难易程度。

大多数溶剂的高浓度蒸气，会对人体有麻醉作用。吸入后会出现困倦、昏睡状态，血压、体温下降而导致死亡。若少量吸入，则会出现精神兴奋、头疼、眩晕、恶心、心跳、呼吸困难等症状。上述症状可能是溶剂使中枢神经和激素调节系统产生障碍的结果。溶剂还会引起皮肤、角膜、结膜的变化。因而溶剂的毒性是不容忽视的。

不同类型的溶剂，其对人的损害不同。伯醇类（甲醇除外）、醛类、酮类、部分酯类、苄醇类溶剂，主要损害神经系统。羧酸甲酸酯类、甲酸酯类，主要引起肺中毒。苯及其衍生物、乙二醇类，主要引起血液中毒。卤代烃类主要影响肝脏及新陈代谢。四氯乙烷及乙二醇类则会引起肾脏中毒。

溶剂的毒性有强弱之分。有基本无毒、长时间接触对健康亦无明显影响的溶剂，比如戊烷、石油醚、轻质汽油、己烷、庚烷、200号溶剂汽油、乙醇、氯乙烷、乙酸、乙酸乙酯等；亦有稍有毒性，但挥发性低，在一般条件下使用时基本无危险的溶剂，如乙二醇、丁二醇、邻苯二甲酸二丁酯等；还有在容许浓度下使用无重大危害的有害溶剂，如甲苯、二甲苯、环己烷、异丙苯、环庚烷、乙酸丙酯、乙酸戊酯、丁醇、三氯乙烯、氢化芳烃、石脑油、四氢化萘等；而苯、二硫化碳、甲醇、四氯乙烷等有毒溶剂，在较高浓度下，即使短时间接触也会对人体产生危害。从安全角度出发，各国对溶剂在车间的允许浓度都做出了规定。毒性越大，其允许的最高浓度就越低。

（3）溶剂的腐蚀性

有机化合物除有机酸、卤化物、硫化物外，对金属、玻璃、陶瓷、搪瓷、水泥等腐蚀性都很小。对于有机溶剂，除用于与金属接触时必须注意溶剂中不含上述对金属有腐蚀的杂质外，在大多数使用场合下，须特别注意的是其对有机材料的腐蚀或溶胀作用。

精细化工配方中，有不少配方的使用对象、使用工具涉及有机材料。例如在印刷时使用的柔性凸版，就是由天然橡胶或异丁橡胶、丁腈橡胶、丁苯橡胶为材质，在选择柔性凸版油墨溶剂时就要根据版材去选择无腐蚀性的溶剂。

在某些以水为溶剂的情况下，金属腐蚀性则成为必须考虑的条件。比如在气雾剂产品中，当以水为溶剂时，要求水必须为无离子水，或氯含量必须小于15×10^{-6}，以避免对金属罐产生腐蚀，在此条件下，配方中还须添加缓蚀抑制剂。可见溶剂的腐蚀性是马虎不得的。卤代烷是常用有机溶剂中对金属有腐蚀性的重要的一类溶剂，其对金属的腐蚀作用与使用环境、条件有关。在常温和干燥条件下，会对铁、不锈钢、铜、镍等金属产生腐蚀。铝镁合金及金属盐类，还可在不同程度上诱发卤代烃类溶剂水解，产生氯化氢及金属氯化物。前者腐蚀金属，后者为水解的催化剂，使水解进一步加剧进行。此外，卤代烃长期与空气接触、高温、光照等条件下均会分解，产生有腐蚀性及毒性的氯化氢、氯气、光气。

4.2.7.4　溶剂的臭味和颜色

溶剂的臭味常是环境污染的重要内容，因而许多国家的环保法规均对恶臭有规定。如英国就已规定涂装厂不得释放恶臭气，必须采取消除恶臭措施等。所以选择溶剂时应尽可能选用臭味较小的溶剂。溶剂臭味不仅污染环境，还会影响产品的气味，这对化妆品类产品尤其重要。此外，好的溶剂还应尽可能纯净无色、澄清透明，否则亦会影响产品外观，对于色泽浅的产品及十分注重外观的化妆品等尤应注意。

4.2.7.5　遵守有关溶剂的法规

溶剂的毒性及危险性一直是人们关注的问题。随着人们环保意识的不断提高及对溶剂引发的环境污染认识的深化，常会对溶剂的使用制定一些国际性的或地方性的有关规定、有关劳动卫生法规、公害法规等。无论是已有法规或不断出现的新法规，在选择溶剂时都要充分注意。

4.2.7.6　溶剂的价格和质量规格

在保证产品质量及性能的前提下，应尽可能选用价格低廉的溶剂，以降低成本。在选用溶剂时还应注意，在许多情况下，都不必着意选择价格高、纯度高的溶剂，有时价格较便宜的工业规格的溶剂，由于含有多种成分，起着混合溶剂的作用，会有更好的溶解性能。比如由木材蒸馏得到的含有甲醇、丙酮、乙酸甲酯和某些高级酮等杂质的工业甲基丙酮，由于与杂质组成了混合溶剂，其具有的宝贵的溶剂性能是高纯的甲基丙酮无法具备的。在这里工业级的甲基丙酮是一种较便宜、性能又好的溶剂。再如，用这种溶剂的商品乙酸丁酯和戊酯，通常酯的含量约85%，其余成分为相应的醇，其溶解性能常比相应的酯要好。又如，由燃油制得的乙酸戊酯也由于具有某些特征杂质而具有优良的溶剂性能。这些都是选择溶剂时必须注意的。

4.3　物质间的溶解过程与规律

精细化学品配方中经常会涉及各种组分间的溶解和混合现象，各种组分从相对分子质量角度可分为聚合物组分和低分子组分。低分子组分间的溶解过程比较简单，但聚合物之间的混合、溶解非常复杂。在配方设计中必须考虑到各组分间的溶解、结晶、电离、化学反应、胶体的形成、固体表面的润湿、吸附等多种物理、化学现象。

溶解本来表示固体或气体物质与液体物质相混合，同时以分子状态均匀分散的一种过程。事实上在多数情况下是描述液体状态的一些物质之间的混合，金与铜、铜与镍等许多金属以原子状态相混合的所谓合金也应看成是一种溶解现象。所以严格地说，只要是一种或一种以上物质（溶质）分散在另一种物质（溶剂）中形成均匀分散体系的过程就可以称为溶解，由溶解过程所形成的分散体系称为溶液。一般在一个相中应呈均匀状态，其构成成分的物质可以以分子状态或原子状态互相混合。

溶解过程比较复杂，有的物质在溶剂中可以以任何比例进行溶解，有的部分溶解，有的则不溶。这些现象是怎样发生的，其影响的因素有哪些？这是本节要解决的问题。

4.3.1　不同物质间的溶解过程

物质的溶解，从根本上说是取决于被溶物质（溶质）分子的内部引力及溶剂与溶质分子间的作用力。当溶剂对溶质的作用力大于溶质分子间的吸引力时，溶质分子间的吸引力被克服，溶质分子进入溶剂分子之间，也就是发生了溶解过程。此溶解过程可一直进行至溶质的溶解速度与其凝聚速度相同，即达到溶解平衡为止。但也有些物质间是可以无限互溶的。当溶质分子间的引力大于溶剂对溶质分子的吸引力时，物质因溶解过程不能进行而不能溶解。

前面已经介绍了不同物质之间的作用力。我们知道，无机化合物为具有离子结构的物质，相互间的作用力主要是不同性电荷间的电性吸引力；有机物分子为通过共用电子对形成共价键而结合的物质，对于非极性的有机化合物分子间存在的吸引力为较弱的范德华力，对于极性的有机化合物既存在分子间的范德华力，还存在偶极间的异电性吸引作用；随着有机化合物分子链的增长，分子与分子间的范德华力也增大；此外，有机物碳链上若连接的基团可通过产生氢键将分子缔合起来时，也能在分子间产生较强的结合力，氢键可以在同类物质分子间生成，也可在分子内生成，同时还可以在不同种物质的分子之间生成。

4.3.1.1　低分子组分的溶解过程

低分子组分溶解即相对分子质量较小的物质（固体、液体、气体组分）由于与溶剂分子的相互作用使其分子或离子通过扩散作用均匀地以分子或离子形式分散于溶剂中，形成均匀澄清溶液的过程，形成的溶液为低分子溶液，属于真溶液。

低分子物质的溶解过程比较简单，溶解速度相对较快，是溶剂与溶质间的吸引力胜过溶质分子间引力的一种表现，这是由能导致溶质与溶剂间相互作用的许多因素相互联系的因素

(如化学的、电性的、结构性的)综合作用的结果。但实际上通常以"相似相溶"规律来预测是否能溶解。所指的相似除化学的相似外,主要以其极性程度的相似作为估计的依据。所以可用溶解度和溶解速度表示低分子组分的溶解。

在一定温度和压力下饱和溶液的浓度称为某溶质在某溶剂中的溶解度。根据溶解度的不同,可将低分子组分的溶解分为极易溶(1g 或 1mL 溶质能溶在不到 1mL 的溶剂中)、易溶(1g 或 1mL 溶质能溶在 1~10mL 的溶剂中)、溶解(1g 或 1mL 溶质能溶在 10~30mL 的溶剂中)、略溶(1g 或 1mL 溶质能溶在 30~100mL 的溶剂中)、微溶(1g 或 1mL 溶质能溶在100~1000mL 的溶剂中)、极微溶解(1g 或 1mL 溶质能溶在 1000~10000mL 的溶剂中)、几乎不溶或不溶(1g 或 1mL 溶质在 10000mL 的溶剂中不能完全溶解)。溶解速度为单位时间溶解溶质的量。溶解速度的快慢决定于溶剂与溶质吸引力克服溶质间吸引力的速度。当溶质被释放进入溶剂慢而再转入总体溶液中快时,该过程为溶解限时过程。这种情况下,溶解称为界面限制溶解。当溶质与溶剂界面作用比溶质进入总体溶液中快时,这种溶解受扩散限制溶解。溶解过程中溶质分子扩散的驱动力是浓度差。

4.3.1.2 高分子组分的溶解过程

高分子化合物的相对分子质量大,而且呈多分散性,大分子的形状有线型、支化和交联的不同,高分子化合物的聚集态又有晶态、非晶态、取向态和混合态之分,所以高分子组分的溶解要比低分子的溶解复杂得多,聚合物的溶解是一个十分缓慢的过程,一般需要几小时、几天、甚至几个星期,一般不可能呈真溶液状态。对于线型和支链型非晶态聚合物的溶解,一般可以分为溶胀和溶解两个阶段:首先是高分子物质与溶剂两种分子互相钻入对方分子中间的空隙中去。由于高分子物质的相对分子质量大,向溶剂中扩散的速度慢,而相对分子质量较小的溶剂则很容易钻入高分子化合物分子间的空隙中去,使高分子物质的分子间隙几乎全被溶剂分子所充满,使其体积膨胀,称为溶胀,是溶解过程的前奏;随着溶解过程继续深化,开始形成稀溶液和稠溶液两相,两相浓度相差极大,在低于某一温度时,两相甚至会达到平衡而保持分层现象,这一温度叫作临界溶液温度。温度升高,分子运动加剧,两相间分子扩散速度加快,最后达到浓度均一的单相溶液,即溶解,每个结构单元都发生溶剂化作用,称"无限溶胀"。对于交联或体型的聚合物,由于交联结点的束缚,只能溶胀,不能溶解,故称为有限溶胀。平衡时高聚物的溶胀体积与网络结构的交联度有关。交联度愈大时,溶胀体积愈小,深度交联聚合物则呈不溶不熔的性质。线型高聚物在不良溶剂中也能产生有限溶胀。例如,天然橡胶在甲醇中就能发生有限溶胀。这是因为高分子链段间的相互作用能大于链段与溶剂分子间的作用能,以致高分子链不能被溶剂分子完全分离,而只能与溶剂部分互溶。然而当升高温度时,由于高分子热运动加剧,有限溶胀可转变为溶解。

高聚物的溶胀和溶解行为与凝聚态结构有关。非晶态高聚物分子的堆砌比较疏松,分子间的相互作用较弱,溶剂分子比较容易渗入高聚物内部使其溶胀和溶解。晶态聚合物由于排列规整,堆砌紧密,分子间作用力很强,溶剂分子渗入高聚物内部非常困难。因此比非晶态聚合物的溶解更为困难。极性晶态聚合物由于和溶剂分子间的极化作用,导致溶解活化能降低,有时在室温就可溶于极性溶剂,而非极性晶态聚合物,需要升高温度,甚至在熔点附近,使晶态转变为非晶态后,小分子溶剂才能渗入到高聚物内部而逐渐溶解。例如,高密度聚乙烯的熔点是 135℃,它在 135℃才能很好地溶解于十氢萘中。全同立构聚丙烯在四氢萘中也要 135℃才能溶解。而极性的晶态高聚物则能在室温下溶于强极性溶剂中,例如,聚酰胺在室温下可溶于甲苯酚、40%硫酸、苯酚、冰乙酸的混合溶剂中。聚乙烯醇可溶于水、乙醇等。这是由于极性晶态高聚物中的非晶态部分与溶剂接触时，发生强烈的溶剂化作用而放热，正是由于这种热效应使周围的晶区熔化并发生溶剂化作用而溶解。但是，当所用的溶剂与高聚物的作用不很强时，要使高聚物溶解也需要加热，例如聚酰胺在150℃左右才能溶于苯甲醇、苯胺中。可见，无论非极性或极性晶态高聚物，其溶解过程都要先使晶区熔融为非晶区后，才能经过溶胀而溶解。结晶聚合物的溶解除与相对分子质量有关外，还与极性有关。

4.3.2 物质间的溶解规律

4.3.2.1 极性相似原则

一般来说，化学组成类似的物质相互容易溶解，极性溶剂容易溶解极性物质，极性大的溶剂溶解极性大的溶质，极性小的溶剂溶解极性小的溶质，非极性溶剂容易溶解非极性物质。即溶质和溶剂的极性越接近，它们越易互溶。这个规律称为"极性相近"规则。这个规律对小分子物质的溶解非常适用。例如，水、甲醇和乙醇彼此之间可以互溶；苯、甲苯和乙醚之间也容易互溶，但水与苯，甲醇与苯则不能自由混溶。而且在水或甲醇中易溶的物质难溶于苯或乙醚；反之，在苯或乙醚中易溶的物质却难溶于水或甲醇。这些现象可以用分子的极性或者分子缔合程度大小进行判断。这一规律在一定程度上也适用于高聚物的溶解，含有—COOH、—NH$_2$、—OH、—CONH$_2$、—CO—等极性亲水基团，且在分子内占有优势的高分子化合物，容易在水介质中分散形成高分子溶液；反之，若仅含有烷基或芳基等较大的非极性基团的高分子化合物就容易在非极性溶剂中分散。此外，对于同种树脂，相对分子质量低的比相对分子质量大的较易溶解。纤维素衍生物易溶于酮、有机酸、酯、醚类等溶剂，这是由于分子中的活性基团与这类溶剂中氧原子相互作用的结果。有的纤维素衍生物在纯溶剂中不溶，但可溶于混合溶剂。例如硝化纤维素能溶于醇、醚混合溶剂，三乙酸纤维素溶于二氯乙烷、甲醇混合溶剂。这可能是由于在溶剂之间，溶质与溶剂之间生成分子复合物，或者发生溶剂化作用的结果。天然橡胶、丁苯橡胶等非极性的高聚物能溶于苯、石油醚、己烷等碳氢化合物中，非极性的聚苯乙烯能溶于苯或乙苯，也能溶于弱极性的丁酮等溶剂中。极性的聚甲基丙烯酸酯不易溶于苯而能很好地溶于丙酮中。总之，溶解过程能够发生，其物质分子间的内聚力应低于物质分子与溶剂之间的吸引力才有可能实现。由此看出，溶解的一般规律就是"相似者相溶"，所谓相似是指极性程度相似，所谓相溶是指极性相似的溶质溶解在极性相似的溶剂中。当然相似者相溶还包括其他性能，如结构、官能团等。由于各种物质的极性程度不同，则在另一种极性物质中溶解的多少也不同。

4.3.2.2 溶解度参数相近原则

溶液的组分之间的热力学亲和力对于定量估算相互的溶解度是重要的。溶解度参数的概念是以溶剂和溶质之间相互作用的焓为基础。溶解度参数是衡量液体间及高分子物质与溶剂间混溶性的一个特性值，溶解度参数是内聚能密度 CED 的二次方根：

$$\delta = (CED)^{1/2} = \left(\frac{\Delta E_i}{V_i}\right)^{1/2} \tag{4-2}$$

式中，ΔE_i 为内聚能；V_i 为摩尔体积。

溶解度参数以（MJ/m^3）$^{1/2}$为单位。内聚能与液体的体积单元的势能在数量上相等，在符号上相反。摩尔内聚能是在 1mol 的物质中所有的分子的相互作用所伴有的能量，也就是说它是液体相对于在相同温度下它的理想蒸气的能量。

溶解度参数 δ 与内聚能有关，而内聚能是由于分子间的作用力产生的，它是分子间的相互作用的有效的表征。δ 的数值变化从非极性物质的 $12(MJ/m^3)^{1/2}$ 到水的 $23(MJ/m^3)^{1/2}$。知道溶剂和溶质的 δ，我们就可以估计特定的溶质（聚合物）不能在哪些溶剂中溶解。例如，δ 在 $14 \sim 16(MJ/m^3)^{1/2}$ 范围内的聚异丁烯将不溶解在 $\delta = 20 \sim 24(MJ/m^3)^{1/2}$ 的溶剂中。$\delta = 18$ $(MJ/m^3)^{1/2}$ 的极性聚合物将不溶解在 $\delta = 14(MJ/m^3)^{1/2}$ 或 $\delta = 26(MJ/m^3)^{1/2}$ 的溶剂中。这些是重要的数据，因为它们帮助缩小可能适合给定的聚合物的溶剂范围。但是相反的推定不总是正确的，因为具有相同溶解度参数的聚合物和溶剂并不总是相溶的。这限制来自溶解度参数的整体特性。溶解度取决于在溶液组分的分子中能够彼此相互作用的官能团的存在。

δ 是一种单独液体的分子间相互作用的参数。许多研究的目的是寻找液体的混合能和它们之间的相互关系。目前有一维、多维的溶解度参数近似法。一维的溶解度参数近似法适合于色散力在溶液组分之间相互作用中起主要作用的情况，而多维方法将色散、诱导、取向、氢键的作用都有考虑，用不同的模型进行估算。对于非极性高分子材料和极性不很高的高分子材料，它的溶解度参数与某一溶剂的溶解度参数相等或相差不超过 ± 1.5 时，该聚合物便可溶于此溶剂中。

聚合物和溶剂的溶解度参数可以测定或计算出来。

溶剂的溶解度参数的实验测定可以由给定温度下的蒸发焓（可通过直接方法和间接方法测定）计算溶解度参数的值：

$$\delta = \left(\frac{\Delta H_p - RT}{V}\right)^{1/2} \tag{4-3}$$

式中，ΔH_p 为蒸发焓（潜热）；V 为摩尔体积。

高分子化合物的内聚能密度，是分子键中各基团的内聚能密度之和，故亦可由有机化合物基团的内聚能值求得。常见有机基团的内聚能值见表 4-4。

表 4-4　有机基团的内聚能值　　　　　　　　　　　　　　　　kJ/mol

基　团	内聚能值	基　团	内聚能值
—CH	7.45	—COOC$_2$H$_5$	26.08
=CH$_2$	7.45	—NH$_2$—	14.78
—CH$_2$—	4.14	—Cl	14.24
>CH—	1.59	—F	8.62
—O—	6.82	—Br	18.00
—OH	30.35	—I	21.10
O=C<	17.88	—NO$_2$	30.14
—CHO	19.56	—SH	17.79
—COOH	37.56	—CONH$_2$	55.27
—COOCH$_3$	23.45	—CONH	68.08

混合溶剂的溶解度参数，可根据各组分的溶解度参数由下式求得。

$$\delta_{混合} = \frac{X_1 V_1 \delta_1 + X_2 V_2 \delta_2}{X_1 V_1 + X_2 V_2} \tag{4-4}$$

式中，δ_1、δ_2 分别为组分 1、2 的溶解度参数；V_1、V_2 分别为组分 1、2 的摩尔体积；X_1、X_2 可由下式计算。

$$X_1 = \frac{G_1/M_1}{G_1/M_1 + G_2/M_2}, \quad X_2 = \frac{G_2/M_2}{G_1/M_1 + G_2/M_2} \qquad (4-5)$$

式中，G_1、G_2 分别为组分 1、2 的质量分数，%；M_1、M_2 分别为组分 1、2 的摩尔质量。

采用上述方法计算，可通过改变混合比，计算出不同比例混合溶剂的 δ 值，从而找到与聚合物 δ 值相近的混合溶剂。最后通过实验验证，即可确定混合溶剂的最佳组成。

溶解度参数在判断溶剂及聚合物的溶解性方面有很大的参考价值。但必须注意在某些场合下即使溶解度参数相近或相似仍不能保证其溶解性或混溶性。溶解度参数除用于判断物质的溶解性外，在其他方面也有实际意义。如在颜料的混合配方中，必须选择溶解度参数接近的颜料。在多组分体系中的树脂也应按溶解度参数的原则去选择才能保证最佳的混溶性。此外，在多组分基料体系中要混入颜料，必须使颜料在与其溶解度参数相匹配的部分基料中研磨，才能获得良好的颜料分散性。

4.3.2.3 溶剂化原则

溶剂化作用是指溶剂–溶质间作用力大于溶质–溶质间作用力时，溶质分子彼此分离而发生溶解的原则。研究表明，极性高聚物的溶剂化作用与广义的酸、碱作用相关。广义的酸是指电子接受体（即亲电子体）；广义的碱就是电子给予体（即亲核体）。当高分子与溶剂分子所含的极性基团分别为亲电子基团和亲核基团时，就能产生强烈的溶剂化作用而互溶。一般来说，含有亲电子基（酸性基）的高分子易和含亲核基（给电子基或碱性基）的溶剂相互作用而发生溶解，反之亦然。

亲电子基强弱次序：

—SO_3H>—$COOH$>—C_6H_4OH>＝$CHCN$>＝$CHNO_2$>＝$CHONO_2$>—CH_2Cl>＝$CHCl$

亲核基强弱次序：

—CH_2NH_2>—$C_6H_4NH_2$>—$CON(CH_3)_2$>—$CONH$—>＝PO_4>—CH_2COOCH_2—>—CH_2OCOCH_2—>—CH_2OCH_2—

但是，如果高分子中含有上述序列中后几个基团时，由于这些基团的亲电子性和亲核性较弱，溶解就不需要很强的溶剂化作用，可以溶于两序列中的多种溶剂。如聚氯乙烯含有亲电子性很弱的＝$CHCl$ 基团，可溶于环己酮、四氢呋喃中，也可溶于硝基苯中。反之，如果高分子中含有序列中的前几个基团时，由于这些基团的亲电子性或亲核性很强，要溶解这类高聚物，应该选择相反系列中含有最前几个基团的液体作为溶剂。例如含有酰胺基的尼龙 6 和尼龙 66 的溶剂就是含强亲核基团的甲酸、浓硫酸、间苯酚；含亲电子基团＝$CHCN$ 的聚丙烯腈，则要用含亲核基团—$CON(CH_3)_2$ 的二甲基甲酰胺作溶剂。

氢键的形成是溶剂化的一种重要形式。在形成氢键时，混合热为放热（$\Delta H_M < 0$），有利于溶解。因此，有人将溶剂按照生成氢键的倾向分为三类：弱氢键类、中等氢键类和强氢键类。表 4-5 列出了溶剂按生成氢键倾向的分类。

4.3.2.4 混合溶剂原则

选择溶剂，除了使用单一溶剂外，还可使用混合溶剂。有时两种溶剂单独都不能溶解的聚合物，如将两种溶剂按一定比例混合起来，就能使同一聚合物溶解。在这种情况下，溶解度参数也可作为选择混合溶剂的依据。如果两种溶剂按一定的比例配成混合溶剂，其溶解度参数与某一高聚物的溶解度参数接近，就可能溶解该高聚物。混合溶剂具有协同效应和综合效果，有时比用单一溶剂更好（见表 4-6），甚至两种非溶剂的混合物也会对某一高聚物有很好的溶解能力，可作为选择溶剂的一种方法。

表 4-5	溶剂生成氢键倾向的分类	
弱氢键类	中等氢键类	强氢键类
庚烷	碳酸亚乙基酯	乙二醇
硝基甲烷	乙丙酯	甲醇
四氯乙烷	二甲基甲酰胺	乙醇
氯苯	乙腈	甲酸
十氢化萘	二甲基乙酰胺	正丙醇
三氯甲烷	丙酮	异丙醇
苯	四氢呋喃	间甲酚
甲苯	环己酮	
对二甲苯	甲乙酮	
四氯化碳	乙酸乙酯	
环己烷	乙醚	

表 4-6　某些混合溶剂的溶解能力

体 系	$\delta/(J \cdot cm^{-3})^{1/2}$	单一溶剂的溶解能力	混合溶剂的溶解能力
己烷	14.9	不溶解	
氯丁橡胶	18.9		溶解
丙酮	20.4	不溶解	
戊烷	14.4	不溶解	
丁苯橡胶	17.1		溶解
乙酸乙酯	18.5	不溶解	
甲苯	18.2	不溶解	
丁腈橡胶	19.1		溶解
邻苯二甲酸二甲酯	21	不溶解	
碳酸-2,3-丁二酯	24.6	185℃时溶解	
聚丙烯腈	31.4		150~160℃时溶解
丁二酰亚胺	33.1	约220℃时溶解	
丙酮	20.4	不溶解	
聚氯乙烯	19.4		很易溶解
二硫化碳	20.4	不溶解	

确定混合溶剂的比例，可按式(4-6)进行计算：

$$\delta_m = \Phi_1\delta_1 + \Phi_2\delta_2 + \cdots\cdots + \Phi_n\delta_n \qquad (4-6)$$

式中，Φ_1、$\Phi_2\cdots\Phi_n$分别表示每种纯溶剂的体积分数；δ_1、$\delta_2\cdots\cdots\delta_n$分别表示每种纯溶剂的溶解度参数；$\delta_m$表示混合溶剂的溶解度参数。这样根据混合溶剂的溶解度参数接近聚合物的溶解度参数，再由实验验证最后确定。例如氯乙烯和乙酸乙烯酯共聚物的溶解度参数$\delta = 21.2$，乙醚的溶解度参数$\delta_1 = 15.2$，乙腈的溶解度参数$\delta_2 = 24.2$，二者单独均不能溶解这种共聚物，但当用33%乙醚和67%乙腈(体积)的混合物，则可溶解它。

4.3.2.5　酸碱电子理论和有机概念图

"相似相溶"是判断物质互溶性最常用的经验规则，但是事实上也存在许多例外，如结构并不相同的环己酮、苯胺、硝基乙烷之间有很好的互溶性就是一个例子。

"酸碱电子理论"是判断物质溶解性的又一规则。此规则把物质的溶解看作是溶质和溶剂之间的酸碱作用。根据路易斯的酸碱质子理论，将能接受电子对的物质看作酸，而把能给出电子对的物质看作是碱。根据皮尔逊的观点，又把容易得到电子的定义为"硬酸"，对外层电子抓得紧难失去电子的定义为"硬碱"，反之称为"软酸""软碱"。按酸碱电子理论去判断物质溶解性时就有"硬(酸)溶硬(碱)、软(酸)溶软(碱)"的规则。

上述规则虽然能解释物质相溶的许多现象并有其应用意义，但毕竟有些笼统和粗糙，使得用于选择溶剂时存在不少困难。而日本的藤田先生创立的"有机概念图"，与之相比，具有较直观及易于应用的优点。

"有机概念图"简单地说，就是根据现代分子价键理论，认为无论在有机化合物还是在无机化合物中，纯粹的共价键及离子键是不存在的。例如，在以前认为是纯粹离子键的氯化钠中也存在部分的共价键，认为是纯粹的共价键的甲烷中也存在小部分离子(静电)键。一个化合物的性质则决定于分子中共价键与离子键抗衡的结果。"有机概念图"将物质分子分成共价键(有机性O)与离子键(无机性I)两部分，根据两种键的相对大小来研究化合物的性质，而不管两种键如何抗结，也不管化合物结构上是否有相似之处。"有机概念图"将分子的有机性和无机性用数据来表示，一些化合物的数据可查。化合物的有机性及无机性数值可近似地采用加合法求得。化合物烃基上的碳原子及无机性基中所含的碳原子其有机性数值则按每个碳原子为 20 计算。

根据化合物分子所含的基团，查有关数据表便可算出其有机性和无机性。

例 1：$C_7H_{15}COOH$ 分子含—COOH 及 C_7H_{15}—，查表知—COOH 为无机性基团，无机性数值为 150，分子中烃基上有 7 个碳原子，—COOH 上有一个碳原子，其有机性数值为 8×20＝160。

例 2：$CH_3CHOHCH_2OH$ 分子中含有两个—OH，查表知无机性基—OH 的数值为 100，无机性数值为 2×100＝200；分子中含 3 个碳原子，其有机性数值为 3×20＝60。

当以物质的无机性为纵坐标、有机性为横坐标构成一平面直角坐标系时，每个物质都可以在此坐标平面上找到一个位置。显然，在坐标上占据同一位置的物质具有相同的无机性、有机性数值；位于同一斜率线上的物质，其无机性与有机性的比率（I/O）相同；位于与纵轴平行线上的物质，其有机性相同；位于与横轴平行线上的物质，其无机性数值相同；有机性、无机性相等的化合物，位于与两轴等距离的坐标角平分线上；有机性强的物质靠近有机轴，无机性强的物质靠近无机轴。以上坐标系即为"有机概念图"。

在有机概念图上，每一个溶剂都有自己确定的位置，并与位置相近的化合物（同系物，或与化合物结构相近，或在某个位置有同种的无机基团或性质相近的无机基团的化合物）之间有好的溶解性；I/O 比率相近的化合物易于互溶。

上述选择溶剂的原则，是从不同角度出发而得到的规律，它们各有一定的适用范围，也各有局限性。在实际应用时，应将几个原则综合起来考虑，并进行实验，才能选择出合适的溶剂。例如聚碳酸酯（δ＝20.3）和聚氯乙烯（δ＝19.2），它们的溶解度参数接近，如果按照极性相似及溶解度参数相似原则来考虑，它们应能溶于极性溶剂氯仿（δ＝19.0）、二氯甲烷（δ＝19.9）及环己酮（δ＝19.6）中。但实验证明氯仿和二氯甲烷只是聚碳酸酯的良溶剂，对聚氯乙烯则是不良溶剂；相反，环己酮甚至四氢呋喃（δ＝19.5）都是聚氯乙烯的良溶剂，对聚碳酸酯却是不良溶剂。这些现象可以从溶剂化原则得到解释：聚氯乙烯是一个弱亲电子剂而聚碳酸酯则是一个弱亲核剂，它们的良溶剂应该是电性相反的化合物：

聚氯乙烯　　　环己酮

由于高聚物结构的复杂性，影响其溶解的因素是多方面的，上述原则并不能概括所有的溶解规律，然而对大多数高聚物还是适用的。在实际选择溶剂时，要具体分析高聚物是结晶的还是非结晶的、是极性的还是非极性的、相对分子质量大还是相对分子质量小等，然后试用上述原则来解决问题。

4.4　影响溶质溶解的因素及增溶方法

4.4.1　影响溶质溶解的因素

一般认为与溶解过程有关的因素大致有以下几个方面：

① 相同分子或原子间的引力与不同分子或原子间的引力的相互关系（主要是范德华引力）。

② 分子的极性引起的分子缔合程度。

③ 分子复合物的生成。

④ 溶剂化作用。

⑤ 溶剂、溶质的相对分子质量。

⑥ 溶解活性基团的种类和数目。

4.4.1.1　物质的化学键的类型与分子的极性

物质的化学键的类型与分子的极性直接影响物质的溶解性，符合"相似相溶"规律。详细地讲，就是具有晶格结构的离子型的无机化合物易溶于强极性溶剂；极性强的有机化合物易溶于强极性溶剂；弱极性或非极性的有机化合物则易溶于弱极性或非极性溶剂。此经验规律的本质，就是分子极性结构相似的不同物质分子间的作用力，比结构上完全不同或差异较大的不同物质分子之间的作用力强，因而有较好的互溶性。例如氯化钠是属于离子晶格的无机化合物，可以溶于具有强极性的溶剂水中，而不能溶于非极性分子的汽油中。这是因为水分子具有由于正负电中心不重合而产生的偶极，故可在氯化钠的 Na^+ 和 Cl^- 周围，通过偶极取向而对离子施加相反电性的吸引力，帮助 Na^+ 和 Cl^- 克服离子间的电性吸引力离开晶格，使得溶解过程得以进行。而汽油是非极性分子，不具备拆散离子晶格的能力。石蜡溶于汽油而不溶于水，这是因为汽油分子之间的作用力与石蜡分子之间的作用力相似，所以石蜡分子之间的作用力可被汽油与石蜡之间的作用力代替，从而使石蜡分子分散于汽油中。

分子的极性结构是否相似，归根结底取决于分子内电子分布的均匀性。分布不均匀，则分子的某一部分带正电，另一部分带负电。正负电中心的距离和电荷的大小，均影响分子极性的大小。因而通常用电荷 Q 和正负电中心的距离 h 的乘积(偶极矩)来描述分子的极性结构。由于偶极矩的值，可反映分子的极化程度，故在判断物质间的互溶性时，偶极矩是一个重要的参考因素。又由于物质介电常数与物质的偶极矩有密切关系，某些液体之所以有很大的介电常数，正是由于分子中存在很大的偶极矩引起的。因而介电常数在考虑物质的溶解性时亦可起参考作用。极性大的物质其偶极矩及介电常数较大，在极性溶剂中有较大的溶解性。偶极矩小、介电常数小的物质，则较易溶于非极性溶剂。许多物质溶解性的差别，从偶极矩均可得到解释。比如有机化合物，其同分异构体的溶解性常有较大的差别。以丁醇为例，在100g 水中正丁醇可溶 7.9g，异丁醇为 9.5g，仲丁醇为 12.5g，而叔丁醇则可与水无限互溶。造成差别的原因与各异构体的碳链结构不同、偶极矩不同有关。

4.4.1.2　氢键的存在

氢键的存在对物质的溶解性有重要影响。当物质的分子中含有与水形成氢键的基团时，通常都有较大的水溶性。比如硫醇与醇相比，由于硫的电负性比氧弱得多，故硫醇中与硫相连的氢不能与水分子生成氢键，因而比相应的醇在水中的溶解度低。如乙醇可与水任意比例混溶，乙硫醇在100g 水中仅能溶 1.5g。又如有机胺的伯、仲胺，因与氮原子相连的氢可与水分子生成氢键，而叔胺的氮原子上没有氢原子，故不能与水通过氢键而结合，故叔胺与异构体的伯、仲胺相比，在水中的溶解度较低。同样道理，酯由于不能与水分子生成氢键，故与相应的羧酸相比，酯在水中溶解度较羧酸低。而醇酸，则由于分子上同时含有羟基与羧基两种极性基团，它们均能与水形成氢键，所以在水中的溶解度比相应的羧酸还大。如丁酸在100g 水中仅溶 5.62g，羟基丁二酸(苹果酸)的 d– 及 l-苹果酸却可与水无限互溶，dl-苹果酸在100g 水中也可溶 144g。

4.4.1.3 锌盐的生成

与氢键的生成不同，某些物质分子如醇、醚分子中的氧原子，可以利用其未共用电子对接受质子，生成锌盐，由于锌盐的生成而溶于浓强酸中。

$$R—\overset{..}{\underset{..}{O}}—H^+Cl^- \longrightarrow R—\overset{\overset{H^+}{|}}{\underset{..}{\overset{..}{O}}}—R—Cl^-$$

4.4.1.4 溶剂化作用

溶剂化作用对物质的溶解有相当大的影响。所谓溶剂化是指当溶质或其所含有的极性基团能电离时，由于离子的电性可吸引水的异性偶极，故溶质便被溶剂水分子包围即被溶剂化。溶剂化减少了被分散的溶质分子由于热运动产生分子碰撞时而凝聚的可能，故有利于溶解过程的进行。

4.4.1.5 溶质相对分子质量及分子中含活性基团的种类和数目

溶质相对分子质量及分子中含的活性基团的种类和数目，对其溶解性亦有重大影响。当分子中含有足够数量的亲水基团时，就有较好的水溶性；若含有的为憎水基团时，就在非极性溶剂中有较好的溶解性。比如脂肪醇聚氧乙烯醚类非离子表面活性剂，含有的亲水基团为—(OCH_2CH_2)及—OH，其水溶性的大小与聚氧乙烯醚基多少有关，其数目增多时，产品的水溶性增大。如果把分子结构式表示为 $CH_3—(CH_2)_m—O—(CH_2CH_2O)_nH$，当 $n>m$ 时，产物水溶性大；当 $n=m/3\sim m$ 时，则产物在水及油中都能适度溶解；当 $n<m$ 时，则不能溶于水，但有良好的油溶性。含有极性亲水基团的有机物，如醇、酸、醛、酮等，在水中的溶解度随着相对分子质量的增大，分子中亲水基数目与碳原子的比值逐渐降低，其水溶性也随之下降。

4.4.1.6 温度

一种溶质在溶液中的溶解度和温度的关系与溶质及溶剂的性质有关。当溶解过程具有负的溶解热时(吸热)，则其溶解度随温度升高而升高；如果溶质具有正的溶解热(放热)，则在这种情况下(如氢氧化钙、硫酸钙)溶解度随温度升高而下降。固体在液体中的溶解度通常随温度的升高而增加，气体的溶解度随温度的升高而下降。一般溶质溶解时，温度愈高，溶解愈快。但对热不稳定的溶质或加热易挥发的溶质则需考虑加热温度甚至不加热。

4.4.1.7 压力

压力对于气-液溶液的溶解度有显著的影响，但对固-液溶液的影响可忽略不计。当气体压力增大时气体的溶解度也随之增加；反之，气体的溶解度则下降。若为混合气体，则每种组分在溶剂中的溶解度与各自的分压成正比。制备含 CO_2 的饮料，就是利用了分压对其溶解度的影响这一原理。例如在制备汽水时，在 405kPa 压力下的 CO_2 装瓶，当瓶子被再次打开时，由于液面上的压力骤然下降(CO_2 分压极小约为 2.7Pa)，因而气体迅速从溶液中逸出，形成汽水。

4.4.1.8 粒子大小

对于难溶性溶质，在一定温度下，固体的溶解度和溶解速度均与固体的比表面积成正比。当比表面积增大时溶解度和溶解速度均随之增大。如果粒子减小到胶体大小($<1\mu m$)，它的溶解度可能在一定程度上受到影响。这对于一些难溶性固体溶质有实际意义，认为这是由于固体表面自由能的增加所致。据报道 $0.1\mu m$ 粒径的硫酸钡的溶解度比一般粗粒子的溶解度增大 2 倍；一些难溶性药物如灰黄霉素，采用微晶增加在胃肠液中的溶解速度以改善其吸收。

4.4.1.9 晶型

固体物质常因结晶条件不同而存在多种晶型,晶型不同溶解度及溶解速度可能不同。

4.4.1.10 同离子效应

许多固体在相同离子共存时,由于离子浓度增加而使溶解度下降。例如,许多盐酸类药物在 0.9%氯化钠或 0.1mol/L 盐酸中的溶解度比单纯水中的溶解度低。

4.4.1.11 搅拌

在溶解过程中,首先在固体与溶剂界面迅速形成一饱和溶液薄膜层(称为饱和层)。在饱和层外包围着一层溶剂并滞留在饱和层的周围(称为扩散层)。扩散层很难被扩散层以外的溶剂取代,当固体溶解时,溶剂不断通过颗粒周围的扩散层而进行扩散。搅拌能加速溶质饱和层的扩散,减薄饱和层而加速溶解。

4.4.2 溶质的增溶

很多物质在相应的溶剂中有足够的溶解度,能顺利地制成一定含量的稳定的、均一的真溶液。但也有不少物质,在相应的溶剂中,即使是饱和溶液也不能达到要求的浓度。有些物质在某些溶剂中也不能达到要求的浓度。有些物质在某些溶剂中溶解度能够达到要求,但由于溶剂的性能、挥发度、黏度、闪点、毒性等又满足不了绿色制剂要求,因此,可选择的溶剂受到了限制,尚需选择其他溶剂,而其他溶剂又满足不了所需的溶解度要求。另外,有很多制剂品种为了满足生产上需要,提高效果、扩大应用范围、减少用量、延缓抗性、降低成本、使用方便等目的,要求研制复配制剂。A 组分在某溶剂中溶解度大,B 组分则不一定大,因此,给选择溶剂增加了难度。若选择一种溶剂,可能满足其中一种组分的溶解浓度,而满足不了另一种组分的溶解浓度,因此要选择助溶剂。如果几种溶剂都满足不了要配制的浓度,那么选择增加溶解度的方法,就显得尤为重要。一般来说,增加溶解度的方法有:助溶作用、改变部分化学结构、增溶作用、制成盐类等。下面对它们分别进行以介绍。

4.4.2.1 助溶作用

助溶是增加物质溶解度的主要方法之一。在精细化学品制剂加工中,很多制剂都只用一种溶剂就够了。但也有很多制剂,只用一种溶剂(主溶剂)往往不能达到要求的浓度;有的制剂用一种溶剂,虽然溶解度够了,但经冷贮后出现结晶析出,热贮后出现分层;个别产品由于质量不高,其中的杂质会影响制剂的性能和质量,例如出现絮状物质,这时需要考虑加入第二种溶剂。由于第二种溶剂的加入(一般加量不大),增大了溶质的溶解度,提高了制剂的质量,特别是低温稳定性,这种作用为助溶作用,这第二溶剂为助溶剂,也叫共溶剂。它们一般是低分子化合物,但不包括胶体或表面活性剂。助溶剂与混合溶剂不一样,因为助溶剂有它特殊的增加溶解度机理。

助溶剂除在配制制剂时得到应用外,还应用于助剂。在改进配制乳化剂质量研究中,为了减少和消除非/阴离子复配乳化剂及所制的制剂存放时,出现分层、沉淀及生成絮状物等,往往采用适当的助溶剂也很有效。

助溶剂的助溶机理是随着溶质和助溶剂的性质不同而不同,而且溶解机理是复杂的,但不少研究证明,很多有机物的助溶机理包括形成可溶性复盐、无机分子络合物、配位物、螯合物、有机分子络合物、包合物等。

(1)络合物

络合物可分为无机络合物和有机络合物两类,溶质与助溶剂形成了络合物,而且这种络合物不是稳定的结合，而是可逆的，所以不影响溶质原有的特性。无机络合物用于助溶最典型的例子就是碘化钾对碘的络合。碘溶液中的碘本来在水溶液中溶解度极微，可是在助溶剂碘化钾的作用下，二者形成络合物而溶解。碘化钾可使碘在水中溶解度从约0.03%提高到5%。

$$I_2 + KI \longleftrightarrow KI \cdot I_2$$

有机分子络合物的形成主要是通过两种不同分子之间的氢键结合或者因诱导极化产生静电吸引。例如，水杨酸钠能使咖啡因的溶解度增大，是因为水杨酸钠分子内的羟基活性氢与咖啡因分子结构中的羰基亲核氧原子形成氢键，而三硝基苯中的极性硝基诱导了很易极化的苯分子形成了一个偶极子，产生静电吸引而形成络合物。

有机络合物的形成依赖于分子的化学结构条件，可形成氢键的分子一般是醛、酮、醇、酰胺以及其他含氧、氮等极性基团的化合物，在这些化合物的溶液中，氧原子相对呈负电性，而氢原子相对呈正电性。在静电性结合中，一种分子应能使另一种分子产生极化，即其中一种分子具有较强的极性基团，形成电荷的接受体；另一分子则容易产生极化的结构，如苯的共轭结构，形成电荷的给予体。如三硝基苯中的极性硝基可诱导易极化的苯分子，而形成一个偶极子，产生静电吸引而形成络合物。分子的空间位阻也起着很重要的作用。如果在给予体与接受体之间的结合被大的基团所阻隔，络合物也不能形成。但无论是氢键或是静电吸引，很多有机络合物的结合力很弱，在水中与游离的结合分子处于动态平衡，一般不能从溶液中分离得到络合物。

常用的助溶剂很多，主要有以下三类：一类是某些有机酸及其钠盐，如苯甲酸、水杨酸、对羟基苯甲酸、抗坏血酸、乙酸、柠檬酸等有机酸及其钠盐，因为有机酸本身的溶解度较低，一般多使用其钠盐。第二类是某些酰胺或胺类化合物，如烟酰胺、异烟酰胺、乙酰胺、乙二胺、脂肪胺以及尿素等。第三类是一些水溶性高分子化合物，如聚乙二醇、聚乙烯吡咯烷酮、羧甲基纤维素钠等，这类聚合物含有较多的亲核氧原子而形成氢键的条件，但这类高分子化合物也有可能与一些溶质形成不溶性络合物，如聚乙烯吡咯烷酮可增加碘、氯霉素、普鲁卡因等药物的溶解性，但与水杨酸、鞣酸等则形成不溶性络合物。

络合物助溶能力一般不很高，常在一个数量级范围内变化，在选择助溶剂时除了要求有较大的助溶效果外，还不影响溶质（活性组分）的性能、使用条件和安全性，同时络合物相对稳定。

（2）包合物

包合物是一种分子或其部分基团包含在另一种分子的空穴结构内形成的非化学键络合物。具有空穴结构、起包容作用的称为主体分子，被包容的称为客体分子。主体分子的空穴可由单分子或多分子构成，因此从结构而言，可分为单分子包合物和多分子包合物。客体分子是否能够进入主体分子的空穴内，与主体分子空穴的孔径大小有关。有些分子可以完全被包容，有些分子只能部分被包容。除了主体分子的空穴的大小外，主体分子和客体分子之间的极性对包容也有重要意义。

（3）形成复合物（复盐）

例如苯甲酸钠对咖啡因的助溶：苯甲酸钠+咖啡因→苯甲酸钠咖啡因，溶解度由原来的1∶5增加到1∶1.2。

（4）分子缔合

例如药物安茶碱在水中的溶解度较大，是由于乙二胺与茶碱形成分子缔合物的缘故，乙二胺对茶碱起到良好的助溶作用：茶碱＋乙二胺→安茶碱，溶解度由原来 1：100 提高到 1：5。

（5）复分解反应

形成可溶性盐：常用有机酸盐作助溶剂与离解型溶质发生复分解反应形成盐而增加溶质的溶解度。也可视为因"成盐"而增加了溶质的溶解度的方法。

综上所述，助溶剂的助溶是因为与溶质按上述途径结合，形成复合物，而此复合物在水种溶解度较大的缘故。

4.4.2.2　改变部分化学结构

改变部分化学结构的目的，是要溶质增加在水中或极性溶剂中的溶解度，以便容易地配制所需要规格的可溶性液剂。但不管怎样改变结构，必须要坚持一个前提，就是不能降低原来有效组分的活性。

对于既不显酸性也不显碱性，而且非常难溶于水及极性有机溶剂的溶质，为了提高在水中溶解度，常在分子上引入磺酸基或者羧酸基。这种方法在染料工业上或助剂上用得多，在农药上较少。因为这类基团引入后，对其药剂的性能和药效发挥等都有影响，所以是否引入基团尚需做一系列研究工作。

4.4.2.3　制成盐类

增大溶质在水中的溶解度的另一种方法是把酸性或碱性溶质制成盐类。在同一溶质形成的几种不同盐之中，不仅溶解度有很大差别，而且使用效能、毒性和稳定性也颇有出入，因此在考虑溶解度的同时，必须考虑其稳定性和毒性、刺激性和使用效应。

对于分子中有酸官能团的物质，可考虑用氢氧化钠、碳酸氢钠、氨水、氢氧化钾等制成水溶性盐，对于少数情况也可用有机胺，如乙二胺、二乙醇胺等制成盐。例如常用的食品防腐剂苯甲酸，常温下难溶于水，但苯甲酸的钠盐水溶性好，常代替苯甲酸作防腐剂使用。另一个常使用的食品防腐剂三梨酸，不溶于水，且易被空气氧化变色，常把三梨酸与碳酸钾或氢氧化钾中和生成盐，钾盐的水溶性比三梨酸好且溶解状态稳定，使用方便，但防腐效果稍差。

有机碱类化合物可与无机酸、有机酸制成可溶性盐。常用的无机酸有盐酸、硫酸、磷酸、氢溴酸、硝酸等，常用的有机酸有柠檬酸、酒石酸等。利用其盐在水中溶解度增大的原理在天然产物提取中也有重要应用，例如用酸水提取天然产物中的总生物碱是最基本的方法之一。

4.4.2.4　增溶作用

增溶作用，也叫加溶作用、可溶化作用，是指某些物质在表面活性剂作用下，在溶剂中的溶解度显著增加的现象。具有增溶作用的表面活性剂称为增溶剂，可溶化的液体或固体称为增溶物（被增溶物）。表面活性剂的增溶机理在前面已有介绍。下面介绍影响增溶作用的因素和增溶剂的选用。

（1）增溶作用影响因素

增溶作用的强弱与对增溶物被增溶的多少，除了与增溶剂和增溶物的化学结构有直接关系外，同时和整个溶液的组成及环境条件有关，具体影响因素如下：

① 表面活性剂的结构　具有同样疏水基的不同类型表面活性剂的增溶能力，一般规律是非离子型＞阳离子型＞阴离子型。在同系表面活性剂中，碳氢键（疏水链或烷基链）长度增加，导致临界胶束浓度降低和聚集数变大，使非极性增溶物的增溶量变大；而且相同的疏水

链，直链的比支链的增溶能力大。在非离子表面活性剂中，聚乙烯链(亲水链)随长度的增加，导致非极性增溶物的增溶量降低。

② 增溶物的结构　增溶物结构、形状、大小、极性及碳链分支情况等都对增溶效果有明显影响。在指定的表面活性剂溶液中，最大的增溶量与增溶物的摩尔体积(分子大小)成反比；极性的比非极性物易于增溶；具有不饱和结构的或带有苯环结构的比饱和的烷基结构的增溶物易增溶，但萘却相反；支链的比直链的增溶物虽然易于增溶，但二者差别不明显。

③ 无机电解质和有机添加物

a. 在离子型表面活性剂溶液中，若表面活性剂浓度在临界胶束浓度附近时，加入无机电解质会增加胶束聚集数[缔合成一个胶束的表面活性剂(或离子)平均数]和胶束体积，从而使烃类增溶物增溶程度明显增加，但对极性增溶物的增溶量却会减少。若表面活性剂浓度远大于临界胶束浓度时，情况变得复杂了。例如引起胶束形态变化，可能使原来的球形变成棒状等，随之而来的胶束各个部分、内核、栅栏层、外层的体积和容量都会发生变化，因此对不同结构的增溶物的增溶量也会发生变化，其变化规律尚待进一步研究。

b. 在非离子表面活性剂溶液中，加入无机电解质，同样会使胶束的分子聚集数增大，使增溶物的增溶量增大，而且随电解质的浓度增加而增加。

c. 在表面活性剂溶液中，添加少量的非极性有机物，有助于极性增溶物的增溶；反之，添加极性有机物，有助于非极性增溶物的增溶。

④ 温度　温度的高低，直接影响增溶能力的强弱。对于表面活性剂来说，温度的变化，导致了临界胶束浓度、胶束形状的形成、大小，甚至带电量的变化。另一方面温度的变化使溶剂和溶质(增溶物)分子间相互作用改变，以致体系中表面活性剂和增溶物的溶解性质也发生了显著的变化。一般说，温度升高，在离子型表面活性剂溶液中，可提高极性和非极性增溶物的增溶量；在非离子型表面活性剂溶液中，可提高非极性增溶物的增溶量，对极性增溶物，不仅可以提高，而且在某一温度时增溶量可达到最大值。

⑤ 加料顺序　配制制剂的加料顺序，虽然简单，但也值得注意。一般先将增溶剂和增溶物混合、溶解，然而再加入溶剂稀释，会收到好的效果。例如，若将增溶物维生素 A 加到增溶剂的水溶液中不易达到平衡，其增溶量较少；但在相同条件下，将水加到事先溶解的增溶剂与维生素 A 的混合液中去，其增溶量较大。

有些表面活性剂的增溶作用是十分明显的。例如，甲酚在水中溶解度为 2%，当以肥皂作为增溶剂时，使甲酚的溶解度增加到 50%。增溶性愈好，制剂的性能(特别是稀释性能)愈好，而且助剂用量愈低，所以表面活性剂的增溶作用，广泛用于可溶性液剂、乳油、微乳剂、油悬剂、水悬剂等多种剂型中。

在研究增溶作用时，还要分清两个概念。

表面活性剂的增溶现象与溶质的溶解不同：溶液是分子溶液，分子粒径小于 1nm。增溶作用所形成的胶束是所谓胶体溶液，粒径一般为 10~100nm；溶质溶解后，溶剂的某些性质，如沸点、冰点、渗透压等将发生较大变化，而有增溶作用时的溶剂，这些性质很少受影响，但在小于可见光波长照射下，发生光散射作用，出现一个浑浊发亮的光柱，即为 Tyndall 现象。

增溶作用和乳化作用相似，但又有所不同：乳化作用形成的乳状液，从化学热力学观点看是一个不稳定体系，时间长了终究要分层破乳的。但增溶作用不同，产生的胶体溶液是一个更加稳定的分散体系。增溶是一个可逆的平衡过程，无论用什么方法，达到平衡后的增溶作用同时存在。

（2）增溶剂的选用

增溶剂都是表面活性剂，可以分为三种基本类型：阴离子型、阳离子型和非离子型。其中食品工业用增溶剂多为非离子型，外用制剂以阴离子型为主，阳离子型则很少用作增溶剂。

在精细化工产品中，有一部分是直接或间接与人体接触的，食品工业用增溶剂还长期进入人体，因此在选择增溶剂时必须考虑毒性和刺激性问题。表面活性剂的类型不同，口服毒性差异很大，季铵盐类的 LD_{50} 是 $50\sim500mg/kg$，阴离子型如硫酸酯钠和磺酸盐为 $2\sim8g/kg$，非离子型为 $5\sim50g/kg$，一些两性物的内盐 LD_{50} 为 $1.33\sim2.5g/kg$，表面活性剂分子中的脂肪链若含芳香环则毒性稍大。

对于其他非食用增溶剂，三种类型的增溶剂都可使用，对其毒性方面考虑比较次要，但与人体直接接触的要考虑其刺激性。非离子型表面活性剂对黏膜和皮肤的刺激性比较小，其中 Tween-80 对眼睛是安全的。另外，增溶剂的选用还要考虑环境的兼容性。

增溶剂的选用主要凭多次试验和经验。目前，常常借助于增溶剂的 HLB 值来判断增溶剂对某些被增溶物质是否适用。例如已知 HLB 值为 $15\sim17$ 的某些增溶剂对维生素 A 增溶效果很好，则其他 HLB 值为 $15\sim17$ 的增溶剂都具有相同的效果。

4.5 溶剂的使用实例

溶剂的选择和使用除了前面所述的通用原则外，涉及具体产品的使用，还要考虑产品自身的性能特点和要求以及溶剂的具体作用等因素。下面以涂料和油墨溶剂的使用为例说明溶剂在复配型精细化工产品中的应用。

4.5.1 溶剂在涂料中的应用

溶剂在涂料中的作用，是将涂膜材料溶解分散，赋予一定的流动性，以便于施工。细分起来有机溶剂在涂料中的作用也不尽相同。能单独溶解配方中成膜物质的称为溶剂；而那些单独使用时对涂料的成膜物质并无溶解性，但将其加入由溶剂与成膜物质组成的溶液中时，可起稀释溶液浓度作用而又不会使溶质析出或沉淀的物质通常称之为稀释剂；对于那些单独使用时不能溶解成膜物质，需和其他溶剂组分混合使用才能表现出溶解能力的有机溶剂则被称为潜溶剂和助溶剂。正确选择溶剂、助溶剂和稀释剂，对涂料的生产、贮存、施工、涂膜性能、生产成本等均有很大的影响。溶剂在涂料中的作用主要有以下几点：①溶解涂料中的成膜物质，降低涂料的黏度，使之适合于选定的施工方式。②提高涂料的贮存稳定性，防止成膜物质出现凝胶，以防止涂料表面结皮。③增加涂料对被涂饰基材表面的润湿性，提高涂膜在基材表面的附着力。④使涂膜有良好的流平性，避免涂膜过厚或过薄，或出现薄厚不均，呈现刷痕和起皱等不良现象及产生湿晕、发白现象等。

基于以上所述，涂料溶剂的选择应注意如下条件：①溶剂应尽可能纯净无色，澄清透明，不含机械杂质，否则会影响涂膜的色彩和外观。②对所有成膜物质组分要有良好的溶解性和互溶性，有较强的降低黏度的能力，在整个挥发成膜过程中，不应出现某一成膜物质不溶析出的现象。溶剂的溶解能力越强，涂料的黏度越小，可以容忍非溶剂的加入量越多，即稀释比越大。③应有合适的蒸发速度，如果溶剂的挥发速度太快，会引起涂料流动性差、流平性不好，在施工过程中涂料变稠，造成涂膜出现橘皮、刷纹、鼓泡及涂膜不整等弊病。但若溶剂蒸发过慢，又会出现涂膜流挂及因干燥太慢使生产工时延长、场地周转慢等问题。不同材料、不同施工方式，对溶剂蒸发要求不同，刷漆要求蒸发速度较慢，喷漆则要求溶剂蒸发速度较快。④毒性及对施工人员的影响、对环境的污染应尽可能小，溶剂的臭味、蒸气吸入、接触毒性，溶剂蒸气在大气中产生的光毒性烟雾，以及由此而指定的一系列有关法规等，都是选择溶剂时必须注意的。⑤应注意溶剂的易燃易爆性，如选用溶剂的闪点较低，可考虑向其中加入其他溶剂。⑥在保证质量及性能的前提下，应尽可能选择价格低廉的溶剂，或寻找性能优越的混合溶剂去替代昂贵的溶剂，以减低涂料的生产成本。

例如纤维素类涂料溶剂的选用：纤维素类涂料所用的溶剂，应能将形成涂膜的纤维素衍生物、增塑剂、树脂三种主要成分溶解，得到适合于涂装的低黏度溶液。纤维素涂料中的主要成分品种很多，结构不同，性能和用途也不同，所以需要的有机溶剂除了包括单独使用即有溶解作用的真溶剂外，还有用作助溶剂及稀释剂的。涂料用的硝化纤维素含氮量11.5%～12.2%，可溶于酮、酯、醚等。为了获得合适的挥发速度，常采用高、中、低沸点的溶剂配合，为了满足溶解能力的要求，亦须采用混合溶剂。醇常是混合溶剂的重要组分之一，但醇类不是硝酸纤维的真溶剂；可是当将其加入溶剂酯或酮中时，醇即可以被活化成为一种溶剂，使原来的溶剂对纤维素酯的溶解力大大改善，并能容许各种比例的稀释剂，所以醇常用作硝化纤维素的助溶剂。甲苯、二甲苯、石脑油等稀释剂原是纤维素的非溶剂，但当加入醇类助溶剂后，却又表现出溶解能力。某些氯代烃与醇的混合物，亦可以成为纤维素的优良溶剂。但另一方面纤维素酯的某些活性溶剂与烃类混合时，又会丧失原有的部分溶解能力。因此，对于纤维素类树脂的溶解在使用混合溶剂时，很难在溶剂、助溶剂、非溶剂之间划一条明显的界限。另外，不同的溶剂及纤维素溶液对稀释剂的容忍程度也是不一样的，一般含羟基的溶剂与简单的酯比较，前者对甲苯有较大的容许度，而后者对石脑油有较大的容许度。但也有例外，如乳酸丁酯和丁醇溶纤剂虽含羟基，但对石脑油却有非常高的容许度；硝酸纤维素与纤维素乙酸酯相比，则前者比后者能容忍数量较多的稀释剂。溶剂的选用还必须考虑对成膜性能的影响，许多酯类溶剂都有抗湿晕性，如乙酸异丙酯、正丁酯、戊酯、环己基酯、甲基环己基酯，乙二醇的单甲醚乙酸酯、单乙基醚乙酸酯，丙酸的正丁酯、戊酯及乳酸乙酯等在纤维素漆中均可提高抗湿晕性；乙酸戊酯、丙酸正丁酯、乙二醇单乙基醚乙酸酯等则能使漆膜光泽性好；丙酸戊酯除可提供光泽、抗湿晕性外，还能减少"橘皮"现象；乳酸丁酯能使漆膜光亮、黏附并有柔韧性等。

4.5.2 溶剂在印刷油墨中的应用

印刷油墨工业是使用溶剂较多的工业部门之一。油墨是借助连接料的流动性、对颜料（染料）的相容性和对承印物的黏附性，通过印刷机械把文字等符号的墨迹转移（室印）于承印物上，并能迅速干燥硬化的物质。油墨是专用性非常强的精细化工配方产品，对油墨的特性要求，因印刷方式、印刷对象、印刷速度、干燥方式的不同而不同。因而油墨的品种繁多，性能各异，由此也带来了对溶剂的不同要求。除了几种特殊干燥方式的油墨外，生产上大量采用的油墨，或多或少都要用到溶剂。所以，油墨溶剂的正确选用是很重要的。油墨溶剂的选择除须考虑本章前述的几个基本原则外，还要根据油墨的特性及溶剂在油墨中的作用具体分析：

（1）印刷对象不同，所需溶剂的类型不同

溶剂在油墨中的首要作用，是溶解连接料。作为连接料的树脂，是由印刷对象的要求，即连接料在印刷对象表面的附着性决定的。因此，即使采用同一种印刷方式，印刷对象不同，其采用的树脂不同，所需溶剂的类型也不同。溶剂的选择首先要满足溶解树脂的要求。

（2）印刷方式、印刷速度不同，对溶剂的要求不同

溶剂的另一个重要作用，是影响油墨的黏度及流动性和屈服值。所谓屈服值是指使物质流动所需最小的力，油墨的屈服值越小，越易流动。溶剂对油墨黏度和流动性的影响，首先是源于其对树脂的溶解力，溶解力越好，树脂溶液的黏度越低，可获得低黏度油墨。其次是通过调整油墨中溶剂用量，或加入稀释剂，可以调节油墨的黏度和流动性。但此种调节作用，必须以溶剂或稀释剂与油墨中的分散组分有好的相容性为前提，溶剂才能以任何比例稀释分散体，使黏度有规律地减小。印刷方式、印刷速度不同，对油墨的黏度及流动性的要求也不同，亦即不同油墨要求不同。例如，照相凹版印刷油墨，须在短时间内依靠自身的流动性、黏附性填充至凹版版面上较深的凹纹中，而版面上的多余油墨又要易于刮除，并返回原油墨槽，还要有较好的复溶性，这就要求凹印油墨有较低的黏度和较好的流动性。为此，首先就要求溶剂对选定的树脂能充分溶解，对树脂有较低的溶解黏度；自干性平板胶印油墨要求选定的树脂在溶剂中有较高的溶解黏度，使胶印油墨表现出在高速印刷时传递性好、固着速度快、油墨内聚力增加、深滑较好、印刷网点好、做成的胶质油成胶性好、胶体稳定等特点。可见，不同印刷方式对油墨的流动性、黏度、树脂的溶解黏度要求是不同的。油墨的黏度要求还与印刷速度有关，印刷速度高的油墨黏性要小些，反之则应大些。油墨的黏度除受溶剂影响外，还受颜料、填料等的影响。

（3）干燥方式的不同，对溶剂的要求不同

溶剂的重要作用，还在于影响油墨的干性。除不含溶剂油墨以外，含溶剂油墨的干性或多或少都受溶剂的挥发性、对施印物的渗透性的影响。不同溶剂对干性的影响不同，这主要是因为不同溶剂的沸点和挥发能力不同。

不同油墨因干燥方式、印刷方式、印刷速度不同，其干性要求不同，对溶剂的沸点和挥发能力要求也不同。除了溶剂的沸点影响油墨的干性外，在某些油墨中还常需加催干剂，或者为了控制过快干燥又可使用慢干溶剂作稀释剂等。溶剂还有润湿或溶解印刷材料表面、利于油墨转移到印刷材料上，以及利用对印刷表面的稍许的溶解性，提高油墨黏附力的作用。

综上所述，在精细化工产品的配制中，溶剂的选择一般应包括以下步骤：①分析配方的组成、特点及产品性能、生产及使用要求；②搞清溶剂在产品中的作用及必须具备的条件；③根据配方组成，参考溶剂选择原则，结合产品性能、生产及使用要求选用溶剂或混合溶剂。

思 考 题

1. 影响溶质溶解的因素有哪些方面？

2. 为什么溶剂的选择是配方设计与研究的重要内容之一？溶剂选择的一般原则有哪些？

3. 使用表面活性剂对非极性有机物（如水溶液中的烷烃、蜡等）增溶时，在溶液中添加少量的极性有机物（如长链脂肪醇、脂肪胺等），会对非极性有机物（如烷烃、蜡等）的增溶效果产生怎样的影响？为什么？

4. 复配时水质的选择一般应考虑哪些因素？

5. 去离子水和蒸馏水的异同点有哪些？

第 5 章 乳化理论与技术

5.1 概 述

乳化是一种液体以微细液滴的形式均匀分散于另一不相混溶的液体中，形成稳定的乳状液的过程。乳化作用是表面活性剂应用最广泛的特性。从广义角度看，油漆、抛光液、农药、金属切削油、奶油、冰淇淋、化妆品、金属清洗剂和纤维油剂等都是乳状液或以乳状液形式应用的工业产品。

5.1.1 乳状液含义、类型及应用

乳状液的定义有多种，本质上大同小异。例如，Becher 的定义是：乳状液是一个非均相体系，其中至少有一种液体以液珠的形式分散在另一种液体中，液珠直径一般大于 0.1μm。此种体系皆有一个最低的稳定度，这个稳定度可因有表面活性剂或固体粉末的存在大大增加。这个定义包含以下内容：①乳状液是多相体系，至少存在两相。②至少有两个液相。③两个液相互不相溶。④至少有一相分散于另一相中。⑤液珠的大小有规定。⑥热力学上是不稳定的，通过加入第三者可使其稳定。

以液珠形式分散的相称为分散相或内相，而把另一相称为连续相或外相。因此乳状液至少有两种类型：一种是油分散在水中，称为水包油（O/W）型；另一种是水分散在油中，称为油包水（W/O）型。前者如牛奶，后者如原油乳状液。这些简单的 O/W 型和 W/O 型称为普通乳状液。

一般乳状液外观常呈乳白色不透明液状，乳状液之名即由此而得。乳状液的这种外观是和乳状液的分散相质点（内相）的大小有密切的关系。根据经验，把分散相液珠大小与乳状液外观列于表 5-1 中。

表 5-1 乳状液的液珠大小与外观

液珠直径/μm	外 观	液珠直径/μm	外 观
大滴	可以分辨两相	0.05~0.1	灰色半透明液
<1	乳白色乳状液	0~0.05	透明液
0.1~1	蓝白色乳状液		

光照射在分散相质点上可以发生折射、反射和散射等现象。当液珠直径远远大于入射光的波长时，主要发生反射。当液珠直径远远小于入射光的波长时，则光可以透过，体系表现为透明状。当液珠直径小于入射光波长时，则有光的散射现象发生，体系呈半透明状。

近年来出现了双重或多重乳状液，这种乳状液是由两种或两种以上的不互溶液相所组成的，即在相当于普通乳状液的分散相或内相中又包含了尺寸更小的分散质点，称为包胶相。类似于普通乳状液，多重乳液也有两种类型，即 O/W 型和 W/O 型。前者为不互溶的油相将两个水相隔开，后者则是不互溶的水相将两个油相隔开。这类体系与传递现象和分离过程密切相关。普通乳液和多重乳液的结构如图 5-1 和图 5-2 所示。

乳状液具有广泛的应用，因而从技术观点看，乳状液相当重要。许多工业产品如化妆品、金属切削液、蛋黄酱、人造奶油、乳化燃料、除草剂、杀虫剂以及许多药品等，都涉及制备稳定的乳状液。而对一些天然乳状液如原油乳状液，则要使其尽快破乳，因为原油必须脱除其所包含的水分方能进一步加工。还有一些乳状液要求具有有限的稳定性，如筑路用的沥青乳液在配制和运输途中希望稳定，一旦铺成路面即希望其破乳。另外，许多工艺过程如纺织品的去污洗涤，也涉及乳化问题。

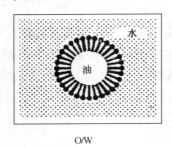
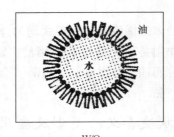

图 5-1　水包油(O/W)型和油包水(W/O)型简单乳状液的结构示意

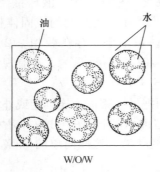
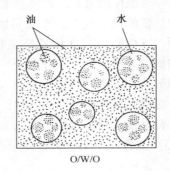

图 5-2　W/O/W 型和 O/W/O 型多重乳状液的结构示意

5.1.2　微乳液的含义及应用

1943 年 Hoar 和 Schulman 首次报道了与乳状液不同的分散体系：水和油与大量表面活性剂和助表面活性剂(一般为中等链长的醇)混合能自发地形成透明或半透明的体系。这种体系经确证也是一种分散体系，可以是油分散在水中(O/W)型，也可以是水分散在油中(W/O)型。分散相质点为球形，但半径非常小，通常为 $10 \sim 100nm(0.01 \sim 0.1\mu m)$ 范围，是热力学稳定体系。在相当长的时间内，这种体系分别被称为亲水的油胶团或亲油的水胶团。直至 1959 年 Schulman 等才首次将上述体系称为"微乳状液"或"微乳液"。微乳液是两种不互溶液体形成的热力学稳定的、各向同性的、外观透明或半透明的分散体系，微观上由表面活性剂界面膜所稳定的一种或两种液体的微滴所构成。

从结构角度看，微乳液有 O/W 型和 W/O 型，类似于普通乳状液，另外还有多重微乳液，但微乳液与普通乳状液有根本的区别：普通乳状液是热力学不稳定体系，分散相质点大，不均匀，外观不透明；而微乳液是热力学稳定体系，分散相质点很小，外观透明或近似透明，经高速离心分离不发生分层现象。

微乳液的应用实际上早在 20 世纪 30 年代已出现。当时的一些地板抛光蜡漆、干燥剂等就是微乳液。现在，微乳液广泛应用在许多工业和技术领域，如三次采油、洗涤去污、微乳农药、微乳法制备纳米材料、微乳液作为反应介质用于有机合成、生化反应等。

5.1.2.1 三次采油中的应用

通常的注水驱油法虽然可以提高采油率，但由于地下沙岩的表面黏附了原油，不能为水所湿润，故残油不易被水驱出，现在大约 30% 的原油被一次和二次采油采出，另外大约 20% 的原油必须通过三次采油采出。三次采油中多采用微乳液法，即按照适当的配方，加入表面活性剂和部分高分子化合物再注入水进行驱油。表面活性剂水溶液注入油井后，与原油形成双连续相微乳液(中相微乳液)，微乳液与过量的水和过量的油平衡共存，两相间的界面张力达到超低，通常原油和水之间的界面张力为 50mN/m，形成微乳相后，其界面张力可以降低到 $10^{-4} \sim 10^{-5}$mN/m，明显地降低原油的黏度，增加其流动性，使残留于岩石中的原油流入油井，从而增加原油的采出率，达到深化采油的目的。

5.1.2.2 在纳米材料制备中的应用

1982 年，Boutonmt 首先报道了应用微乳液制备出了纳米颗粒：用水合肼或者氢气还原在 W/O 型微乳液水核中的贵金属盐，得到了单分散的 Pt、Pd、Ru、Ir 金属颗粒。从此以后，不断有文献报道用微乳液合成各种纳米粒子。W/O 型微乳液是热力学稳定体系，在 W/O 型微乳液中的水核被表面活性剂和助表面活性剂所组成的单分子层界面所包围，故可以看作是一个"微型反应器"，尺度小且彼此分离，并且拥有很大的界面，在其中可以增溶各种不同的化合物，是理想的化学反应介质。微乳液的水核尺寸是由增溶水的量决定的，随增溶水量的增加而增大。化学反应就在水核内进行成核和生长，由于水核半径是固定的，加之界面强度的作用，不同水核内的晶核或粒子之间的物质交换受阻，在其中生成的粒子尺寸也就得到了控制。这样，水核的大小就决定了超细颗粒的最终粒径。用微乳液制备纳米材料的方法，被用来进行催化剂、半导体、超导体、磁性材料等的制备。Kishida 等报道了用微乳法制备 Rh/SiO$_2$ 和 Rh/ZrO$_2$ 载体型催化剂的方法，Rh 的粒径仅为 3.2nm，且粒度均匀，通过加氢反应发现采用该方法制备的催化剂活性比传统浸渍法高得多。磁性 γ-Fe$_2$O$_3$ 粉末可以用于信息储存、成像材料、磁性流体等，采用微乳体系可以制备粒度在 22 ~ 25nm 之间的窄分布的 γ-Fe$_2$O$_3$。采用微乳法制备的超导体具有比其他方法更高的密度和均匀性，例如 Bi-Pb-Sr-Ca-Cu 超导体和 Y-Ba-Cu 超导体。微乳法操作上的简易性和应用上的适用性为纳米微粒的制备提供了一条简单便利的制备途径，其优越性已引起了人们极大的兴趣，粒子尺寸的可控性使其具有很大的发展潜力。但这种方法也刚刚起步，有许多基础研究要做，反胶团或微乳的种类、微结构与颗粒制备的选择性之间的规律尚需探索，对反应机理、反应动力学等问题的认识还需进一步深化。

5.1.2.3 有机合成中的应用

(1) 有机化学反应

有机合成经常面临着水溶性的无机物和油溶性的有机物相互反应的问题，靠搅拌混合物进行反应的效率极低。若将其配制成微乳液，微乳液含有亲水亲油的表面活性剂，可以使大量的水溶性和油溶性的化合物同时处在一个微乳分散体系中，由于油相和水相之间高度"互溶"，接触面积增大，反应速率显著加快。包括酸、碱、氧化、还原、水解、硝化、取代等一些有机-无机反应都可以在微乳液状态下进行。通常有机反应中有副反应发生，生成物往往不止一种，不易控制得到某一产品，而在微乳液的油-水界面上，能使极性的反应物定向排列，从而可以影响反应的区域选择性。例如：在水中，硝化苯酚的邻、对位产品比例为 1：2，而在 AOT[(2-乙基己基)磺基琥珀酸钠]组成的 O/W 微乳液中，可提高到 4：1。与简单溶剂中的有机反应相比，在微乳液介质中，反应产物的分离需要通过改变温度来实现相分离，例如对于非离子表面活性剂，在反应温度时能保持微乳液稳定使反应进行下去。反应结束后，提高温度使表面活性剂析出，引起微乳液破坏使产物从介质中分离出来。

（2）催化领域

通过试剂和产物的分隔和浓缩，微乳体系可以催化或者抑制化学反应，研究表明，微乳催化在反应过程中的效果是非常可观的。Menger 研究了微乳体系中三氯甲苯水解成苯甲酸盐的反应，发现在 CTAB（十六烷基三甲基溴化铵）作用下，水解只需要 1.5h 即可完成，但无表面活性剂时需要 60h 完成反应。在金属卟啉的合成中，采用微乳体系作为反应介质可以显著提高反应速度。例如在对硝基苯二磷酸酯的碱性水解反应中，阳离子表面活性剂构成的微乳液具有良好的催化效果。

（3）微乳液聚合

微乳液结构的特殊性决定了可以通过微乳液聚合得到高分子纳米粒子，即高分子超微粉体，这种超微粉体比表面积大，出现了大块材料所不具有的新性质和功能，目前已引起了广泛关注。制备的聚合物微乳液（微胶乳）具有高稳定性、高固含量、粒径小、均一以及速溶的特性，广泛用于化妆品、胶黏剂、燃料乳化、上光蜡等方面。自 20 世纪 80 年代以来，微乳液聚合有了飞速的发展，国内外已经研究了 O/W 微乳液、W/O 微乳液的聚合，中相微乳液的聚合研究也在逐步开展。以双连续微乳液和 W/O 微乳液制备多孔材料一直是微乳液聚合研究的热门课题，也是最具应用前景的领域。与其他制备多孔材料的方法相比，此法具有非常显著的特点，即孔尺寸和形态在理论上可精确地通过调节微乳液体系的配方来调控，且用 γ 射线或 UV 光可以十分方便地实现原位聚合。微乳体系聚合可以合成具有特定孔结构的有机聚合物材料，并且所得聚合物的形态和孔结构相当规则。Cheung 等报道了甲基丙烯酸甲酯（MMA）/丙烯酸甲酯（MAA）/十二烷基磺酸钠（SDS）微乳体系的共聚合，通过聚合反应可以得到机械强度良好的聚合物，双连续型微乳体系经聚合可以得到开放型孔结构的聚合物。微乳聚合提供了将无机物均匀地分散到高分子材料中的途径，可以用来制成多孔的膜用于气体或者液体分离，并且所制聚合物具有特殊的性能。微乳液是通过自发乳化来制备的，体系需消耗大量乳化剂（>5%），这就使得微乳液聚合时聚合物粒子表面含有大量乳化剂，在后处理中难以脱除干净，从而给产品性能带来很多不利影响。超声波、微流态均化器、高压均化器和微射流乳化器等高效乳化设备的使用，可以大大降低体系中所需乳化剂的用量，目前已得到人们的广泛关注。随着乳化设备和乳化技术的发展，微乳液的制备将会被大大地简化，从而使得微乳液聚合更适应工业化生产的需求。

5.1.2.4 在药剂学中的应用

微乳液作为药物载体具有极大的应用潜力。主要具有以下几个优点：
① 呈具各向同性的透明液体、热力学稳定，且可以过滤、易于制备和保存；
② 可同时增溶不同脂溶性的药物；
③ 黏度低，注射时不会引起疼痛；
④ 药物分散性好，有利于吸收，可提高药物的生物利用度；
⑤ 对易于水解的药物制成油包水型微乳可起到保护作用；
⑥ 可延长水溶性药物的释药时间。

例如，将疏水性药物制成微乳口服制剂，适于儿童用药和不能吞服固体制剂者，微乳液是一些药物如甾体类药物、激素、利尿药、抗生素等的理想载体，脂溶性药物制成 O/W 型微乳液后还可溶于水中。

5.1.2.5 分离过程

W/O 型和 O/W 型微乳液的分散相处于纳米尺寸范围，比表面积非常大，因此微乳液作为一种分离介质具有非常高的分离能力。人们已利用非离子和阴离子型微乳液提取分离金属离子、有机物和生物物质(蛋白质、酶)。

5.1.2.6 节能与环保领域

在各种环境污染中，各种燃料油燃烧，有机溶剂和重金属离子的挥发和排放是很大的污染源，采用微乳体系可以用于洗涤和吸收各种污染物，配制微乳型燃油，用于改善环境。微乳燃油是采用油、表面活性剂和 10%~25% 的水配制而成的系统，研究表明，微乳燃油较普通燃油能更好地减少空气污染和具有更高的燃烧效能，微乳化燃油节油率为 5%~15%，排气温度降低 20%~60%，烟度下降 40%~77%，NO_x 和 CO 排放量约为一般燃油的 25%。微乳汽油和柴油是各国竞相开发的热点。因为它有着优良的性能，首先它非常稳定，便于贮存和使用。其次它可以使车用燃油燃烧更加充分，节约能源，还能减少因大量燃油燃烧不充分所排放的浮碳、碳氢化合物、一氧化碳和氮氧化物(NO_x)等大城市的主要污染源。目前根治大气污染已成为各国政府面临的环保难题，这也给各国的炼油企业带来了极大的挑战，生产绿色清洁燃料已成为一个大趋势，微乳化技术比一般的清洁燃料生产技术成本低，设备简单，节油率高，有着广阔的发展前景。另外，微乳液膜分离技术在水处理工程中有重要的应用价值。

5.2　乳状液形成理论

两种纯的、相互不溶的液体不能形成稳定的乳状液，即使经过剧烈的搅拌，很快又分成两层。乳状液在热力学上是一种不稳定体系，因为为了得到乳状液，要把一种液体高度分散于另一种液体中，大大地增加了体系界面，也即要对体系做功，增加体系总能量，这部分能量以界面形式保存于体系之中。被分散的液珠自发地有一种聚结的倾向，以减少界面，使界面能降低。因此乳状液是一种不稳定的体系，欲得到内、外相分明的、稳定的乳状液必须加入第三种物质，即乳化剂。乳化剂能起到稳定乳状液的作用，主要是由于乳化剂具有降低界面张力、形成界面膜及电屏障等作用。

5.2.1　界面张力学说

在乳状液中加入降低界面张力的物质时可以使分散相液滴的表面自由能降低而不重新聚集。乳化剂均有不同程度降低油-水界面张力的能力。

表面活性剂的复配物可使界面张力降低很多。降低界面张力虽然重要，但不能代表乳化剂的全部作用，此外只凭降低表面张力这个效应，也不能解释无表面活性的物质，如各种胶质(明胶)、固体粉末等也可以使乳状液稳定的现象。总之，界面张力的高低，主要表明乳状液形成之难易，并非乳状液稳定性的唯一衡量标志。

5.2.2　吸附膜学说

表面活性剂在界面吸附，形成界面膜，此界面膜具有一定强度，对分散相液滴有保护作用，使其相互碰撞时不易凝聚。界面膜的机械强度决定了乳状液的稳定性。因乳化剂的种类不同，界面膜也不同。

（1）单分子膜

形成单分子膜的乳化剂主要是表面活性剂。乳化后，乳化剂吸附在两相界面上，除了显著降低界面张力外，还可以有规则地定向排列在分散相小液滴的表面，其亲水基团指向水相，疏水基团指向油相而形成单分子膜。由于单一乳化剂形成的界面膜致密性差，机械性能不很高，一种良好的乳化剂通常由两种或两种以上的表面活性剂组成。常见的混合是由一种水溶性的乳化剂和一种油溶性的乳化剂组成的。这样提高了界面膜上的表面活性分子间的横向相互作用力，并强化了界面膜，使其机械强度提高。例如将月桂醇和月桂醇硫酸钠混合，产生一层致密的单分子界面膜，与仅用单一乳化剂相比，提高了乳状液的稳定性。

（2）多分子膜

多分子膜主要由亲水胶乳化剂形成。亲水胶不能明显地降低界面张力，但能形成机械强度较大的多分子膜，成为油水的屏障，能有效地阻止液滴合并；并且可通过调节 pH 值，使乳化剂处于稠度最大的状态，而增加膜的强度。例如用明胶作为乳状液的乳化剂，其 pH 值在明胶的等电点左右乳状液最稳定。

（3）固体微粒膜

极其细微的固体粉末也可以用作乳化剂，作为乳化剂的固体粉末必须对不同的两相都有一定程度的润湿性能，因而可聚集在两相界面间而形成固体微粒膜，避免分散相小液滴彼此接触、合并。固体微粒膜的另一个必要条件是微粒应比分散液滴小得多，这样才能在内相表面排列成膜。

（4）复合凝聚膜

即有些物质能穿入单分子膜并与乳化剂形成复合物时所形成的界面膜，其在机械强度和致密度方面均比单一组成的膜好，不易破裂，经得起挤压。胆固醇（油溶液）在水中可形成胆固醇的不溶性单分子膜，将十六烷基硫酸钠水溶液恰好注入上述水层下的膜内，这样可使膜物质与注入物质之间结合而形成坚固的复合凝聚膜。常用的能形成不溶性单分子膜的物质有胆固醇、鲸蜡醇等，常用的水溶性物质有十六烷基硫酸钠、硬脂酸钠、油酸钠等。

5.2.3 分子定向排列学说

乳化剂在油水界面上有规则地定向排列，其亲水基团指向水相，疏水基团指向油相，则亲水基团朝外，由于表面活性剂游离基团（如离子型表面活性剂）或表面活性剂极性基团（如非离子表面活性剂）吸附溶液中的离子，而使分散相小液滴带同种电荷，形成双电层结构。由于双电层的相互排斥作用，使液滴之间不易接近，从而阻止了液滴的聚结。

5.2.4 决定乳状液类型的因素

两种不相混溶的液体在形成乳状液时，究竟形成何种类型，所涉及的影响因素很多。如两相量的多少和乳化剂的性质等，下面简介影响乳状液类型的主要因素。

（1）相体积

一般来说，相体积（即内相与总体积之比）越大，小液滴的数目越多，碰撞机会就越多，乳状液也越不稳定，因此较大量的一相易成为外相。但由于电屏障的原因，形成具有较高相体积的 O/W 型乳状液也是可能的。相反由于 W/O 型乳状液的小液滴不具有电屏障，因此 W/O 型乳状液相体积不能太大，否则易转型。

（2）楔型理论

楔型理论是以乳化剂的空间结构为基础。由于乳化剂的亲水基和疏水基的横截面积不相等，因此可以把乳化剂的分子看作一头大一头小的楔子。乳化剂横截面小的一头可以像楔子一样插入液珠表面，在油水界面定向排列，亲水的极性头伸入水相而亲油的碳氢链伸入油相。对于一价的金属皂生成 O/W 型的乳状液，对于二价的金属皂易生成 W/O 型的乳状液。一价的金属皂生成 O/W 型的乳状液是因为其极性头的横截面积大于亲油的碳氢链的横截面积，所以亲水的极性头伸进水相作为外相，而亲油的碳氢链伸入油相作为内相，形成 O/W 型乳状液。如图 5-3 所示。

楔型理论其优点是对乳状液形成的类型可以形象的说明，但此理论在原则上存在不足之处。如不能解释一价的银皂为什么不能形成 O/W 型乳状液而形成 W/O 型乳状液。

（3）溶解度规则

制备的乳状液是何种类型，所用的乳化剂的种类是一个决定因素。使用低相对分子质量的亲水性乳化剂，趋于形成 O/W 型乳状液。

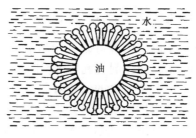

图 5-3 一元金属皂对 O/W 型乳状液的稳定作用

这个通则叫作班克罗夫特（Bancroft）规则。表述为：乳化剂在某相中溶解度较大，则这个相就是外相。因为界面膜上存在两个表面张力，因此可以说膜向表面张力值高的一侧弯曲，就是向表面张力值较高的分散相弯曲。

（4）乳化器材质

乳化器壁的亲水亲油性对形成乳状液的类型有一定的影响，器壁亲水性强易形成 O/W 型乳状液，而器壁若亲油性强则易形成 W/O 型乳状液，这是因为液体在器壁上保持一层连续相，在搅拌时它不易被分散，而成为液珠，但当乳化剂用量足以克服乳化器材质的润湿性质所带来的影响时，形成乳状液的类型取决于乳化剂自身的性质而与器壁的亲水亲油性无关。

（5）聚结速度理论

聚结速度理论是 Dacies 于 1957 年提出来的。他认为，在乳化剂、油、水一起振荡时，油相与水相都破裂成液滴，最终成为何种乳状液取决于两类液滴的聚结速度，而液滴聚结速度的快慢，又依赖于乳化剂的亲水亲油性质，因为乳化剂的亲水部分构成阻碍油滴聚结的势垒，因此乳化剂的亲水性强，就会使油滴的聚结速度减慢，而水滴的聚结速度就会明显地大于油滴的聚结速度，最终使得水成为连续相，形成 O/W 型乳状液。反之，乳化剂的亲油部分构成阻碍水滴聚结的势垒，阻止水滴的聚结，使油珠的聚结速度大于水滴的聚结速度，最终形成 W/O 型的乳状液。

（6）制备方法

若要形成 W/O 型乳状液，应将水相加入油相中，边加边搅拌。若将两相一起加入搅拌，如果水相体积在 10% 以上，则易形成 O/W 型乳状液。

（7）黏度

乳状液的类型在一定程度上还受黏度的影响，增加水相的黏度易形成 O/W 型；反之，则有利于 W/O 型的形成。

5.3 乳 化 剂

乳化剂是乳状液的重要组成部分，在乳状液形成、稳定性等方面起重要作用，应符合乳状液的基本要求。乳化剂应有较强的乳化能力，乳化能力是指乳化剂能显著降低油水两相之间的界面张力，并能在乳滴周围形成牢固的乳化膜。乳化能力对乳状液的形成及保持乳状液的稳定性起决定性的作用。所以制备乳状液应选择具有很强乳化能力的乳化剂，乳化剂应受各种因素的影响小。

5.3.1 乳化剂的类型及特点

从以下内容可以看出乳化剂有各种各样的化学类型。从每年出版一次的国际版《Mc-Cutcheon 洗涤剂和乳化剂》中能查到有关乳化剂商品。

（1）亲水性的低相对分子质量乳化剂

亲水性的低相对分子质量乳化剂，一般作为 O/W 型乳状液的乳化剂。

① 阴离子型乳化剂　如肥皂(脂肪酸的 Na、K、NH$_4$盐)，十二烷基硫酸钠、十六烷基硫酸钠、烷基磺酸钠、二甲基磺酸钠、琥珀酸酯磺酸钠、土耳其红油、天然磺化油、胆汁盐等。

② 阳离子型乳化剂　如十二烷基吡啶盐酸盐、十二烷基三甲基氯化铵、十二烷基-2-羟乙基胺甲酰甲基吡啶盐酸盐。

③ 非离子型乳化剂　如聚氧乙烯脂肪醇醚、聚氧乙烯脂肪酸酯。

（2）亲油性的低相对分子质量乳化剂

亲油性的低相对分子质量乳化剂，一般作为 W/O 型乳状液的乳化剂。

常用的有硬脂酸镁、油酸镁、硬脂酸铝、油酸钙、硬脂酸锂、脂肪酸和多元醇的双酯和三酯、胆固醇、羊毛脂、氧化的脂肪和油等。

（3）无明显特性的低相对分子质量乳化剂

常用的有多元醇和聚氧乙烯的脂肪酸酯、聚氧乙烯脂肪醇醚、聚氧乙烯脂肪酸酯、卵磷脂、脂肪酸和多元醇的单酯、三乙基十六烷基铵、十六烷基硫酸盐、十二烷基十二酸酯吡啶盐等。

（4）高相对分子质量的乳化剂

常用的有白蛋白、酪蛋白、白明胶、蛋白质降解产物(胶)、阿拉伯树胶、黄芪胶、角叉胶、皂角苷、纤维素醚和酯、聚乙烯醇、聚乙酸乙烯酯、聚乙烯吡咯烷酮等。

5.3.2 乳化剂的作用

乳化剂在乳状液中起着重要作用，主要表现在以下几个方面。

（1）降低液体表面张力和界面张力

每种液体都有一定的表面张力，当向水中加入乳化剂后，其表面张力会明显下降。这是因为水中加入乳化剂后，乳化剂的亲水基团溶于水，而亲油基团被水推开而指向空气，部分或全部水面被定向排列的亲油基团覆盖，将水-空气界面变成了亲油基团-空气界面。由于油的表面张力小于水，故乳化剂水溶液的表面张力小于水的表面张力。随着乳化剂种类不同及用量不同，其降低水的表面张力的程度也不相同。

油水之间存在着很大界面张力，在水中加入少量乳化剂后，其亲油基团伸向油相，亲水基端则留在水相中，因为在油-水界面上的油相一侧附着一层乳化剂亲油端，所以将油-水界面变成亲油基团-油界面而使界面张力降低。

在乳状液形成过程中，分散相被分散成微小颗粒，极大地增加了界面积和界面能而使体系处于不稳定状态，但由于乳化剂降低了体系的表面张力和界面张力，使乳化体系处于较低能量状态而变得比较稳定。

（2）形成界面膜、电屏障

油水两相互不相溶，单凭搅拌是不能形成稳定的分散体系的。当有乳化剂存在时，在搅拌的作用下，分散相被分散成许多小珠滴时，珠滴表面会吸附上一层乳化剂，其亲油基团伸向油相，亲水基团伸向水相，并形成一层单分子界面膜，这层界面膜有一定强度，因此对液滴有保护使液滴相互碰撞时不致相互聚集在一起。若采用离子型乳化剂，那么在液滴表面还带上一层电荷，使液滴之间存在静电斥力，使小液滴难以碰撞合并成大液滴，从而保持了乳状液的稳定。

（3）乳液聚合中的分散和增溶作用

在乳液聚合过程中，乳化剂还发挥着分散作用。固体以极细小颗粒均匀悬浮在液体介质中的过程叫分散。乳液聚合形成的聚合物小颗粒，由于与水密度不同和颗粒间有相互黏结作用，不能稳定分散在水中，但加入少量乳化剂后，会在聚合物颗粒表面吸附一层乳化剂分子，如果使用的是离子型乳化剂的话，每个聚合物小颗粒表面还能带上一层同号电荷，因而使每个小颗粒都能稳定分散并悬浮在介质中而不凝聚。

乳液聚合的单体，在乳状液中只有少量是溶解在水中的，而大部分存在于乳化剂形成的胶束中。胶束是乳化剂分子以亲水基向外，亲油基向内定向排列形成的聚集体。由于非极性单体与胶束内部的羟基部分结构相似，容易互相结合，因此被溶解在胶束中，这种作用称为乳化剂的增溶作用。乳化剂的浓度越大，形成的胶束越多，增溶作用也越显著。因胶束中增溶的单体与被扩散进入的自由基的乳胶粒数目成正比，因此乳化剂浓度越大，形成的胶束越多，反应时生成的乳胶粒也越多，聚合反应进行也越快。

5.3.3 乳化剂的选择依据及原则

将一个指定的油水体系制备成性能稳定的乳状液，最关键的问题是要为这个油水体系选择一种合适的乳化剂。

5.3.3.1 乳化剂的选择依据

目前乳化剂的选择方法最常用的是 HLB 值和 PIT 方法（相转变温度法）。前者适用于各类表面活性剂，后者是对前一方法的补充，只适用于非离子型表面活性剂。

（1）HLB 值方法

应用 HLB 值法选择乳化剂来制备乳状液大致按以下步骤进行：①根据乳状液的要求确定乳状液的类型（O/W 或 W/O 型）。并据此确定乳状液的油水体系，确定乳状液的油相成分。②计算油相成分所需 HLB 值。③选择乳化剂，使其 HLB 值与油相所需 HLB 值相同或相近。一般选用复合乳化剂，常常选用两种（一种为 HLB 值高的亲水性乳化剂，另一种是 HLB 值低的亲油性乳化剂）组成复合乳化剂，例如 Span-60（$HLB = 4.3$）和 Tween-80（$HLB = 15$），根据要求计算出该复合乳化剂的配比，使复合乳化剂的 HLB 值与油相所需 HLB 值相同或相近。④确定乳化剂的用量，进而确定乳状液的配方。⑤按确定的配方配制成乳状液，观察、检验乳状液的稳定性等，并进行检验和修改配方。

例如：20%的石蜡（HLB 值为 10）与 80%的芳烃矿物油（HLB 值为 12）的混合物，其 HLB 值为 11.6（10×0.2+12×0.8）。为了乳化此混合物，需要用 Span-20（$HLB = 8.6$）与 Tween-20

（$HLB=16.7$）的混合表面活性剂，其比例为：63% Span-20 和 37% Tween-20，则此混合表面活性剂的 HLB 值为 11.59。

在采用 HLB 值方法选择乳化剂时，不仅要考虑最佳 HLB 值，同时还应注意乳化剂与分散相和分散介质的亲和性。例如制备 O/W 乳状液，要求乳化剂的非极性基部分和内相"油"的结构越相似越好，这样，乳化剂和分散相亲和力强，但这种乳化剂与分散介质水的亲和力就弱，不利于乳状液的稳定。因此，一个理想的乳化剂不仅与油相亲和力强，而且也要与水相有较强的亲和力，同时要兼顾这两方面的要求。

（2）PIT 方法

HLB 值方法虽然有很大实用价值，容易掌握且使用方便，但仍存在着缺陷，例如，HLB 值不能说明表面活性剂的乳化效率和能力，最大问题是指定了一个固定的数（HLB 值）表示乳化剂的亲水亲油性，而没有考虑其他因素的影响，如：分散相和分散介质、温度等。特别是温度对非离子型表面活性剂亲水亲油性的影响是非常重要的。

非离子表面活性剂的 HLB 值对温度很敏感，即在低温下亲水性强，高温下亲油性强，因而随着温度改变乳状液从 O/W 型转化为 W/O 型，转变时的温度称为相转变温度，简写为 PIT。利用 PIT 作为选择乳化剂的方法，称为 PIT 法。用 3%~5% 的乳化剂乳化等量的油相和水相，加热至不同的温度并同时进行搅拌，不断地测量乳状液是否转相，直至测出乳状液的相转变温度。若需要配制的是 O/W 型乳状液，上述得到的 PIT 若比乳状液储存温度高 20~60℃ 时，一般认为该乳化剂是合适的；若是配制 W/O 型乳状液，则要选取的乳化剂的 PIT 应比乳状液储存温度还低 10~40℃。

实际上，选择乳状液的乳化剂开始可以用 HLB 值方法确定，然后用 PIT 法进行检验。另外选择乳化剂时，还应考虑乳化剂与分散相的亲和性、乳化剂的配伍作用、乳化剂体系的特殊要求、乳化剂的制造工艺等。

总的来说，良好的乳化剂应具备下面几个条件：可乳化多种液体，制得的乳状液分散度大，对酸、碱、盐均稳定，耐热、耐寒，不受微生物的分解与破坏，无害而价廉，分散相浓度大时不转相。

5.3.3.2 乳化剂的选择原则

因油、水相成分的可变性，以及要求形成乳状液的类型不同，因此不可能找到一种通用的优良乳化剂。尽管如此，仍然有一些通用的规律可供选择乳化剂应用。这些通则如下：①有良好的表面活性和降低表面张力的能力。这就使乳化剂能在界面上吸附，而不完全溶解于任意一相。②乳化剂分子或其他添加物在界面上能形成紧密排列的凝聚膜，在膜中分子间的侧向相互作用强烈。③乳化剂的乳化性能与其和油相或水相的亲和力有关。油溶性乳化剂易得 W/O 型乳状液，水溶性乳化剂易得 O/W 型乳状液。④适当的外相黏度可以减少液滴的聚集速度。⑤乳化剂与被乳化物 HLB 值应相等或相近。⑥在有特殊用途时（如食品乳状液）要选择无毒的乳化剂。

5.4 乳 化 技 术

5.4.1 乳状液的制备方法

乳状液的制备实际上就是一种液体以液珠的形式分散到另一与其不相混溶的液体中。因此在工业生产和科学研究中，必须用一定的方式来制备乳状液，不同的混合方式或分散手段常常直接影响乳状液的稳定性及类型。在制备乳状液的过程中会产生巨大的相界面，使体系的界面能大幅度地增加，而这些能量则需要外界提供。可以通过一些特殊设备以机械能的形式来提供。制备乳状液的设备常用的有：搅拌器、胶体磨、均化器和超声波乳化器。其中搅拌器的优点是设备简单，操作方便，但分散度低，不均匀且易混入空气。胶体磨和均化器配制的乳状液液珠细小，分散度高，乳状液的稳定性好。超声波乳化器一般都在实验室采用，在工业上应用成本高。

除了用乳化设备，恰当的乳化方法也可以得到性能稳定的乳状液。常用的方法有以下几种：

（1）转相乳化法

若制备 O/W 型乳剂，可以将乳化剂先溶于油相中加热，在剧烈搅拌下慢慢加入温水，加入的水开始以细小的水珠分散在油中，形成 W/O 型乳状液；继续加水，随着水量的增加，内相水的相体积增大，乳状液逐渐变稠；再继续加水至一定程度，W/O 型乳状液就发生转相变成 O/W 型乳状液。在转相乳化中，乳剂的稳定性和液滴大小与表面活性剂的 HLB 值及用量有关，如在同等乳化剂用量下，仅用 Tween-60（HLB = 14.9）乳化液体石蜡，液滴大小约 $12\mu m$，而用 Tween-60 和 Span-60 混合乳化剂，将 HLB 值调整至 $11\sim12$，则可得到粒径几乎比 $1\mu m$ 小的微乳，其稳定性也自然提高。

（2）自然乳化分散法

自然乳化分散法是指油相与水接触时自然地形成乳状液的方法。轻轻地摇动或稍加搅拌有助于自然乳化的进行，并可获得浓度均匀的乳状液。其特点是不必使用强烈的搅拌装置，当含有一定量乳化剂的油相投入水相时就可以获得液滴大小均匀的乳状液。该法在纺织油剂、农药、金属切削油等领域获得了广泛应用。

（3）混合膜生成法

使用混合乳化剂时，一个亲油、一个亲水，将亲油的乳化剂溶于油中，将亲水的乳化剂溶于水中。在剧烈搅拌下，将油水混合，两种乳化剂在界面上形成混合膜。例如：十二烷基硫酸钠与十二烷醇混合乳化剂等。用这种方法制得的乳状液也是十分稳定的。

（4）轮流加液法

轮流加液法是将水和油分次少量地交替加入乳化剂。以 O/W 型为例：将一部分油加入全部乳化剂中搅拌均匀，再加入与油约等量的水研磨乳化，再加另一部分的油，乳化后再加水，如此交替加 $3\sim4$ 次即可制成最终的乳状液。此法由于两相液体的少量交替混合，黏度较大而有利于乳化。此法尤其适用于制备食品乳剂。

（5）瞬间成皂法

此法是将植物油（一般含少量的游离脂肪酸，也可将脂肪酸溶于不含游离脂肪酸的油相中）与含有碱（如氢氧化钠、氢氧化钙等）的水相分别加热至一定温度，混合搅拌，使发生皂化反应，可制得 O/W 型或 W/O 型的乳状液。乳剂类型与生成的新生皂的性质有关，一般说，加氢氧化钙由于生成二价皂得 W/O 型的乳状液；而加氢氧化钠、氢氧化钾或三乙醇胺时，因生成一价皂而得 O/W 型的乳状液。通常将水相加入油相中，这主要是因为油相黏度较大，不易倒干净而造成不必要的损失。另外，O/W 型的乳状液由于电屏障的作用而比 W/O型的乳状液稳定。

（6）两相加热混合法

这种方法用于配方中含有蜡或其他需要熔化的物质时。油溶性乳化剂、油和蜡完全熔化、混合，水溶性的物料在水中溶解后加热至略高于油相温度，两相混合搅拌至室温。有时为了方便，一般将水相加入油相中。

（7）低能乳化法

上述方法均伴随大量的能耗，低能乳化则可适当降低能耗同时又保证相同的乳化效果。低能乳化是指仅对相体积小的分散相和相近体积的连续相加热乳化，而以未加热的连续相进行稀释的方法。未加热连续相的多少可能对液滴大小产生影响，在过量的情况下，可能由于"初乳"黏稠度过大，稀释时不均匀造成粒径增加，也可能因大量乳化剂的增溶作用而使粒径减小。

（8）膜乳化

在膜乳化过程中，连续相在膜表面流动，分散相在压力作用下通过微孔膜的膜孔在膜表面形成液滴。当液滴的直径达到某一值时就从膜表面分离进入连续相。溶解在连续相里的乳化剂分子将吸附到液滴界面上，一方面降低表面张力，从而促进液滴从膜表面分离；另一方面还可以阻止液滴的聚并、粗化。根据所用膜与油或水的亲和特性，膜乳化可制得水包油型或油包水型乳状液。

膜乳化实验装置分为分置式和一体式两种。分置式膜乳化实验装置中，连续相或乳状液在管内侧循环，作为分散相的油储存在一容器内，该容器与一压缩氮气系统相连，容器内的油经膜孔被压入正在循环的连续相中；一体式膜乳化实验装置中，膜组件浸没在连续相中，连续相或乳状液被放置在烧杯中并用磁力搅拌器搅拌以防乳状液分层，分散相储存在与压缩氮气相连的储罐中，在足够的氮气压力下分散相经膜孔压至连续相形成乳滴。一体式膜乳化装置结构紧凑，而分置式膜乳化装置便于放大。

膜法乳化的研究尚处于初级阶段，亟待加强膜法乳化的机理研究，这是膜法制乳工业放大的基础；其次需要进一步研究膜乳化过程参数，如微孔膜结构(孔径、孔隙率、表面性质等)、膜材料、膜两侧的压差、分散相流速、连续相流速、体系界面张力、温度、黏度、pH值、乳化剂等对乳状液成形及乳滴尺寸的影响，其中有的参数对过程的影响已较为明确。对于同一实验体系，乳滴尺寸随膜孔径的增加而增加，而一些参数的影响还有待进一步深入研究，例如，如何提高分散相通量(它是制约膜乳化工业应用的重要因素)等。若能解决上述关键技术，膜法制乳可望在化工、食品、医药等领域得到广泛工业应用。

5.4.2　影响乳化作用的因素

5.4.2.1　工艺因素的影响

（1）乳化设备

制备乳状液的机械设备主要是乳化机，它是一种使油、水两相混合均匀的乳化设备。现在乳化机的类型主要有3种：乳化搅拌机、胶体磨和均质器。乳化机的类型及结构、性能等与乳状液微粒的大小(分散性)及乳状液的质量(稳定性)有很大关系。乳化机与乳状液微粒大小分布关系如表5-2所示。

（2）温度

乳化温度对乳化好坏有很大的影响，但对温度并无严格的限制。一般乳化温度取决于两相中所含高熔点物质的熔点，还要考虑乳化剂种类及油相与水相的溶解度等因素。此外，两相的温度需保持相近。一般来说，在进行乳化时，油、水两相的温度大致可控制在75~85℃之间，如油相中有高熔点的蜡等成分则乳化温度就要高一些。

表 5-2　乳化设备与微粒分布关系

乳化机类型	微粒大小范围/μm		
	1%乳化剂	5%乳化剂	10%乳化剂
推进式搅拌器	不乳化	3~8	2~5
涡轮式搅拌器	2~9	2~4	2~4
胶体磨	6~9	4~7	3~5
均质器	1~3	1~3	1~3

　　乳状液的黏度越大，所需的乳化功也就越大。升高温度不仅能够降低黏度，而且能降低界面张力，因此温度升高易于乳化。但属于胶体物质的乳化剂在过高温度下其网状结构易破坏；若是非离子表面活性剂作为乳化剂，乳化温度不超过该表面活性剂的浊点。

　　乳化温度对乳状液微粒大小有时也有影响。

　　（3）乳化时间

　　乳化时间对乳化过程的影响是复杂的。一般说来，乳化剂的乳化能力越大，乳化所需的时间越短；乳状液数量大，所需的乳化时间就长；均匀、分散度高的乳状液所需的乳化时间长；乳化机械的效率高，所需的乳化时间就短。总之，适宜的乳化时间需凭经验确定。

　　（4）搅拌速度

　　搅拌速度对乳化也有影响。为了使油相与水相充分混合，搅拌速度应适中。搅拌速度过低，显然达不到充分混合的目的；但搅拌速度过快，会将气泡带入体系，使之成为三相体系，而使乳状液不稳定。

5.4.2.2　乳状液组成的影响

　　（1）乳化剂

　　乳化剂经选定以后，其用量一般为乳状液的 1%~10%。若用量过少，乳化剂吸附在分散相小液滴表面形成的界面膜的密度很小，或不能包裹小液滴，这样的乳状液必然不稳定；若乳化剂用量越多，则界面张力降低得越多，界面膜的密度越大，乳状液的黏度也越大，乳状液越易形成而且稳定。但乳化剂用量过大也能引起乳化剂不完全溶解而且造成不必要的浪费。

　　（2）油与水的种类与体积比

　　不同的油与水形成的乳状液有不同稳定性，表面张力越小的油在水面上铺展越容易，在形成 O/W 型乳状液时，分散的油滴容易透过界面膜而相互聚集，所以油的碳氢链越长，非极性越强，则越不易发生聚集。

　　一般来说，形成乳状液的两相的体积相差越大，该乳状液越稳定。若不考虑乳化剂的效能时，油相的体积小于 26%，则容易形成水包油乳状液，反之亦然。

　　（3）添加剂

　　如果在乳状液配方中加入一些水溶性高分子、脂肪醇、脂肪酸或脂肪胺等可以增强界面膜的强度和紧密性，因为这些添加剂大多数本身具有一定的表面活性。在乳状液中加入电解质，不仅有可能造成乳状液的转相，还有可能中和与之电性相反的液滴表面的电荷，絮凝增加。

　　（4）水质

　　制备乳状液所用水的质量对其稳定性也有影响。

5.4.3 乳状液的稳定性

乳状液稳定性主要表现为乳状液的转相、乳状液的分层、乳状液的破裂及乳状液的败坏。

（1）乳状液的转相

所谓转相就是乳状液由 W/O 型变为 O/W 型，或由 O/W 型变为 W/O 型的改变。此时，原来的分散相变成连续相，而原来的连续相变成分散相。

乳状液转相的条件是：

① 乳化剂的变化。例如，若在用肥皂制成的 O/W 型乳液中加入氯化钙溶液，就容易转为 W/O 型的钙皂。

② 油相与水相的体积比发生变化。对于相体积比来说，对 W/O 型乳状液，相体积比在 50% 以上时容易发生转相；O/W 型乳状液则需达到 90% 才容易发生转相。

③ 温度的变化。过高的温度会增加分子运动的能量，促使被分散粒子的聚集而转相，甚至产生破乳，特别是非离子表面活性剂。例如烷基酚聚氧乙烯醚(EO)$_6$ 的 3% ~ 5% 水溶液，乳液在 15~20℃ 时呈 O/W 型，而 30℃ 时呈 W/O 型；升高温度可引起界面膜的改变而导致转相，这种作用常在 40℃ 以上变得明显；非离子表面活性剂的 PIT 受到表面活性剂 HLB 值影响，PIT 值越高，转相阻力越大。转相的温度还与乳化剂的浓度有关。当乳化剂的浓度很低时，转相的温度对乳化剂的浓度逐渐钝化。

④ 乳化剂浓度的变化。许多非离子表面活性剂在浓度较低时呈 O/W 型，浓度较高时呈 W/O 型乳液。

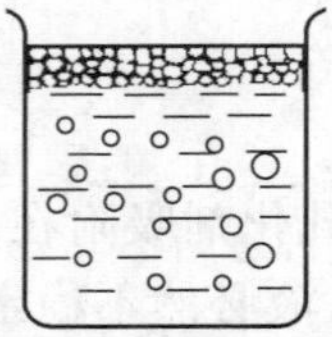

图 5-4　乳状液的不稳定性——分层

（2）乳状液的分层

乳状液的分层并不是乳状液真正破坏，而是形成了相体积分数不相等的两个乳状液。如图 5-4 所示这是由于油、水两相的密度差造成的。对于 O/W 型乳状液，在重力作用下油珠上浮，对 W/O 型乳状液则是水珠下沉，上浮和下沉的速度与两相的密度差、外相的黏度和液珠大小有关，两相密度差越大，外相黏度越低，液珠越大则分层速度越快。反之就越慢。

（3）乳状液的破裂

乳状液的分散相合并形成油水两层的现象称为破裂。破裂后的乳状液虽然经振动摇动也不能恢复原有的乳状液状态。乳状液破裂的原因主要有：①过热引起的乳化剂水解、乳化剂凝聚、黏度下降，促进了分层；过冷引起的乳化剂失去水化作用，析出结晶而破坏了乳化层。②添加了类型相反的乳化剂。③加入了在两相中均能互溶的溶剂（如丙酮）。④添加了电解质，如用亲水胶体稳定的乳状液遇亲水性强的盐类浓溶液，则胶体被盐析。⑤离心力作用。⑥未加防腐剂。

在储存的过程中，乳剂的破裂一般分为两步：

① 聚集（絮凝）：此时分散相的小液滴絮凝在一起但并不融合，液滴之间仍存在界面膜。某种程度上说，聚集是可逆的，乳剂尚未破坏，但将加速分层。

② 合并：即聚集体中液滴之间的界面膜破坏，界面消失了。小的液滴合并成大的液滴，导致液滴数量降低，最终分为互不相溶的两相。合并是不可逆的过程，乳状液聚集在合并之前；但是，聚集之后并不一定发生合并，合并依赖界面的结构性质。

（4）乳状液的败坏

当乳状液长时间露置空气中时，O/W 型乳状液由于外相水分蒸发可引起油相的聚结。含植物油的乳状液，由于油被分散为小油滴，所以遇光和遇空气过久时容易酸败。油脂中若加入 0.05% 的没食子酸丙酯可延缓其氧化。

用树胶或蛋白质等作乳化剂时的乳状液，由于霉菌、酵母菌及细菌等微生物容易增殖，应多加防腐剂以利保存，因为微生物的代谢产物往往能加速乳化剂的水解或氧化。

选用防腐剂时需要考虑它在油、水两相中的分配系数，由于有些防腐剂同时可溶于油相，以至按添加的量，它在外相水中含量减少，从而不能发生预期的防腐作用。此外，油的性质也能影响防腐剂在油、水两相中的分配系数。再如某些乳化剂和防腐剂可因氢键形成复合物，也能降低防腐剂的有效性。乳状液的败坏因素很多，还需多方面的系统研究。

5.5 微 乳 液

5.5.1 微乳液的形成机理

尽管在分散类型方面微乳液和普通乳状液有相似之处，即有 W/O 型和 O/W 型，但微乳液和普通乳状液有两个根本的不同点：第一，普通乳状液的形成一般需要外界提供能量；而微乳液的形成是自发的，不需要外界提供能量。第二，普通乳状液是热力学不稳定体系，在存放过程中将发生聚结而最终分成油水两相；而微乳液是热力学稳定体系，不会发生聚结，即使在离心力作用下出现暂时的分层现象，一旦取消离心力场，分层现象即消失，还原到原来的稳定体系。

（1）负界面张力理论

关于微乳液的自发形成，Schulman 和 Prince 等提出了瞬时负界面张力形成机理。这个机理认为，油水界面张力在表面活性剂的存在下大大降低，一般为几个 mN/m 这样低的界面张力只能形成普通乳状液，但在助表面活性剂的存在下，由于产生混合吸附，界面张力进一步下降至 $10^{-3} \sim 10^{-5} \, mN/m$，以至产生瞬时负界面张力。由于负界面张力是不能存在的，因此体系将自发扩张界面，使更多的表面活性剂和助表面活性剂吸附于界面而使其体积浓度降低，直至界面张力恢复至零或微小的正值。这种由瞬时负界面张力而导致的体系界面自发扩张的结果就形成了微乳液。

（2）增溶胶团理论

负界面张力说虽然解释了微乳液的形成和稳定性，但因负界面张力无法用实验测定，因此这一机理尚缺乏实验基础。为此人们试图从其他角度解释微乳液的形成。由于微乳液在很多方面类似于胶团溶液，如外观透明、热力学稳定等，特别是当分散相含量较低时，微乳液更接近胶团溶液，并且伴随着从胶团溶液到微乳液的结构转变，在许多物理性质方面并无明显的转折点。因此，另一种机理认为微乳液的形成实际上是胶团对油或水的增溶结果，并把微乳液称为"溶胀的胶团"或"增溶的胶团"。

以溶胀的胶团来解释微乳液的形成，并不否认超低界面张力对微乳液的自发形成和热力学稳定性的极端重要性。如果从动态界面张力角度来理解，Schulman 等的瞬时负界面张力说，意味着动态界面张力可达到负值，尽管平衡界面张力为零或正值。一些研究表明，当发生表面活性剂穿越油-水界面的扩散时，动态界面张力往往可以降至零甚至负值，而引起自发乳化。在微乳液的形成中，助表面活性剂的这种扩散可能起了重要作用。

（3）界面弯曲理论

事实上，零界面张力不一定能保证形成微乳液，只有当界面的柔性弯曲比较好时，才容易形成微乳液，添加油水两亲的小分子物质如中短链醇或胺可以导致界面弯曲和微乳液形成。这是由于油水两亲小分子嵌入表面活性剂大分子之间，阻止表面活性亲油基规则排列，为亲油基收缩提供足够空间，提高温度或剪切力也可以使界面柔性增加。

（4）分散熵效应

形成微乳液时，分散相以很小的质点分散在另一相中，导致体系的熵增加。这一熵效应，可以补偿因界面扩张而导致的自由能增加。

由此可见，关于微乳形成机理至今看法还不一致。研究表明，如果在普通乳状液中增加表面活性剂的用量，并加入相应辅助剂，可以使该乳状液变为微乳；反之，在浓的胶束溶液中加入一定量的油及辅助剂，也可以使此胶束溶液变成微乳液。因此，现在多数人认为微乳液是介于普通乳状液与胶束溶液之间的一种分散体系，是它们相互过渡的产物。因而也有人把微乳液称为胶束乳状液。但虽然各种看法不一，但有一点是共同的，即微乳液是一种各向同性的热力学稳定体系，不过它是分子异相体系，水区和油区在亚微观水平上是分离的，并显示出各自的本性特性。

从热力学观点看，低界面张力是微乳液形成和稳定性的保证。因此，比较一致的看法是，微乳液的自发形成和稳定性需要 $10^{-3} \sim 10^{-5} mN/m$ 的超低界面张力。

5.5.2 微乳液的制备方法

微乳液形成必须满足在油水界面短暂的负界面张力、流动的界面膜、油分子和界面膜的联系和渗透三个条件。

微乳液分为 W/O 型 O/W 型和双连续型三种结构，W/O 型微乳液由油连续相、水核及表面活性剂与助表面活性剂组成的界面膜三相构成。O/W 型微乳液的结构则由水连续相、油核及表面活性剂与助表面活性剂组成的界面膜三相构成，双连续相结构具有 W/O 和 O/W 两种结构的综合特性，但其中水相和油相均不是球状，而是类似于水管在油相中形成的网络。影响微乳液结构的因素很多，主要包括表面活性剂分子的亲水性、疏水性，以及温度、pH 值、电解质浓度、油相的化学特性等。通过相图（见图 5-5），各组分的关系可以比校精确地确定，而且可以预测微乳液的特征。除单相微乳液之外，微乳液还可以以许多平衡的相态存在，Winsor I 型（两相，O/W 微乳液与过量的油共存）、Winsor II 型（两相，W/O 微乳液与过量的水共存）以及 Winsor III 型（三相，中间态的双连续相微乳液与过量的水、油共存）。

微乳液常规制备方法有两种：一种是把有机溶剂、水、乳化剂混合均匀，然后向该乳状液中滴加醇，在某一时刻体系会突然间变得透明，这样就制得了微乳液，这种方法称为 Schulman 法；另一种是把有机溶剂、醇、乳化剂混合为乳化体系，向该乳状液中加入水，体系也会在瞬间变成透明，称为 Shah 法。

由于微乳液的形成不需要外加功，主要依靠体系中各组分的匹配，寻找这种匹配关系的主要办法包括 HLB 值法、PIT 法、盐度扫描法、CER（黏附能比）、表面活性剂在油相和界面相的分配等方法。这里主要介绍 HLB 值法、PIT（相转换温度）、盐度扫描法。

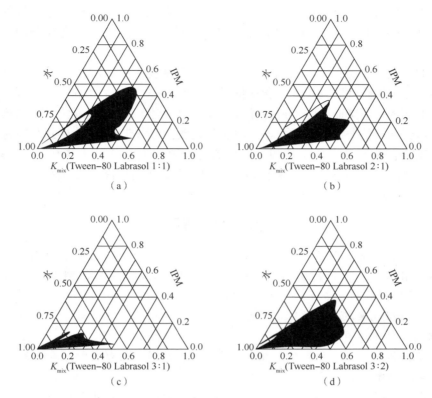

图 5-5 表面活性剂与助表面活性剂比为 1∶1(a)，2∶1(b)，3∶1(c)和 3∶2(d)时，
油相(IPM)，复合表面活性剂(K_{mix})和水相的准三元相图

注：IPM(肉豆蔻酸异丙酯)：Tween-80(聚氧乙烯失水山梨醇单油酸酯)；Labrasol(聚乙二醇-8-甘油辛酸/癸酸酯)

该准三元相图出处：Jing You, et al. Journal of Drug Delivery Science and Technology, 2019, 54, 101331-101342

（1）HLB 值法

表面活性剂的 HLB 值对微乳液的形成至关重要。HLB 值为 4~7 的表面活性剂可形成 W/O 型微乳液。通常离子型表面活性剂 HLB 值很高，需要加入中等链长的醇或 HLB 值低的非离子型表面活性剂进行复配，经过试验可以得到各种成分之间的最佳比例。

对非离子型表面活性剂可根据其 HLB 值对温度很敏感的特点进行确定，即在低温下亲水性强，高温下亲油性强。含非离子型表面活性剂的体系随着温度的提高，会出现各种类型的微乳液。当温度恒定时可通过调节非离子型表面活性剂的亲水基和亲油基比例达到所要求的 HLB 值。

（2）PIT 法

非离子表面活性剂的 HLB 值对温度很敏感，即在低温下亲水性强，高温下亲油性强，因而随着温度改变微乳状液从 O/W 型转化为 W/O 型，转变时的温度称为 PIT，即 PIT 法。此时微乳状液具有含表面活性剂浓度低、对水和油增溶量大的优点，对于寻找实际配方是十分有意义的，它比 HLB 值法有实用性和精确性。

（3）盐度扫描法

当体系中油的成分确定，油水比值为 1(体积)，以及体系中表面活性剂和助表面活性剂的比例与浓度确定，如果改变体系中的盐度，由低到高增加往往得到三种状态即 Winsor Ⅰ

（两相，O/W 微乳液与过量的油共存）、Winsor Ⅱ（两相，W/O 微乳液与过量的水共存）、Winsor Ⅲ（三相，中间态的双连续相微乳液与过量的水、油共存），这种方法称为盐度扫描法。

当体系的盐量增加时，水溶液中的表面活性剂和油受到"盐析"而析离，盐也压缩微乳液的双电层，斥力下降液滴易接近，含盐量增加，使 O/W 型微乳液进一步增溶油的量，从而微乳液中油滴密度下降而上浮，进而导致形成新相。对于这种扫描法，若改变组成中其他成分也可以达到同样的效果。比如，增加油的含碳数，可以获得从 W/O 到双连续结构到 O/W 的转变；对于低相对分子质量的醇，增加其含碳数也可以获得从 W/O 到双连续结构到 O/W 的转变；而对于高相对分子质量的醇，增加其含碳数则将得到从 O/W 到双连续结构到 W/O 的转变。

思 考 题

1. 名词解释：相转变温度；相体积比；破乳；乳剂的转相；乳剂的败坏；乳析。

2. 什么是乳状液？其常见类型有哪些？能用作 W/O 型和 O/W 型乳状液的乳化剂（表面活性剂）HLB 值范围分别是多少？

3. 乳状液与微乳液在热力学稳定性上有何区别？

4. 乳状液形成理论有哪些？

5. 制备乳状液时，适宜的乳化温度和乳化剂用量范围一般为多少？为什么？

6. 影响乳状液稳定性的因素有哪些？

7. 乳析的主要原因是什么？如何解决？乳析和破乳的区别是什么？

8. 制备乳剂时，为什么常加入一定量的防腐剂和抗氧剂？

9. 在制备 O/W 型乳状液时，常用何种水？为什么？

10. 什么情况下采用混合膜生成法制备乳状液？如何操作？

11. 某油相由三种组分组成：A（$HLB=8$）、B（$HLB=14$）、C（$HLB=16$）如果各组分用量分别为 3g、0.5g、0.5g，（1）试求混合油相的 HLB 值是多少？（2）如果使用 Span-80（$HLB=4.3$）、Tween-80（$HLB=15.0$）配制复合乳化剂来乳化该混合油相，试求两种乳化剂的各自用量百分比。（参考答案：此混合油相的 HLB 值是 9.75，使用 Span-80、Tween-80 配制复合乳化剂来乳化该混合油相，所需要 Span-80 用量为 49%，Tween-80 的用量为 51%。）

第6章 胶体溶液基本理论

6.1 概　述

目前，涉及胶体的一些重要产品和工艺过程是非常多的。例如涉及胶体终端产品的形成和稳定的应用有制药、化妆品、墨水、涂料、润滑剂、食品加工、染料、泡沫、农业化学品等；用于后续生产过程的胶体形成的应用有照相产品、陶瓷制品、纸涂层、磁性介质、催化剂、色谱吸收剂、膜制品及乳胶膜、电子摄影调色剂等；胶体现象对加工过程的直接应用主要表现在粉末润湿、强化石油回收、去垢、矿物原料浮选、吸附纯化、电解质涂层、工业上的结晶、化学废物控制、电子摄影、平板印刷等；胶体的性能、流变学的应用主要有泥浆的泵送、涂层技术、胶凝、粉末流动、过滤等；对不利胶体现象的防止的应用有水纯化、污水处理、气溶胶的散布、污染控制、葡萄酒和啤酒的澄清、放射性废物处理、破乳和泡沫等。为此，在本章将介绍有关胶体的定义、形成、稳定、性质等内容，即胶体溶液基本理论。

6.1.1 胶体溶液的含义、类型及特性

想要精确地定义"胶体"这个名词不是一件容易的事，因为它会更多地限制此系统的范围，特别是按照胶体行为规则运行的一些体系可能被一些相当武断的因素（如尺寸）排除在外。我们知道，自然界中没有绝对纯的物质，所谓纯，都是相对的，从实际体系出发，整个自然界都是由各种分散体系组成的。所谓分散体系，是指一种或几种物质以一定分散度分散在另一种物质中形成的体系。以颗粒分散状态存在的不连续相称为分散相，而连续相则称为分散介质。例如，将一把泥土放入水中，大粒的泥沙很快下沉，混浊的细小土粒因受重力影响最后也沉降于容器的底部，而土中的盐类则溶解成真溶液。但是，混杂在真溶液中还有一些极为微小的土壤粒子，它们既不下沉，也不溶解。人们把这些即使在显微镜下也观察不到的微小颗粒称为胶体颗粒，含有胶体颗粒的体系称为胶体体系。通常规定胶体颗粒的大小为 $1 \sim 1000nm(10^{-9} \sim 10^{-6}m)$，相当于每个分子或粒子中有 $10^3 \sim 10^9$ 个原子。小于 1nm 的为分子或离子分散体系，形成真溶液，大于 1000nm 的为粗分散体系。这种分类是由国际纯粹化学和应用化学联合会（IUPAC）规定的，在实际应用体系中并不一定按照上述规定。换个角度看，在均相溶液中，存在着性质各异物质的混合，它们以单分子互相混合或者分散（两个物质在尺寸上相当），但是在纯的本体物质和分子分散溶液之间，还存在大量重要的体系。在这些体系中，一个相作为第二组分分散其中，其尺寸比分子的单元大很多（例如，典型的溶胶）；或者，其中分散物质的尺寸比溶剂或连续相的分子大很多（如大分子或高分子溶液）。这样的体系通常被定义为胶体。因此，一般胶体可以定义为：胶体是由一种物质（分散相：固体、液体或气体）精细分割贯穿在第二种物质（分散介质：固体、液体或气体）中均匀分布（相对地讲）的分散体系。

由上可知，胶体体系的重要特征之一是以分散相粒子的大小为依据的，显然，不同聚集状态的分散相，只要其颗粒大小在 $1 \sim 1000nm$ 之间，则在不同状态的分散介质中均可形成胶

体体系。例如，除了分散相与分散介质都是气体而不能形成胶体体系外，其余的8种分散体系均可形成胶体体系，见表6-1。

表6-1　按聚集态分类的胶体体系

分散介质 \ 分散相	气　态	液　态	固　态
气　态	—	液体气溶胶，如云雾、喷剂	固体气溶胶，如青烟、高空灰尘
液　态	泡沫、气乳液，如灭火泡沫、泡沫橡胶、生奶油	乳状液、微乳液、乳膏，如牛奶、乳化原油	溶胶、悬浮液、凝胶，如墨汁、牙膏、石灰泥浆
固　态	固体泡沫，气凝胶如泡沫塑料、沸石、冰淇淋、海泡石	凝胶、固体乳状液	固体药物制备、增强材料、磁带、红宝石、合金、有色玻璃

由此可见，胶体体系是多种多样的胶体，是物质存在的一种特殊状态，而不是一种特殊的物质，不是物质的本性。任何一种物质，在一定条件下可以晶体的形态存在，而在另一种条件下，却可以胶体的形态存在。例如氯化钠是典型的晶体，它在水中溶解成为真溶液，若用适当方法使其分散于苯或醚中，则形成胶体溶液。同样，硫黄分散在乙醇中为真溶液，若分散在水中则为硫黄水溶胶。

由于胶体体系首先是以分散相颗粒有一定的大小为特征的，故胶体颗粒本身与分散介质之间必有一明显的物理分界面。这意味着胶体体系必然是两相或多相的不均匀分散体系。

通过对胶体稳定性和胶体粒子结构的研究发现，胶体体系包括了性质颇不相同的三大类。

（1）分子胶体

分子胶体是指高聚物的溶液，也叫亲液胶体，它们是真正意义的溶液，只是溶质分子比溶剂分子大得多。聚合物在溶液中呈分子无规线团状态存在。这些线团的尺寸绝大部分符合上述胶体颗粒的尺寸。但是它们同溶剂之间没有清晰的界面，在溶解分散过程中，由于熵增加而使体系总自由能降低，因此，整个体系是热力学的稳定体系。

（2）粗分散体系和溶胶

在此我们是指分散相同分散介质有明显界面的体系，也叫憎液胶体。因为在形成这种胶体体系时，界面能大量增加，从而使体系总能量增加，极易被破坏而聚沉，聚沉之后往往不能恢复原态，因而它是热力学的不稳定、不可逆的体系。

（3）缔合胶体

由许多分子(有时几百个或几千个)聚集或联合组成，在动力学和热力学的驱动力下缔合，产生的体系可能同时是分子溶液和真正的胶体体系。这种体系叫缔合胶体。形成包含特定物质的缔合胶体，通常取决于许多因素，如浓度、温度、溶剂组成和特殊的化学结构。最常见的是表面活性剂在溶液中的浓度高于某一数值后，多个表面活性剂分子形成胶束，在胶束中还可以溶进一些特定性质的物质形成所谓的微乳液或液晶，这种体系属于缔合胶体。缔合胶体在形成过程中由于使整个体系界面能降低而成为热力学稳定体系，这种体系目前具有重要的实用意义。

除了以上三类胶体类型外，还有一种称作网状胶体。通常是指由两种互相贯穿的网状物质组成的一种分散体系，很难准确说明哪一个是分散相，哪一个是连续相。例如由空气-玻璃组成的多孔玻璃、固-固分散组成的乳色玻璃和许多冻胶均属于网状胶体。

对于只含有某类特定的分散相和连续相的胶体我们可以将其统称为简单胶体。实际上，许多胶体体系是非常复杂的，它们含有多类胶体，如溶胶、乳液（或多重乳液）、缔合胶体、大分子物质和连续相，这样的胶体常被看成是复杂的或复合的胶体。即使是最简单的胶体，在它们的特性方面也是非常复杂的。本书只讨论简单胶体体系的相关内容。

6.1.2　高分子溶液的含义、类型及特性

除了前面介绍的胶体类物质外，另外有一类物质，具有线型或支链型的高聚物如纤维素、蛋白质、橡胶以及许多合成高聚物，它们在适当的溶剂中溶解可形成真溶液，被称作高分子溶液。同小分子溶液一样，高分子溶液也是分子分散体系，处于热力学平衡状态，具有可逆性，服从相平衡规律，因而也是能用热力学状态函数描述的真溶液。

高分子溶液是科学研究和生产实践经常接触的对象。根据应用要求，高分子溶液的浓度范围很宽，通常将它分为浓溶液和稀溶液，然而它们之间没有明确的界限。有人把浓度超过5%的高分子溶液称为浓溶液。在生产实践中常常要应用浓溶液，例如纺丝用的溶液、涂料、胶黏剂、增塑塑料、制备复合材料用的树脂溶液等。这方面的研究着重于应用。由于浓溶液的复杂性，至今还没有很成熟的理论来描述它们的性质。与高分子浓溶液不同，高分子稀溶液已被广泛和深入地研究过。在高分子科学研究中，经常应用的是稀溶液，所用溶液的浓度一般在1%以下。由于其相对分子质量很大，因此表现出许多与低分子真溶液不同的性质，而在某些方面却有类似于胶体的性质，如粒子大小均在 $1nm$ ~ $1\mu m$ 之间；扩散速率都比较缓慢；都不能透过半透膜等。但高分子溶液与胶体的性能也有差异，如高分子化合物能自动溶解在溶剂中，而溶胶不能；高分子溶液是均相体系，而溶胶是多相体系，属热力学不稳定体系；高分子溶液的黏度比溶胶大得多；高分子溶液的 Tyndall 效应很弱而溶胶的很强等。

6.2　胶　体　溶　液

6.2.1　胶体溶液的性质

6.2.1.1　胶体溶液的运动性质

胶体中的粒子和溶液中的溶质分子一样，总是处在不停的、无秩序的运动之中。从分子运动的角度看，胶体的运动和分子运动并无区别，它们都符合分子运动理论，不同的胶粒比一般分子大得多，故运动强度小。主要表现在胶粒的布朗运动、扩散和沉降等方面，这些性质统属于胶体的运动性质。胶体作为分散体系，它稳定存在的时间的长短取决于分散相颗粒的沉降和扩散性质。了解胶粒的运动性质对于制备或者破坏胶体体系有重要作用。而且我们还可以依据体系沉降和扩散性质来测定体系中分散粒子的大小和分布。

（1）扩散

和真溶液中的小分子一样，胶体溶液中的质点也具有从高浓度区向低浓度区的扩散作用，最后使浓度达到"均匀"。当然，扩散过程也是自发过程。Fick 第一定律和 Fick 第二定律均对平动扩散作了描述。

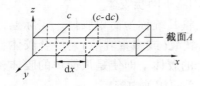

图 6-1　胶粒的扩散与
浓度梯度的关系

① Fick 第一定律　如图 6-1 所示，若胶粒大小相同，则在 dt 时间内，沿 x 方向通过截面积为 A 而扩散的物质的量 dm 与截面 A 处的浓度梯度（胶粒浓度随距离的变化率）dc/dx 的关系为：

$$dm = - DA \frac{dc}{dx} dt \quad 或 \frac{dm}{dt} = - DA \frac{dc}{dx} \qquad (6-1)$$

式中，$\frac{dm}{dt}$ 表示单位时间通过截面 A 扩散的物质数量（扩散速度）。因为在扩散的方向上，浓度梯度为负值，故上式右端加一负号，使扩散速度或扩散量为正值。比例常数 D 为扩散系数，表征物质的扩散能力，D 越大，质点的扩散能力越大。常用于测定扩散系数的方法有孔片法、自由交界法和光子相关谱法。一些单质及简单二元体系中的扩散系数可以从《化学工程手册》中查到。

就体系而言，浓度梯度越大，质点扩散越快；就质点而言，半径越小，扩散能力越强，扩散速度越快。

② Fick 第二定律　在扩散方向上某一位置的浓度随时间的变化率，存在以下的微分关系：

$$\frac{\partial c}{\partial t} = D \frac{\partial^2 c}{\partial x^2} \qquad (6-2)$$

扩散作用是普遍存在的现象，在物理、化学、工程、生物等科学技术领域中具有重要的作用。胶体质点之所以能自发地由高浓度区域向低浓度区域扩散，其根本原因在于存在化学位。胶粒扩散的方式与下面要讨论的布朗运动有关。

（2）布朗运动

用超级显微镜可以观察到溶胶分散相不断地做不规则"之"字形的连续运动（见图6-2）。布朗运动是不断热运动的液体分子对分散相冲击的结果。对于很小但又远远大于液体介质分子的分散相来说，由于不断受到不同方向、不同速度的液体分子的冲击，受到的力很不平衡（见图 6-3），所以时刻以不同的方向、不同的速度做不规则的运动。尽管布朗运动看来复杂而无规则，但在一定条件下、在一定时间内分散相所移动的平均位移却有一定的数值。Einstein 利用分子运动论的一些基本概念和公式，得到布朗运动的公式（称为 Einstein 布朗运动公式）为：

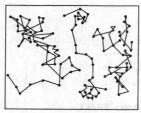

图 6-2　布朗运动

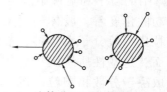

图 6-3　液体分子对胶体粒子的冲击

$$\bar{X} = \sqrt{\frac{RT}{N_A} \cdot \frac{t}{3\pi\eta r}} \qquad (6-3)$$

上式表明，当其他条件不变时，微粒的平均位移的平方 $\bar{X}^2$ 与时间 t 及温度 T 成正比，与 η 及 r 成反比。由于式中诸变量均可由实验确定，故利用此式可以求出微粒半径 r，当然也可以求得 Avogadro(阿伏加德罗)常数 N_A。

（3）沉降

分散于气体或液体介质中的微粒，都受到两种方向相反的作用力，即重力（微粒的密度较介质的大，微粒就会因重力而下沉，这种现象称为沉降）和扩散力（由布朗运动引起）。与沉降作用相反，扩散力能促进体系中粒子浓度趋于均匀。当这两种力相等时，就达到平衡状态，谓之"沉降平衡"。平衡时，各水平面内粒子浓度保持不变，但从容器底部向上会形成浓度梯度，这种情况正如地面上大气分布的情况一样，离地面越远，大气压越低。在不同外力作用下的沉降情况有所不同。

① 在重力作用下的沉降　一个体积为 V，密度为 ρ 的颗粒，浸在密度为 ρ_0 的介质中，在重力场中颗粒所受的力 F 应为重力 F_g 与浮力 F_b 之差：

$$F = F_g - F_b = V(\rho - \rho_0)g \tag{6-4}$$

式中，g 为重力加速度。当 $\rho > \rho_0$ 时，$F_g > F_b$，则颗粒下沉，反之则上浮。相对运动发生后颗粒即产生一个加速度，同时由于摩擦而产生一个运动阻力 F_v，它与运动速度 v 成正比：

$$F_v = fv \tag{6-5}$$

式中，f 为阻力系数。当 F_v 增大到等于 F 时，颗粒呈匀速运动。这时由式(6-4)和式(6-5)得到：

$$V(\rho - \rho_0)g = F_v \quad \text{或} \quad m\left(1 - \frac{\rho_0}{\rho}\right)g = fv \tag{6-6}$$

式中，m 为粒子的质量。式(6-6)与粒子形状有关。如果粒子是球形的，Stokes 导出 $f = 6\pi\eta r$，式中，r 是粒子的半径，η 是介质的黏度。将球体积 $V = 4\pi r^3/3$ 代入上式，即可得到下面的基本公式，这些公式是非常有用的。

$$v = \frac{2}{9}\frac{r^2(\rho - \rho_0)}{\eta} \tag{6-7}$$

$$r = \sqrt{\frac{9\eta v}{2(\rho - \rho_0)g}} \tag{6-8}$$

$$m = \frac{4}{3}\pi\rho\left[\frac{9\eta v}{2(\rho - \rho_0)g}\right]^{3/2} \tag{6-9}$$

$$f = 6\pi\phi\eta\sqrt{\frac{9\eta v}{2(\rho - \rho_0)g}} \tag{6-10}$$

这些公式的使用条件是：（Ⅰ）粒子运动速度很慢，保持层流状态；（Ⅱ）粒子之间无相互作用；（Ⅲ）粒子是刚性球，没有溶剂化作用；（Ⅳ）与粒子相比，液体看作是连续介质。

由于这些假设的限制，式(6-7)一般只适用于不超过 $100\mu m$ 的颗粒分散体系。接近 $0.1\mu m$ 的小颗粒，还必须考虑扩散的影响。在适用范围内颗粒沉降速度与颗粒半径的平方和及介质的密度差成正比，与介质黏度成反比。

如果颗粒是多孔的絮块或有溶剂化作用存在，前面公式中的 ρ 就不再是纯颗粒的密度，而应介于颗粒与分散介质两个纯组分密度之间，因此，沉降速度变慢。这种变慢的现象可归因于式(6-6)中阻力因子 f 增大。如果用 f_0 表示未溶剂化的阻力因子，f 为溶剂化后的阻力因子，它们的比值 f/f_0 称为阻力因子比，显然在有溶剂化情况下，$f/f_0 > 1$。另外，在实际体系中完全的球形质点是不多的，Stokes 定律的应用受到了限制。实际上，我们可以把溶剂化和不规则颗粒的效应都归于使 f 增大。把按 Stokes 定律算出的颗粒半径 r 称为等效球体的平均半径，就有：

$$f = 6\pi\eta\bar{r} \qquad\qquad (6-11)$$

因此，我们用任何形状的溶剂化颗粒，采用未溶剂化时的密度数值，用沉降与扩散实验进行粒度分析，可得到等效球体的平均半径 $\bar{r}$。

② 在超离心力场中的沉降　胶体颗粒在重力场中的沉降是很缓慢的，能测定的颗粒半径最小极限值约为 85nm。粒径小于 $0.1\mu m$ 的胶粒，因受扩散、对流等的干扰，在重力场中基本不能沉降，只能借助于超离心力场来加速沉降。

图 6-4 是离心机的示意图。目前，超离心机的转速高达 $(10\sim16)\times10^4 r/min$，其离心力约为重力的 100 万倍。在如此强的离心力场中，蛋白质分子也能分离，用沉降平衡法可测出蔗糖的相对分子质量 $(M=341)$，目前已用来确定某些生物基元物质如蛋白质、核酸和病毒等的特性。

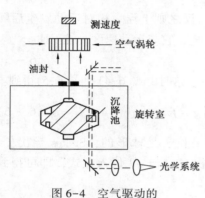

图 6-4　空气驱动的
超离心机示意

在离心力场中，沉降公式仍可使用，只是用离心加速度 $\omega^2 x$ 代替重力加速度 g，ω 是角速度，x 是离开旋转轴的距离。

如果胶体颗粒是均匀分散体系，在超离心力场作用下形成明确的沉降界面，由界面移动速度可算出颗粒大小，该法称沉降速度法。

对于处在离心力场中质量为 m 的粒子，体积为 V，离开旋转轴的距离为 x。粒子同时受三种力的作用：①离心力 $F_c = m\omega^2 x$；②浮力 $F_b = m_0\omega^2 x$，m_0 为粒子置换介质的质量；③粒子移动时所受摩擦力 $F_v = -fv$，v 为粒子运动速度，f 为摩擦阻力系数。对于做匀速运动的球形粒子有：

$$r = \sqrt{\frac{9\eta\ln(x_2/x_1)}{2(\rho-\rho_0)\omega^2(t_2-t_1)}} \qquad\qquad (6-12)$$

式中，r 为介质黏度；ρ 为粒子密度；ρ_0 为介质密度；t_1、t_2 为离心时间；x_1、x_2 为界面与旋转轴之间的距离。

对于任意形状的粒子，在离心力场中的速度公式为：

$$\frac{dx}{dt} = \frac{D}{RT}M(1-\bar{V}\rho_0)\omega^2 x \qquad\qquad (6-13)$$

用沉降速度法还可测出粒子的摩尔质量：

$$M = \frac{RT\ln(x_2/x_1)}{D(1-\bar{V}\rho_0)(t_2-t_1)\omega^2} \qquad\qquad (6-14)$$

式中，M 为粒子摩尔质量；$\bar{V}$ 为粒子的偏微比容；D 为扩散系数。

当胶体粒径太小时，因扩散作用在超离心力场中可形成沉降平衡，根据颗粒分布可求出颗粒大小，该法称为沉降平衡法。

在离心加速度较低(如约为重力加速度的 $10^4\sim10^5$ 倍)时，粒子向池底方向移动，形成浓度梯度后有扩散发生，扩散与沉降方向相反，两者达到平衡时，沉降池中各处的浓度不再随时间而变化，称为沉降平衡。

106

沉降平衡时，粒子的分布可表示为：

$$\ln \frac{c_2}{c_1} = \frac{M(1 - \bar{V}\rho_0)\omega^2}{2RT}(x_2^2 - x_1^2) \quad\quad (6-15)$$

则

$$M = \frac{2RT\ln(c_2/c_1)}{(1 - \bar{V}\rho_0)\omega^2(x_2^2 - x_1^2)} \qu\quad (6-16)$$

式中，c_1、c_2分别是离开旋转轴x_1、x_2处粒子的摩尔浓度。

6.2.1.2 胶体的光学性质

胶体的光学性质是其高度分散性和不均匀性的反映。通过光学性质的研究，不仅可以帮助我们理解胶体的一些光学现象，而且还能使我们观察到胶粒的运动，对确定胶体的大小和形状具有重要意义。

当光线射入分散体系时，只有一部分光线能自由通过，另一部分被吸收、散射或反射。对光的吸收主要取决于体系的化学组成，而散射和反射的强弱则与质点的大小有关。低分子真溶液的散射极弱；当质点大小在胶体范围内，则发生明显的散射现象（即通常所说的光散射）；当质点直径远大于入射光波长时（例如悬浮液中的粒子），则主要发生反射，体系呈浑浊。

（1）Tyndall 效应

许多胶体外观常是有色透明的。以一束强烈透明的光线射入胶体后，在入射光的垂直方向可以看到一道明亮的光带，这个现象首先被 Tyndall 发现，故称为 Tyndall 效应（Tyndall 现象）。它是胶粒对光的散射的结果。所谓散射就是在光的前进方向之外也能观察到光的现象。光本质上是电磁波。当光波作用到介质中小于光波波长的粒子上时，粒子中的电子被迫振动（其振动频率与入射光波的相同），成为二次波源，向各个方向发射电磁波，这就是散射光波，也就是我们所观察到的散射光（亦称乳光）。在正对着入射光的方向上我们看不到散射光，这是因为背景太亮，就像我们白天看不到星光一样，因此，Tyndall 效应可以认为是胶粒对光散射作用的宏观表现。

小分子真溶液或纯溶剂因粒子太小，光散射非常微弱，用肉眼分辨不出来。所以 Tyndall 效应是胶体的一个重要特征，是区分溶胶和小分子真溶液的一个最简便方法。

（2）Rayleigh 散射定律

Rayleigh 曾详细研究过 Tyndall 效应，他的基本出发点是讨论单个粒子的散射。他假设：①散射粒子比光的波长小得多（粒子大小 $<\lambda/20$），可看作点散射源；②溶胶浓度很稀，即粒子间距离较大，无相互作用，单位体积的散射光强度是各粒子的简单加和；③粒子为各向同性、非导体、不吸收光。由此导出单位散射体积在距离 r（观察者到样品的距离）处产生的散射光强度 I_θ 与入射光强度 I_0 之间的关系（即 Rayleigh 散射定律）为：

$$I_\theta = \frac{9\pi^2}{2\lambda^4 r^2}\left(\frac{n_2^2 - n_1^2}{n_2^2 + 2n_1^2}\right)^2 N_0 V^2 I_0(1 + \cos^2\theta) \ququad (6-17)$$

式中，N_0 为单位体积中散射粒子数；V 为每个粒子的体积；λ 为入射光波长；n_1、n_2 分别为分散介质和分散相的折射率；θ 为观察者与入射光方向的夹角，即散射角。

令 $R_\theta = \dfrac{I_\theta r^2}{I_0(1 + \cos^2\theta)}$，称为 Rayleigh 比值，单位是 m^{-1}。所以 Rayleigh 散射定律也可表

示为:

$$R_\theta = \frac{9\pi^2}{2\lambda^4} \left(\frac{n_2^2 - n_1^2}{n_2^2 + 2n_1^2} \right)^2 N_0 V^2 \qquad (6-18)$$

由 Rayleigh 散射定律可以知道如下结果:

散射光强度与入射光波长的 4 次方成反比,即波长越短的光越易被散射(散射的越多)。因此,当用白光照射溶胶时,由于蓝光($\lambda = 450\text{nm}$)波长较短,较易被散射,故在侧面观察时,溶胶呈浅蓝色。波长较长的红光($\lambda = 650\text{nm}$)被散射的较少,从溶胶中透过的较多,故透过光呈浅红色。这可解释天空是蓝色,旭日和夕阳呈红色的原因。

散射光强度与单位体积中的质点数 N_0 成正比,通常所用的"浊度计"就是根据这个原理设计而成的。

设分散相的质量浓度为 C、粒子密度为 ρ,则 $N_0 V = C/\rho$,式(6-18)可改写成:

$$R_\theta = \frac{9\pi^2}{2\lambda^4} \left(\frac{n_2^2 - n_1^2}{n_2^2 + 2n_1^2} \right)^2 \frac{C}{\rho} V \qquad (6-19)$$

利用此式可测定胶体的浓度,同时,已知浓度则可测出粒子的体积,从而得知粒子大小。当测定两个分散度相同而浓度不同的溶胶的散射光强度时,若知一种溶胶的浓度,便可计算出另一种溶胶的浓度。

粒子的折射率与周围介质的折射率相差越大,粒子的散射光越强。若 $n_1 = n_2$,则应无散射现象,但实验证明,即使纯液体或纯气体,也有极微弱的散射。Einstein 等认为,这是由于分子热运动所引起的密度涨落造成的。局部区域的密度涨落,也会引起折射率发生变化,从而造成体系的光学不均匀性。因此光散射是一种普遍现象,只是胶体体系的光散射特别强烈而已。

散射光强度与散射角有关。据式(6-17)或式(6-18)可以画出不同角度(亦即不同方向)的散射光强度(图6-5)。图 6-5 中向量的长度表示散射光强度的相对大小。由图 6-5 可见,散射光强度在与入射方向 MN 垂直的方向上($\theta = 90°$)最小,随着与 MN 线相接近而逐渐增加,且这种增加是完全对称的,亦即在 θ 或($180° - \theta$)的方向上散射光强度相同。显然在 $\theta = 0°$ 或 $180°$ 时散射光强度最大。若质点较大,例如线性大小 $> \lambda/10$,超过 Rayleigh 定律的限制,则散射光强度的角分布将发生改变,其对称性受到破坏,在这种情况下,在与入射光射出的方向呈锐角时,散射光强度最大(图6-6)。根据这个现象人们可以估计溶胶的分散度和粒子的形状。

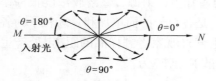

图 6-5　小粒子体系散射光的角分布

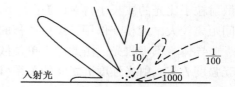

图 6-6　球形大粒子体系光散射角分布示意

6.2.1.3　胶体的电学性质

（1）电动现象

早在 1803 年,俄国科学家 peucc 发现水介质中的黏土颗粒在外电场作用下会向正极移动。1861 年,Quincke 发现若用压力将液体挤过毛细管或粉末压成的多孔塞,则在毛细管或多孔塞的两端产生电势差。这种在外电场作用下使固-液两相发生相对运动以及外力使固-液两相发生相对运动时而产生电场的现象统称为电动现象。电动现象包括以下四种。

① 电泳　在外电场作用下，胶体粒子相对于静止介质做定向移动的电动现象（带负电的胶粒向正极移动，带正电的胶粒向负极移动）称电泳。胶体的电泳证明了胶体颗粒是带电的。胶粒表面电荷的来源主要有胶粒在介质中电离、胶体颗粒对介质中阴（阳）离子的不等量吸附、胶粒（由离子晶体物质形成）中阴（阳）离子在介质中发生不等量溶解以及晶格取代。

② 电渗　在外电场作用下，分散介质相对于静止的带电固体表面做定向移动的电动现象称电渗。固体可以是多孔膜或毛细管。例如，peиcc 实验中，水在外加电场的作用下，通过黏土颗粒间的毛细管通道向负极移动的现象。

③ 流动电势　在外力作用下，液体流过毛细管或多孔塞时两端产生的电势差成为流动电势。例如使用压缩空气将液体挤过毛细管或由粉末压成的多孔塞，则在毛细管或多孔塞的两端也会产生电位差，显然，此现象是电渗的逆过程。

④ 沉降电势　在外力作用下，带电胶粒做相对于液体的运动，两端产生的电势差称为沉降电势。例如，在无外加电场作用的情况下，若使 peиcc 实验中的黏土粒子在分散介质（如水）中迅速沉降，则在沉降管的两端会产生电位差，这种现象是电泳的逆过程。面粉厂、煤矿等的粉尘爆炸可能与沉降电势有关，当然还有其他一些因素。

（2）双电层理论

胶粒表面带电时，在液相中必有与其表面电荷数量相等而符号相反的离子（称为反离子）存在，以使整个体系是电中性的。反离子在胶粒表面区域的液相的分布情况是：越靠近界面浓度越高，越远离界面浓度越低，到某一距离时反离子与同号离子浓度相等。胶粒表面的电荷与周围介质中反离子电荷就构成双电层（见图 6-7）。反离子只有一部分紧密地排列在胶粒表面上（距离约为一个离子的厚度），另一部分离子与胶粒表面的距离则可以从超过一个离子的厚度而一直分散到本体溶液中。因此双电层实际上包括了紧密层和扩散层两个部分。当固相和液相发生相对移动时，紧密层中的离子与固相不可分割地相互联系在一起，而扩散层中的离子则或多或少地被液相带走。由于离子的溶剂化作用，固相表面上始终有一薄层的溶剂随着一起移动。在固相与溶液之间存在着三种电势：在固相表面处的电势 φ（整个双电层的电势），也即热力学电势；紧密层与扩散层分界处的电势 φ_δ；以及固相与液相之间可以发生相对移动处（即固相连带着束缚的溶剂化层和溶液之间）的电势。后者由于和电动现象密切相关，故称为电动电势或 ζ（Zeta）电势。从图 6-7 可以

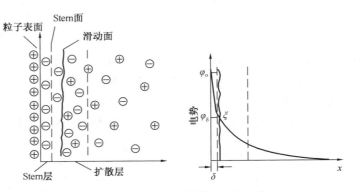

图 6-7　双电层的结构和相应的电势

看出 ζ 电势不包括紧密层中电位降，只是扩散层电位降 φ_δ 中的一部分。利用电泳、电渗和流动电势法可以测定 ζ 电势。

6.2.2　胶体溶液的稳定性

6.2.2.1　概述

基本热力学告诉我们，任何体系，若任其自行发展，都将自发地趋向于改变自己的状况（化学的或物理的），努力达到极小的总自由能的状态。一个体系最低能量的位置，将是在各相之间接触界面面积最小的状态。

胶体体系是多相分散体系，有巨大的界面能，故在热力学上是不稳定的，有自动聚结的趋势（也就是说，只有处在聚结的状态才是稳定的），人们常称这种性质为"聚结不稳定性"。因此在制备胶体时必须有稳定剂存在。同时，胶体体系是高度分散的体系，分散相颗粒极小，有强烈的布朗运动，故又能阻止其由于重力作用而引起的下沉。因此，在动力学上胶体体系是稳定的，胶体的这种性质称为动力学稳定性。稳定的胶体必须同时具有聚结稳定性和动力学稳定性，其中以聚结稳定性更为重要。一旦失去聚结稳定性，粒子相互聚结变大，最终将导致失去动力学稳定性。无机电解质和高分子都能对胶体的稳定性产生重大影响，但其机理不同。通常把无机电解质使胶体沉淀的作用称为聚沉作用；把高分子使胶体沉淀的作用称为絮凝作用；两者可统称为聚集作用。

胶体本质上是热力学不稳定体系，但又具有动力学稳定性，在一定条件下它们可以共存，在另一条件下它们又可以转化。扩散双电层观点说明胶体的稳定性，其基本观点是胶粒带电（有一定的 ζ 电位），使粒子间产生静电斥力。同时，胶粒表面水化，具有弹性水膜，它们也起斥力作用，从而阻止粒子间的聚结。DLVO 理论认为，溶胶在一定条件下是稳定存在还是聚沉，取决于粒子间的相互吸引力和静电斥力。若斥力大于吸引力则溶胶稳定，反之则不稳定。

（1）胶粒间的相互吸引

胶粒间的相互吸引本质上是 Van der Waals 引力。但胶粒是许多分子的聚集体，因此，胶粒间的引力是胶粒中所有分子引力的总和。一般分子间的引力与分子间距离的 6 次方成反比，而胶粒间的吸引力与胶粒间的距离的 3 次方成反比。这说明胶粒间有"远距离"的 Van der Waals 引力，即在比较远的距离时胶粒间仍有一定的吸引力。

（2）胶粒间的相互排斥

根据扩散双电层模型，胶粒是带电的，其四周为离子氛所包围（如图 6-8 所示）。图6-8中胶粒带正电，虚线表示正电荷的作用范围。由于离子氛中的反离子的屏蔽效应，胶粒所带电荷的作用不可能超出扩散层离子氛的范围，即图中虚线以外的地方不受胶粒电荷的影响。因此，当两个胶粒趋近而离子氛尚未接触时，胶粒间并无排斥作用。当胶粒相互接近到离子氛发生重叠时，处于重叠区中的离子浓度显然较大，破坏了原来电荷分布的对称性，引起了离子氛中电荷重新分布，即离子从浓度较大的重叠区间向未重叠区扩散，使带正电的胶粒受

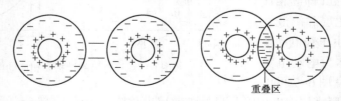

重叠区

图 6-8　离子氛和离子氛重叠示意

到斥力而相互远离。计算表明，这种斥力是胶粒间距离的指数函数。当两胶粒距离较远时，离子氛尚未重叠，粒子间"远距离"的吸引力在起作用，即引力占优势。随着胶粒间距离变近，离子氛重叠，斥力开始起作用，总位能逐渐上升，到一定距离处，总位能最大，出现一个能峰（见图6-9）。位能上升意味着两胶粒不能再进一步靠近，或者说它们碰撞后又会分开。如果超过能峰，位能即迅速下降，说明当胶粒间距离很近时，吸引能随胶粒间距离的变

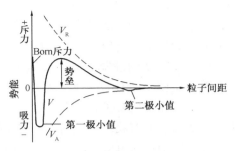

图6-9　胶粒间作用能和距离的关系

小而激增，使引力占优势，总位能下降，这意味着胶粒发生聚结。由此得出结论：如果使胶粒聚结在一起，必须通过位能峰，这就是胶体体系在一定时间内具有"稳定性"的原因。这种稳定性即是习惯上所说的"聚结稳定性"。外界因素对 Van der Waals 引力影响很小，但外界因素能强烈地影响胶粒之间的排斥位能。例如若降低胶粒的 ζ 电位，减少粒子的电性，则其排斥位能减少，聚结稳定性降低。

研究胶体稳定性问题的另一个要考虑的因素是溶剂化层的影响。我们知道，胶粒表面因吸附某种离子而带电，并且此种离子及其反离子都是溶剂化的，这样，在胶粒周围就好像形成了一个溶剂化膜（水化膜）。许多实验表明，水化膜中的水分子是比较定向排列的，当胶粒彼此接近时，水化膜就被挤压变形，而引起定向排列的引力力图恢复水化膜中分子原来的定向排列，这样就使水化膜表现出弹性，成为胶粒彼此接近时的机械阻力。另外，水化膜中的水较之体系中的"自由水"还有较高的黏度，这也成为胶粒相互接近时的机械障碍。总之，胶粒外的这部分水膜客观上起了排斥作用，所以也常称为"水化膜斥力"。胶粒外水化膜的厚度应该和扩散双电层的厚度相当，水化膜的厚度受体系中电解质浓度的影响，当电解质浓度增大时，扩散双电层的厚度减少，故水化膜变薄。

6.2.2.2　亲水胶体溶液的稳定性

亲水胶体的稳定性主要由于其水化作用形成水化层以及亲水胶粒荷电，其中以水化层更为重要。因此，当溶液中添加少量电解质不至于由于相反电荷的离子作用而引起凝结。但如把水化层除去形成疏水胶粒时，此时加入少量的电解质则易发生凝结而析出沉淀。此外，用电解质中和胶粒的电荷，继而脱去其水化层时也会引起凝结与沉淀。在亲水胶体中，加入大量电解质也可发生凝结与沉淀，这种现象通称为盐析。盐析作用主要是由于电解质离子本身具有强烈的水化性质，脱掉了胶粒的水化层所造成。电解质离子的价数对凝结作用有显著影响。阳离子的价数对胶体引起沉淀的速度比约为：三价离子：二价离子：一价离子＝5000：90：1。阴离子对胶体的凝结作用按下列次序依次下降：枸橼酸-酒石酸-硫酸-乙酸-氯化物-硝酸-溴化物-碘化物。

带不同电荷的胶体溶液混合时也可以发生凝结。如明胶溶液在 pH＝4.7（等电点）以下荷阳电，阿拉伯胶在酸性时荷阴电，当二液相混时则发生凝结现象。

另外高相对分子质量对其稳定性也有一定的影响。通常，对于保护性亲液胶体来说，较高的相对分子质量的材料可望提供较好的抗絮凝作用，其理由是较长的链意味着较长的环形链和尾形链，形成较厚的保护层围绕在粒子周围。但是，同样会附带某些限制，对于相对分子质量过大的高分子可能会引起敏化和架桥作用。假若一个非常高相对分子质量的高聚物对粒子表面的附着超过一个潜在点，加入胶体分散体中后，就存在一种可能性，即多种可能的

附着点将与两个不同的粒子而不是在相同的粒子上附着，特别是相对于高分子的浓度来说，胶体粒子大量过剩的情况。同一个高分子链附着在两个粒子上，将它们实质性地连接在一起并靠紧，效果上就会使粒子对絮凝敏感。

6.2.2.3　疏水胶体溶液的稳定性

扩散层模型和 DLVO 理论从不同角度都说明胶体的"稳定"是有条件的，一旦稳定条件被破坏，胶体中的粒子就合并（聚结）、长大，最后从介质中沉出，发生聚沉作用。其中无机电解质是影响溶胶稳定性的一个主要因素，使其产生聚沉作用。

在溶胶中加入电解质时，电解质中与扩散层反离子电荷符号相同的那些离子将把反离子压入（排斥）到吸附层，从而减少了胶粒的带电量，使 ζ 电位降低，使总位能能峰降低，故溶胶易于聚沉。当电解质浓度达到某一定数值时，扩散层中的反离子被全部压入吸附层内，胶粒处于等电状态，ζ 电位为零，胶体的稳定性最低。如加入的电解质过量，特别是一些高价离子，则不仅扩散层反离子全部进入吸附层，而且一部分电解质离子也因被胶粒强烈地吸引而进入吸附层，这时胶粒又带上与原来相反的电性，这种现象称为"再带电"。再带电的结果使 ζ 电位反号。

电解质对溶胶稳定性的影响取决于其浓度和离子价。通常用"聚沉值"来表示电解质的聚沉能力。所谓聚沉值是指在规定条件下使溶胶发生聚沉所需电解质的最低浓度，常以 mmol/L 为单位。聚沉值与测定条件有关，只能对相同条件的结果进行对比。曾有人推导出电解质的聚沉值与反离子价之间的关系，但因为制备条件的不同，所得溶胶的浓度及胶粒上的电荷多少也随之变化，因此，企图将这种关系定量化并不能获得精确的结果，实际上只是一种相对的变化趋势。下面是聚沉作用的一些实验规律。

（1）Schulze-Hardy 规则

Schulze-Hardy 规则可归纳为：起聚沉作用的主要是反离子，反离子的价数越高，聚沉效率也越高。对于给定的溶胶来说，反离子为 1、2、3 价的电解质，其聚沉值分别为 25～150mmol/L、0.5～2mmol/L 和 0.01～0.1mmol/L 之间，即聚沉值间的比例大约为 $1/1^6$：$1/2^6$：$1/3^6$ 或 1：0.016：0.0013，聚沉值与反离子价数的六次方成反比。

相同价数离子的聚沉能力不同。例如具有相同阴离子的各种阳离子，其对负电性溶胶的聚沉作用为：

$$Li^+>Na^+>K^+>NH_4^+>Rb^+>Cs^+>H^+$$

$$Mg^{2+}>Ca^{2+}>Sr^{2+}>Ba^{2+}$$

具有相同阳离子的各种阴离子，其对正电性溶胶的聚沉能力为：

$$SCN^->I^->NO_3^->Br^->Cl^->F^->AC^-$$

这种顺序称为感胶离子序或 Hofmeister 序。

Schulze-Hardy 规则只适用于惰性电解质，即不与溶胶发生任何特殊反应的电解质。

（2）同号离子的影响

一些同号离子，特别是高价离子或有机离子，在胶粒表面特性吸附后，可降低反离子的聚沉作用，即对溶胶有稳定作用。例如，对 As_2S_3 负溶胶，KCl 的聚沉值是 49.5，KNO_3 是 50，甲酸钾是 85，乙酸钾是 110，而 1/3 柠檬酸钾是 240。

（3）不规则聚沉

有时，少量的电解质使溶胶聚沉，电解质浓度高时沉淀又重新分散成溶胶，浓度再高时，又使溶胶聚沉。这种现象称为不规则聚沉，多发生在高价反离子或有机反离子为聚沉剂

112

的情况。

不规则聚沉可通过反离子对胶粒ζ电势的影响来解释。当ζ电势绝对值低于临界值(一般在30mV左右)时，溶胶就聚沉，高于此值，体系稳定。

（4）溶胶的相互聚沉

当两种电性相反的溶胶混合时，可发生相互聚沉作用。聚沉的程度与两胶体的比例有关，在等电点附近沉淀最完全，比例相差很大时，聚沉不完全或不发生聚沉。相互聚沉的原因可能有两种：一是两种胶体的电荷相互中和；二是两种胶体的稳定剂相互作用形成沉淀，从而破坏胶体的稳定性，这可使两个同电性的溶胶发生相互聚沉。

（5）Burton-Bishop 规则

溶胶的浓度也影响电解质的聚沉值。通常对一价反离子来说，溶胶稀释时聚沉值增加；对二价反离子来说，不变；对三价反离子来说，降低。这个规则称为 Burton-Bishop 规则。

（6）高分子化合物的影响

① 稳定作用　高分子化合物对溶胶的稳定性也是有一定影响的。很早以前人们就发现许多高分子物质如明胶、阿拉伯树胶、蛋白质、糊精等加入溶胶中能显著提高溶胶对电解质的稳定性，这种现象称为保护作用。能起保护作用的高分子物质称为保护剂。高分子的保护作用总的来说是高分子在胶粒表面上的吸附造成的，主要有以下几个原因：

若高分子中含有可电离的基团，即带电高分子，则吸附后可使粒子间的双电层斥力增强。

保护剂的吸附层能显著减弱粒子间的 Van der Waals 引力势能。

当吸附着大分子的粒子相互接近到一定距离后，由于高分子链的空间障碍，比如阻碍粒子间进一步靠近。或者说，随着这些链之间的相互作用，混乱度降低，熵减少，但在此过程中焓变ΔH几乎无变化。根据热力学公式$\Delta G = \Delta H - T\Delta S$可知，在这种情况下，粒子间相互作用的自由焓变化为正值，亦即粒子间存在斥力，此斥力的范围由被吸附分子的链长来决定。由于这种斥力的存在，使粒子合并而聚沉是不可能的。所以这种稳定性称为空间稳定性或熵稳定性。影响空间稳定作用的因素有：

a. 高分子的结构　能有效稳定胶体的高分子结构中有两种基团，一种基团能牢固地吸附在胶粒表面上，另一种基团(与溶剂有良好的亲和力)，能充分伸展形成厚的吸附层，产生较高的斥力势能。

b. 高分子的相对分子质量和浓度　一般来说，高分子的相对分子质量越高，形成的吸附层越厚，稳定效果越好。许多高分子有一临界相对分子质量，低于此相对分子质量时无稳定作用。高分子浓度的影响比较复杂。一般浓度较高时，在胶粒表面形成吸附层就起稳定作用；浓度再大，过多的高分子也不能进一步增加稳定性；但浓度太小时，形不成吸附层，反而会降低胶体的稳定性。

c. 溶剂　在良溶剂中，高分子伸展，吸附层厚，其稳定作用强。而在不良溶剂中，高分子的稳定作用变差，容易聚沉。温度可以改变高分子与溶剂的亲和性，故而对高分子稳定的体系而言，其稳定性常随温度而变。

② 絮凝作用　在溶胶中加入极少量的可溶性高分子化合物时，在胶粒表面形不成吸附层，反而会降低胶体的稳定性，可导致溶胶迅速沉淀，沉淀呈疏松的棉絮状，这类沉淀称为絮凝物，这种现象称为絮凝作用，产生絮凝作用的高分子称为絮凝剂。

高分子絮凝的机理如下：

絮凝作用与聚沉作用机理不同。电解质的聚沉作用是因为压缩双电层，降低胶粒间静电斥力而致。对高分子絮凝的机理，现在比较一致的看法是"桥联作用"，即高分子同时吸附在多个颗粒表面上、形成桥联结构，把多个粒子拉在一起导致絮凝。"桥联"的必要条件是粒子存在空白表面。如果溶液中的高分子浓度很大，粒子表面已完全被吸附的高分子所覆盖，则粒子不再会通过桥联而絮凝，此时高分子起的是保护作用。

影响絮凝作用的主要因素如下：

a. 絮凝剂的分子结构　絮凝效果好的高分子一般具有链状结构，具有交联或支链结构的絮凝效果就差一些。另外，分子中应有水化基团和能在胶粒表面吸附的基团，以便有良好的溶解性和架桥能力。常见的基团有—COONa、—CONH$_2$、—OH 和—SO$_3$Na 等。

b. 絮凝剂的相对分子质量　一般相对分子质量越大，桥联越有利，絮凝效果越高。但相对分子质量也不能太大，否则溶解困难，且吸附的胶粒间距离太远，不易聚集，絮凝效果将变差。具有絮凝能力的高分子相对分子质量一般至少在 10^6 左右。

c. 絮凝剂的浓度　存在一最佳浓度，此时絮凝效果最好，越过此量效果反而变差。

d. pH 值和盐类对絮凝效果影响很大，往往是絮凝效率高低的关键。

高分子絮凝剂近年来发展很快，广泛用于选矿、污水处理、土壤改良以及造纸、钻井等工艺中。与无机凝凝剂相比，它有以下优点：

a. 效率高。用量一般仅为无机凝聚剂的 1/200 到 1/30。

b. 絮块大、沉降快。由于粒子靠高分子拉在一起，故絮块强度大，易于分离。

c. 在合适的条件下可进行选择性絮凝，这在矿泥回收中特别有用。

表 6-2 列出了一些常用的高分子絮凝剂。

表 6-2　常用的高分子絮凝剂

非离子型	阴离子型	阳离子型	两性
聚丙烯酰胺	聚丙烯酸钠	聚氨烷基丙烯酸甲酯	动物胶
聚氧乙烯	部分水解聚丙烯酰胺	聚胺甲基丙烯酰胺	蛋　白
脲醛树脂	碳甲基聚丙烯酰胺	聚乙烯烷基吡啶盐	
刺槐豆粉		聚乙烯胺	
淀　粉		聚乙烯吡咯	
糊　精			

6.2.3　胶体溶液的流变性

所谓流变性，是指物质在外力作用下的变形和流动性质。胶体的流变性质非常重要，许多重要的生产问题如油漆、钻井液、陶土的成型等都与之有关。例如油漆，既要求其有良好的流平性，以自动消除刷子留下的痕迹，但又不希望其流动性大到油漆未干时就从墙上流淌下来。这就需要研究油漆的流变性。

最常用的流变性是黏度。所谓黏度，定性地说就是物质黏稠的程度，它表示物质在流动时内摩擦的大小。我们知道，对于流速不太快的流体，可以把其看成是许多相互平行移动的液层，各层的速度不同，形成速度梯度，这是流动的基本特征。由于速度梯度的存在，流动慢的液层阻滞着较快液层的流动，因此产生流动阻力。为了使液层保持一定的速度梯度，必须对它施加一个与阻力相等的反向力，在单位面积的液层上所施加的这种力称为切应力，用 τ 表示，单位为 N/m^2，速度梯度也叫切变速率，习惯上用 D 表示，单位为 s^{-1}。切应力和切变速率是表征体系流变性质的两个基本参数。对于纯液体和大多数小分子液体在层流条件下二者的关系为：$\tau = \eta \cdot D$。这就是著名的牛顿公式，式中的 η 是比例常数，称为黏度，单位是 $Pa \cdot s$。黏度的标准定义为：将两块面积为 $1m^2$ 的板浸在液体中，两板距离为 $1m$，若加 $1N$ 的切应力，能使两板的相对速度为 $1m/s$，则此液体的黏度为 $1Pa \cdot s$。流体流动时，为克服摩擦阻力而消耗一定能量（转变为热），所以从能量角度看，黏度也可定义为单位剪切速率下，单位体积和单位时间内所消耗的能量。

符合牛顿公式的流体叫作牛顿流体，其特点是黏度只与温度有关，与切变速率无关。不符合牛顿公式的流体称非牛顿流体，τ 与 D 无正比关系，比值 τ/D 不是常数，而是 D 的函数，用 η_a 表示，此时的 τ/D，称为表观黏度。非牛顿流体分成胀性、结构黏性、触变性和震凝性流体。各种类型的流变曲线见图6-10。

6.2.3.1　稀胶体溶液的黏度

前已叙述，流体流动时，为克服内摩擦阻力必须消耗一定的能量，黏度即是这种能量消失速率的量度。倘若液体中存在粒子，液体层流的流线经过粒子时受到干扰，要消耗额外的能量，这就是胶体溶液黏度比纯溶剂大的原因。通常将溶胶黏度 η 与溶剂黏度 η_0 之比称为相对黏度 η_r。η_r 的大小与质点的大小、形状、浓度、质点与介质的相互作用以及它在流场中的定向程度等因素有关。

（1）分散相浓度的影响——Einstein 黏度定律

对于稀的溶胶或悬浮液，Einstein 推导出如下关系式：

$$\eta = \mu_0(1 + 2.5\varphi) \qquad (6-20)$$

式中，φ 为体系中分散相的体积分数。此式的推导曾假设：①粒子是远大于溶剂分子的圆球；②粒子是刚性的，完全为介质润湿，且与介质无相互作用；③分散体很稀，液体经过质点时，各层流所受到的干扰不相互影响；④无湍流。许多实验证明，对于浓度不大于3%（体积分数）的球形质点，η_r 与 φ 间确有线性关系，但常数值往往大于2.5。这可能是由于质点溶剂化，从而使实际的体积分数变大的缘故。

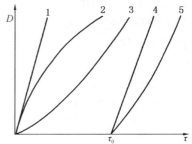

图6-10　流体的典型流变曲线
1—牛顿型；2—胀性（剪切稠化）；
3—假塑性（剪切稀化或结构黏性）；
4—理想塑性；5—非理想塑性；
τ_0 =初始屈服应力

倘若浓度较大，由于质点间的相互干扰，体系的黏度将急剧增加，Einstein 黏度定律不再适用。

（2）温度的影响

温度升高，液体分子间的相互作用减弱，因此液体的黏度随温度升高而降低。因此，测量液体的黏度必须十分注意控制温度。

溶胶的黏度也随温度的升高而降低，由于溶剂的黏度也相应降低，故 η_r 随温度的变化往往不大。但对于较浓的胶体体系，由于在低温时质点间常形成结构，甚至胶凝，而在高温时结构又常被破坏，故黏度随温度变化的幅度要大得多。

（3）质点形状的影响

分散体系流动时，固体粒子既有平移运动，也有旋转运动。当粒子形状不同时，对运动所产生的阻力有很大的差异。在体积分数相同的情况下，非球形粒子具有更大的"有效水力体积"（见图6-11）。因而阻力更大，分散体系的黏度更大。对于粒子为任意形状的稀悬浮体，黏度方程可写为：

$$\eta_r = 1 + K\varphi \qquad\qquad (6-21)$$

式中，K 是形状系数，粒子越不对称，K 值越大。

（a）球粒　　　（b）薄片状粒子　　　（c）棒片状粒子

图6-11　粒子形状对有效水力体积的影响

（4）粒子大小与黏度的关系

体积分数相同时，粒子越小，黏度越大，偏离 Einstein 方程越远。这是因为：①粒子越小，粒子数越多，粒子间距离就越近，相互干扰的机会越大；②粒子越小，溶剂化后有效体积越大；③粒子越小，溶剂化所需溶剂量越多，自由溶剂量越少，粒子移动阻力越大，因而黏度越高。

（5）粒子溶剂化对黏度的影响

在 Einstein 黏度方程中，分散相的体积分数是指分散相在分散介质中的真实体积分数。若粒子不发生溶剂化，φ 就是粒子本身的体积分数，用 $\varphi_干$ 表示。若粒子发生溶剂化，则 φ 应是干体积分数与因溶剂化而增加的体积分数之和，称为"湿体积分数"，用 $\varphi_湿$ 表示。对于球形粒子，假设溶剂化只发生在粒子表面，则

$$\varphi_湿 = \left(1 + \frac{3\Delta R}{R}\right)\varphi_干 \qquad\qquad (6-22)$$

式中，R 为粒子半径；ΔR 为溶剂化层厚度。Einstein 黏度方程可写为：

$$\eta_r = 1 + 2.5\left(1 + \frac{3\Delta R}{R}\right)\varphi_干 \qquad\qquad (6-23)$$

可见粒子的溶剂化作用使分散体系的黏度增加。

（6）粒子电荷对黏度的影响

胶体粒子带电荷时，分散体系的黏度增高，这种现象称为电黏滞效应。对刚性粒子而言，粒子带电（即双电层的存在）使其有效体积变大，因而黏度变大。对于高分子电解质，带电荷时可使分子舒展扩张，有效水力学体积增大，因而黏度较大。当加入无机电解质时，双电层被压缩，高分子呈卷曲状，有效水力学体积减小，因而黏度降低。这可解释两性高分子，当 pH 在等电点时黏度最低的实验结果。

6.2.3.2　浓胶体溶液的黏度

以上讨论的是稀胶体溶液，属于牛顿型流体，τ 与 D 成正比，其黏度与切应力无关，因而单用黏度就可以表征其流变性。而实际使用的大多是浓分散体系，多属非牛顿体，其 τ 与 D 不成简单的正比关系，τ/D 值也随 τ 而变化。前面已介绍了非牛顿流体的类型，下面分别介绍其流变特性。

（1）塑性流体

塑性体有一个初始屈服应力，只有超过该值，塑性体才开始流动。理想塑性流体，也称为宾汉塑性体，在超过这个阈值后其流动表现得像牛顿流体，其流动曲线基本是一条不通

过原点的直线。而非理想塑性体系在初始屈服应力以上表现出结构黏性行为。对于塑性流体（黏度 η'），其关系为：

$$\eta' = \frac{\tau - \tau_0}{D} \tag{6-24}$$

初始屈服应力解释为缔合结构拆散时所对应的一点。塑性流体在静止时粒子间能形成空间网状结构，要使体系流动，必须破坏网架结构，所以 τ 大于某一初始值后才能流动。流动过程中，结构的破坏和重新形成同时进行。开始随着 τ 的增加，结构的破坏占优势；当 τ 增加到一定值后，结构的拆散和重新形成达到平衡，因而具有一个相对恒定的塑性黏度 η'。影响塑性流体流动的根本原因是网架结构的形成。粒子浓度增大，不对称性增加及粒子间引力增大均有利于网架结构的形成。

油墨、油漆、牙膏、钻井泥浆、沥青等均属于塑性流体。

（2）假塑性流体

没有初始屈服应力的结构黏性流体叫作假塑性流体。其流变曲线通过原点，表观黏度随切应力增加而减小，亦即搅得越快，显得越稀，其流变曲线为一凹向切应力轴的曲线（见图 6-10 曲线 3）。假塑性流体也是一种常见的非牛顿流体。大多数高分子溶液和乳状液都属于此类。对于这种流体，其 D-τ 关系可用指数定律表示：

$$\tau = KD^n \quad (0 < n < 1) \tag{6-25}$$

式中，K 和 n 是与液体性质有关的经验常数。K 是液体稠度的量度，K 值越大，液体越黏稠。n 值小于 1，是非牛顿性的量度；n 与 1 相差越多，则非牛顿性越显著。

假塑性流体形成的原因是：高分子多是不对称粒子，静止时介质中有各种取向。当 D 增加时，其长轴将转向流动方向，D 越大，这种定向效应也增加，因而流动阻力将降低，使 τ/D 下降。另外，粒子的溶剂化层在切应力作用下也可变形，也使流动阻力减小，τ/D 降低。总之，这种剪切稀化现象是出于流体中的粒子发生定向、伸展、变形或分散等使流动阻力减少而造成的（图 6-12）。

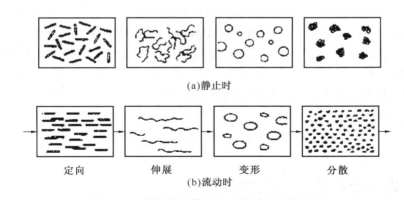

（a）静止时

定向　　　伸展　　　变形　　　分散

（b）流动时

图 6-12　假塑性流体流动时分散粒子的变化

（3）胀性流体

胀性流体的流变曲线也是通过原点的，但与假塑性流体相反，其流变曲线为一凸向切应力的曲线，其 τ/D 随 D 增加而增大，也就是说，这类流体搅得越快，显得越稠，这种现象称为剪切稠化作用。其 D-τ 关系与假塑性流体的相同，只是 $n>1$。

对胀性流体的解释是：静止时，粒子全是散开的；搅动时，粒子发生重排，形成了混乱的空间结构，这种结构不坚牢，但大大增加了流动阻力，使τ/D值上升（见图6-13）。当搅动停止时，粒子又呈分散状态，因而黏度又降低。胀性流体通常需要满足两个条件：①分散相浓度需相当大，且应在一狭小的范围内。浓度低时是牛顿流体，浓度高时是塑性流体。出现胀性流型所需的最低浓度称为临界浓度。例如淀粉大约在40%～50%的浓度范围内表现出明显的胀流型。②粒子必须是分散的，而不能聚结。所以要形成胀性流体，往往要加入分散剂、润湿剂等。属于胀性流体的有高浓度色浆、氧化铝、石英砂等的水悬浮体。

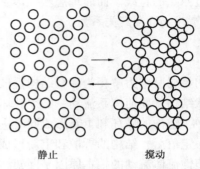

静止　　　搅动

图6-13　胀性体系机理示意

（4）触变性流体

当改变切应力时，牛顿型、结构黏性、胀性和塑性流体几乎全部同时采取相应的速度梯度。但是，对于一些流体来说，需要明显的松弛时间。如果切变速率恒定或切应力恒定，表观黏度随时间的增加而减小，那么这个流体叫作触变性的；如果表观黏度增大，那么就称其为震凝性的。

关于触变性产生的原因，解释有多种。比较流行的看法是：粒子靠一定方式形成网架结构，流动时结构被拆散，并在切应力作用下粒子定向，当切变速率降低回停止时，被拆散的粒子必须靠布朗运动移动到一定的几何位置，才能重新形成结构，这个过程需要时间，从而呈现出时间依赖性。泥浆、油漆等都有触变性。图6-14表示一个典型的结构黏性触变性流体的流变曲线。

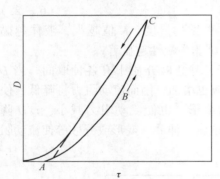

图6-14　触变性流体的典型流变曲线

上行线ABC和下行线CA组成月牙形的$ABCA$环形曲线，称为"滞后圈"：滞后圈的面积可表示触变性的大小，面积越大、触变性越强。滞后圈的大小与人为因素及仪器结构等外界因素有关，只有在各种条件都固定的情况下，滞后圈才能真正度量体系的触变性。

震凝性和触变性相反，也就是说，在恒定切变速率下黏度增加，震凝性体系不常见。偶尔在非常浓的乳状液中能观察到，例如浓度比最密球堆积还要高的W/O型乳状液。

6.3　高分子溶液

6.3.1　高分子溶液的形成理论

前面章节已介绍了高聚物的溶解过程，高分子溶液是热力学平衡体系，可用热力学方法来研究。溶解过程是溶质分子和溶剂分子相互混合的过程。在恒温恒压下，这种过程能自发进行的必要条件是混合自由能$\Delta G_M<0$，即：

$$\Delta G_M = \Delta H_M - T\Delta S_M < 0 \tag{6-26}$$

式中，T是溶解时的温度；ΔS_M和ΔH_M分别是混合熵和混合热。这样，可以根据ΔS_M和ΔH_M来判断溶解能否进行。

由于在溶解过程中分子的排列趋于混乱，因而混合过程熵的变化是增加的，即 $\Delta S_M > 0$。按式(6-26)，ΔG_M 的正负取决于 ΔH_M 的正负及大小。这里有三种情况：

① $\Delta H_M < 0$，即溶解时放热，使体系的自由能降低($\Delta G_M < 0$)，溶解能自动进行。通常极性高聚物在极性溶剂中属于这种情况。因为这种高分子与溶剂分子有强烈的作用，溶解时放热。

② $\Delta H_M = 0$。由于 $\Delta S_M > 0$，故 $\Delta G_M < 0$，即溶解能自动进行。非极性的柔顺链高聚物溶解在其结构相似的溶剂中属于这种情况。例如聚异丁烯溶于异庚烷中。

③ $\Delta H_M > 0$，即溶解时吸热。在这种情况下，只有当 $\Delta S_M > 0$，且 $T\mid\Delta S_M\mid > \mid\Delta H_M\mid$ 时，溶解才能自动进行($\Delta G_M < 0$)。通常非极性柔性高聚物溶于非极性溶剂时就是吸热的。由于柔性高聚物的混合熵很大，即使溶解时吸热也能满足 $T\mid\Delta S_M\mid > \mid\Delta H_M\mid$ 的条件，因此仍能自发溶解。例如橡胶溶于苯中是吸热的。显然，在这种情况下，升高温度对溶解有利。

高分子溶液的形成，很关键的问题是溶剂的选择。高分子溶液的配制，溶剂选择原则仍然依照"极性相近"原则、"溶解度相近"原则和"溶剂化"原则。应该指出，选择溶剂除了满足高聚物的溶解这一前提之外，还要考虑使用目的。后者常使选择溶剂复杂化。例如油漆、黏合剂用的溶剂，必须选择易于挥发并且无毒或低毒，否则不易干燥，并造成严重环境污染。用黏度法测高聚物相对分子质量时，配制的稀溶液，可不受溶剂的酸碱性限制，尽量选用室温下可溶的溶剂。

6.3.2 高分子溶液的性质

6.3.2.1 柔性链高分子溶液的热力学性质

柔性链高分子溶液是处于热力学平衡状态的真溶液。在研究它的热力学性质时，常引入"理想溶液"的概念作为讨论的基础。所谓"理想溶液"，是指溶液中溶质分子和溶剂分子间的相互作用都相等，溶解过程中没有体积变化($\Delta V_M^i = 0$)和没有热效应($\Delta H_M^i = 0$)，溶液的蒸气压服从拉乌尔定律，溶液的混合熵为 ΔS_M^i。理想溶液是不存在的，实际溶液在混合过程中，一系列热力学函数的变化与理想溶液的差异，称为超额热力学函数，用 $\Delta Z^E = \Delta Z - \Delta Z^i$ 表示，Z 是任一热力学函数，角标 E、i 分别表示"超额"和"理想"。从超额热力学函数的概念出发，可将溶液分为以下四类：

① 理想溶液　$\Delta S_M^E = 0$，$\Delta H_M^E = 0$

② 正规溶液　$\Delta S_M^E = 0$，$\Delta H_M^E = \Delta H_M \neq 0$

③ 无热溶液　$\Delta S_M^E \neq 0(\Delta S_M \neq \Delta S_M^i)$，$\Delta H_M^E = 0$

④ 非理想溶液　$\Delta S_M^E \neq 0(\Delta S_M \neq \Delta S_M^i)$，$\Delta H_M^E \neq 0(\Delta H_M \neq \Delta H_M^i)$

高分子溶液的热力学性质与理想溶液的偏差有两个方面：①高聚物溶解时有热效应，即 $\Delta H \neq 0$；②高分子的混合熵远大于理想溶液的混合熵，即有很大的超额混合熵。因此，高分子溶液一般属于第 3、第 4 类。

Flory 和 Huggins 分别假设液体和溶液为似晶格模型，运用统计热力学方法，推导出高分子溶液的混合熵、混合热及混合自由能等热力学性质的表达式：

$$\Delta S_M = -R(n_1\ln\varphi_1 + n_2\ln\varphi_2) \qquad (6-27)$$

$$\Delta H_M = RTx_1n_1\varphi_2 \qquad (6-28)$$

$$\Delta G_M = RT(n_1\ln\varphi_1 + n_2\ln\varphi_2 + x_1n_1\varphi_2) \qquad (6-29)$$

式中，n_1 和 n_2 分别是溶剂和高分子的物质的量，mol；φ_1 和 φ_2 分别是溶剂和高分子的物质的体积分数；x_1 为 Huggins 参数，反映高分子与溶剂混合时相互作用能的变化，是一个无因次的量。

6.3.2.2 高分子溶液的运动性质

（1）扩散现象

研究高分子溶液的扩散现象，有助于我们了解高分子的形状和大小。若某体系除浓度梯度的势差外，温度和压力等其他条件都处于平衡状态，则由热力学导出高分子溶液的扩散方程式为：

$$D = \frac{RT}{\widetilde{N}f_i}\left[1 + C_i\left(\frac{\partial \ln y_i}{\partial C_i}\right)\right] \qquad (6-30)$$

式中，D 为扩散系数，可由实验测定；f_i 为某高分子线团的阻力系数；C_i 为高分子的浓度；$\widetilde{N}$ 为 Avogadro 常数；y_i 为高分子的活度系数。

正确的高分子扩散系数比较难测，因为它要受到浓度、分子构象、溶剂化以及静电引力（特别是聚电解质类高分子溶液）等的影响。在消除这些干扰因素后，由实验测得的阻力系数 f 对比高分子无规线团的等效圆球阻力系数 f_0，得到的（f/f_0）称为阻力系数比率，它反映高分子的形状。例如，蛋白质可分为两类，第一类 f/f_0 接近于 1，大多数为球形蛋白；另一类 f/f_0 大于 1，这类分子的形状与球形相距甚远。

（2）超离心力场下的高分子沉降速度

在超离心力场下高分子在某浓度下沉降，则沉降系数 S 为：

$$S = \frac{M(1 - \overline{V}\rho)}{\widetilde{N}f} \qquad (6-31)$$

式中，M 为高聚物的相对分子质量；$\overline{V}$ 为高聚物的偏微比容；f 为阻力系数；ρ 为高分子溶液的密度。

若溶液中高分子的相对分子质量相同，在离心力场作用下，高分子应该有相同的沉降速度，必将产生一个整齐的移动界面，据移动界面的速度，可由上式求出高聚物的相对分子质量。

阻力系数 f 值与高分子链的形式有关，一个舒展的高分子链的 f 值，要比相同相对分子质量的卷曲紧密分子大得多，相应的 S 值就小得多。S 和扩散系数 D 一样，受到浓度、分子构象、溶剂化以及高分子间相互作用等的影响。

关于浓度等因素的影响所引起的沉降系数偏差，可用稀释外推法消除，也就是测定不同浓度下的 S 和 D 值，然后作图求出浓度趋于零时的沉降系数（S^0）和扩散系数（D^0），这样就可以消除浓度的影响。如果用 S^0、D^0、f^0 分别表示浓度趋于零时的各有关系数，则：

$$S^0 = \frac{M(1 - \overline{V}\rho)}{\widetilde{N}f^0} \qquad (6-32)$$

$$D^0 = \frac{RT}{\widetilde{N}f^0} \qquad (6-33)$$

$$\frac{S^0}{D^0} = \frac{M(1 - \overline{V}\rho)}{RT} \qquad (6-34)$$

通过 S^0、D^0 的组合，可以求得高聚物相对分子质量 M。式（6-34）已消除了高分子之间的相互作用，也消除了阻力系数(分子构象)的影响。这一方法较普遍采用。

（3）高分子溶液的黏度

高分子溶液与溶胶相比，最大的区别在于黏度特别高。这是由于高分子长链之间有着相互作用、无规线团占有较大体积以及溶剂化作用等原因，使高分子链在流动时受到较大的内摩擦阻力。

高分子溶液的黏度是一个非常有实用意义的参数。通过黏度测定，不仅可知道高聚物的相对分子质量，而且可了解分子链在溶液中的形状以及支化程度等。溶液的黏度测定，具有实验设备简单、操作方便、精度高等优点，因此高分子溶液黏度的测定是科研和生产中不可缺少的手段之一。

根据式$\left(f = 6\pi\varphi\eta\sqrt{\dfrac{9\eta v}{2(\rho - \rho_0)g}}\right)$可以通过测定高分子溶液的特性黏度($[\eta]$)来测定高分子化合物的相对分子质量。

$$[\eta] = KM^a \tag{6-35}$$

式中，K 为特定高分子化合物与溶剂之间的特有常数，一般在 $5\times10^{-3} \sim 200\times10^{-3}$ 之间，单位是 dm^3/kg；a 值在 $1 \sim 0.5$ 之间，良溶剂时 $a > 0.5$。在良溶剂内加入不良溶剂后，无规线团紧缩，a 值逐渐减小到接近沉淀点时，a 值总是接近于 0.5。K 与 a 的值可以从有关手册中查到，但一定要注意这两个参数的测定条件(如使用的温度、溶剂、适用的相对分子质量范围、单位以及用什么方法测定的)。

6.3.2.3 高分子溶液的平衡性质

（1）高分子溶液的渗透压

高分子溶液是平衡体系，可以用热力学处理。通过渗透压的研究，可以得到关于溶液热力学性质的一些基本数据，并了解高聚物–溶剂间的相互作用。

亲水性高分子溶液与溶胶不同，有较高的渗透压，渗透压大小与高分子溶液的浓度有关。相对分子质量在 50000 左右的高分子化合物，其溶液的渗透压可用下式表示：

$$\pi/C_g = \frac{RT}{M} + BC_g \tag{6-36}$$

式中，π 为渗透压；C_g 为 1L 溶液中溶质的质量，g；B 为特定常数，由溶质和溶剂相互作用的大小来决定。

由上式可见 π/C_g 对 C_g 呈直线关系，图 6-15 为渗透压与高分子化合物浓度的关系图。图中Ⅱ、Ⅲ线为直线，已知测定温度 T，由截距 RT/M 可求出高分子化合物的相对分子质量 M。Ⅰ线表示 B 为零时的直线，适用于球状胶体理想稀溶液；Ⅱ、Ⅲ线适用于线状高分子溶液。

（2）Donnan 平衡

前面的讨论限于不带电的高聚物，带电高聚物的情况要复杂些。通常将带电的高聚物称聚电解质，如蛋白质、聚丙烯酸钠盐等。它们离解产生的小分子可以通过半透膜，从而使渗透压出现异常。小离子既能通过半透膜，又要受到不能透过半透膜的大离子的影响，从而使小离子在膜的内外两

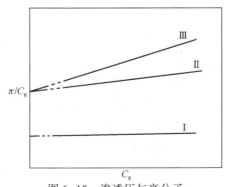

图 6-15　渗透压与高分子
化合物浓度的关系

边分布不均匀，这种不均匀的分布平衡称为 Donnan 平衡，或称为 Donnan 效应。

以蛋白质钠盐为例，它在水中离解

$$Na_zP \rightleftharpoons zNa^+ + P^{z-}$$

若溶液中只有蛋白质而无其他别的电解质杂质，情况就比较简单。为了保持电中性，Na^+ 必须和 P^{z-} 留在膜的同一侧。此时，每引入一个蛋白质分子，就会出现 $(z+1)$ 个粒子。渗透压测得的是数均相对分子质量，而不管粒子大小，因而求得的相对分子质量只是蛋白质真正相对分子质量的 $1/(z+1)$。欲得知准确的 z 值，实非易事，何况聚电介质样品中多少总会含些其他的电介质杂质，因此，在测量聚电解质的渗透压时，必须考虑 Donnan 平衡。

（3）高分子溶液的沉降平衡

式(6-16)完全适用于高分子溶液的沉降平衡，它是测定高聚物相对分子质量的独立方法，也是当前最准确的物理方法。

沉降平衡法用于聚电解质时按 Pederson 的推导，应在式(6-16)的右边乘以系数 $(z+1)$，z 是每个大离子所带电荷。由于 z 值不易测准，因此最好是设法消除电荷的效应，即在溶液中加入大量中性电解质。

6.3.2.4 高分子溶液的光散射

（1）涨落理论与光散射公式

由溶胶的光学性质的讨论可知，纯溶剂和真溶液也能产生光散射，这可由涨落理论解释。由于分子热运动，液体局部区域的密度或浓度会发生涨落，从而引起折射率发生变化，造成体系的光学不均匀性，产生光散射。依据涨落理论，对于低相对分子质量（小于 10^5）的高分子溶液，可推导出的光散射公式为：

$$R_\theta = \frac{KC_g RT}{(\partial \pi / \partial C_g)} \qquad (6-37)$$

$$K = \frac{2\pi^2 n^2}{N\lambda^4} \left(\frac{dn}{dC_g}\right)^2 \qquad (6-38)$$

式中，n 为溶液的折射率；C_g 为 1L 溶液中溶质的质量，g；π 为渗透压；λ 为入射光的波长；K 为光学常数；dn/dC_g 为折射率梯度，用示差折光计测定。

这里 R_θ 是指溶质的贡献，即溶液项扣去溶剂项后的净效应。

将式 $\pi/C_g = \frac{RT}{M} + BC_g$ 代入上式，得：

$$\frac{KC}{R_\theta} = \frac{1}{M} + 2A_2 C_g \qquad (6-39)$$

式中，A_2 为第二维利系数。

根据该式可用光散射法测定高分子的 M 和 A_2。

（2）Debye 光散射理论

相对分子质量为 $10^5 \sim 10^7$ 的高分子，一般分子大小超过了 $\lambda/20$，这时应该考虑散射光的内干涉效应。Debye 引进了一个校正因子 $P(\theta)$，式(6-39)变为：

$$\frac{KC_g}{R_\theta} = \frac{1}{P(\theta)}\left(\frac{1}{M} + 2A_2 C_g\right) \qquad (6-40)$$

其中

122

$$\frac{1}{P(\theta)} = 1 + \frac{16\pi^2 <R^2>}{3\lambda^2} \sin^2 \frac{\theta}{2} \qquad (6-41)$$

式中，$<R^2>$ 为高分子的均方回转半径，是表征散射粒子大小的参数，与粒子的形状有关：球 $<R^2> = 3/5r^2$（r 是球半径），细棒 $<R^2> = 1/12L^2$（L 是棒长），无规线团 $<R^2> = 1/6\overline{h}^2$（$\overline{h}$ 是线团的均方末端距）。

根据式（6-40）和式（6-41），采用双外推法可测定 M，A_2 和 $<R^2>$，具体方法可参阅相关专著。

思 考 题

1. 指出胶体分散体系中分散相质点颗粒大小，比较胶体分散体系与高分子溶液的异同。
2. 指出胶体分散体系热力学不稳定的根本原因。
3. 胶体溶液的特性有哪些？
4. 稳定的胶体必须同时具有哪两种稳定性？
5. 何谓流变性？结合实例说明胶体溶液流变性的重要性。
6. 稀胶体溶液相对黏度的大小与哪些因素有关？
7. 举例说明浓胶体溶液的常见三种流体类型。
8. 举例比较触变性流体与震凝性流体的不同。

第7章 粉碎、混合与干燥

7.1 概　述

在复配型精细化学品制剂中，以固体形式表达的产品数量占有相当的比例，且大多数固体制剂都是由微粉加工制成的。如化妆品中的香粉、爽身粉、胭脂粉、粉饼，农药制剂中的粉剂、可湿性粉剂、可溶性粉剂、颗粒剂、片剂，衣物的防虫防蛀剂，粉末涂料及涂料中的颜填料组分等均是微粉；同时，其他非固体剂型，如混悬剂、乳剂、粉末气雾剂等剂型的加工也要涉及微粉。微粉的特性不仅对各类制剂的生产工艺有明显影响，而且与制剂中各组分含量的均匀性、稳定性、安全性和有效性等制剂的内外质量均密切相关。由于应用对象的特殊需要，固体制剂中的组分可能是无机物，也可为有机物；既有晶体，也有非晶体，还可能是胶态物质。同时所用固体粉末的密度、颜色也可能是不同的，并且在配方中的比例也不相同。在一种由多种固体粉末组分所构成的固体制剂加工过程中，主、辅料组分的粉碎及粉末的混合、干燥等都是重要的单元操作。根据这些情况，本章讨论的主要内容有：①性质不同的固体物质的粉碎原理和粉碎方法；②为得到一种均匀分散的微粉体系，对密度不同、颜色不同、配料比例不同的固体粉末进行混合的基本原则和采用的方法；③具有不同理化性质物料和不同物态物料的干燥机理和干燥方法。

7.2 粉　碎

7.2.1 概述

（1）粉碎的意义和目的

粉碎是借助于机械力将大块固体物料破碎成规定细度的碎块或细粉的操作过程。粉碎的主要目的在于：①减少物料粒径，增加比表面积，提高物料的利用度；②便于调剂和应用；③加速物料的有效成分的浸出或溶出；④为制备多种剂型奠定基础，如混悬液、粉剂、片剂、乳剂、胶囊剂等。

在以固体形式表达的复配型精细化学品制剂中，粉碎对固体制剂的加工过程具有重要意义，是不可或缺的重要操作过程。

（2）粉碎度

粉碎度是固体物料粉碎后的细度，通常以粉碎前固体物料的平均直径（x_1）与粉碎后固体物料的平均直径（x_2）的比值（n）来表示：

$$n = \frac{x_1}{x_2} \tag{7-1}$$

粉碎度或称粉碎比，其与粉碎后固体物料的直径成反比，即粉碎度越大，颗粒越小。粉碎度主要反映粉碎前后的粒度变化，同时近似反映出粉碎设备的作业情况。一般粉碎设备的粉碎比为 3~30，但超微粉碎设备可远远超出这个范围，达到 300~1000 以上。对于一定性质的物料来说，粉碎比是确定粉碎作业程度、选择设备类型和尺寸的主要根据之一。

7.2.2 粉碎的基本原理

（1）粉碎机理

前已述及，物质的同种分子间的吸引力叫内聚力，即物质依靠其分子间的内聚力而聚结成一定形状的块状物。粉碎过程主要是依靠外加机械力的作用，部分地破坏物质分子间的内聚力来达到粉碎的目的。

被粉碎的物料受到外力的作用后在局部产生很大的应力且温度升高。当应力超过物料本身的分子间力时即可产生裂隙并发展成裂缝，最后破碎或开裂。固体物料的机械粉碎过程，就是用机械化方法来增加物料的表面积，即机械能转变成表面能的过程。这种转变是否完全，直接影响到粉碎的效率。粉碎过程中常用的外加机械力包括冲击力、压缩力、剪切力、弯曲力、研磨力等。

被处理物料的性质、粉碎程度不同，所需施加的外力也不同。其中，冲击、压碎和研磨作用对脆性物质有效，可用于极性的晶形物质的粉碎。因为极性的晶形物质具有相当的脆性，较易粉碎，粉碎时一般沿晶体的结合面碎裂成小晶体。纤维状物料用剪切方法粉碎更有效；粗碎以冲击力和压缩力为主，细碎则以剪切力、研磨力为主；而要求粉碎产物能产生自由流动情况下，宜用研磨法较好。实际上多数粉碎过程是上述几种力综合作用的结果。对于非极性的晶体物质如萘、樟脑等，由于其缺乏相应的脆性，当对其施加一定机械力时，易产生变形而阻碍了它们的粉碎。在这种情况下，宜采用特殊方法进行粉碎，如可加入少量挥发性液体。当液体渗入固体分子间的裂隙时，由于液体表面张力较小，能降低其他分子间的内聚力，晶体则从裂隙处分开而被粉碎。对非晶形物料如树脂、树胶等，因其具有一定弹性，粉碎时一部分机械能用于引起弹性变性，最后变为热能，因而降低了粉碎效率。一般可用降低温度来增加非晶形物料的脆性，以利于粉碎。

由材料力学可知，在材料承受外力作用出现破坏之前，首先产生弹性变形，这时材料并不被破坏。当变形达到一定值后，材料硬化，应力增大，变形还可继续进行。当应力达到弹性极限时，开始出现永久变形，材料进入塑性变形状态。当塑性变形达到极限时，材料才产生破坏。因此，一种物料在大粒径时主要表现为弹性行为，小粒径时则主要表现为塑性行为；粉碎较大颗粒时，粒径受粉碎装置的特性以及外力的施加方式影响较大，粉碎较小颗粒时，粒径受物质本身性质的影响较大。

物质经过粉碎，表面积增加，引起了自由表面能的增加，故不稳定。由于自由能都有趋向于最小的倾向，所以已粉碎的粉末有重新聚结的倾向，使粉碎过程趋于达到一种动态平衡，即粉碎与聚结同时进行，粉碎会停止在一定阶段，不再往下进行。为使粉碎能继续进行，可采用混合粉碎的方法来克服此种现象。一种物料适度地掺入到另一种物料中间，会使其分子内聚力减小、粉末表面能降低，进而减少了粉末的再聚结，粉碎便能继续进行。如黏性物料与粉性物料的混合粉碎，则粉性物料缓解了黏性物料的黏性而有利于黏性物料的粉碎。

此外，为使机械能尽可能有效地、全部地用于粉碎过程，应该随时将已达到细度要求的粉末取出，使粗粒有充分机会接受机械能，这种粉碎法称为自由粉碎。反之，若细粉始终保留在粉碎系统中，不但会在粗粒中间缓冲、消耗大量机械能（称为缓冲粉碎），而且还产生了大量不需要的过细粉末。所以，在粉碎操作过程中必须随时分离细粉。例如在粉碎机上装置筛子或利用空气将细粉吹出等，都是为了使自由粉碎得以顺利进行。

物料粉碎前必须适当干燥。容易吸潮的物料应避免自空气中吸潮，容易风化的物料应避免在干燥空气中失水。

（2）粉碎规则

无论根据哪种粉碎机理，采用何种粉碎方法，都应遵循一定的原则。物料粉碎的基本规则如下：①应保持被粉碎物料的组成和作用不变。②根据应用目的和产品剂型的要求来控制适当的粉碎程度。物料只粉碎至需要的粉碎度，不做过度的粉碎，以节省动力消耗和减少粉碎过程造成的物料损失。③为使粉碎操作能经济而有效地进行，粉碎前及粉碎过程中，物料都应适时地进行过筛，以免符合要求的粉末被过度粉碎。④粉碎毒性物料或刺激性较强的物料时，应严格注意劳动防护与安全技术。

（3）粉碎的能量消耗

粉碎过程需要极大的能量，其能量消耗主要有：粒子破碎时新增加的表面能，未粉碎粒子的变形，粉碎室内粒子的移动，粒子间和粒子与粉碎室间的摩擦、振动与噪声，设备转动等。其中多数是无效消耗。研究表明，单纯消耗于粉碎的能量，即消耗于产生新表面的能量还不到总能量消耗的1%。粉碎操作的能量利用率很低，因此如何提高粉碎的能量利用率是粉碎操作研究的主攻方向之一。物料的物性、形状、大小，设备、机械力（作用力）、操作方式等复杂条件均对粉碎过程产生影响，很难用精确的计算公式来描述粉碎能量的消耗。对于粉碎理论的研究已有一百多年的历史，其间，许多学者曾提出过一些推论精辟、极有价值的理论。然而，这些理论几乎还不能直接应用于实际的粉碎机械设计或确定粉碎作业参数，而只能作为大致上的参考，所以，目前实际应用上仍采用经验法进行设计。本书仅就关于能量消耗方面的学说作一简介。

粉碎过程的能量消耗是粉碎机械及粉碎作业设计时首先考虑的问题之一。由于粉碎是以减小粒径为目的，因此粉碎过程的能量消耗就用粒径的函数来表示。粉碎所需的能量可用下面的微分方程表示：

$$\mathrm{d}E = -C_\mathrm{L} \frac{\mathrm{d}x}{x^n} \qquad (7-2)$$

式中，E 为粉碎所需能量；x 为粒径；C_L、n 为常数。此式称为 Lewis 公式，或称能量消耗的统一公式。

① 取 $n=2.0$，对式（7-2）积分，可得：

$$E = C_\mathrm{R}\left(\frac{1}{x_2} - \frac{1}{x_1}\right) = C'_\mathrm{R}\,(S_2 - S_1) \qquad (7-3)$$

式中，x_1、x_2 为粉碎前后的粒径，指平均粒径或代表粒径（下同）；S_1、S_2 为粉碎前后的比表面积（下同）。式（7-3）为 Ritinger 学说，它反映了粉碎所需的能量与新生成的表面积成正比，因而又名表面积学说。

② 取 $n=1.0$，对式（7-2）积分，可得：

$$E = C_\mathrm{K}\lg\left(\frac{x_1}{x_2}\right) = C'_\mathrm{K}\lg\left(\frac{S_2}{S_1}\right) \qquad (7-4)$$

式（7-4）为 Kick 学说，它表明，同一质量的相似物体粉碎时所需的能量消耗只与粉碎比有关；即物料粉碎时所消耗的能量与粉碎前后的体积变化成正比，因此 Kick 学说又名体积学说。

③ 取 $n=1.5$，对式（7-2）积分，可得：

$$E = C_B \left(\frac{1}{\sqrt{x_2}} - \frac{1}{\sqrt{x_1}} \right) = C'_B \left(\sqrt{S_2} - \sqrt{S_1} \right) \qquad (7-5)$$

式(7-5)为 Bond 学说,它表明,粉碎单位质量均质材料所需的能量消耗只与生成粒径的平方根成反比。

上述式(7-3)、式(7-4)、式(7-5)中,C_R、C_K、C_B 为常数。

7.2.3 粉碎方法及其应用

根据被粉碎物料的性质、产品粒度的要求以及粉碎设备的形式等不同条件,可采用不同的粉碎方法。

7.2.3.1 单独粉碎和混合粉碎

在复配型精细化学品配方中,固体组分一般采用单独粉碎,以便于在复配时准确取用。氧化性物料与还原性物料必须单独粉碎,否则,可引起爆炸。贵重组分及刺激性组分亦应单独粉碎,不宜混合粉碎,为的是减少损耗和便于劳动防护。若配方中某些组分的性质及硬度相似,也可以将它们混合在一起进行粉碎,这样既可避免一些黏性物料单独粉碎的困难,又可使粉碎与混合操作结合进行。混合粉碎适用于附着性、凝集性强而流动性差的粉末混合物的粉碎,尤其适用于混合物中一种成分必须是更微细粒子的生产过程。

7.2.3.2 干法粉碎和湿法粉碎

干法粉碎是物料处于干燥状态下进行粉碎的操作。即把物料经过适当干燥处理,使物料中的水分含量降低至一定限度(一般应少于 5%)再行粉碎的方法。

湿法粉碎是指物料中加入适量水或其他液体进行研磨粉碎的方法。由于液体对物料有一定渗透力和劈裂作用,可减少其分子间的引力而利于粉碎,而且可降低物料的黏附性。通常,液体的选用是以被粉碎组分遇湿不膨胀、两者不起变化、不妨碍组分作用者为原则。湿法操作可避免粉碎操作时粉尘飞扬,减轻某些有毒或刺激性物料对人体的危害。如樟脑、冰片、薄荷脑、水杨酸等物质均采用这种加液研磨的方法进行粉碎。有些难溶于水的物质,如炉甘石、珍珠、滑石等,要求特别细度时,常采用水飞法进行粉碎。水飞法系将被粉碎物质与水共置于研钵或球磨机中一起研磨,使细粉漂浮于液面或混悬于水中,然后将此混悬液倾出,余下的粗料加水反复操作,至全部物料研磨完毕。所得混悬液合并,沉降,倾去上层清液,将湿粉干燥、粉碎可得极细粉。如珍珠等除用干法粉碎成细末外,亦可用水飞法研成细粉。

7.2.3.3 低温粉碎

利用低温时物料脆性增加,易于粉碎的性能,使物料在低温状态下,借机械拉引应力而破碎的粉碎方法为低温粉碎。低温粉碎是近十多年来应用的粉碎新方法,有如下特点:①适用于在常温下粉碎困难的物料,软化点低、熔点低及热可塑性物料,如树脂、树胶等可采用低温粉碎;②含水、含油虽少,但富含糖分,具一定黏性的组分也宜用低温粉碎;③可获得更细粉末;④能保存物料中的香气及挥发性成分。

常见的低温粉碎方法有下列四种方法:①先将待粉碎物料冷却至所需温度,然后迅速通过高速撞击式粉碎机粉碎,物料在粉碎机内滞留时间短暂;②粉碎机壳通入低温冷却水,在循环冷却下进行粉碎;③将待粉碎的物料与干冰或液化氮气混合后进行粉碎;④组合运用上述冷却方法进行粉碎。

7.2.3.4　自由粉碎和循环粉碎

自由粉碎是在粉碎过程中，使已达到粉碎粒度要求的粉末能及时排出而不影响粗粒的连续粉碎的操作。自由粉碎的粉碎效率高，常用于连续操作。

循环粉碎是使经粉碎机粉碎后的物料通过筛子或分级设备，粗颗粒重新返回到粉碎机反复粉碎的操作。循环粉碎操作的动力消耗相对较低，粒度分布较窄，适合于粒度要求比较高的情况下的粉碎。

7.2.3.5　超细粉碎

超细粉碎技术是 20 世纪 60 年代末发展起来的一门高新技术，也是古老粉碎技术的新应用、新发展，但是对其一些基本概念及名词至今还未统一，有些人用超细，有些人则用"超微"来表述。

超细粉体通常分为微米级、亚微米级以及纳米级粉体。粉体粒径为 $1 \sim 100nm$ 的称为纳米粉体；粒径为 $0.1 \sim 1\mu m$ 的称为亚微米粉体；粒径大于 $1\mu m$ 称为微米粉体。超细粉碎的关键是方法和设备，以及粉碎后的粉体分级，换句话说，不仅要求粉体极细，而且粒径分布要窄。

7.2.3.6　粉碎助剂

以上介绍的粉碎方法大多可用于超细粉碎，但是，随着精细化工的科技进步，往往要求产品具有极细的颗粒，一般要求在 $2\mu m$ 以下，并且要求粒度分布很窄，形状规则且环境污染小。因此超细粉碎技术在现代精细化工领域中占有越来越重要的地位。然而，目前的加工技术方面存在许多问题，例如，难以达到微细的粒度，能量利用率极低，操作过程中易产生物料粘壁、堵塞设备和管道的现象。为了解决这些问题，除了不断研制新型的高效粉碎设备外，另一重要途径就是在粉碎过程中添加粉碎助剂。

所谓粉碎助剂就是在被粉碎物料中添加能增加粉碎效率的物质。它们大都是一些有机或无机化合物，所以又称为化学粉碎助剂。在微细或超细粉碎操作中，添加的粉碎助剂有液体、气体和固体三种。液体粉碎助剂是最早取得专利权的粉碎助剂，常用的有醇类、胺类、油酸、木质素、磺酸钙以及无机盐类等；固体粉碎助剂多以细分散的粉体状态存在，有时需要用溶剂溶解后使用；以气态进入粉碎装置的粉碎助剂品种不多，但大多数液体粉碎助剂在进入粉碎装置后，由于激烈的机械冲击和摩擦或受高温作用很快汽化，变成气体粉碎助剂。一般的气体粉碎助剂有：惰性气体、氮气、丙酮气体等。

（1）粉碎助剂的作用

粉碎助剂的用量很小，绝大部分用量在千分之几。粉碎助剂的作用主要在以下几个方面。

①　提高粉碎粒度　粉碎助剂的主要作用是在粉碎装置不增加功率消耗和不降低产量的情况下，大幅度提高产品粒度，并可改进粒度分布。例如，用气流粉碎法粉碎氧化铁颜料时，用硬脂酸作粉碎助剂可使成品的研磨分散细度由 $40\mu m$ 下降到 $20\mu m$。

②　提高产量　在粉碎细度和能耗不变的前提下，粉碎助剂能提高粉碎装置的单位时间产量。例如，用气流粉碎机粉碎氧化铁颜料时，加入 $0.5\% \sim 1.0\%$ 硬脂酸作粉碎助剂，单机增产幅度可达 26%，从而提高粉碎机的能量利用率。

③　改善物料的其他性能

分散性：染料、颜料和填料等精细化工产品在应用时需将其分散到另一介质中，这种分散过程需要消耗很大的能量。通过添加粉碎助剂，可以提高其分散性，从而降低能耗。例如，六偏磷酸钠、焦磷酸钠、三乙醇胺、二异丙醇胺等粉碎助剂可改进钛白粉在水性体系中的分散性；苯甲醇及其酯类、三乙醇胺、三羟甲基丙烷等可以改善钛白粉在油中和有机成膜物质中的分散性；用有机硅作助剂粉碎的钛白粉，在非极性介质和聚烯烃中具有很高的分散性，所以国外塑料用钛白粉大都在气流粉碎时加入一定量的有机硅。

填充性：粉碎助剂可以改善颗粒的形状和表面性质，从而改善其填充性。例如，碳酸钙填料，添加硬脂酸粉碎助剂后可以在碳酸钙粒子上形成单分子膜，既增加了它在橡胶料中的分散均匀性，又增加了它与橡胶的亲和性，从而增加了它的填充性，使橡胶制品的机械性能得以改善。

流动性：粉碎助剂可以包覆在物料颗粒表面上，形成隔离层，能防止粉末在生产加工过程中发生粘壁和结块现象，从而避免物料堵塞管路或在设备中造成"架桥"现象。如磷酸三钙可使食盐粉末不会发生结块，有利于二次加工。

（2）粉碎助剂的作用机理

在粉碎过程中，除使物料颗粒的粒径由大变小之外，还发生一些重要的物理化学变化，固体分散度增大成为粉末，或具有开放性的空孔，由于比表面积增加，活性显著增强。另外，结晶格子存在缺陷或畸变，活性也增强。由于粉末具有较高的自由能，表面活性增大，更容易黏附在粉碎介质和粉碎机内壁上，从而影响粉碎力的传递，粒子之间也易发生凝聚现象。由于粉碎助剂具有更高的反应性或吸附性，在粉碎操作过程中，很容易扩散到物料粒子表面上形成包膜层，进而降低了粒子的表面活性，这样，外加的粉碎能量便可集中于粒子的粉碎上，也不易发生凝聚现象。在理想情况下，这种隔离层是单分子膜，因此粉碎助剂用量甚微，但实际上，固体粉碎助剂的细度必须比被粉碎物料的成品细度要细许多，才能保证形成完整的包覆层。此外，当粉碎助剂分子吸附或化学结合在物料粒子表面上时，尤其是当这种分子进入粒子表面上的某些缺陷（如裂纹等）中时，会使物料的机械强度大大降低（变脆），从而有利于粉碎。

7.2.4 粉碎机械

粉剂是一种重要的固体制剂之一，农药粉剂的粒径一般为几微米到几十微米，医药粉剂的粒径一般也为几十微米，化妆品中的粉剂的粒径也是如此。如要将相当大的块状原料（原药、填料和助剂）一次粉碎得到微米级的产品，这在工业上几乎不可能，在能源消耗上也是不合理的，必须进行多级粉碎。可根据粉碎的各个阶段选择对应的粉碎设备。依据被粉碎物料和成品粒度的大小，粉碎可分为粗粉碎、中粉碎、微粉碎和超微粉碎。表7-1列出了从粗粉碎到超微粉碎所使用的机种、原材料的细度要求及最终产品的细度要求。

表7-1 粉碎类别及粒径范围

粉碎级别	原料大小/mm	制品大小/mm	粉 碎 设 备
粗粉碎	100~1500	10~100	颚式破碎机、锥形破碎机等
中（细）粉碎	10~100	5~10	如滚筒破碎机、锤击式粉碎机等
微粉碎	5~10	<0.15	如高速粉碎机、万能粉碎机等
超微粉碎	0.5~5	<0.005	如气流粉碎机、冲击式超细粉碎机等

常用粉碎设备见图7-1。

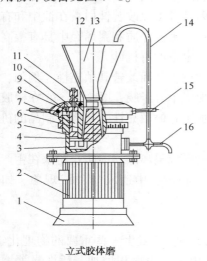

立式胶体磨

1—底座；2—电动机；3—磨体；4—旋转磨；5—固定磨套；
6—固定磨；7—冷却水套；8—限位螺钉；9—调节轮；
10—盖板；11—冷却水接口；12—连接螺钉；13—料斗；
14—循环管；15—调节轮手柄；16—出料管

万能粉碎机

1—加料斗；2—抖动装置；3—入料口；4—水平轴；
5—出粉口；6—环状筛板；7—钢齿

图7-1　常用粉碎设备

7.3　混　　合

7.3.1　概述

从广义上讲，将两种或两种以上组分的物质均匀分散的操作统称为混合，包括固-固混合、固-液混合、液-液混合。本节主要介绍粉碎体的混合，即固相混合。固相混合是指将两种或两种以上的固体粉末相互均匀分散的过程或操作。

7.3.1.1　固相混合的意义和目的

在精细化学品剂型加工技术中，固相混合是一个非常重要的技术环节，混合效果的好坏直接影响终产品的使用效能和商品外观。例如，绘画和涂料用颜料的调制，合成树脂与颜料粉末的良好混合才能保证颜色一致；咖喱粉等香辣味品生产中，将涉及数十种味和香料的均匀混合，要求所用量间的变化极小；在制造一块陶瓷的过程中，1%的颜料要和99%的砂、TiO$_2$和其他成分混合，颜料在混合物中所占分数的变化不可超过0.1%，如此悬殊比例组分的混合应采用适宜的混合方法；在医药品和农药制剂中，要使极微量的药效成分与大量添加剂进行高倍率均匀混合。因此掌握固相混合技术，在精细化学品剂型加工中占有重要地位，而且粉状制剂的混合操作往往是最后的工序。

固相混合的目的是使多组分物质含量均匀一致，保证制剂外观色泽一致、有效组分含量均匀、准确，对含有毒、剧毒或贵重组分的制剂具有更重要的意义。混合结果直接关系到固体制剂的外观及内在质量，混合操作是保证固体制剂产品质量的主要措施之一。

7.3.1.2　混合度

固态粉末物料混合程度的优劣直接将影响到固体制剂的质量、功效及其毒副作用等，混

130

合程度的检测可以通过各种分析手段进行，通常用混合度或混合均匀度表示。

混合度(M)可定义为：

$$M = \frac{N_L}{N_H} \times 100\% \qquad (7-6)$$

式中，N_L为各样品中控制组分的最低含量；N_H为各样品中控制组分的最高含量。

显然，混合度愈接近于 1，混合程度愈高，但单纯混合度并不能全面反映混合效果，因其不包括样品量。事实上，投料量和取样量的大小将直接影响控制组分的混合和测定结果，如果从不同混合机械中分析得到相同的混合度，在取样份数和取样量相同的情况下，投料量大的混合机械代表更好的混合程度。

混合均匀度(U)是与样品量有关的参数，其定义为：

$$U = \frac{A}{W} \qquad (7-7)$$

式中，A为取样质量，g；W为混合机械投料量，g。

对于大生产混合机械而言，其混合均匀度一般分为 4 级：一级，$U \leq 1 \times 10^{-6}$；二级，$1 \times 10^{-6} < U \leq 10 \times 10^{-6}$；三级，$10 \times 10^{-6} < U \leq 100 \times 10^{-6}$；四级，$100 \times 10^{-6} < U \leq 1000 \times 10^{-6}$。级数越高混合均匀性越好，因此，对于混合程度的完整表达方式为：在一定时间内混合机按某级均匀度所达到的混合度。

例 1：某混合机内投料为 50kg，混合 5min 后在不同部位各取 5g，并测得其中控制组分的含量分别为 0.156g，0.158g，0.165g，试求该混合机械的混合效率。

解：混合均匀度：$U = 5/50000 = 100 \times 10^{-6}$，即混合均匀度为三级；

混合度：$M = 0.156/0.165 = 0.95$，即混合度为 95%。

故该混合机的混合效率为 5min 内按三级均匀度，有效组分及辅料的混合度为 95%。

7.3.2 混合的基本原理

7.3.2.1 混合的机理

混合机内粒子的运动非常复杂，混合机理概括起来一般认为伴有以下一种或多种机理。

（1）对流混合

粉体在容器中翻滚，或用桨、片、相对旋转螺旋，将大量的粉体从一处转移到另一处的过程。对流混合又称移动混合，其混合的效率取决于所用混合器械的类型、操作方法（如 V 型混合筒）和粉体数量。

（2）剪切混合

指粉体不同组分的界面发生剪切，平行于界面的剪切力可使相似层进一步稀释，垂直于界面的剪切力可加强不相似层稀释程度，由于这种互相滑移，如同薄层状流体运动那样，引起局部混合，它破坏了粒子群的凝聚状态，从而降低粉体的分离度，达到混合均匀之目的。剪切混合的效率也取决于混合器械的类型的操作方法（如研磨混合）。

（3）扩散混合

指混合容器内粉末紊乱运动改变其彼此间的相对位置而发生混合的现象。这是由单个粉粒发生的位移，搅拌可使粉粒间产生运动而使粉体分离度降低，达到扩散均匀，提高混合度的目的（如搅拌型混合机）。

上述三种混合方式在实际的操作过程中并不是独立进行的，而是相互联系的。只是各种混合机都是上述三种作用的某一种作用起主导作用。

物料投入混合机时，呈分区状态，随着混合的进行，逐渐增加它们空间分布的随机性，当物料在混合机内的位置达到随机分布时，称此时的混合达到均匀状态。从概率论和数理统计观点出发，物料达到随机分布状态时，在一定分划程度下，在混合机内空间的任何位置，每一种物料的比例或称频数，都是十分接近的，这个数值就是该种物料在混合机内各处出现的概率，而这个概率应等于这种物料的配料含量。

在实际上的混合操作过程中，一般不以单一方式进行，而是剪切、对流、扩散等作用结合进行。不过，由于所用混合器械不同、混合方法不同，则以其中某种方式混合为主。

7.3.2.2　混合的原则

（1）组分比例相差悬殊者

一般采用"等量递增法"混合。其方法是：取量小的组分与等体积的量大组分同时置于混合器中混匀，再加入与混合物等量的量大组分稀释均匀，如此倍量增加至加完全部量大的组分为止，混匀，过筛。此法又称逐级稀释法。

（2）组分密度不同或色泽不同

一般采用"打底套色法"混合。其方法是：将量小组分或密度小的组分或色深的组分先加入混合器中垫底，再加入等量量大的组分或色浅的组分或密度大的组分，混合均匀后，再加入与混合物等量的量大的组分混匀，直至全部混匀为准。

（3）含液体组分者

在复方粉剂中，如含有少量液体成分，如香精、香料、挥发油、提取物（黏稠浸膏）等，在混合时，可用配方中其他组分的细粉或赋形剂吸收至不显潮湿为宜，或用少量乙醇溶解黏稠浸膏或稀释后与其他组分粉末混合均匀。

在混合操作过程中应注意：①密度大的组分向密度小的组分加入时，搅拌或混合操作不宜过猛，以免轻组分飞扬或溅出容器外；②若用瓷制研钵研磨时，因研钵的吸附作用，量小的组分先加会造成较大的损耗，可取配方中少量量大组分（或稀释剂）放研钵中先行研磨，以饱和研钵的表面能，避免因吸附作用而造成量小的组分的损失。

（4）其他

有些组分的粉体性质也会影响混合均匀性，如粒子的形态、粒度分布、含水量、黏附性等，亦应注意它们对混合均匀性的影响。

7.3.3　影响混合的因素

在粉剂、颗粒剂以及涉及固体粉末混合的制剂的制备过程中，固体粉末混合程度的优劣将直接影响到固体制剂的质量、功效、毒副作用等。上已述及混合程度的检测可以通过混合度和混合均匀度来表示，但还应对影响多组分固体粉末混合程度优劣的因素引起重视。综合分析，影响混合过程的因素主要有物料因素、设备因素和操作因素三个方面。其中，物料因素的影响更为重要，粉体混合物中每一个组分的粉体特性，如粒径、粒度分布、形状、密度和表面特性的差别等均控制着混合过程。

7.3.3.1　物料因素

物料颗粒的形状、粒度及粒度分布、表面性质、粒子密度及堆密度、含水量、流动性、黏附性、凝集性等都会影响混合过程。其中，各粉末组分的粒度、粒子形状、密度、流动性等存在显著差异时，混合过程中或混合后更容易发生离析现象，进而失去均匀混合。所谓离析是与粒子混合相反的过程，其妨碍良好的混合，也可使已混合好的混合物料重新分层，降低混合程度。

在上述涉及物料的诸多因素中，混合料的粒度差和密度差影响较大。在这两个因素中，一般情况下，粒径的影响最大，而密度的影响则在流态化操作中比粒径更显著。

与混合均匀对立的作用是离析，离析作用主要有三个方面：①有粒度差（或密度差）的混合料，在倾泻堆积时会发生离析，细小（或密度小）的颗粒集中在料堆中心，而粒度大（或密度大）的颗粒则在其外围。这种现象叫堆积离析。②具有粒度差和密度差的薄料层在受到振动时，也会发生离析现象。其中，大密度粗颗粒上升到料层表面，这种现象叫振动离析。③对具有粒度差的混合料强烈搅拌，也会出现离析。

根据以上离析现象，可以针对不同情况，采用不同的措施来防止离析：①从混合作用来看，对流混合最少产生离析，而扩散混合则最易出现离析。因此，对于有较大离析倾向的物料，应选用以对流混合为主的混合机械。②从贮存运输角度来看，在运输中应尽量减小振动和落差，而在工厂设计中，要尽量缩短输送距离。③对于配合料的粒度差和密度差等因素引起的离析，除了控制各组分物料的粒度在工艺要求的规定范围之内之外，还应尽量使密度相近的物料的粒度相近；而对密度差较大的物料，则使其颗粒的质量相近。④物料的含水量对混合均匀性也有影响。在配合料中一般加入 4% 左右的水可以防止离析，也可以考虑在水中加入某些表面活性剂，使水具有更好的湿润性与渗透性。但应注意水量不能过多或掺水不均，否则颗粒互相黏结，使颗粒流动迟缓，甚至黏附在混合机内壁和桨叶上，将会严重影响混合操作的进行。

此外，粒子形状差异愈大愈难混合均匀，但一旦混合均匀后就愈不易分层。如可将两种颗粒形状不同的乳糖（600μm）和碳酸钙（3μm）制成混合物，此时的混合物粒子是小粒子的碳酸钙吸附在大粒子的乳糖表面。粒子的表面积愈大，所需混合时间愈长，但混合愈均匀。表面光滑的圆形粒子较易混匀，但也较易分离；表面粗糙的不规则粒子较难混匀，但混匀后则不易分离。某些粒子表面常带有静电荷，但更多的是在混合过程中由粒子间摩擦产生的表面电荷。这一现象尤其在长时间混合过程可能会更明显，由此可能引起粉粒间的排斥造成混合不匀，并伴随有团块的形成。因此需要对混合时间加以控制，在保证混合均匀的情况下，尽可能缩短混合时间。有时可通过在处方许可的情况下加入少量液体（如醇或表面活性剂）或在较高湿度下混合来解决，或有针对性地加入抗静电剂等来减轻分离和结块现象，提高混合效果。此外，某些润滑剂也有一定的抗静电作用。

7.3.3.2 设备因素

混合机的形状及尺寸、所用搅拌部件的形状和尺寸以及挡板等内部插入物、结构材料及其表面加工情况、进料和卸料的设置方式等都会影响到混合过程。其中，设备的几何形状及尺寸影响物料颗粒的流动方向和速度；加料装置的落料点位置和机件表面加工情况影响颗粒在混合机内的运动方式。因此，应根据物料的性质选择适宜的混合器。此外，混合容器内表面常易吸附少量物料粉末，在混合开始时，应先加入配方中量大的辅料或组分先行混合，然后加入小剂量组分，以保证粉剂的质量。

7.3.3.3 操作因素

混合的操作条件包括混合比、装载率、混合机的转动速度、混合时间以及加料方法、顺序、位置和加料速度等。

（1）混合比

混合比系指粉体原料的进料比。混合比与混合速度无关，但对最终混合均匀程度有一定影响。一般来说，混合比大的，最终混合均匀度要差。因此，在粉剂的生产工艺中，适当通过"中间浓度粉末"过程，即减少每次混合的混合比。同时在两次混合中间增加自由粉碎机进行粉碎混合，以进一步提高混合效果。

（2）装载率

混合机的装载率，又称装料比，系指装料体积与混合机容积之比。混合机的装载率对混合效果也有一定影响。如对回转容器型混合机来说，装载率过大，粉体中会产生静置层，降低混合效果。而装载率过小，粉体易产生滑动，同样会影响混合效果。因此，只有装载率在一定范围内，对最终混合度的影响才最小。

实验表明，一般对于水平圆筒混合机其装载率为30%，对于V型混合机和正立方体型混合机装载率在30%~50%，一些固定容器式混合机装载率则可以达到60%左右。表7-2列出了常用的几种类型混合机的最佳装载率的实验值。

表7-2　常用混合机的最佳装载率

混合机型		最佳装载率/%	混合机型		最佳装载率/%
回转容器型	滚筒型混合机	31~41	固定容器型	螺带型混合机	60
	双圆锥型混合机	29~38		行星运动型混合机	60
	V型混合机	24~32			

常用混合设备见图7-2。

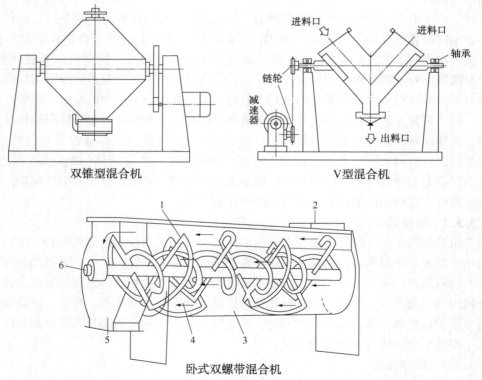

双锥型混合机　　　　　　　　　　V型混合机

卧式双螺带混合机

1—螺带；2—进料口；3—混合室；4—物料流动方向；5—出料口；6—驱动轴

图7-2　常用混合设备

（3）混合机的旋转速度

① 回转容器型混合机　在这种混合机的混合操作中，物料在机内受重力、惯性离心力和摩擦力作用而产生流动混合。当重力与惯性离心力平衡时，机内物料各粒子以同样速度旋转，物料粒子间失去相对流动而不会发生混合，此时的回转速度为临界转速。惯性离心力与重力之比称为重力准数 F_r：

$$F_r = \frac{\omega^2 R}{g} \qquad (7-8)$$

式中，ω 为容器的旋转角度，rad/s；R 为容器的最大回转半径，m；g 为重力加速度，m/s^2。

一般对于圆筒型混合机 $F_r = 0.7 \sim 0.9$；对于 V 型混合机 $F_r = 0.3 \sim 0.4$，这样由给定的 F_r 值可以确定不同混合机的转速 ω。但确定最佳转速时，除了考虑不同混合机外，最佳转速与容器最大回转半径及混合料的平均粒径有关。最佳转速 $n(r/min)$ 的实验表达式为：

$$n = \sqrt{Cg} \cdot \sqrt{\frac{d}{R}} \qquad (7-9)$$

式中，C 为实验常数，1/m；d 为混合料平均粒径，m；R 为容器最大回转半径，m；g 为重力加速度，m/s^2。

其中，对于水平圆筒混合机，取 $C = 1500$；对于 V 型、二重圆锥型和正立方体型混合机，一般取 $C = 600 \sim 700$。

② 固定容器型混合机　对于桨叶式混合机，根据桨叶直径与回转速度成反比的关系，可知适宜转速 $n(r/s)$ 的表达式为：

$$n = K/d \qquad (7-10)$$

式中，d 为桨叶直径，m；K 为常数，m/s。

实践表明，K 值一般取 $2.6 \sim 3.2$ 时混合效果较好。

（4）混合时间

混合时间较短将影响混合效果，混合时间过长亦无助于混合度的提高，同时还要增加操作费用。不同的机型有不同的最佳混合时间。例如，我国农药粉剂加工的实际情况为：滚筒混合机的混合时间一般取 20min；单螺旋锥型混合机取 15min；双螺旋锥型混合机和犁刀式混合机取 5min。

7.3.4　混合方法与设备

7.3.4.1　混合方法

固体粉末常用混合方法有三种，即搅拌混合、研磨混合和过筛混合。

（1）搅拌混合

系将待混合物料细粉置一定量容器中，用适当的器具搅拌混合的方法。此法简单易行，但器具搅拌混合的效率较低，故多做初步混合之用，或少量物料粉末的混合之用，此时可反复搅拌使之混合均匀。大量物料粉末混合时用该法不易混匀，生产中常用搅拌混合机，经过一定时间混合，可使之均匀。

（2）研磨混合

系将待混合物料细粉置于研磨器具中，在研磨粉粒的同时进行混合的方法。此法适合小剂量结晶性物料，如结晶性药物的混合，但不适于含有引湿性和爆炸性成分的混合。该法混合效率较高。

（3）过筛混合

系将待混合各组分物料细粉混合在一起，通过适宜孔径的筛网使物料细粉达到混合均匀的方法。对于密度相差悬殊的组分来说，过筛后的混合物仍需适当搅拌才能混合均匀，常用于粉剂的大生产。

在实际工作中，小量粉剂的配制常用搅拌和研磨混合；大量粉剂的生产过程中常用搅拌和过筛混合相结合的方法，特殊品种亦采用研磨和过筛相结合的方法。

7.3.4.2 混合设备

目前固体粉末混合常用的混合设备分为回转容器型和固定容器型两大类。其中，回转容器型混合机是靠容器自身的旋转作用带动物料上下运动而使物料混合的设备；固定容器型混合机是指物料在固定不转动的容器内靠叶片、螺带等的搅动作用使物料循环对流和剪切位移而进行混合的设备。

回转容器型混合机的主要特点：几乎全部为间歇操作，装料比固定容器型混合机小；当待混合物料的流动性较好，且其他物理性质如粒径、密度等差异不大时，可以得到较好的均匀度；出料方便、容器内部易清扫；可用于腐蚀性强的物料混合，多用于品种多而批量小的粉剂产品的生产中。其不足之处有：加料和卸料都要求容器停止在固定位置上，因此需加定位装置；加料和卸料时易产生粉尘，所以应采取防尘措施。

固定容器型混合机的主要特点：混合速度较高，可以得到较满意的混合均匀度；在这类混合机中进行混合时，可对被混合物料适当加水，故而能防止粉尘飞扬和离析。缺点为：容器内部较难清理，搅拌部件磨损较大。

7.4 干 燥

7.4.1 概述

干燥是利用热能使湿物料中的湿分(水分或其他溶剂)汽化，并利用气流或真空带走汽化了的湿分，从而获得干燥物品的工艺操作。在精细化学品剂型加工技术中，大多数固体制剂的生产工艺中均用到干燥这个单元操作。例如，固体原料的干燥；粉剂、颗粒剂、片剂等剂型的制备工艺中，干燥都是不可缺少的操作单元。干燥的好坏将直接影响到固体制剂的内在质量。

干燥的目的在于提高固体物料的稳定性，同时有一定的规格标准及便于进一步的处理。在各类制剂的生产工艺中，进行干燥处理的物料有颗粒状的、粉末状的、块状的、流体的、膏状的等，被干燥物料的性质及要求也各不相同。如有些物料经干燥后对其粒径有一定要求，有些要求干燥后晶粒细小、疏散、容易溶解，而热敏性物料受热容易分解等。此外，各种物料的含水量要求也不尽相同，因此，必须根据被干燥物料的性质和应用的要求采用不同型式的干燥设备来适应不同类型制剂进行干燥处理。

干燥操作有许多分类方法。按操作压力不同可分为常压干燥和真空干燥，按操作方式不同可分为连续式干燥和间歇式干燥，按热量传递方式不同可分为热传导干燥、对流干燥、热辐射干燥、介电干燥和冷冻干燥等。不同的干燥形式适用于不同场合，例如真空干燥适用于要求含湿量很低或热敏性物料的干燥，间歇式干燥适用于小批量多品种或干燥时间很长的物料，等等。对于一种具体的干燥器，其热能传递的方式可以采取上述的单独一种方式，或采取上述几种方式的所谓联合干燥。在精细化工剂型加工中，应用较为普遍的是对流加热干燥，简称对流干燥。

本节将主要讨论具有不同理化性质物料的干燥机理和干燥方法等内容。

7.4.2 干燥的基本原理

7.4.2.1 物料中所含水分的性质

（1）结晶水

结晶水是化学结合水，一般采用风化方法去除，此过程不视为干燥过程。如 $Na_2SO_4 \cdot 10H_2O$（芒硝）经风化，失去结晶水成为 Na_2SO_4（玄明粉）。

（2）结合水与非结合水分

结合水是指存在于细小毛细管中的水分、渗透到物料细胞中的水分、可溶性固体溶液中的水分等。此种水与物料的结合力较强，难以从物料中除去。因为毛细管内水分所产生的蒸气压低于同温度下纯水的饱和蒸气压，因此在干燥过程中，水蒸气到空气主体的扩散推动力下降，它从物料中除去比纯水困难，干燥速度较慢；而物料细胞中的水分被细胞膜包围和封闭，如不扩散到膜外，则不易蒸发去除。有结合水分的物料叫吸水性物料。

非结合水分系指与物料以机械方式结合的水分，包括存在于物料表面的游离水分及较大孔隙中的水分。这种水分与物质料结合力较弱，其蒸气压与同温度下纯水的饱和蒸气压相同，容易从湿物料中干燥除去，干燥速度较快。仅含非结合水分的物料叫非吸水性物料。

（3）平衡水分与自由水分

在一定的空气条件下，根据物料中所含水分能否干燥除去来划分平衡水分与自由水分。平衡水分是指在一定空气状态下，物料表面产生的水蒸气压与空气中水蒸气分压相等时物料中所含的水分，是在该空气条件下干燥不易除去的水分；亦指物料与一定温度和一定湿度的空气进行接触，物料将排除或吸收水分，最后达到平衡时物料中所含的那一部分水分为之平衡水分。在一定空气状态、可能干燥的限度下，平衡水分不会因为物料与空气接触时间的延长而发生变化。物料中所含的大于平衡水分的那些水分称为自由水分。自由水分是在该空气状态下可以由湿物料中除去的水分。因此，物料的干燥是相对性的，虽然物料种类不同，其平衡水分（平衡湿度）有很大的差别，但是在一定空气状态下，各种物料平衡湿度是不易改变的。倘若借助于干燥操作将物料中水分进一步除去，获得绝对干燥或湿含量很小，则此物料的干燥程度只有在密闭容器中或在有效的干燥器中才能保持；否则容易吸湿而达到平衡。

物料中所含的总水分为自由水分与平衡水分之和，在干燥过程中可以除去的水分只能是自由水分（包括全部非结合水和部分结合水），不能除去平衡水分。干燥效率不仅与物料中所含湿分的性质有关，而且还决定于干燥速率。

7.4.2.2 物料含湿量的表示方法

湿物料含湿量一般有两种表示方法。以物料含水量为例，一种是以湿物料为基准的浓度表示法，称为湿基含水量（W）：

$$W = \frac{\text{湿物料中水分的质量}}{\text{湿物料的总质量}} \times 100\% \qquad (7-11)$$

另一种，是以绝干物料为基准的浓度表示法，称之为干基含水量（X）：

$$X = \frac{\text{湿物料中水分的质量}}{\text{湿物料中绝干物料的质量}} \times 100\% \qquad (7-12)$$

W 和 X 的换算关系为：

$$X = \frac{W}{1 - W} \qquad\qquad (7 - 13)$$

$$W = \frac{X}{1 - X} \qquad\qquad (7 - 14)$$

通常，工业生产中常用湿基含水量，而干燥计算中常用干基含水量来表示物料的含水量，因为干基含水量的基准不发生变化。

7.4.2.3 干燥原理

通常，在实际生产中需要干燥的材料有两大类：其一为固态湿物料，如固体粉末、固体颗粒等；其二是液态物料，如溶液、悬浮液、乳状液以及浆料等。其中，前者的干燥原理一般为对流干燥原理，后者的干燥原理一般为喷雾干燥原理。

（1）对流干燥原理

在对流干燥过程中，湿物料进行干燥时有两个基本过程同时进行：①湿物料与热空气接触时，热空气将热能传递给湿物料表面，再由表面传至物料内部，此为传热过程。②湿物料接受热量后，物料表面上的湿分首先汽化，并通过物料表面处的气膜，向气流主体中扩散；由于湿物料表面处湿分汽化的结果，物料内部与表面之间产生湿分浓度差，于是物料内部水分则以液态或汽态扩散到物料表面，并不断向空气主体汽化，此为传质过程。由此可知，干燥操作是兼属于传热和传质相结合的过程，两者缺一不可。

若设热空气主体的温度为 t，其水蒸气分压为 p，与热空气接触的湿物料表面温度为 t_w，湿物料表面的水蒸气压力为 p_w。在紧贴着湿物料表面有一层厚度为 δ 的气膜，在气膜以外就是热空气的主体。在这里，温度 t 和水蒸气分压 p 保持恒定。传热、传质的阻力集中在气膜内。作为干燥介质的空气经预热器加热后，其温度 t 高于湿物料表面温度 t_w，两者之间的温差 $t-t_w$ 则是传热的推动力；而空气与湿物料间的分压差 p_w-p 则为传质的推动力。在一定条件下，温差越大，传递热量越多，水分汽化越多，越有利于干燥。

根据传热原理，在热空气与湿物料之间必定有热量的传递。又因为热空气以高速流过湿物料的表面，所以热量主要以对流的方式，由温度较高的热空气传给温度较低的湿物料，这是一个传热过程。当湿物料在干燥器内得到了热量以后，其表面水分首先汽化，汽化后的水蒸气(或溶剂蒸气)通过湿物料表面的一层气膜扩散到热空气的主体中，被热气流带走，这一过程是水蒸气分子扩散过程，也即传质过程。当热空气将热能不断传给湿物料时，湿物料表面的水分不断汽化并扩散至热空气的主体中，由热空气带走，而物料内部的湿分又源源不断地以液态或气态扩散到湿物料表面，这样，湿物料中湿分不断减少而干燥。干燥过程得以进行的必要条件是 $p_w-p>0$，只有湿物料表面的水蒸气分压大于干燥介质(热空气)中的水蒸气分压，才能使汽化了的水分扩散到空气主体中，而水分汽化所需的热能由热空气供给；如果 $p_w-p=0$，表明干燥介质与待干燥物料中的水汽达到平衡，即干燥停止；如果 $p_w-p<0$，待干燥物料不仅不能干燥，反而吸湿。热能 q 传递方向是由热空气指向湿物料，而湿分 W 的传递方向是由湿物料指向热空气。干燥过程的主要目的是除去湿分，其重要条件是必须具备传质和传热的推动力，湿物料表面湿分蒸气压一定要大于干燥介质中湿分蒸气的分压。压差愈大，干燥过程进行得愈迅速。所以干燥介质除应保持与湿物料的温度差及较低的含湿量外，尚须及时地将湿物料气化的湿分带走，以保持一定的汽化推动力。

（2）喷雾干燥原理

当需要干燥的材料是溶液、悬浮液、乳状液及浆料时，宜采用喷雾干燥。首先，通过喷嘴或旋转圆盘使物料变成细雾，然后使之与热空气流或热气体流相遇而得以干燥。其中，热空气是通过特殊管道输送到干燥塔中的。图7-1为使用喷雾干燥法制颗粒剂的典型工艺流程图。

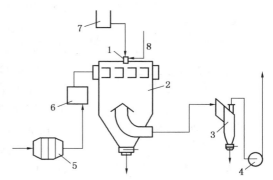

在喷雾干燥器中，决定干燥速率的因素是雾化液体的极限细度。因为交换的热量与液滴的表面积成正比，当半径1mm的液滴分裂成半径为$1\mu m$液滴时，液体的表面积增加10^6倍，但要蒸发的溶剂量仍然相同，所以热交换能够急速增加，干燥时间急剧缩短。另外，微细液滴的较大曲率增加了它们的内压，因此，水分（或溶剂）从这些细小液滴中的蒸发发生在几分之一秒内。

图7-1　喷雾干燥制粒工艺流程
1—雾化器；2—干燥室；3—旋风分离器；
4—风机；5—蒸汽加热器；6—电加热器；
7—料液贮罐；8—压缩空气

对于最理想的喷雾干燥来说，喷出的雾和热空气必须立刻在喷嘴附近混合，粒子要在干燥的空气中均匀分布，直到完全干燥。为了得到较长的干燥路线，干燥塔必须足够大，否则，需要让热空气在塔中旋转运动。气体和产物可以同向运动，也可以逆流或混流。在混流或同向流动时，气体和干燥的产物一起存在于干燥塔的底部，而在逆流方法中，产物聚集在干燥塔的底部，而干燥气体跑到塔的上部。产物和气体在旋风分离器或疏水器中分离。

一些喷雾干燥器经过设计使聚集在旋风分离器中微细粒子返回到干燥塔中，在塔中再与薄雾接触，并与喷雾液滴碰撞，形成较大的颗粒。采用这种方法可制造出一种少粉尘、流动性好且更易润湿或溶解的产物。

7.4.3　影响物料干燥的因素

7.4.3.1　干燥速率与干燥速率曲线

干燥速率是指在单位时间内，在单位干燥面积上被干燥物料中水分的汽化量，即水分量的减少值。根据定义，可用下列微分形式表示：

$$U = \frac{\mathrm{d}w}{A\mathrm{d}t} = -\frac{G\mathrm{d}x}{A\mathrm{d}t} \qquad (7-15)$$

式中，U为干燥速率，$kg/m^2 \cdot s$；A为干燥面积，m^2；w为汽化水分量，kg；t为干燥时间，s；G为湿物料中所含绝干物料的质量，kg；x为物料含水量，kg水分$/kg$绝干料。式中负号表示物料中的含水量随干燥时间的增加而减少。

因为干燥过程是被汽化的水分连续进行内部扩散和表面汽化的过程，所以，干燥速率取决于内部扩散和表面汽化速率，可以用干燥速率曲线来说明。图7-2为在恒定干燥条件下测定U与x绘制的干燥速率曲线。

由干燥速率曲线可知，在物料含水量从x'至x_0的范围内，物料的干燥速率保持恒定。图中BC段不随含水量的变化而变化，称为恒速干燥段。A到B为物料的预热段，此段时间

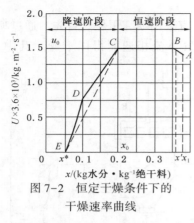

图 7-2　恒定干燥条件下的
干燥速率曲线

短，一般归在恒速段处理。含水量从低于 x_0 直到平衡水分 x^* 为止，干燥速率随含水量的减少而降低，如图中 CDE 段，称为降速段。恒速段与降速段的分界点为临界点，如图中 C 点，该点所对应的 x_0 为临界含水量。

在恒(等)速阶段，干燥速率与物料湿含量无关。在降速阶段，干燥速率近似地与物料湿含量成正比。

干燥过程为什么会出现两个阶段呢？

在干燥的初期，物料水分含量较多，物料表面停留有一层非结合水。在干燥时，物料表面的水分汽化，扩散到空气中，同时物料内部的水分及时补充到表面，保持充分润湿的表面状态，由于水分从物料内部扩散速率大于表面汽化速率，此时水分的蒸气压恒定，表面汽化的推动力保持不变，所以出现恒速阶段。由于恒速阶段的干燥速率取决于物料表面水分的汽化速率，即取决于物料外部的干燥条件，此阶段又称为表面汽化控制阶段。

当干燥进行到一定程度，由于物料内部水分的扩散速率小于表面汽化速率，物料表面没有足够的水分满足表面汽化的需要，所以干燥速率逐渐降低了，从而出现降速阶段。此阶段又称为内部迁移控制阶段。

综上所述，在不同的干燥阶段，其干燥机理不同，影响干燥的因素也不同。在恒速干燥阶段，物料水分含量较多，在干燥时，物料表面的水分汽化，扩散到空气中，同时物料内部的水分及时补充到表面，保持充分润湿的表面状态，因此物料表面的水分汽化过程完全与纯水的汽化情况相同。在此阶段中，空气传给物料的热量等于物料水分汽化所需的潜热，因而物料的温度基本维持不变，空气温度与湿物料表面的温度差也不变。此阶段的强化途径有：提高空气温度或降低空气中湿度，以提高传热和传质的推动力；改善物料与空气的接触状况，提高空气的流速使物料表面气膜变薄，以减小传热和传质的阻力。在降速干燥阶段，湿物料表面逐渐变干，温度亦逐渐上升，水分由物料内部向物料表面传递的速率小于湿物料表面水分的汽化速率，物料越干燥，内部水分越少，水分由物料内部向表面传递的速率就越慢，干燥速率也就越小。此阶段的强化方法为：提高物料的温度；改善物料的分散程度，以促进内部水分向表面扩散。但改变空气的状态及流速对干燥的影响不大。实践证明，某些物料在降速阶段，由于内部扩散速率太小，物料表面就会迅速干燥，会引起表面呈现假干现象或龟裂现象，不利于继续干燥。为了防止此现象的发生，必须采取降低表面汽化速率的措施。如利用"废气循环"，使部分潮湿空气回到干燥室中。

由于影响两个干燥阶段速率的因素不同，因此在考虑强化干燥过程时，需要确定在一定干燥条件下物料的临界含水量 c_0(恒速干燥转变为降速干燥时的物料含水量)，才能划清物料干燥主要由哪个阶段所控制，进而采取有效的强化措施。物料临界含水量 c_0 的数值大小，决定了降速干燥阶段来临的迟早。c_0 愈大，则在相同的水分干燥范围内所需的干燥时间便愈长。同一物料，如干燥速率增加，则 c_0 增大；在一定干燥速率下，物料层愈厚或物料块度愈大，则 c_0 亦愈高。因此，在干燥过程中，采用适宜的干燥速率，湿物料铺层的厚度适宜，并适时地进行搅动和分散有助于降低 c_0 数值，提高物料的干燥速率。

7.4.3.2　影响干燥的因素

通过上述对干燥速率及干燥速率曲线的讨论可知，干燥过程分两个阶段，且两个阶段的干燥机理不同。其中，在恒速干燥阶段，主要影响因素有：干燥介质的温度、湿度、流动情况等。在降速干燥阶段，主要影响因素为物料本身的结构、形状和大小等。

（1）被干燥物料的性质

被干燥物料的性质是影响干燥速率的最主要因素。湿物料的形状、大小及料层的厚薄、水分的结合方式都会影响干燥速率。一般说来，物料呈结晶状、颗粒状、堆积薄者较粉末状、膏状、堆积厚者干燥速率大。适时地对物料进行搅动和分散有利于干燥。

（2）干燥介质的温度、湿度与流速

在适当范围（如恒速干燥阶段）内，提高空气的温度，可使物料表面的温度也相应提高，会加快蒸发速率，有利于干燥。但应根据物料的性质选择适宜的干燥温度，以防止某些热敏性成分被破坏。空气的相对湿度越低，干燥速率越大，因此降低有限空间的相对湿度可提高干燥效率。实际生产中常采用生石灰、硅胶等吸湿剂吸除空间水蒸气，或采用排风、鼓风装置等更新空间气流。实践证明，空气的流速越大，干燥速率越快。但空气的流速对降速干燥阶段几乎无影响。因为提高空气的流速，可以减小气膜厚度，降低表面汽化的阻力，从而提高恒速阶段的干燥速率，但空气流速对内部扩散无影响，故与降速阶段的干燥速率无关。

（3）干燥速率与干燥方法

在干燥过程中，首先是物料表面液体的蒸发，然后是内部液体逐渐扩散到表面继续蒸发，直至干燥完全。当干燥速率过快时，物料表面的蒸发速率大大超过内部液体扩散到物料表面的速率，致使表面粉粒黏着，甚至熔化结壳，从而阻碍了内部水分的扩散和蒸发，形成假干燥现象。假干燥的物料不能很好地保存，也不利于继续制备操作之用。

干燥方式与干燥速率也有较大关系。若采用静态干燥法，则温度只能逐渐升高，以使物料内部液体慢慢向表面扩散，源源不断地蒸发。否则，温度升高过快，则物料易出现结壳，形成假干现象。采用动态干燥法时，颗粒处于跳动、悬浮状态，可大大增加其暴露面积，有利于提高干燥效率。但必须及时供给足够的热能，以满足蒸发和降低干燥空间相对湿度的需要。沸腾干燥、喷雾干燥由于采用了流态化技术，且先将气流本身进行干燥或预热，使空间相对湿度降低，温度升高，故干燥效率显著提高。

（4）压力

压力与蒸发量成反比，因此减压是改善蒸发、加快干燥的有效措施。真空干燥能降低干燥温度，加快蒸发速度，提高干燥效率，而且产品疏松易碎、质量稳定。

7.4.4 干燥方法与干燥设备

7.4.4.1 干燥方法及干燥设备

物料的干燥可以根据其性质选用适宜的干燥方法，干燥工艺操作多用加热法进行，一般加热温度不宜超过80℃，某些有挥发性及遇热易起变化的组分，可用石灰干燥器（或橱）进行干燥。根据加热的方式不同，干燥方法可分为膜式干燥、气流干燥、减压干燥、远红外线干燥等。此外，也可在不同情况下选用介电加热干燥、冷冻干燥及吸湿干燥等方法。

（1）膜式干燥及干燥设备

根据影响干燥速率的因素可知，待干燥物料堆积的厚度越薄，越有利于干燥。膜式干燥即是根据这一原理将已蒸发到一定稠度的料液涂于加热面使成薄层借传质传热而进行的干燥方法。膜式干燥法具有蒸发面及受热面显著增大、干燥时间显著缩短、受热影响显著减少、可进行连续生产等特点。常用的膜式干燥器为滚筒式干燥器，可以在常压或减压下进行干燥。

（2）气流干燥及干燥设备

利用热干燥气流进行传热的一种干燥方法称为气流干燥。根据上述对气流干燥的干燥速率的影响因素分析可知，其干燥效率决定于气流的温度、湿度和流速。温度越高、相对湿度越低、流速越快则越有利于干燥；而温度、湿度和流速之间也有相互促进和彼此制约的关系。在实际生产中适当而合理地利用这些关系，是掌握、改善和提高干燥效率、发展干燥设备的根据。如当前应用的流化干燥技术，便是其中的一个实例。常用的气流干燥设备有烘箱与隧道式烘箱、喷雾干燥器及负压沸腾干燥器等三类。

① 烘箱　又称干燥箱，是一种常用的干燥设备，多采用在烘箱上装备鼓风装置——强制气流的方法进行干燥。大量生产中，为了提高干燥速率，采用强制气流、控制气流速度及分段预热，提高热空气温度相应地降低其相对湿度等技术措施。

隧道式烘房，具有干燥速率快，物料受热时间短，可以连续生产特点。在丸剂、颗粒剂生产中，亦有采用层叠式履带隧道设备的；其上下分若干层。丸剂自第一层进入，由履带带动传至末层即干燥。

② 喷雾干燥器　喷雾干燥的应用较早。此法能直接将溶液、乳浊液、混悬液干燥成粉状或颗粒状制品，可以省去进一步蒸发、粉碎等操作。在干燥室内，稀料液（含水量可达70%~80%以上）经雾化后，在与热空气接触过程中，水分迅速汽化而产品得到干燥。雾滴直径与雾化器类型及操作条件有关。当雾滴直径为 $10\mu m$ 左右时，每升液体所成的液滴数可达 1.91×10^{12}，其总表面可达 $600m^2$。通常雾滴直径为几十微米，每升料液经喷雾后表面积可达 $300m^2$ 左右，因而表面积很大，传热、传质迅速，水分蒸发极快，干燥时间一般只需零点几秒到十几秒钟，具有瞬间干燥的特点。同时，干燥的制品质量好，特别适用于热敏性物料。此外，干燥后的制品多为松脆的空心颗粒，溶解性能好，对改善某些制剂的溶出速率具有良好的作用。喷雾干燥作为一项比较先进的干燥技术，在药剂生产中广泛应用。

喷雾干燥已广泛应用于制药、食品、塑料、洗涤剂、染料和陶瓷等工业领域。目前有利用喷雾干燥制备微囊的报道，它是将心料混悬在衣料的溶液中，经离心喷雾器将其喷入热气流中，所得的产品系衣料包心料而成的微囊；将中药胶剂改用喷雾干燥法直接制得颗粒状胶剂，较传统块状胶工艺省去了胶汁浓缩、凝胶、切胶、晾胶等工序，大大缩短了生产周期，防止了污染，且生产不受季节限制，挥发性碱性物质的含量降低。

③ 沸腾干燥器　这是流化技术在干燥上的应用，主要用于湿粒性物料的干燥，如片剂及颗粒剂颗粒的干燥等。在干燥过程中，湿物料在高压温热气流中不停地纵向跳动，状如沸腾，大大增加了蒸发面，加之气流的不停流动，造成良好的干燥条件。此干燥器体积传热系数大，器内各处温度均匀，但由于散热面大，热量损失较多。

惰性载体沸腾干燥的方法适用于一些原料溶液易于从惰性载体表面蒸发和干燥状态下它们的干薄膜具有较低机械强度的一些产品。

（3）减压干燥

减压干燥是在密闭容器中抽去空气后进行干燥的方法，有时称为真空干燥。减压干燥除能加速干燥、降低温度外，还能使干燥产品疏松和易于粉碎。此外，由于抽去空气减少了空气影响，故对保证药剂质量有一定意义。

（4）冷冻干燥

冷冻干燥是将物料冷冻至冰点以下，在高度真空的冷冻干燥器内，于低温、低压条件下，物料中水分由固体冰直接升华而被除去，达到干燥的目的。由于物料中固体冰升华所需的热量是由空气或其他加热介质通过传导的方式供给的，所以冷冻干燥亦属于传导加热的真空干燥器。

冷冻干燥要求高度的真空及低温，给因受热易分解的药物的制备创造了有利条件。冷冻干燥的制品一般具有多孔性，疏松而易溶，故在生物制品、抗生素以及一些呈固体而需临用溶解的注射剂多用此法制备。冷冻干燥过程中，所消耗的热量亦较其他方法为低。

（5）辐射干燥与红外干燥器

辐射干燥系热能以电磁波的形式由辐射器发射，入射至湿物料表面，被其吸收转变为热能，使水分加热汽化而达到干燥的目的。

（6）介电加热干燥与微波干燥器

介电加热干燥是将物料置于高频电场内，由于高频电场的交变作用，使物料加热而达到干燥的目的。电场的频率不到 300MHz 的称为高频加热；频率在 300MHz～300GHz 间的超高频加热称为微波加热，目前微波加热所用的频率为 915MHz 和 2450MHz 两种，后者在一定条件下兼有灭菌作用。

微波为波长 1mm 到 1m 之间的电磁波。湿物料中的水分子，在微波电场的作用下，它会被极化并沿着微波电场方向整齐排列，由于微波是一种高频交变电场，水分子就会随着电场方向的交互变化而不断地迅速转动并产生剧烈的碰撞和摩擦，部分微波能就转化为热能，从而达到干燥的效能。

微波干燥的优点是加热迅速，物料受热均匀，热效率高，故其干燥速率快，干燥的产品也较均匀洁净。因为微波作用于湿物料，其中的水分立即被均匀地加热。它同传导、对流和辐射三种干燥的传热不同，无需传热途径和传热时间，热损失小。在干燥过程中，湿物料内部水分往往比表面多，则物料内部吸收的微波能量多，温度比表面高，这样湿物料的温度梯度与水分扩散的方向是一致的，从而提高了水分的扩散速率，加快了干燥速率。微波尚有选择性加热的特点。由于水的介电常数比固体物料大得多，故湿物料中水分获得较多的能量而迅速汽化，而固体物料因吸收微波能力小，温度不会升得过高，有利于保持产品质量。

（7）吸湿干燥

有些药品或制剂不能用较高的温度干燥，采用真空低温干燥，又会使某些制剂中的挥发性成分损失，应用适当的干燥（吸附）剂进行吸湿干燥具有实用意义。吸湿干燥系将干燥剂置于干燥柜（或室）架的盘下层，而将湿物料置于架盘上层进行干燥。通常用于湿物料含湿量较少及某些含有芳香成分的生药干燥，也常用于吸湿较强的干燥物料在制剂、分装或贮存过程中的防潮。如糖衣片剂的表层干燥，中药浸膏散剂、胶囊剂、某些抗生素制剂的分装等。

药剂生产中常用的干燥剂有无水氧化钙（干燥石灰）、无水氯化钙、硅胶等，大都可以应用高温解吸再生而回收利用。故此法称为变温吸附干燥。由于解吸再生温度总是高于吸附温度，两个不同温度状态下吸附（湿）量之差就是吸附（干燥）剂的有效吸附量。

7.4.4.2　干燥设备的选型

不同类型的干燥设备各有特点，选择时应根据湿物料的形态、处理量大小及处理方式初选出几种可用的干燥设备类型，然后根据物料的干燥特性，估算出设备的体积、干燥时间等，从而对设备费及操作运行费进行经济核算、比较，再结合厂址条件、热源问题，选择适宜的干燥设备。

思 考 题

1. 名词解释：干法粉碎；湿法粉碎；干基含水量；湿基含水量；粉碎度；自由水分；粉碎助剂；混合度。

2. 粉碎原则及粉碎方法分别有哪些？混合的原则及混合的方法有哪些？

3. 粉碎助剂有哪些作用？

4. 单独粉碎与混合粉碎分别有哪些应用场合？

5. 何种情况可采用低温粉碎？低温粉碎一般有哪些方法？

6. 湿法粉碎适用哪些场合？湿法粉碎中液体选用原则有哪些？

7. 比较等量递增法与打底套色法的应用场合及操作过程。

8. 某混合机内投料为50kg，混合5min后在不同部位各取10g，并测得其中控制组分的含量分别为0.156、0.158、0.165、0.159。试求该混合机的混合均匀度为几级？其混合度是多少？（混合均匀度分级：一级：$U \leqslant 1 \times 10^{-6}$；二级：$1 < U \leqslant 10 \times 10^{-6}$；三级：$10 < U \leqslant 100 \times 10^{-6}$；四级：$100 < U \leqslant 1000 \times 10^{-6}$）（参考答案：该混合机的混合均匀度为三级，混合度是95%。）

9. 讨论影响固体粉末混合程度优劣的因素及其对固体制剂产品质量的影响。

10. 比较干燥方法与干燥设备的选择。

中 | 篇

常用剂型及复配技术

第8章 固 体 制 剂

固体制剂是指以固体形式表达的制剂产品,其产品种类及数量在复配型精细化学品制剂中占有相当的比例,如化妆品中的香粉、爽身粉、胭脂粉、粉饼,农药制剂中的粉剂、可湿性粉剂、可溶性粉剂、颗粒剂、片剂、烟(雾)剂,衣物的防虫防蛀剂,以及在纺织、食品、制药、农用化学品、香精香料、饲料、照相材料和日用化妆品等工业领域中应用的微胶囊等剂型产品均为固体制剂的范畴。

根据配方组成可将固体制剂分为两类:一类组成组分均为有效组分,由能满足该产品使用目的的多种成分构成;另一类固体制剂的组成成分大致包括两大组分:有效组分和助剂。其中,有效组分为能满足该产品使用目的的多种成分构成,助剂则因添加的目的不同而不同,如稀释剂(填充剂)、润湿剂、分散剂、润滑剂、崩解剂、黏结剂、稳定剂等。

在固体制剂的产品中,大部分产品均是由有效组分和各类助剂所构成的,且各类助剂对多种固体剂型产品的形成、有效组分发挥作用以及最终产品的质量影响极大。本章将对各种固体剂型产品中应用较为广泛的制剂类型,如粉剂、颗粒剂、微胶囊等剂型作较为详细的介绍。

8.1 粉 剂

8.1.1 概述

粉剂颗粒的粒径范围一般在 $100\sim200\mu m$,它是精细化学品的商品形式中应用最多的一种剂型,如洗涤用品中的洗衣粉,化妆品中的香粉、爽身粉、胭脂粉以及农药中的粉剂等。

粉剂基本组成包括有效组分和填充剂,此外有时还添加一些助剂(如农药粉剂中的抗飘移剂、分散剂、黏结剂等)。对于化妆品粉剂而言,粉剂除包括各种各样活性物质之外,还能干燥和凉爽皮肤、用于皮肤的机械防护。胶体二氧化硅、碳酸镁和淀粉是用于增加干燥效果的添加剂,而硬脂酸盐能改善凉爽效果。化妆品粉剂需和皮肤黏附良好,因此加入淀粉或能起润滑作用的含脂肪组分。加入滑石粉亦能增加它们的滑动性能。最重要的粉剂基本成分有硅酸盐(高岭土、气相二氧化硅、滑石)、碳酸盐(碳酸镁、碳酸钙)、氧化物(氧化锌、二氧化钛)、硬脂酸盐(硬脂酸锌、硬脂酸镁、硬脂酸铝)、淀粉和蛋白质分解产物。

农药微粉(或称粉体),系指固体细微粒子的集合体。组成微粉的粒子可小到 $0.1\mu m$。微粉因其粒子细小,单位物质表面积急剧增加,可使其理化性质发生变化,从而影响生产中药物的粉碎、过筛、混合、沉降、滤过、干燥等工艺过程及各种剂型的成型与生产。另外,微粉的基本特性(如粒子大小,表面积)亦直接影响到药物的释放与疗效。

医用散剂系指一种或数种药物经粉碎、均匀混合或与适量辅料均匀混合而成的干燥粉末状制剂,可供内服和外用。药物粒子越细,比表面积越大,药物溶解速度越快,吸收起效亦越迅速。容易分散和奏效迅速是散剂的最大特点,此外,与传统中药制剂相比,剂量容易控制,运输和携带较方便,成本较低。但对刺激性、不稳定、强腐蚀性、易吸湿或风化药物一

147

般不宜制成散剂。西药散剂由于颗粒剂、胶囊剂、片剂的发展，制剂品种已不太多，但在医院药房调配的制剂中仍占一席之地，如痱子粉、脚气粉、头疼粉等，在皮肤或伤科用药上也有其独特之处。随着粉体学和生物药剂学等学科的不断发展，对药物的溶解、吸收与颗粒大小、疗效之间的关系有了更加深入的认识。散剂除了作为固体制剂之一直接使用外，微粉化了的固体药物成分也是许多重要剂型的起点。特别对难溶性药物成分而言，药物粒子的大小直接影响到药物的临床效果，如过去的硫糖铝制剂，对药物粒子大小没有严格控制，使得治疗胃炎效果欠佳，近年来发现若将药物微粉化后制备散剂，其效果颇佳。尼莫地平采用固体分散技术制备片剂，可使片剂生物利用度提高近三倍，采用微晶法制得的尼莫地平微晶，其生物利用度亦能提高一倍以上。随着制剂工业的发展，微粉化粒子的喷雾、吸入作为咽喉、鼻腔、肺部靶向给药，如沙丁胺醇吸入剂、西瓜霜喷粉剂等给药系统的开发，使得散剂在医疗上的应用得到了较大的发展。

8.1.2 粉剂的种类及其特性

8.1.2.1 粉剂的种类

对于农药粉剂而言，若按有效成分含量划分，可分为浓粉剂(有效成分含量大于10%)和田间浓度粉剂。前者作为母粉贮运，使用前再用填料稀释到田间浓度，后者无需稀释可直接喷粉。按粉剂粒度划分，则有 DL 型粉剂、一般粉剂和微粉剂等。其粒径和物理特性列于表 8-1。

表 8-1　三种粉剂的粒径和物理特性

项　目	粉　剂　名　称		
	DL 型粉剂	一般粉剂	微粉剂
细　度	95%通过 320 目筛	98%通过 320 目筛	100%通过 320 目筛
平均粒径/μm	20~25	10~12	<5
10μm 以下的粒子/%	<20	约 50	<5
假密度/g·cm^{-3}	0.7~1.0	0.5~0.7	0.1 以下
浮游性指数	8~11	44~46	>85
流动性/s	<30	30~60	
坡度角/(°)	60~70	65~75	
分散指数	>20	>20	
吐粉性/mL·min^{-1}	>700	>1100	
备　注	飘移飞散少的粉剂	通用粉剂	在室内成为烟状微粉

为了克服普通粉剂易飘移而污染环境之缺点，避免细粉附着和被施药者吸入引起中毒，因此加大粉剂之粒径(约为普通粉剂粒径的一倍)或在粉剂中添加凝聚剂，制得一种飘移少的粉剂，即所谓 DL 粉剂。此外，在水稻生产后期，通用粉剂药粒较细，难以达到植株下部，而 DL 型粉剂可透过稠密的簇叶，能防治植株下部和水面害虫(如稻飞虱、稻象鼻虫等)。再则，DL 型粉剂能用一般的动力喷粉机撒布，用加工一般粉剂的设备就可生产。所以，在日本这种粉剂得到了迅速的发展。

微粉剂是在吸油率高的矿物微粉和黏土微粉所组成的填料中加入原药(其量约为普通粉剂的 10 倍)混合后，再经气流粉碎机粉碎到 5μm 以下的一种粉剂。微粉剂不像熏烟剂那样，使用时需加热，因此受热易分解的农药如有机磷农药可以加工成这种制剂；微粉剂可用常用的背负式动力喷粉机从大棚窗口或门口向大棚内喷粉，具有施药简单、时间短（每 10000 ㎡ 用 300~500g 药剂，3~5min 之内可完成操作）、确保使用者安全等优点。因此，在温室栽培作物面积较大的日本微粉剂得到发展。

使用于卫生防疫上的浮游粉剂已在日本上市。这种粉剂是在药剂的微粉末上覆盖有疏水剂，能浮漂在水面上形成粉状膜，日本厚生省规定施用剂量为 $1g/m^2$。市场上有倍硫磷和杀螟硫磷浮游粉剂商品。

8.1.2.2 粉剂的特性

在粉体混合物中每一个组分的粉体特性均会影响混合性能。相关的一些性质如粒径、粒度分布、形状、密度和表面特性的差别控制着混合过程。

（1）粒子大小、分布与测量方法

① 粒子大小与分布　以药物固体剂型为例，药物粒径大小与药物制剂的加工及质量密切相关，对于散剂、颗粒剂、胶囊剂、片剂等固体剂型以及软膏剂、涂膜剂、搽剂、膜剂等剂型来讲，药物混合、分散是否均匀，混合操作的难易程度都与粒度大小有关，而混合均匀与否又是上述剂型制备的关键操作，直接影响药物的制备（流动性、可压性、成型性）、成品的质量（外观、有效成分分布的均匀性、剂量的准确性、稳定性）、药物的溶解速率、吸收速率等。某些药物粒度大小与毒性密切相关。因此测定粒子粒度大小在制剂制备中尤为重要。

粉体粒子大小常用粒度或粒径来表示，粉剂的粒度即为粉剂的细度。粉体大部分是不规则颗粒，在多颗粒系统中，一般将颗粒的平均大小称为粒度。球形颗粒的直径即为粒径，非球形颗粒的粒径可用球体、立方体或长方体的代表尺寸表示。其中，用球体的直径表示不规则颗粒的粒径应用最普遍，称为当量粒径。习惯上可将粒度和粒径二词通用。

在精细化工生产中最常见的是细碎和超细粉碎。一般制备混悬液、精细乳浊液固体颗粒的粒径在 0.5~10μm 之间，粗乳浊液、絮凝混悬液固体颗粒的粒径在 10~50μm 之间。

在研究粉末性质时，我们不仅要知道粉末颗粒的大小，还应该知道某一粒径范围内粒子占有的百分比，即清楚粒度分布。因为粒度分布对了解粒子的均匀性非常重要，粒度分布对粉末的其他性质也有很大影响，同时也影响终产品的功能。粒度分布常用粒子分布图表示，它是以一定粒径范围内粒子数目的百分数或粒子质量的百分数为纵坐标、粒径范围为横坐标作图，可得粒度分布图，也称频度分布图。一般情况下粉末粒子呈正态分布，但也有不呈正态分布的情况，曲线常向右偏移。

此外，粉剂的细度通常以能否通过某一孔径的筛目表示，粉碎后的粉末必须经过筛选才能使粒度比较均匀，以适应不同的制剂生产需要。

② 粒径的测量方法　粉体的粒径测量方法包括直接测定法和间接测定法。直接测定法有：显微镜法和筛分法；间接测定法有：沉降法、电子传感器法、比表面积法和激光法等。

a. 显微镜法　是用显微镜（光学显微镜、电子显微镜）直接测定粒径的方法。其中，光学显微镜常用，可测定 0.5~500μm 的粒径，还可观测到粒子的形状。

b. 筛分法　用于粒径及其分布的测定，是一种传统的方法，也是测定比较大的粒子（40μm 以上）的最常用方法。它是让待测粉末通过不同筛号，然后从各筛号上残留的粉末质量求出待测粉末的粒度分布。

c. 沉降法　是让粒子在液体中沉降，从其沉降速度来测得粒子的粒径，是目前广泛采用的、较为先进和方便的粒径测量方法之一。该法是用粒度测量装置——光透过沉降粒度仪来测定粉体的粒径的，分辨率高、测量范围宽、原理简单可靠。该法是根据粒子的沉降速度与粒径平方成正比例的 Stokes 公式计算粒径：

$$v = \frac{h}{t} = \frac{g\,(\rho - \rho_0)}{18\eta_0}d^2 \qquad (8-1)$$

式中，v 为粒子沉降速度，cm/s；ρ 为粒子密度，g/cm^3；ρ_0 为介质密度，g/cm^3；d 为粒子直径，cm；η_0 为介质黏度，Pa·s；g 为重力加速度，cm/s^2；t 为粒子沉降时间，s；h 为 t 时间粒子下降的高度，cm。

式(8-1)也可写成：

$$d = \sqrt{\frac{18\eta_0 h}{(\rho - \rho_0)\,gt}} \qquad (8-2)$$

测定时只要测定 t 时间粒子沉降的高度 h，代入式(8-2)即可求出粒径 d，间隔一定时间测定沉降粒子的数量，求出粒子分布。测定沉降粒子量的代表性方法是吸管法和天平法。吸管法：每隔一定时间，采取一定量的液体，测定其中含有的粒子数；天平法：粒子在一定高度(h)于天平一侧的盘上沉降下来，测定粒子的质量。

d. 电子传感器法　库尔特计数器是一种典型的采用电子传感器法测定粒子尺寸及粒度分布的仪器。其原理为：将粒子分散于电解质溶液中，通过一两侧带有电极的小孔时，由于粒子排出了一部分电解液而使两电极间的电阻发生变化，引起一个电流脉冲，因脉冲振幅的大小与粒子的体积成正比，从一系列脉冲即可获得粒子的大小和粒度分布。该法操作简便，速度快，每秒可计算出数量达 5000 个粒子的体积粒度分布，并根据需要绘制出标准化曲线和直方图，精度高，分析误差小于 1%~2%，统计性好。近年来应用较为广泛，如注射液中微粒的检测。电子传感器法测定粒度时样品的浓度、样品中粒子的凝聚和沉降速度、外来电磁场的干扰、仪器的振动等对测量结果的影响较大。测试范围在 0.4~200μm。

e. 激光光散射法　激光光散射法是利用粒子被光束照射时向各个方向散射及一些光发生衍射的特性，以及光的散射强度和衍射强度与粒子大小及其光学特性有关的原理来获得粒子的大小及粒度分布。光散射或衍射的模式由粒子尺寸和入射波波长(激光 $\lambda = 632$nm)所决定。当 $d \gg \lambda$ 时，属于 Fraunhofer 衍射范围；当 $d \approx \lambda$ 时，属于 Rayleigh-Gans-Mie 散射范围。利用光子相关光谱(简称 PCS)仪器测量粒子尺寸是近年来发展较快的方法。PCS 法以激光为发射光源，用光子探测器测定粒子散射光强度的波动性。粒子在溶液中处于不断的热运动或布朗运动之中，粒子大小不同，扩散系数不同，其散射光强度波动性的频率也不同，通过适当的透镜和光电倍增器，确定粒子的扩散系数和粒子光波动时间特性的相关函数，可计算出与之同等大小的球体的半径。

f. 比表面积-粒度测定法　当流体通过粉末床时，流体的流速与粉末床的压力差呈线性关系，在固定的流速下，设粉末的外表面积为 S，体积为 V，则表面积-体积平均粒度 d 为：
$S/V = 6/d$

测试范围：2~75μm，减压条件下可测到 0.1μm。

(2) 粒子形态、应用及测定

颗粒的形状是一个颗粒的轮廓或表面上各点所构成的图像。颗粒的形状描述的术语有：球形、立方体、片状、柱状、鳞状、粒状、棒状、针状、纤维状、树枝状等。颗粒的形状对粉末的性质有直接影响，除了直接影响到粉末的流动性外，也影响诸如比表面积、磁性、固着力、增强性、填充性、研磨特性和化学活性。为了使产品性能优良，化学工业中对产品和添加剂的颗粒形状有不同要求，见表8-2。

表8-2 化工产品对颗粒形状的要求

产 品 种 类	对性质的要求	对颗粒形状的要求
涂料、墨水、化妆品	固着力强、反光效果好	片状颗粒
橡胶填料	增强性和耐磨性	非长形颗粒
塑料填料	高冲击强度	长形颗粒
炸药引爆物	稳定性	光滑球形颗粒
洗涤剂和食品工业	流动性	球形颗粒
磨料	研磨性	多角状

粉末粒子细小，具有较大的表面积，在研究粉体溶解速率和表面吸附方面，这种表面特性是十分重要的。在不同形状的粉末颗粒中，球形粒子的表面积最小，其他不对称粒子表面积要比球形粒子大，粒子愈不对称，单位体积的表面积就愈大。

测量颗粒形状的主要方法是图像分析仪。在前已述及的用直接观察法测量粒度的方法，实际上也是测量颗粒形状的方法。图像分析仪主要由光学显微镜、图像板、摄像机和微机组成。其测量范围为 $1\sim100\mu m$，若采用体视显微镜，则可以对大颗粒进行测量。有的电子显微镜配有图像分析系统，其测量范围可至 $0.001\sim10\mu m$。单独的图像分析仪也可以对电镜照片进行图像分析。

（3）微粉的比表面积与测定

比表面积是单位质量（或体积）中粉末的表面积。测定比表面积的常用方法有气体吸附法（BET）、流体透过法和浸润热法。

① 吸附法（BET法） 吸附法是根据粉末吸附气体的量来测定比表面积。即在低温、高真空等条件下，比较氮气被吸附前后的变化求出吸附量。在压力较低时，粉体表面吸附氮气形成单分子层；在压力较高时，就变成多分子层。若单分子层吸附的吸附量为 V_m（mol/g），被吸附气体分子的截面积为 A，阿伏加德罗常数为 N，则比表面积 S_w 可由下式计算：

$$S_w = ANV_m \qquad (8-3)$$

A、N 已知，式（8-3）中的 V_m 可通过 BET 公式计算。

吸附法测定有 BET 法定型仪器，将测定数据按 BET 式作图计算 V_m 后换算出表面积，进而可计算比表面积。

② 流体透过法 多孔微粒的比表面积除用吸附法外，还可用流体透过法测量。流体透过法是将流体通过微粉层，根据压力的变化及透过速率与微粉比表面积三者之间的关系求出比表面积。流体可选用气体或液体，粒子较粗时，因气体透过速度大，以液体为好；粒子较细时可选用气体。透过速率、压力变化与比表面积的关系可用 Kozeny-Carman 公式表示：

$$S = \left[\frac{\varepsilon^3 A \Delta ptg}{(1-\varepsilon)^2 k\eta LV}\right]^{\frac{1}{2}} \qquad (8-4)$$

式中，S 为粉末的比表面积，cm^2/g；ε 为孔隙率；A 为粉末床容器的截面积，cm^2；Δp 为透过气体或液体的压力差，N/cm^2；t 为透过前后压力变化所需时间，s；g 为重力加速度，cm/s^2；k 为常数，通常为 5.0 ± 0.5；η 为气体黏度，$Pa\cdot s$；L 为粉末床厚度，cm；V 为通过粉末床的气体或液体的量，cm^3。

透过法一般测试粒度范围为 $0.01\sim100\mu m$。

③ 浸润热法　固体或微粉被液体浸润时，若固体的表面能是均匀的，则释放的热量应与比表面积成正比，那么，$Q=qS_w$。如果样品被某一种液体浸润的浸润热 q 已知，用量热计测量一定量固体被该液体浸润后释放的热量 Q 即可求出比表面积 S_w。此法多用于多孔固体，或粒径很小的粉末状固体。

（4）微粉的密度和比容及测定

单位体积的质量称为密度。但对于粉末来说，由于粉末颗粒表面粗糙不规则，且内有裂缝和孔隙，因此体积的不同表示方法会得到不同结果的密度。为了方便起见，根据粉末体积的不同表示方法将密度分为三类：①真密度。除去微粒内孔隙和微粒间空隙的体积，而求出的真实固体的密度。②粒密度。除去微粒间空隙而求出的微粒的密度。③松密度。在量筒中根据松体积及相应体积干粉的质量而测出的密度。表观密度又称松密度。

密度的倒数称为比容。按密度类别不同，比容也相应分为比真容、比粒容、比松容。

① 真密度的测量　根据真密度的定义，对于一定质量 ω 的粉末，若能测量出真实物质的体积 V_P，即可按真密度 $\rho=\omega/V_P$ 求出。由于粉末微粒具有多孔性，且孔隙细小，液体一般不能进入或透过，故不能用液体置换法测定。Franklin 设计了用氦气测定物质真密度的方法，因为氦气可以透入固体细小孔隙而不被吸附。测定方法是，先通入已知质量的氦气到空仪器中，测知仪器的体积，然后将已称重的粉末放在样品管中，利用气体定律可以计算出围绕固体微粒外围空间以及钻入微粒内小孔隙及裂纹中氦气的体积之差，即为粉末所占有的真实体积 V_P。由于氦气能钻入其微小的裂缝和孔隙，所以一般认为用氦气测定的密度接近真密度。

如果将粉末用强大压力（近 700MPa）压成片，测定其体积和质量，求得的密度叫高压密度，这种密度与真实密度值十分接近。

② 粒密度　根据粒密度的定义，粒密度指粉体中包括微粒内孔隙而求出的密度。测量粒密度的方法常用液体置换法，常用的液体有汞、苯、水、四氯化碳等，其中以汞常用。汞具有较大的表面张力，在常压下能进入微粒间的空隙而不能钻进微粒内部的微孔。用汞测定的体积 V_g 是微粒的真体积与微粒本身的孔隙体积之和，再根据样品的质量 ω，即可按 $\rho_g=\omega/V_g$ 求出粒密度。

③ 松密度　根据松密度的定义，一般可按照以下方法来测定：将体积大约为 50cm³、预先通过筛孔径为 0.84mm（2 号筛）筛子后的粉末样品，小心地装入 100mL 的量筒中，每隔 2s 把量筒从 2.5cm 高处锤击在一块硬木表面上，共如此击 3 次，量筒读出的最后体积为 V_b，相应粉体的质量为 ω，则该样品的松密度 $\rho_b=\omega/V_b$。

根据松密度的大小，粉体可以为"轻质"与"重质"，"轻质"是指松密度较小的粉体，"重质"为松密度较大的粉体。

（5）微粉的流动性与测定

粉末的流动性是粉末的重要性质，是粉末的储存、给料、输送、混合等单元操作及其装置设计的基础。粉末的流动性对某些剂型加工也有重要影响，如粉末混合和颗粒剂制备时会影响其混合的均匀，另外对于自动包装分剂量也有重要影响。粉末的流动性可用休止角、流出速度和内摩擦系数来衡量。

① 休止角　静止状态的粉末堆集体自由表面与水平面之间的夹角叫休止角，可用 θ 表示。测定休止角的基本方法是使粉末经一漏斗自由流下并成堆，成堆（圆锥体）的高为 h，圆锥体基部半径为 r，则 $\mathrm{tg}\theta=h/r$。θ 越小流动性越好。

② 流出速度　在圆筒容器的底部中心部位开口(出口大小视粉末颗粒粒径大小而定)，把粉末装入容器内，测定单位时间流出的粉末量，即为流出速度。流出速度越大，粉体的流动性也越好。

③ 内摩擦系数　内摩擦系数是指粉体层间开始滑动时施加于粉体上剪断拉力(F)与所施加于粉体上的垂直重力(W)间的关系。内摩擦系数的测定如图8-1。剪断粉体层并使其滑动时，对剪断面所施加的垂直重力为W，剪断拉力为F，W与F的关系可用 Coulomb 公式表示为：$F=\mu W+C_i$。式中，C_i为粒子间凝聚力，μ为内摩擦系数。由上式可知，F与W成直线关系，μ为斜率，C_i为截距。μ和C_i越小，流动性越大。

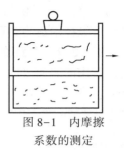

图8-1　内摩擦系数的测定

改善粉末流动性通常有三个方法：①适当增大粒径。粉末的分散度增大，则表面积增大，表面自由能增高，会产生自发的附着和凝聚，其流动性较差。因此适当加大粒度可以改善其流动性。②控制含湿量。含湿量大的粉末尤其是吸湿性大的粉末，随着含湿量的增加，其附着性和凝聚性会随之显著增加，从而使流动性降低。因此降低粉末的含湿量也可以改善其流动性。③添加少量细粉。粒径较大的粉末添加少量细粉也可改善其流动性。一般加入量为 1%~2% 为宜。添加助流剂可明显改善粉末的流动性。

(6) 微粉的吸湿性与测定方法

固体表面吸附水分子的现象称为吸湿。粉体具有大的表面积，把粉体放在空气中，有些粉末容易产生润湿、流动性下降、结块等物理变化，从而造成称量与混合困难。有些粉体还会发生变色、分解等化学变化。这些变化主要是粉体吸收容器中水汽引起的，粉体的这种现象称为吸湿性。

粉体的吸湿性决定于其在恒温下的吸湿平衡，吸湿平衡常用吸湿平衡曲线表示，即在各种温度下(温度为定值)测定平衡吸湿量，用平衡吸湿量对相对湿度作图就得吸湿平衡曲线。通常用临界相对湿度(CRH)来衡量粉末吸湿的难易。所谓临界相对湿度是指引起大量吸湿的相对湿度，也就是吸湿平衡曲线开始急剧吸湿的那一点所对应的相对湿度。

CRH 值的测定通常采用粉末吸湿法或饱和溶液法。

8.1.3　粉体表面改性

8.1.3.1　概述

物质经过微粉化后，许多性质如分散性、流动性、填充性、吸附性、溶解性、亲和性、悬浮性、伸展性等发生了巨大的变化，特别是粉碎过程中新生粒子的分散与团聚现象，对最终产品的细度起着至关重要的作用，并由此产生了微粉粒径控制、粉碎工艺、分级技术及超微粉体的输送、混合、均化、填充、包装、贮存、运输等一系列的问题，给超微粉体的应用带来了极大的困难，有时甚至无法体现超微粉体的特有功能和优势。正是这种情况促进了表面改性技术的诞生。

粉体的表面改性又称为"活性"处理或"活化"处理，是指用物理的、化学的或机械的方法和工艺，有目的地改变粉体表面的物理化学性质，以提高粉体的分散性、相容性、适应性等，发挥超微粉体的特有功能的技术。

粉体的表面改性机理主要有化学键、物理吸附、氢键形成等理论，此外有人还提出了表面浸润理论、摩擦层理论、变形层理论、可逆平衡理论等。

粉体的表面改性技术始于 20 世纪 70 年代，最初主要用于塑料、橡胶业，对填料进行表面改性，以改善填料的填充性为目的。随着超微粉碎技术的发展和研究的不断深入，对微粉的性能要求越来越高，如粒度分布范围要求越来越窄、要有高度的分散性、与其他物料有较好的相容性和使用功能等。因此，从某种意义上来讲，粉体的表面改性技术比超微粉体的制备和分级技术更为重要。改善超微粉体的表面特性是微粉领域亟待解决的课题。

8.1.3.2　表面改性方法

常用的表面改性方法见表 8-3。

表 8-3　常用的表面改性方法

方　法	原　理
表面包覆改性	采用高聚物或树脂，借助黏附力对粉体进行包覆改性
高能表面改性	利用等离子体、电晕放电、紫外线或辐射等手段进行表面改性
沉积（淀）反应改性	利用化学反应将生成物沉积在改性粉体的表面，形成一层极薄的包覆改性膜，改变超细粉体的表面特性
外层膜改性（微胶囊改性）	采用物理、化学或物理化学的方法将固体微粒或液滴包覆成膜，形成密封囊状粒子
表面化学改性	利用有机物分子中的官能团在无机粒子表面的吸附或化学反应对粒子进行局部包覆，使粒子表面有机化而达到表面改性
机械力化学改性	通过搅拌、冲击、粉碎、研磨等机械力的作用激活超细粉体和表面改性剂，使界面结构或化学性质发生变化，或通过机械应力对表面的激活作用和由此产生的离子和游离基，使表面改性剂高效紧密附着而实现表面改性

8.1.3.3　表面改性剂种类

粉体的表面改性主要是通过改性剂在粉体表面的吸附、反应、包覆或成膜而实现的。常用的表面改性剂有以下几类。

偶联剂：硅烷类、钛酸酯类、锆铝酸盐、硼酸酯类、磷酸酯类等。

表面活性剂：阳离子型、阴离子型、两性离子型、非离子型表面活性剂等。

有机聚合物：聚丙烯、聚乙烯等。

其他：如丙烯酸树脂、金属化合物及其盐类、不饱和有机酸等。

8.1.3.4　表面改性工艺及设备

表面改性的工艺和设备直接影响超微粉体的改性效果。常用的表面改性工艺有以下三种：

（1）在超微粉碎过程中进行表面改性处理

将表面改性剂超细化处理后或用其他溶剂将其溶解制成溶液，然后加入待超微化的粗粒中，混合均匀后一同加入超微粉碎设备中。物料在进行超微化的同时，由于新生粒子具有的较高的表面能和表面电荷，使表面改性剂被新生粒子的表面充分吸附，并在粉碎外力的作用下，使表面改性剂与新生粒子的外表紧密结合，达到较好的表面改性作用。

设备有超微粉碎设备如气流粉碎机、球磨机、搅拌磨、振动磨、撞击式粉碎机等。

（2）在超微粉碎后对超微粉体进行表面改性

将已超细化的成品与表面改性剂加入改性设备中，在一定的温度下采用机械方式进行搅拌，在混合过程中表面改性剂均匀地吸附或黏附于被改性粉粒的表面，并在外加机械力的作用下使紧密结合达到改性目的。

设备有高速搅拌混合机、高速捏合机、混合机、流化床、振动磨等。

（3）机械化学改性处理

当表面改性剂与被改性的粉体颗粒表面之间黏附性或吸附性较差时，通过强烈的机械力作用如挤压、摩擦、剪切等，颗粒产生游离基，并与改性剂发生离子键反应或分子量级上的吸附，进行良好的结合，完成包膜或成膜等改性过程。机械化学改性需特殊设备。

8.1.4 粉剂的组成和配制

8.1.4.1 粉剂的组成

粉剂是将有效组分和大量的填充剂(此外有时还添加一些助剂，如农药粉剂中的抗飘移剂、分散剂、黏着剂等)，混合研细制得。该剂型一般有效组分的含量较低。粉剂加工的目的是使有效成分能充分稀释和均匀分散在填充剂的小颗粒上，填充剂在使用中起着分散和携带有效组分的作用。精细化学品中，该剂型的产品很多，如香粉、爽身粉、洗衣粉、农药、医药粉剂等。

粉剂的有效成分浓度较低，加工时要混入大量的填料(填充剂)。应根据有效组分的性状选择适用的填料。填料按其表观密度分为高密度和低密度两类。表观密度高的填料有滑石、叶蜡石、黏土、碳酸钙等；表观密度低的填料有硅酸钙、硅藻土、漂白土、硅胶等。为了防止粉剂在贮藏过程中因温度高而结块，最好采用两类型混用的填料。填料按其吸着能力从大到小的次序排列如下：合成二氧化硅、硅藻土、活性白土、蒙脱土、高岭土、叶蜡石、膨润土、浮石、碳酸钙、石膏。当活性组分是液体，加工粉剂时需选择吸着性强的填料。此外，选择填料时还应考虑所用填料对活性组分有无分解作用。

8.1.4.2 粉剂的配制

粉剂的制造方法一般包括简单吸收法、反应吸收相结合法、干混法、喷雾干燥法和转鼓干燥法。

（1）简单吸收法

该法是先将干燥的固体组分投入到混合器内，开始搅拌，同时通过喷嘴将溶液慢慢泵入或注入，使其喷到粉末上，溶液的加入速率要调节好，使其到达粉状油料表面时即可被吸收，液体加完后继续搅拌几十分钟，将物料卸到地面上老化，如果液体组分含量较小(小于5%)，可免除老化过程。老化一般是起形成结晶和冷却的作用，如果使用高效混合器，老化和粉碎过程都可以省略。

简单吸收法的优点是设备简单，可用普通的叶片或粉剂混合机，如带式混合机、犁式混合机、螺旋混合机和掺混机。

配方 1　地面清洗剂

组　　分	含量/%	组　　分	含量/%
纯碱	77	烷基苯磺酸钠(40%活性物)	12
三聚磷酸钠	5	松油	1
五水偏硅酸钠	5		

制备：将纯碱、三聚磷酸钠和五水偏硅酸钠都投入混合器后，开始搅拌，缓慢地加入烷基苯磺酸钠，加完后，继续搅拌15min，再加入松油，松油掺入后，再继续搅拌1~2min，然后将粉剂卸到地面上进行老化

155

配方 2　粉饼

组　分	含量/%	组　分	含量/%
滑石粉	45.0	高岭土	20.0
氧化锌	15.0	轻质碳酸钙	10.0
硬脂酸镁	3.0	大米淀粉	2.0
着色颜料	适量	液体石蜡	3.5
肉豆蔻酸异丙酯	1.5	香料、防腐剂	适量

（2）反应吸收相结合法

反应吸收相结合法（中和吸收法）比简单吸收法的用途广，此法特别适合于制造含有溶剂的粉状洗涤剂。

此法所需的设备与简单吸收法相同，加工过程是先将固体粉末物料投入混合器内，启动混合机，在混合机运转时慢慢加入一种反应性组分，另一种组分则会通过反应来吸收加入的组分，并形成盐类等固态的物质。

配方 3　重垢型家用粉状洗涤剂

组　分	含量/%	
	100%型磺酸	90%型磺酸
轻质纯碱	58	58
羧甲基纤维素钠（66%活性物）	2	2
三聚磷酸钠	15	15
烷基苯磺酸	18	20
水	2	—
硅酸钠（40%溶液）	5	5

制备：首先将轻质纯碱、羧甲基纤维素钠、三聚磷酸钠加入混合机中混合，然后边搅拌边加入烷基苯磺酸，最后加入水、硅酸钠。混合后粉剂即可卸到地面上进行老化，一天后再通过粉碎机进行粉碎。

（3）粉剂的干混法

浓缩型喷雾干燥或转鼓干燥的粉状洗涤剂中，表面活性物的含量至少40%，有的高达60%以上。这种洗涤剂在粉剂混合机或干燥混合机中和其他所需组分一起掺混即可。在该方法中，配方中所有的物料大部分是经过干燥的，故混合这些组分时应尽可能避免粉状颗粒的受损，用立方形的混合机比较适宜。

配方 4　扑粉

组　分	含量/%	组　分	含量/%
滑石粉	65.0	氧化锌（或钛白粉）	10.0
高岭土	15.0	硬脂酸镁（或棕榈酸镁）	5.0
碳酸钙（或碳酸镁）	5.0	颜料、香料	适量

制备：组分干燥后用干混法配制。

（4）喷雾干燥法

喷雾干燥是将溶液、乳浊液、悬浊液或含水分的膏状材料、浆状材料变成粉状或颗粒状产品的工艺过程。它包括喷雾和干燥两个方面，喷雾是将料液经雾化器喷洒成极细的雾状液滴；干燥是由载热体（空气、烟气）同雾滴均匀混合，进行热交换，使水分蒸发而得到干燥的粉状或粒状产品。图8-2为一种喷雾干燥装置示意图。

喷雾干燥法与其他生产粉剂方法相比，有以下优点：配方不受限制，能掺入的有效组分含量比较高，粉剂中含水量和视密度均可在一定范围内变动。喷雾干燥的粉剂不含粉尘，可自由流动，不易结块，外观悦目，较轻，颗粒呈空心球状，表面积大，在水中易溶解。在一定限度内，热敏性原料也可以在喷雾干燥器内处理。但喷雾干燥法的缺点是设备投资大，需要耗费大量的燃料和固体填料。

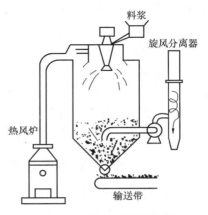

图8-2 顺流式喷雾干燥装置

（5）转鼓干燥法

转鼓干燥是利用转鼓干燥器，将料浆干燥的方法。这种制造工艺没有给人以好的印象，因为所产的薄片，不太美观，表面积较小，与喷雾干燥的粉剂相比，甚至中和吸附进行的精制粉比较，滚筒干燥的粉剂在水中溶解速度较慢，操作费用也较贵（与喷雾干燥器比较），并且经常有使成品焦化的危险。滚筒需用不锈钢制成，否则洗涤剂料浆会迅速腐蚀滚筒。

转鼓干燥器与喷雾干燥器比较有一个优点，就是它可以在很短时间内开车和停车，故可进行短期运转。

8.2 颗 粒 剂

8.2.1 概述

颗粒制剂就是用制粒的方法按相应的精细化工配方制成粒状制剂。该制剂是一种较大的粉剂颗粒，颗粒约为30～60目。制粒是把粉状、块状、溶液或熔融等状态的物料经加工制成具有一定形状与大小的粒状物的操作。制粒作为粒子的加工过程几乎与所有的固体制剂相关，制粒的全部工艺过程也与其他剂型的工艺有关，如真溶液制剂、胶体溶液制剂、混悬液制剂、半固体制剂，尤其与制粉技术密切相关。它与粉末的制取、粉末的分级等工艺过程都有直接联系，因此读者在学习本章内容时应参阅其他相关章节。制粒的颗粒物可能是最终产品，也可能是中间体，制粒操作使颗粒具有相应的目的性，以保证产品质量和生产的顺利进行。制粒过程遍及许多工业部门，在精细化工行业如洗衣料、食品和饲料、陶瓷原料、催化剂载体等方面都有广泛的应用。

制粒的目的根据所应用的行业各有不同，总的说来有以下多方面的目的：①为了准确定量、配剂和管理，如将药品制成各类片剂；②防止粉尘飞扬及器壁上的黏附，粉末的粉尘飞扬及黏附性严重，制粒后可防止环境污染与原料损失；③防止各成分的离析，配方中各成分的粒度、密度存在差异时容易出现离析现象，混合后制粒或制粒后混合可有效地防止离析；④防止某些固相物生产过程中的结块现象，如颗粒状磷胺和尿素的生产；⑤改善流动性，一般颗粒比粉末粒径大，每个粒子周围可接触的粒子数目少，因而黏附性、凝集性大为减弱，从而可大大改善颗粒的流动性，如陶瓷原料喷雾造粒后可显著提高成型给料时的稳定性；⑥降低有毒和腐蚀性物料处理作业过程中的危险性，如将烧碱、铬酐类压制成片状或粒状后使用；⑦调整堆密度，改善溶解性能，如一些速溶食品；⑧调整成品的孔隙率和比表面积，如催化剂载体的生产和陶粒类多孔耐火保温材料的生产；⑨改善热传递效果和帮助燃烧，如立窑水泥的烧制过程；⑩便于使用，携带运输方便，提高商品价值等。

在农药行业，粒剂对于粉剂和喷雾液剂有显著的补充作用。当庄稼长得茂密，人和药械难于入内，要杀地下害虫时，就非粒剂不可。牧草地需杀虫时又要保证牧草仍供饲用，只有能滚落到地面不留药迹的粒剂才能胜任。水田除草或杀虫，不让药剂殃及渔业和桑业，也只有用除草和杀虫的粒剂才能达到这一目的。

8.2.2 颗粒剂的配方组成及加工工艺

颗粒制剂的基本组成与粉剂相同，这里不再赘述。

不同行业的颗粒剂制备方法会有些差异，例如医药行业的常用制粒方法有：浸渍法、包衣法、捏合法；洗涤剂行业洗衣粉的制粒方法有：喷雾干燥法、附聚成型法、干式混合法。但总的说来，颗粒剂的常用制造方法有如下几种：压缩制粒、挤出制粒、滚动制粒、喷浆制粒、流化制粒，此外还有溶合法制粒、高速混合机制粒、流化床制粒、喷浆冷凝制粒、搅拌混合制粒、烘烤箱制粒等方法。

8.2.2.1 压缩制粒

压缩制粒是将混合好的原料粉体放在一定形状的封闭压模中，通过外部施加压力使粉体团聚成型。这是较为普通和容易的制粒方法，具有颗粒形状规则、均一、致密度高、所需黏结剂用量少和造粒水分低等优点。其缺点是生产能力低，模具磨损大，所制备的颗粒粒径有一定的下限。该造粒方法多被制药打锭、食品制粒、催化剂成型和陶瓷行业等静压制微粒磨球等工艺采用。

（1）压缩制粒机理

随着外部压力的增大，粉体中颗粒间的空隙逐渐减少。在增加压力的过程中，首先粉体填满模具有限空间，颗粒在原来微粒尺度上重新排列和密实化，这一过程通常伴随着原始粉末微粒的弹性变形和因相对位移而造成的表面破坏。在外部压力进一步增大后，由应力产生的塑性变形使孔隙率进一步降低，相邻微粒界面上产生原子扩散或化学键结合，在黏结剂的作用下微粒间形成牢固的结合，至此完成了压缩造粒的过程。当制成的颗粒脱模后，可能会因压力解除而产生微量的弹性膨胀，膨胀的大小依原料粉体的特性而有所差异，严重的可能导致制品颗粒的破裂。

（2）影响压缩制粒的因素

影响压缩造粒的因素很多，主要有原粉的粒度和粒度分布、压缩造粒助剂、湿度、作业温度等。本节重点讨论粒度和粒度分布以及制粒助剂对压缩制粒的影响。

① 粒度和粒度分布　原料粉末的粒度分布决定着粉末微粒的理论填充状态和孔隙率，压缩制粒需要原粉微粒间有较大的结合界面，因此原粉粒度越细制品强度就越高，原料粒度的上限决定产品粒度的大小。但是，粉末越细，体积质量越小，原粉的压缩度限制了原粉不能太细，因为原粉太细则夹带空气较多，势必要减小压缩过程的速度，导致产量降低。在实际生产中，可以把要造粒的原粉在储料罐里减压脱气，经过这样预处理后可以降低原料粉体的压缩度。

如上所述，压缩制粒是原料中微粒间界面上的结合，因此原粉颗粒的表面特性对压缩制粒有着重要影响。用粉碎法制备的粉体表面存在着大量的不饱和键及晶格缺陷，这种新生表

158

面的化学活性特别强，容易与相邻颗粒形成界面上的化学键结合和原子扩散。但是，如果原粉放置较长时间，这些颗粒表面被蒸汽、水分和更微细的颗粒吸附，原粉的表面活性就会逐渐"钝化"，因此应尽可能用刚刚粉碎后的原料粉体进行压缩制粒。

② 助剂　在压缩制粒过程中，常需要采用润滑剂来帮助压应力均匀传递并减少不必要的摩擦。根据填加方式的不同，可以分为内润滑剂和外润滑剂两类。内润滑剂是与粉体原料混合在一起的，它可以提高给料时粉体的流动性和压缩过程中原始微粒的相对滑移，也有助于制品颗粒的脱模。内润滑剂的添加量一般为 0.5%～2%，过量使用可能会影响微粒表面的结合，从而降低制品强度。外润滑剂涂抹在模具的内表面，可以起到减小模具磨损的作用，即使微量添加也有显著的效果。若没有添加外润滑剂，颗粒与模具表面的摩擦力阻碍了压应力在这一区域的均匀传递，导致内部受力不匀，造成产品颗粒内部密度和强度的不均匀分布。因此，从这一点考虑，添加外润滑剂减小外部摩擦不仅仅是保护模具的问题，也是提高造粒质量和产量的手段。常用的液体润滑剂有水、润滑油、甘油、可溶性油水混合物、甘醇和硅酮类，固体润滑剂有滑石、石墨、硬脂酸、硬脂酸盐、干淀粉和二硫化钼等。

在压缩制粒中使用的外加剂还有黏结剂、润湿剂、塑化剂、杀菌剂和防霉剂等。其中黏结剂与润滑剂对颗粒制品强度的影响最大。黏结剂强化了原始微颗粒间的结合力；润滑剂通过降低原始微颗粒间的摩擦促进颗粒群密实填充，从而在整体上提高制品颗粒的强度。黏结剂的作用形式可以分为三类：第一类是以石蜡、淀粉、水泥、黏土等黏结剂为基体，将原始微颗粒均匀地混合在其中制成复合颗粒；第二类是以黏结剂将原始微颗粒黏结在一起，水分蒸发或黏结剂固化后在微颗粒界面上形成一层吸附牢固的固化膜，制成以原料粉体为基体的颗粒，这类黏结剂主要有水、水玻璃、树脂、膨润土、胶水等；第三类是选择合适的黏结剂，使其在原始颗粒表面上发生化学反应而固化，从而提高微颗粒间界面的强度，这类化学反应主要有氢氧化钙+二氧化碳、氢氧化钙+糖蜜、水玻璃+氯化钙等。

黏结剂的选择主要靠经验，不同行业各自有不同的特点和习惯。选择黏结剂一般考虑如下问题：黏结剂与原料粉体的适应性及制品颗粒的潮解问题；黏结剂是否能湿润原始微颗粒的表面；黏结剂本身的强度和制品颗粒强度要求是否匹配；黏结剂的成本。在选择了几种可行的黏结剂后，须通过试验来确定最好的种类、添加量和添加方式。表 8-4 列出了在压缩制粒过程中常使用的几种助剂用量和适应性。

（3）压缩制粒机械

① 压粒机　压粒机是借助于偏心曲轴驱使下的上下冲头在压模内进行相对运动来完成压粒过程的，有单冲头压粒机和转盘式压粒机两种。目前单冲头压粒机的最大生产能力为每分钟 200 粒，而转盘式压粒机可高达每分钟 10000 粒左右。转盘式压粒机要求原料有很好的流动性和黏结性，一般情况下需要添加黏结剂和润滑剂等辅助材料。

表 8-4　压缩制粒中常使用的助剂

名　称	添加量/%	催化剂	陶瓷	化工	食品	制药
黏结剂						
海藻胶	0.5～3	—	优-良	良-中	良-中	良
糊精	1～4	—	优	良	良	优
明胶	1～3	—	—	优-良	优-良	优

159

名　　称	添加量/%	催化剂	陶瓷	化工	食品	制药
葡萄糖	1~5	—	优	优	良	优
骨胶	1~5	—	差	优	—	—
天然树胶	1~5	—	优	优	优	优
乳胶	5~20	—	—	良	良	优
沥青	2~50	差	—	优	—	—
树脂	0.5~5	优	优	优	—	—
食盐	5~20	—	—	良	—	—
水玻璃	1~4	—	中	良	—	—
淀粉糊	1~3	—	优	良	优	优
蔗糖	2~20	—	—	优-良	优-良	优
液态硫	1~5	—	优	优	—	—
石蜡	2~5	—	中	中	差	差
水	0.5~25	优	中	—	中	中
润滑剂						
膨润土	1~4	—	—	差	—	差
硼酸	2~5	—	—	差	—	差
石墨	0.25~2	优	—	优	—	—
油脂	0.25~1	—	优	中	中	中
肥皂	0.25~2	—	—	中	—	差
淀粉	1~5	—	—	中	中	良-中
硬脂酸铝	0.25~2	良	良	良	—	—
硬脂酸钙	0.25~2	优	优	优	优	优
硬脂酸钠	0.25~2	—	—	良	—	良
硬脂酸锌	0.25~2	优	优	优	—	—
硬脂酸	0.25~2	良	良	优	优	优
滑石	1~5	中	良	—	—	优
石蜡	1~5	—	良-中	中	—	差
水	0.1~5	优	优	中	中	中

②　辊式压粒机　辊式压粒机主要由两只等速相对转动的辊子组成，原料在螺旋给料机的推送下被强制压入辊子的缝隙中，随着辊子转动原料逐渐接近辊子间最狭窄部位，根据辊子的表面形式不同可直接得到颗粒或得到片状饼块，再将其破碎筛分便可获得各种粒度的不规则颗粒。该设备生产的颗粒形状可灵活调整，而且处理量大，可达每小时数十吨。大部分粉状物料都能采用这种方法进行制粒，并可以获得多种形状的颗粒制品。其缺点是颗粒表面不如压粒机所制的颗粒精细。主要的生产成本是辊子的磨损、更换和能量消耗。

8.2.2.2 挤出制粒

挤出制粒是将配方原粉用适当黏结剂制备软材后，投入带有多孔模具(通常是具有筛孔的孔板或筛网)，用强制挤压的方式使其从多孔模具的另一边排出，再经过适当的切粒或整形的制粒方法。这是较为普遍和容易的制粒方法。它要求原料粉体能与黏结剂混合成较好的塑性体，适合于黏性物料的加工。所制得的颗粒的粒度由筛网的孔径大小调节，粒子形状为圆柱状，粒度分布窄，但长度和端面形状不能精确控制。挤压压力不大，致密度比压缩造粒低，可制成松软颗粒。挤出制粒的缺点是：黏结剂、润滑剂用量大，水分高，模具磨损严重，制粒过程经过混合、制软材等，程序多、劳动强度大。挤出制粒因其生产能力很大，广泛应用于农药颗粒、催化剂载体、颗粒饲料、食品制粒等过程中。

(1)影响挤出制粒的因素

一般说来，挤出制粒的工艺过程依次为：混合、制软材、压缩、挤出和切粒、干燥等工序。制软材(捏合)是关键步骤，在这一工序中，将水和黏结剂加入粉料内，用捏合机充分捏合。黏结剂的选择与压缩制粒过程相同，黏结剂用量多时软材被挤压成条状，并会重新黏结在一起，黏结剂用量少时不能制成完整的颗粒而成粉状，因此在制软材的过程中选择适宜的黏结剂及适宜的用量是非常重要的。但是，软材质量往往靠熟练技术人员或熟练工人的经验来控制，可靠性与重现性较差。捏合效果的好坏将直接影响挤出过程的稳定性和产品质量，一般来说，捏合时间越长，泥料的流动性越好，产品强度也越高。与压缩制粒相同，原料粉体适度偏细将使捏合后泥团的塑性提高，有利于挤出过程的进行，同时细颗粒使粒间界面增大，也能提高产品的强度。

从挤出制粒的机理上讲，挤出制粒是压缩制粒的特殊形式，其过程都是在外力作用下原始微粒间重新排列而使其密实化，所不同的是挤出制粒需先将原始物料塑性化处理、挤出过程中随着模具通道截面变小，内部压应力逐渐增大，相邻微粒界面在黏结剂的作用下形成牢固的结合。

(2)挤出制粒设备

挤出制粒设备主要有螺旋挤压式、旋转挤压式、摇摆挤压式等几种型式，如图 8-3 所示。

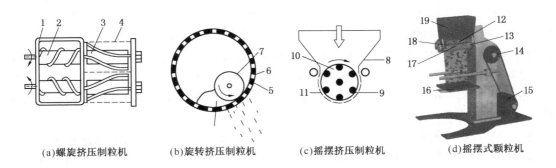

(a)螺旋挤压制粒机　(b)旋转挤压制粒机　(c)摇摆挤压制粒机　(d)摇摆式颗粒机

图 8-3　挤出式制粒机示意

1—外壳；2—螺杆；3—挤压滚筒；4—筛筒；5—筛圈；6—补强圈；
7—挤压辊子；8—料斗；9—柱状辊；10—转子；11，12—筛网；13—滚筒；
14—胶带轮；15—电动机；16—接受盘；17—刮刀；18—管夹；19—加料斗

由于挤出制粒产品水分较高，后续干燥工艺是不可缺少的，而且也是非常重要的。为了防止刚挤出的颗粒堆积在一起发生粘连，多对这些颗粒采用高温热风扫式干燥，使颗粒表面迅速脱水，然后再用振动流化干燥。

挤出制粒具有产量大的优点，但所生产的颗粒为短柱体，通过整形机处理后可以获得球状颗粒，用这种方法生产的球形颗粒比滚动成型的密度要高。

8.2.2.3 滚动制粒

滚动制粒是在造粒过程中粉料微粒在液桥和毛细管力的作用下团聚在一起形成微核，团聚的微核在容器低速转动所产生的摩擦和滚动冲击作用下不断地在粉料层中回转、长大，最后成为一定大小的球形颗粒。滚动制粒法的优点是处理量大，设备投资少，运转率高。缺点是颗粒密度不高，难以制备粒径较小的颗粒。在希望颗粒形状为球形、颗粒致密度不高的情况下，大多采用滚动制粒。该方法多用于立窑水泥成球、粒状混合肥料及食品的生产中，也可用于颗粒多层包覆工艺制备功能性颗粒。

（1）滚动制粒机理

如上所述，在滚动制粒中粉料在液桥的作用下团聚在一起形成微核，进而生长成颗粒，因此液桥力的作用在滚动制粒中是很重要的。事实上，液桥力在挤出制粒以及后面将要介绍的喷浆制粒、流化制粒等湿法制粒中均有重要作用，凡是湿法制粒均应有液桥力的作用，这一点是需要注意的。

滚动制粒等湿法制粒首先是黏结剂中的液体将粉料表面润湿，使粉粒间产生黏着力，然后在液体架桥和外加机械力作用下形成颗粒，再经干燥后以固体桥的形式固结。在制粒过程中，当液体的加入量很少时，颗粒内空气成为连续相，液体成为分散相，粉粒间的作用来自架桥液体的气–液界面张力，此时称为液体在颗粒内呈悬摆状；适当增加液体量时，空隙变小，空气成为分散相，液体成为连续相，颗粒内液体呈索带状，粉粒的作用力取决于架桥液体的界面张力与毛细管力；当液体量增加到刚好充满全部颗粒内部空隙而颗粒表面没有润湿液体时，毛细管负压和界面张力产生强大的粉粒间结合力，此时液体呈毛细管状；当液体充满颗粒内部和表面时，粉粒间结合力消失，靠液体的表面张力保持形态，此时为泥浆状。一般来说，在颗粒内的液体以悬摆状存在时颗粒松散，以毛细管状存在时颗粒发黏，以索带状存在时得到较好的颗粒。以上通过液体架桥形成的湿颗粒经干燥可以向固体架桥过渡，形成具有一定机械强度的固体颗粒。这种过渡主要有 3 种形式：将亲水性粉料进行制粒时，粉粒之间架桥的液体将接触的表面部分溶解，在干燥过程中部分溶解的物料析出而形成固体架桥；将水不溶性粉料进行制粒时，加入的黏结剂溶液作架桥，靠黏性使粉末聚结成粒，干燥时黏结剂中的溶剂蒸发，残留的黏结剂固结成为固体架桥；为使含量小的粉料混合均匀，将配方中的某些粉料溶解于适宜的液体架桥剂中制粒，在干燥过程中溶质析出结晶而形成固体架桥。

在滚动制粒中，粉料在液桥和毛细管力的作用下团聚形成许多微核是滚动制粒的基本条件，微核的聚并和包层是颗粒进一步增大的主要机制。微核的增大究竟是聚并还是包层以及其表现程度取决于其操作方式(间歇或连续)、原料粒度分布、液体表面张力和黏度等因素。在间歇操作中，结合力较弱的小颗粒在滚动中常常发生破裂现象，大颗粒的形成多是通过这些破裂物进一步包层来完成的，当原料平均粒径大于 $70\mu m$ 并且粒度分布集中时，上述情况表现突出；与此相反，当原料平均粒径小于 $40\mu m$、粒度分布也较宽时，颗粒的聚并则成为颗粒变大的主要原因。这类颗粒不仅强度高，不易破碎，而且经过一定的时间滚动后，过多

162

的水分渗出到颗粒表面，更容易在颗粒间形成液桥和使表面塑化，这些因素都促进了聚并过程的进行。随着颗粒变大，聚并在一起的小颗粒之间分离力增加，从而降低了聚并过程的效率，因此难以以聚并机制来提高形成较大颗粒的速度。在连续操作中，从筛分系统返回的小颗粒和破裂的团聚体常成为造粒的核心，由于原料细粉中的微粒在水分的作用下易与核心颗粒产生较强的结合力，由此原料粉体在核心颗粒上的包层机制在颗粒增大过程中起着主导作用。聚并形成的颗粒外表呈不规则的球形，断面是多心圆；包层形成的颗粒是表面光滑的球形体，断面呈树干截面样年轮。

（2）影响滚动制粒的因素

① 原料粉体的影响　原料粉体的比表面积越大，孔隙率越小，作为介质的液体表面张力越大，一次颗粒越小，所得团聚颗粒的强度越高。因此，为了获得较高强度的颗粒，对原料粉体有两点要求：第一，一次颗粒尽可能小，粉粒比表面积越大越好，但是考虑到经济性和使用上的方便，粉料不能太细，一般在325目左右。第二，要获得较小的空隙率，所用粉料的一次颗粒最好为无规则形状，这有利于团聚体的密实填充，具有一定粒度分布的原料也能达到降低空隙率的目的。由机械粉碎方式得到的粉体恰恰能满足这一要求。

② 黏结剂的影响　添加黏结剂是提高滚动制粒强度的重要措施之一。常用的黏结剂及选用与压缩制粒类似，其中水是常用的廉价黏结剂。黏结剂通过充填一次颗粒间的孔隙，形成表面张力较强的液膜而发挥作用，有些黏结剂例如水玻璃还可以与一次颗粒表面反应，形成牢固的化学结合。黏结剂的选用除了要选择适宜品种外，还应注意量的问题，过少不起作用，过多则造成颗粒表面粗糙和颗粒间的粘连。对于某些适宜的产品，有时为了促进微粒的形成，在原料粉体中加入一些膨润土细粉，利用其遇水后膨胀和表面浸润性好的特点改善制粒强度。

③ 原料中水分的影响　原料中的水分是形成原始颗粒间液桥的关键因素。滚动成型前粉料的预湿润有助于微核的形成，并能提高制粒质量。

（3）滚动制粒的方法及设备

滚动制粒设备可以分为两类：转动制粒机和搅拌混合制粒机。

① 转动制粒机　在原料粉末中加入一定量的黏结剂，在转动、摇动、搅拌等作用下使粉末结聚成球形粒子的方法叫转动制粒。这类制粒设备有圆筒旋转制粒机、倾斜锅以及近年来出现的离心制粒机，如图8-4和图8-5所示。

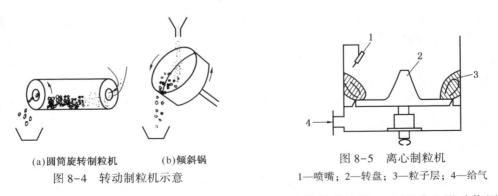

(a)圆筒旋转制粒机　　　(b)倾斜锅　　　图8-5　离心制粒机
图8-4　转动制粒机示意　　　　　　　　1—喷嘴；2—转盘；3—粒子层；4—给气

在转动制粒过程中，首先在少量粉末中喷入少量液体使其润湿，在滚动和搓动作用下使粉末聚集在一起形成大量的微核，这一阶段称为微核形成阶段；微核在滚动时进一步压实，并在转动过程中向微核表面均匀喷入液体和撒入粉料，使其继续长大，如此多次反复，就得到一定大小的丸状颗粒，此过程称为微核长大阶段；最后，停止加入液体和粉料，在继续转动、滚动过程中多余的液体被挤出吸收到未被充分润湿的包层中，从而使颗粒被压实，形成具有一定机械强度的微丸。

转动制粒机所得的微丸外表光滑且粒度大小均匀，便于操作观察，生产能力大，多为间歇操作，多用于药丸的生产，但作业时粉尘飞散严重，工作环境不良，由于各种随机因素的影响，操作的经验性较强。

近年来新出现的转动制粒机又叫离心制粒机。容器底部旋转的圆盘带动物料做离心旋转运动，从圆盘的周边吹出的空气流使物料向上运动的同时在重力作用下使物料层上部的粒子往下滑动落入圆盘中心，落下的粒子重新受到圆盘的离心旋转作用，从而使物料不停地做旋转运动，有利于形成球形颗粒。黏结剂向物料层斜面上部的表面定量喷雾，靠颗粒的激烈运动使颗粒表面均匀润湿，并使散布的粉末均匀附着在颗粒表面，层层包裹，如此反复操作可以得到所需大小的球形颗粒。调整在圆盘周边上升的气流温度可对颗粒进行干燥。

② 搅拌混合制粒机　将粉料和黏结剂放入一个容器内，利用高速旋转的搅拌器的搅拌作用迅速完成混合并制成颗粒的方法叫搅拌混合制粒。从广义上说，搅拌混合制粒也属于滚动制粒的范畴，它是在搅拌桨的作用下使物料混合、翻动、分散甩向器壁后向上运动，并在切割刀的作用下将大块颗粒绞碎、切割，并和搅拌桨的作用相呼应，使颗粒得到强大的挤压、滚动而形成致密而均匀的颗粒。由此可见，其微核生成和长大的机理与滚动制粒相同，只是颗粒长大的过程不是在重力或离心力作用下自由滚动，而是通过搅拌器驱使微颗粒在无规则的翻滚中完成聚并和包层。在搅拌混合制粒机中，部分结合力弱的大颗粒被搅拌器或切割刀打碎，碎片又作为核心颗粒经过包层进一步增大，随着物料从给料端向排料端的移动，颗粒增大与破碎的动态平衡逐渐趋于稳定。

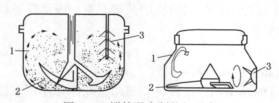

图 8-6　搅拌混合制粒机示意
1—容器；2—搅拌器；3—切割刀

常用的搅拌混合制粒机如图 8-6 所示。其构造主要由容器、搅拌桨、切割刀组成。

操作时先将粉料倒入容器中，盖上盖，先把物料搅拌混合均匀后加入黏结剂，搅拌制粒，完成制粒后倾出湿颗粒或从安装于容器底部的出料口自动放出湿颗粒，然后进行干燥。

搅拌混合制粒是在一个容器内进行混合、捏合和制粒，与传统的挤出制粒相比具有省工序、操作简单、快速等优点。该方法处理量大，制粒又是在密闭容器中进行，工作环境好，所以多应用于矿粉和复合肥料的造粒过程。另外，改变搅拌桨的结构、调节黏结剂的用量及操作时间可制备致密、强度高的颗粒，也可以制备松软的颗粒。但所制备颗粒的粒度均匀性、球形度等不及前述的滚动制粒。该设备的另一个缺点是不能进行干燥，为了克服这个弱点，最近研制了带干燥功能的搅拌混合制粒机，即在搅拌混合制粒机的底部开孔，物料完成制粒后通热风进行干燥，可节省人力、物力，减少人与物料接触的机会。

8.2.2.4　喷浆制粒

喷浆制粒是将溶液、浆体或混悬液用雾化器喷雾于干燥室内的热气流中，使溶剂（水分）迅速蒸发制备细小干燥颗粒的方法。它包括喷雾和干燥两个过程。该法在数秒钟内即完成料液的浓缩、干燥、制粒过程，原料液含水量可达 70%~80% 以上。以干燥为目的的过程称为喷雾干燥，以制粒为目的的过程称为喷雾制粒。料浆首先被喷洒成雾状微液滴，水分被热空气蒸发带走后，液滴内的固相物就聚集成了干燥的微粒。对于用微米和亚微米级的超细粉体制备平均粒径为几十微米至数百微米的细小颗粒来说，喷浆制粒几乎是唯一而且很有效的方法。该方法多被食品、医药、染料、非金属加工、催化剂和洗衣粉等行业采用。

在喷浆制粒过程中，雾滴经过受热蒸发，水分逐渐消失，而包含在其中的固相微粒逐渐浓缩，最后在液桥力的作用下团聚成所需的微粒。在雾滴向微粒变化的过程中也会发生相互碰撞，聚并成较大一点的微核，微核间的聚并和微粒在核子上的吸附包层是形成较大颗粒的主要机制。上述过程必须在微粒中的水分完全脱掉之前完成，否则颗粒就难再增大。经过干燥后，液体架桥向固体架桥过渡，干燥颗粒以固桥力结合，但由于没有外力的作用，喷浆制粒所制备的颗粒强度不是太高，并且呈多孔状。

喷浆成雾后初始液滴的大小和浆体浓度决定着一次颗粒的大小。浓度越低，雾化效果越好，所形成的一次微粒也就越小，但受水分蒸发量的限制，喷浆的浓度不能太低。改变干燥室内的热气流运动规律可控制微粒聚并与包层过程，从而调整制品颗粒的大小。热风的吹入量和温度可直接影响干燥强度和物料在干燥器内的滞留时间，这也是调整制品颗粒大小的手段。

8.2.2.5 流化制粒

流化制粒是利用流化床床层底部气流的吹动使粉料保持悬浮的流化状态，再把水或其他黏结剂雾化后喷入床层中，粉料经过沸腾翻滚逐渐聚结形成较大颗粒的方法。由于在一台设备内可完成混合、制粒、干燥过程，又叫一步制粒。这是一种较新的制粒技术，目前在食品、医药、化工、种子处理等行业中得到了较好的应用。

（1）流化制粒机理与影响因素

流化制粒过程与滚动制粒机理相似，物料粉末靠黏结剂的架桥作用相互聚结成粒。当黏结剂液体均匀喷洒于悬浮松散的粉体层时，首先，液滴使接触到的粉末润湿，粉体颗粒以气-液-固三相的界面能作为原动力团聚成微核，同时继续喷入的液滴落在微核的表面上，在气流的搅拌、混合作用下，微核通过聚并、包层逐渐长大成为较大的颗粒。在带有筛分设备的闭路循环系统中，返回床内的细碎颗粒也常作为种核的来源，这对于提高处理能力和产品质量是一项重要措施。干燥后，粉末间的液体架桥变成固体架桥，形成多孔性、表面积较大的柔性颗粒。

流化床制粒的影响因素较多，除了黏结剂的种类、原料粒度的影响外，操作条件的影响也较大。空气的空塔速度影响物料的流态化状态、粉粒的分散性、干燥的快慢；空气温度影响物料表面的润湿与干燥；黏结剂的喷雾量影响粒径的大小，喷雾量增加则粒径变大；调节气流速度和黏结剂喷入状态可控制产品颗粒的大小并对产品进行分级处理。

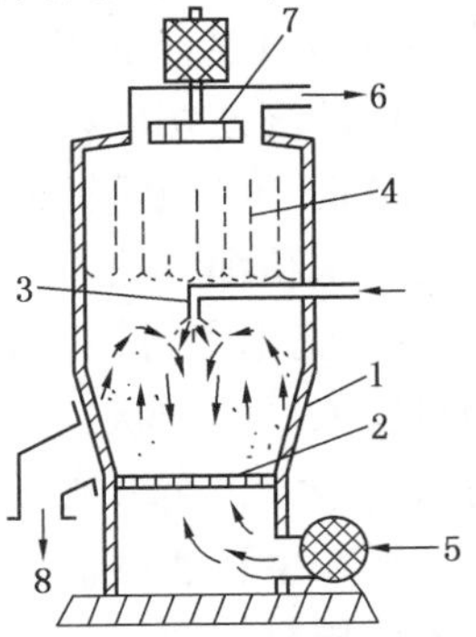

（2）流化制粒设备

流化床制粒机如图8-7所示。流化床制粒装置主要由容器、气体分布装置（如筛板等）、喷嘴、气固分离装置（如袋滤器）、空气进口和出口、物料排出口组成。操作时，把物料粉末与各种辅料装入容器中，从床层下部通过筛板吹入适宜温度的气流，使物料在流化状态下混合均匀，然后开始均匀喷入黏结剂液体，粉末开始聚

图8-7 流化床制粒装置
1—容器；2—筛板；3—喷嘴；
4—袋滤器；5—空气进口；
6—空气排出；7—排风机；
8—产品出口

结成粒，经过反复的喷雾和干燥，当颗粒的大小符合要求时停止喷雾，形成的颗粒继续在床层内送热风干燥，出料送至下一步工序。

流化制粒根据处理量和用途不同，有连续和间歇两种作业形式。如果处理批量小，产品期望粒径为数百微米，可间歇批次作业方式的流化制粒设备。该设备的运转特点是先将原料粉流态化，然后定量喷入黏结剂，使粉料在流态化的同时团聚成所希望的微粒，原始颗粒的聚并是该过程的主要机理。当处理量较大时，则应选用连续式流化制粒设备。它是在原料粉处于流态化时连续地喷入黏结剂，颗粒在床内翻滚长大后排出机外。这类装置多由数个相互连通的流化室组成。多室流化床可提供不同的工艺条件，使制粒的增湿、成核、滚球、包覆、分级、干燥等不同阶段分别在各自的最佳操作条件下完成。在某些情况下，这种设备可用于对已有的颗粒进行表面包层处理，如药物表面包衣和细小种子的丸粒化处理。

流化床制粒可以在一台设备内进行混合、制粒、干燥甚至是包衣等操作，设备是一个密闭的流化床，因此，操作安全、卫生、方便，简化工艺、节约时间、劳动强度低；制得的颗粒粒密度小、粒子强度小，但颗粒粒度均匀，流动性、压缩成形性好。但该方法建立在流态化技术的基础上，经验性较强。

目前，对制粒技术及产品的要求越来越高，为了发挥流化床制粒的优势。出现了一系列以流化床为母体的多功能的新型复合制粒设备，如搅拌流化制粒机、转动流化制粒机、搅拌转动流化制粒机等。

8.2.2.6　其他制粒法

（1）熔合法制粒

熔合法制粒又叫热塑法制粒，主要在医药工业中有较多应用，已成为缓释颗粒的最简便制法，又可用于速释、遮味、防止挥发性成分挥发及制作小丸等。其基本制法是用低熔点辅料如各种蜡类、硬脂酸、十八醇、聚乙二醇等作熔合剂，与其他一些原料一同加热、搅拌，熔合剂熔融时粉末便黏结成粒状或团块，趁热制粒，冷却即成。熔合剂也可先熔化或熔化后最后加入。与湿法制粒相比，其优点是：省去了烘干工艺，对易氧化及热敏性成分有利；制法简单，技术性不强，重现性好。

以下简单介绍熔合法制粒的方法。

① 高速混合机制粒　用转速为 1200 r/min 以上的高速混合桨使熔合剂及其他原粉料和辅料在强力混合下相互摩擦发热，约在 15~20min 内便升温至熔合剂熔化及制粒的温度，混合机中的高速切碎刀将团块剪切成粒状。经工艺研究，用 15%~20%聚乙二醇 6000 或 3000 作熔合剂，磷酸氢钙或乳糖作辅料，混合加热时间为 30min，结果表明熔合剂用量与其他物料的粉末粗细有关。

② 流化床制粒　由流化床制粒机底部鼓入温度约高于熔合剂熔点 30℃ 的空气，使各种物料粉末呈沸腾状，当熔合剂熔融时，接触的粉末即被黏附，随后熔融液渗出表面，又黏附粉末而增大，至形成所需大小后，换热空气为冷空气，使颗粒冷固即成。熔合剂熔融液黏度小的颗粒生长速度快，熔合剂粉末的形状、大小影响颗粒的外观，熔合剂的用量与物料粉末的表面积有关。

③ 喷浆冷凝制粒　用一般喷浆制粒设备，将进入的热空气改为室温空气或冷空气，熔合剂、原粉料、辅料做成热熔融混悬液或溶液，由泵喷射成液滴，随即冷凝成颗粒。如粒状甘露醇就可以用此法生产，甘露醇的药物混悬液或溶液可以用此法作成颗粒，胆舒通与脂肪酸多甘油酯也可用此法制成缓释颗粒。

④ 搅拌混合制粒　用可倾、有搅拌的不锈钢夹层锅，将熔合剂、原粉料和辅料放入后，不断加热搅拌，保持温度在熔合剂熔点以上约10℃，制成软材后，在搅拌下由夹层通水冷却至宜于制粒的软度时倾出，趁热在挤出制粒装置中制粒，冷却后用筛网整粒。

⑤ 烘烤箱制粒　将原粉料、辅料与颗粒状熔合剂聚乙二醇6000（用量为8%~17%）混匀，再经粉碎机打粉混合后，在80~85℃烘箱内加热约3h，放冷，过筛即成颗粒。

（2）球晶制粒法

球晶制粒法是球形晶析制粒法的简称，又叫液相中晶析制粒法。它是使原料在液相中析出结晶的同时借液体架桥和搅拌作用聚结成球形颗粒的方法，因为颗粒的形状为球状，所以叫球晶制粒。球晶制粒法是纯原料结晶聚结在一起形成球形颗粒，其流动性、充填性、压缩成形性好，因此在医药工业中可少用或不用辅料进行直接压片制成片剂。近年来，该技术进一步发展，成功地应用于功能性微丸的制备，即在球晶制粒过程中加入高分子物共同沉淀，研制成功了缓释、速释、肠溶、胃溶性微丸，漂浮性中空微丸，生物降解性毫微囊等。球晶制粒法是根据液相中悬浮的粒子在液体架桥剂的作用下相互聚结的性能发展起来的，原则上需要3种基本溶剂，即使原料溶解的良溶剂、使原料析出结晶的不良溶剂和使原料结晶聚结的液体架桥剂。液体架桥剂在溶剂系统中以游离状态存在，即不混溶于不良溶剂中，并优先润湿析出的结晶，使之结聚成粒。下面简单介绍球晶制粒法的制备方法和机理。

① 球晶制粒方法　球晶制粒法常用的方法是将液体架桥剂与原料同时加入良溶剂中溶解，然后在搅拌下再注入不良溶剂中，良溶剂立即扩散于不良溶剂中而使原料析出微细结晶，同时在液体架桥剂的作用下使析出的微晶润湿、聚结成粒，并在搅拌的剪切作用下使颗粒变成球状。液体架桥剂的加入方法也可根据需要，或预先加至不良溶剂中，或析出结晶后加入。

② 球晶制粒机理　球晶制粒过程大体有两种方式：一种是湿式球形制粒法，当把原料溶液加至不良溶剂中时，先析出结晶，然后被架桥剂润湿、聚结成粒。另一种是乳化溶剂扩散法，当把原料溶液加入不良溶剂中时，先形成亚稳态的乳滴，然后逐渐固化成球形颗粒。在乳化溶剂扩散法中先形成乳滴，是因为原料与良溶剂及液体架桥剂的亲和力较强，良溶剂来不及扩散到不良溶剂中的结果，而后乳滴中的良溶剂不断扩散到不良溶剂中，乳滴中的原料不断析出，被残留的液体架桥剂架桥而形成球形颗粒。乳化溶剂扩散法广泛应用于功能性颗粒的粒子设计上。

球晶制粒法是在一个过程中同时进行结晶、聚结、球形化过程，结晶与球形颗粒的粉体性质可通过改变熔合剂、搅拌速度及温度等条件来控制；制备的球形颗粒具有很好的流动性，接近于自由流动的粉体性质；利用原料与高分子的共沉淀法可以制备功能性球形颗粒，方便，重现性好。随着球晶制粒技术的发展，如能在合成的重结晶过程中直接利用该技术制粒，不仅省工、省料、节能，而且可以大大改善颗粒的各种粉体性质。另外，在功能性颗粒的研制中也有广阔的发展前景。

8.2.2.7　制粒方法的选择

以上介绍的制粒方法各有特点，需要根据其特点和原料性质、产品要求等进行选择。制粒是受多种因素影响的工艺过程，选择合适的制粒方式最好的方法是比较现有的各类实例，然后进行分析，比较其优缺点，初步确定制粒方法后，再进行小型试验，找出不足之处进行改进。当然，最佳方式的选择还应有一定的理论指导和遵循一定的原则，首先是要明确所要解决的问题和希望产品达到的指标，然后比较各类制粒过程的能力和特点。所需要考虑的因素主要从以下几方面入手。

（1）原料因素

根据不同原料的特性需选用不同的制粒方法。如考虑滚动制粒，需要考察粉料是否有足够的细度，若原料颗粒太大则不宜用滚动制粒；若选用挤出制粒，则需考虑原粉料与水或其他液体捏合后是否具有一定塑性；若是湿法粉磨或液相合成的浆状产物，需考虑是否容易雾化，若容易雾化则可考虑用喷浆制粒，但选用喷浆制粒则又需考虑原料的热敏性。

（2）产品要求

不同的制粒方式所得产品的粒度差别很大，如喷浆制粒的粒度小，可以达到微米级，而压缩制粒的产品粒径一般都较大，甚至可以制备小丸，所以应根据所需的粒度选择制粒方式。搅拌混合制粒、流化制粒等方法得到的产品是形状不十分规则的球形颗粒，而滚动成粒可获得较光滑的圆球体，对于特殊形状的规则颗粒制备则需要借助压缩和挤出制粒方式。对于产品颗粒形状的选择应考虑后续工艺的要求和方便，如定量包装则颗粒应外表光滑呈球形。对颗粒强度要求不高或不希望其强度太高时可选用喷浆制粒方式，如速溶颗粒食品、洗衣粉等。若要求颗粒强度很高则需要考虑用压缩制粒并添加适当黏结剂，甚至成型后再烧结，如研磨介质颗粒的生产。颗粒的孔隙率和密度这两项指标也直接影响到产品的强度，如用于催化剂载体颗粒的生产，孔隙率和强度的同时提高是一对矛盾，孔隙率和密度的大小可通过工艺操作参数来调整。

（3）其他因素

不同的制粒方法单位时间处理量差别很大，不同的制粒方式的设备占用空间差别也很大，因此必须考虑设备、土建的投资和加工成本。干法生产工艺将不可避免地导致粉尘产生，因而不适合有毒有害或其他危险粉料的制粒；但湿法制粒需要制粒后干燥，消耗能源，并浪费掉一些溶剂，某些原料不能与水接触，或在干燥过程中再结晶形成其他结构，这些都不适宜湿法制粒。

8.2.3 颗粒剂应用示例

8.2.3.1 洗衣粉

洗衣粉是较典型的颗粒制剂，在颗粒制剂中具有一定的代表性，且具有典型的精细化工产品特点，适合中小企业甚至个体生产，因此在本节中以较大的篇幅做详细介绍。

（1）洗衣粉原料

① 常用的表面活性剂　阴离子表面活性剂是洗衣粉中常用的主要活性物，非离子表面活性剂用量在增大，两性和阳离子表面活性剂由于价格问题用量很少。直链烷基苯磺酸盐（LAS）在世界各地的洗衣粉中都是主要活性物，其价格/性能比至今未被其他任何产品超过，预计今后一段时间内仍将保持这种格局。α-烯烃磺酸盐（AOS）和α-磺基脂肪酸甲酯单钠盐（MES）在日本用得较多，有望成为禁磷以后LAS的主要替代品种。长链脂肪醇硫酸盐（SLS）在北美地区用量较大，在高温下有很好的洗涤效果，并提供柔软效应。脂肪醇醚硫酸盐（AES）使用比较普遍，在很多合成洗涤剂中都能使用。脂肪醇聚氧乙烯醚（AEO）的用量正在扩大，适合冷加工洗衣粉的制造。值得注意的是传统产品肥皂，由于加入钙皂分散剂技术的日益完善，复合皂或超能皂正卷土重来。

② 洗涤助剂　洗涤助剂又叫助洗剂，简称助剂。合成洗涤剂中洗涤助剂的作用是提高

和改善合成洗涤剂的综合性能。首先，要提高合成洗涤剂的洗涤性能，可以通过选择适当的碱性助洗剂、螯合剂等，除助洗剂本身具有去污性能外，还与表面活性物起协同作用，使表面活性物的作用得到增效，同时还螯合或沉淀掉那些消耗表面活性物或助洗剂本身的硬离子，起到对水硬度的调节作用，而且这些助洗剂对洗涤液 pH 值的稳定性给予保证，适当的 pH 值有利于洗涤性能的提高。第二，通过选择适当的助洗剂，可以对各种性质的纤维及其织物上吸附的各类污垢进行省力的较彻底的洗脱，脱附的形式包括物理的和化学的过程。第三，通过选择适当的助洗剂，可以将脱附的各种污垢始终分散悬浮在洗涤废液中，使洗净的织物不再重新吸附这些污垢，起到抗污垢再沉积的作用。第四，通过选择适当的助洗剂，可以使合成洗涤剂的外观尽善尽美，使洗衣粉具有良好的颗粒结构。另外，通过选择适当的助剂，还可以使洗衣粉制造时便于成型，使之具有良好的外观，增加其商品性，便于分装和使用，降低成本。常用的洗涤助剂有以下一些品种。

a. 磷酸盐　磷酸盐是目前合成洗涤剂中最主要的螯合剂，具有很好的螯合碱土金属离子、软化硬水的能力，可提高活性物的可用性，同时它们本身就具有很好的洗涤去污作用。常用的磷酸盐是三聚磷酸钠、焦磷酸钠、焦磷酸钾、六偏磷酸钠等。洗衣粉中用得最多的是价格低、综合性能好的三聚磷酸钠。三聚磷酸钠俗称五钠，在合成洗涤剂配方中与 LAS 协同效应好，可明显提高 LAS 在硬水中的去污力和泡沫力，对洗脱污垢也有分散、乳化、胶溶作用。同时，三聚磷酸钠还对含氧漂白剂、荧光增白剂有增效作用。

由于磷酸盐导致水源富营养化，一些国家和地区已开始禁止、限制在合成洗涤剂中使用磷酸盐，并广泛开展代磷研究。代磷研究的一个方面是寻找无需磷酸盐配伍而在硬水中具有良好的去污综合效能的活性物，目前已经发现 MES、AOS 等具有这样的特点；另一方面是开发磷酸盐的代用品，如聚丙烯酸及其衍生物、氮川三乙酸（氨三乙酸）、柠檬酸盐、亚胺磺酸盐、4A 沸石等，但任何一种代用品在性能/价格比上仍未超过或达到三聚磷酸钠的水平。

b. 沸石　洗涤剂中常用的沸石为 4A 沸石，它是一种不溶于水但能在水中悬浮分散的微粒。4A 沸石孔穴结构中所带的钠离子可与水中的钙、镁离子交换，因而能软化水，而且有一定助洗能力。由于 4A 沸石对钙、镁离子的交换速度都比较慢，因此需要与交换速度快的螯合剂如柠檬酸盐、聚羧酸盐等复配使用。4A 沸石尽管还达不到聚磷酸盐的性能/价格比水平，但仍属目前代磷最成功的代用品，在欧洲和日本已得到了广泛的应用。

c. 碳酸钠　碳酸钠是一种 pH 值调节剂，除了可与污垢中的酸性物质反应成皂而提高去污力外，还可使溶液 pH 值不会下降。在低磷或无磷洗衣粉配方中，碳酸钠常与其他助剂复配，以补偿一定的去污作用。但配方中碳酸钠的用量不宜太大，否则会刺激皮肤，损伤织物，并会形成不溶性钙、镁盐沉积在织物上。

d. 硅酸钠　硅酸钠是一种 pH 值调节剂和胶溶悬浮剂，其缓冲能力很强，可以保持洗涤液的适度 pH 值，直到硅酸盐完全耗尽，帮助将污垢悬浮胶溶在洗涤液中，并可对金属特别是铝制品提供防蚀作用。在低磷、无磷配方中，增加硅酸钠用量，与磷酸钠复配，可起到助洗和补偿去污力损失的作用。

e. 抗再沉积剂　抗再沉积剂的作用是通过分散、悬浮、胶溶、乳化等方式防止脱除的污垢重新返回到织物上。肥皂具有较好的抗再沉积作用；合成洗涤剂如 LAS 则较差，需要补加一些抗再沉积剂。对棉织物适用的抗再沉积剂，用量最大的是羧甲基纤维素钠盐（CMC）。对化纤织物，CMC 抗污垢再沉积效果不佳，目前用聚乙烯吡咯烷酮、聚羧酸盐等。

f. 硫酸钠　硫酸钠是合成洗衣粉中用量最大的添加剂，主要起填充作用，所以又叫填料。硫酸钠可以起到增加固含量，提供电解效应，帮助降低表面活性剂的临界胶束浓度，改善洗衣粉料浆的加工性能等作用。

g. 水溶助长剂　在洗衣粉配方中加入水溶助长剂的主要目的是增加配方的可加工性，如增加洗涤剂的总固体含量、提高洗衣粉料浆的流动性和可增溶性等。常用的品种有甲苯磺酸盐、二甲苯磺酸盐等。

h. 漂白剂、酶和荧光增白剂　织物中有一些污垢不易被表面活性剂除去，需要有特殊添加剂帮助除去。织物上的不易被表面活性剂去除的可漂性化学物如草渍、果汁、咖啡、茶渍等，这类污垢可以通过添加化学漂白剂去除。常用的含氧漂白剂有过硼酸钠或过碳酸钠、含氯漂白剂次氯酸钠等，同时还需添加一些漂白稳定剂如 EDTA（乙二胺四乙酸）助其稳定，添加一些活化剂如 TAED（四乙酰乙二胺）、酰氧基苯磺酸盐等助其在低温下漂白。脂肪酶有助于将脂肪如油脂分解成易于分散在水中的甘油单酯或双酯；蛋白酶可以分解蛋白质，如血渍、奶渍、肉汁和排泄物等；纤维素酶有助于解开污垢与纤维的结合，使其易于去除；淀粉酶有助于分解淀粉。荧光增白剂在洗涤剂中用量很小，一般为 $0.1\% \sim 0.5\%$，但它可以通过吸收紫外线发射荧光，对某些可见光产生反射，并与织物发出的黄光互补而使织物外观更洁白鲜艳。

i. 其他添加剂　作用是使洗涤剂具有悦人的色泽和香气。常用的色素为蓝色或淡绿色染料；在配方中加入香精可以使洗涤剂产品本身香气宜人，并在织物洗晒后留香持久。另外，目前开发的多功能洗涤剂还需添加柔软和抗静电组分，如双十八烷基二甲基卤化铵或阳离子咪唑啉衍生物等，以使织物洗后有蓬松、柔软、平滑、无静电吸附的感觉。

（2）洗衣粉的配方

洗衣粉按不同的分类方法有很多品种，它们的基本区别表现在表面活性剂品种、用量和添加剂上。一般洗衣粉的基本组成为：表面活性剂（15%～30%）、无机盐类（40%～60%）、羧甲基纤维素钠（1%～2%）、香精（0.1%～0.2%）和特殊要求添加剂（荧光增白剂、酶制剂、消泡剂、消毒剂、皂基，0.1%～1%）。通用洗衣粉和无磷洗衣粉配方见表8-5和表8-6。

表8-5　通用洗衣粉配方

组　分	含量/%	组　分	含量/%
直链烷基苯磺酸钠（LAS）	20	脂肪醇硫酸盐（AS）	10
硫酸钠	30	碳酸钠	7
硅酸钠	5	三聚磷酸钠（STPP）	25
复合酶	2	CMC	1
增白剂	≈0.1	色素、香精	≈0.1

表8-6　无磷洗衣粉配方

组　分	含量/%	组　分	含量/%
烷基苯磺酸钠	17.5	羧甲基纤维素	2.5
硅酸钠	12	荧光增白剂	0.5
碳酸钠	30	水分	3
芒硝	34.5		

8.2.3.2 水分散性农药颗粒剂

从剂型和物理性能来看，水分散性颗粒剂是当今农药剂型中具有较多优越性和竞争力的一种新剂型、一种发展中的颗粒剂。它适用于加工液体、水溶性固体或不溶于水固体的各种农药有效成分，无论什么有效成分都可以用适当的方法加工成水分散性颗粒剂。水分散性农药颗粒剂的主要特点是：施药方便，产品没有粉尘，无环境污染；颗粒遇水就会马上被润湿、在沉入水下的过程中迅速崩解，并很快分散成极小的微粒，99.7%的微粒可以通过325目筛；分散在液体中的颗粒只需稍加搅拌，细小的微粒即能很好地分散在溶液中，直到药液喷完仍能保持均匀性，且再悬浮稳定性好，配好的药液如果当天没用完，第二天经搅拌仍能重新悬浮起来，不影响使用；含有效成分高，相应体积小，贮存稳定性好。水分散性农药颗粒剂既具有颗粒剂的一切优点，又具有悬浮剂高分散的性能，有人认为是今后农药剂型的发展趋势。

为了保证农药水分散性颗粒剂的化学及物理性能，这类配方一般由农药有效成分、润湿剂、分散剂、抗凝聚剂、防结块剂、消泡剂等组成。表8-7为农药与磷盐类液体肥料混合颗粒剂的一个典型配方。

表 8-7   农药与磷盐类液体肥料混合颗粒剂的配方

组　分	含量/%	组　分	含量/%
农药有效成分	80	消泡剂	0.3
润湿剂	2	崩解剂	3
分散剂	8	填料	加至100
隔离剂	0.5		

就水分散性颗粒剂的制备方法而言，前述的颗粒剂制粒方法基本上都可以用于水分散性农药颗粒剂的制备，不再赘述。

8.2.3.3 固体制剂加工流程

在固体制剂的制备过程中，首先将功效性组分(如活性药物成分)进行粉碎与过筛(如果该组分的粒度大小及分布已经达到细度要求可直接与赋形剂混合)，然后根据需要加工成各种剂型。如与其他组分均匀混合后直接分装，可获得散剂；如将混合均匀的物料进行造粒、干燥后分装，即可得到颗粒剂；如将制备的颗粒压缩成形，可制备成片剂；如将混合的粉末、颗粒或微丸分装入胶囊中，可制备成胶囊剂等，其加工流程见图8-8。

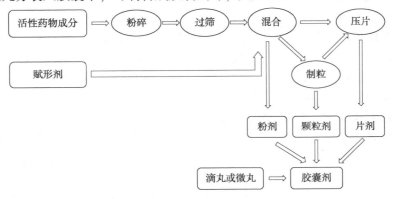

图 8-8   固体制剂加工流程

对于固体制剂来说物料的混合度、流动性和填充性对制剂成型过程非常重要，如粉碎、过筛、混合是保证活性组分含量均匀度的主要单元操作过程，良好流动性、填充性可以保证产品的准确剂量。实践中通过制粒或添加助流剂等方法来改善流动性和填充性。

8.3 微 胶 囊

胶囊技术是利用惰性多聚的天然或合成的高分子材料将固体、液体或气体材料包裹在一个微小密闭的胶囊之中，形成一种具有半透膜或密封的囊膜，并在一定条件下有控制地将所包裹的材料释放出来。其优越性在于：可有效减少活性物质对外界环境因素的反应，减少芯材向环境的扩散或蒸发，控制芯材的释放及改变芯材的物理性质、化学性质等。

微胶囊从外观看是一些细小的颗粒，其粒度范围主要在 5 ~300μm 之间，当粒度小于5μm 时，布朗运动很剧烈，因此很难收集这样的微胶囊；当微胶囊超过 300μm 时，其表面静电摩擦系数会突然减小，但这也不是绝对的。囊壁的厚度一般在 0.2μm 至几微米之间，一般制备会超过 10μm。微胶囊可以呈多种形状，一般呈球状，也有呈米粒状、肾形、谷粒形、絮状或块状。囊壁可以是单层结构或是多层结构，微胶囊还可以包埋一种或多种芯材。

自 Chang 于 1957 年首次报道了乳化、喷雾干燥和静电法三种制备微胶囊方法以来，制备微胶囊的新方法、新技术为许多研究者所研究，到目前已经有许多制备微胶囊的方法，有化学法、物理化学法和物理法三种。化学法包括界面聚合、原位聚合、乳化、辐射化学法等；物理化学法一般有相分离法(含水溶液相分离和有机相分离两种)、溶剂蒸发法、界面沉积法以及喷雾干燥法等；物理法包括静电沉积、气相沉积法、流化床喷雾法、真空蒸汽沉积法等。进入 20 世纪 70 年代以后，微胶囊技术的工艺日益成熟，应用范围也逐渐扩大，已从最初的药物覆盖和无碳复写纸扩展到食品、农药、肥料、饲料等各个行业。

8.3.1 微胶囊的特点及应用

8.3.1.1 微胶囊的特点

（1）改变物料的存在状态、质量和体积

液态物质或半固态物质经微胶囊化后，可得到干燥的颗粒状固体物，虽然在使用上具有固体特征，但其内部相仍然是液体或半固体，这样会很好地保持其原有物态的反应性，同时也提高了其流动性且便于加工、贮藏和运输。

（2）隔离活性组分、保护敏感性物料

微胶囊具有防护芯材物质免受环境中的湿度、氧气、光、pH 值等不良因素的影响，提高贮藏加工的稳定性，这对于一些不稳定的敏感性物料特别有利。另外，由于微胶囊化后隔离了各成分，所以能阻止活性成分之间的化学反应。但当微胶囊外壳被破坏时，两种活性成分相互接触，反应即可发生。

（3）降低挥发性，掩蔽不良风味

易挥发的物料经微胶囊化后，能够抑制挥发，因此能存放较长的时间；另外，可以掩蔽臭味、辛辣味、苦味等不良风味。这一特性对于香料香精工业、食品工业等意义非凡。

（4）控制释放

微胶囊释放作用需有两个前提条件，一是要控制释放的活性组分应被包埋在囊壁内；二是合理设计囊壁所处的环境介质，即环境与囊心的传输相适应。当微胶囊分散在所处环境介质中，芯材从囊心内向外界环境释放，直至达到芯材的传质平衡，而这个平衡是由芯材在微胶囊与环境介质中的分配系数决定的。如果芯材在介质中易溶解，则芯材就会很快地传输释放而分散在外界介质中，因此就不能有效控制芯材的释放。反之，如果芯材在外界介质中不易溶解，那么芯材会难以释放。控制释放系统中芯材的机理可分为物理和化学两个过程。物理过程主要通过扩散和渗透作用实现释放过程，即芯材通过扩散穿透壁材。化学释放过程是通过芯材与壁材之间形成的化学键断裂，从而使芯材有效地释放出来，键的断裂多为水解和生物降解过程。

8.3.1.2 微胶囊的应用

微胶囊技术是一门应用广泛且发展迅速的技术，经过几十年的不断发展，该技术已相继在纺织、功能材料、食品、制药、农用化学品、香精香料、饲料、照相材料、机械以及日用化妆品等工业领域中得到广泛的应用。

（1）微胶囊技术在纺织领域的应用

近年来应用于纺织领域的微胶囊技术层出不穷，如微胶囊织物软化剂和洗涤剂，使用微胶囊的热变色染料、光致变色染料可用于制作色变织物和传感纤维，以及用于自清洁、自修复材料等高科技智能纺织品的特殊微胶囊等。

（2）微胶囊技术在功能材料等领域中的应用

功能材料是新材料领域的核心，涉及各个领域，微胶囊由于具有独特的性能在该领域有着独特的应用。由相变物质填充制成的微胶囊可以有多种使用形式。将微胶囊与红外线吸收涂料或可见光伪装涂料混合后，涂覆在目标表面，形成热红外线吸收层，或是兼具红外和可见光作用的涂层，在红外隐身领域具有广阔发展前景。利用相变材料可蓄热、放热的特点，制成调温微胶囊应用于建材中可具有储热、调温功能，具有节能潜力。将护肤整理剂角鲨烷微胶囊整理到织物上，利用微胶囊的缓释特性，使织物在使用过程中缓慢释放角鲨烷，对人体皮肤起到滋润保湿的功效。香料微胶囊油墨能在印刷物上附着芬芳香味并能长时间保留，大量用于宣传广告的印刷。

（3）微胶囊技术在食品行业中的应用

香料和风味剂具有易挥发特性，在食品加工或贮藏过程中，香料和风味剂的损失经常发生。微胶囊化技术可以很好地保护这些物质，提高其加工性和稳定性。微胶囊化香料和风味剂作为添加剂，应用于食品工业的许多方面如焙烤食品中，可以减少在焙烤中由于水分的蒸发而带走部分香料的损失，以及避免香料在高温下变质；用于膨化食品中，可以减少由于水分的快速蒸发而引起的香料的损失；用于口香糖中，可以使香料在口中咀嚼时持续一段时间；用于汤粉食品中，可以避免香味物质在贮运和生产过程中的损失，也可以掩盖如洋葱、大蒜之类的强烈性气味。

（4）微胶囊技术在制药行业中的应用

微胶囊化药物是近年制药工业中应用新技术新工艺的一个突出代表，像中草药的提取就是一个明显的例子。随着新的中草药提取工艺的出现，目前已经从天然中草药中提取多种有效成分，如多糖、黄酮、生物碱、挥发油、萜类、糖苷等。药效成分明确、易变质的中草药提取物微胶囊化对延长药物作用时间、组织和器官的集中给药治疗、屏蔽药物的刺激性气味、提高疗效、增强稳定性、提高中药材的附加值和档次，开发中药剂型都有不可低估的价值。

国内微胶囊剂型用于中药研究不多，产品很少，而达到纳米级的微胶囊更少。一种中药提取物的纳米级微胶囊生产技术在西安实现产业化并通过产品技术鉴定，该干草微胶囊微粒达到纳米级，平均粒径为(19 ± 1)nm，用数层纳米粒子包围的药物进入人体后，药物在人体内传输更为方便，可主动搜索并攻击靶细胞或修补损伤组织。

（5）微胶囊技术在饲料工业的应用

为了提高牛奶中不饱和脂肪酸的含量，需要在奶牛饲料中添加油酸、亚油酸等不饱和脂肪酸或不饱和脂肪酸含量高的植物油。但是这些脂肪酸进入牛胃后即被吸收，并在消化过程中被转化成饱和脂肪酸，只占总脂肪酸含量的2.7%。研究又表明，把二氯甲烷、氯仿、四氯化碳等氯代甲烷掺到反刍动物的饲料中，有使其在胃消化过程中产生甲烷等无用物质的量减少的趋势，而丙酸、丁酸等有益营养成分增加。但这些氯代甲烷都是有难闻气味的易挥发液体，很难均匀掺合到饲料中，饲喂时需采用特殊的方法，而制成微胶囊粉末，就避免了以上困难。此外，尿素微胶囊化后，可以减少投喂次数，避免氨中毒和尿素适口性差的缺点。

（6）微胶囊技术在乳品加工业中的应用

补血奶粉的生产是将维生素C和亚铁盐等先进行微胶囊化处理，然后再将所制得的微胶囊按照一定的比例混入到奶粉中制成Vc亚铁补血奶粉。由于在该产品中采用了微胶囊化技术，从而也就解决了Vc和亚铁盐在贮存的过程中极易被氧化变色等技术难题。实践证明该产品的贮存期长达一年之久，在食用的过程中，维生素C可使亚铁的价态保持不变，并与亚铁一起形成可溶性的配合物，促进了铁的吸收。该产品保证了铁进入人体后合成血红蛋白所需要的蛋白质，从而可有效地防治缺铁性贫血。

（7）微胶囊技术在农药行业中的应用

由于将农药封闭于微胶囊里，控制了光、热、空气、水及微生物的分解作用和无效的流失、挥发，可以制成水悬浮微胶囊剂或微胶囊粉剂，就可以避免使用大量的有机溶剂，降低成本，减少环境污染，提高药效。另外由于性能的改善，使其性能稳定，对人畜安全。

总之，微胶囊的应用范围非常广泛，随着技术的进步，应用范围还会扩大，将会有新的应用领域出现。

8.3.2 微胶囊的壁材和芯材

8.3.2.1 壁材

壁材是决定微胶囊性能的最重要因素，针对不同的应用，微胶囊壁材有不同的要求。选择微胶囊壁材要从囊心物的性质、微胶囊产品的应用性能来考虑。一般应考虑壁材的弹性、渗透性、可降解性及其形成微胶囊时的温度、浓度等。一种理想的壁材必须具有如下特点：①高浓度时有良好的流动性，保证在微胶囊化过程中有好的可操作性能；②良好的溶解性能；③在加工过程能够乳化囊心形成稳定的乳化体系；④胶囊易干燥及容易脱落；⑤对于活性生物的微胶囊材料需有很好的生物相容性。

目前，按照微胶囊的壁材来源可分为天然高分子壁材、半合成高分子壁材及合成高分子壁材三大类。天然高分子壁材一般无毒、免疫原性低、生物相容性好、可降解且降解产物无副作用，是最常用的壁材。一般有脂质（如卵磷脂等）、多糖（如淀粉、壳聚糖、琼脂、阿拉伯胶等）、蛋白质（如明胶、纤维蛋白、白蛋白等）等。半合成高分子材料主要为纤维素衍生物类如羧甲基纤维素、羧甲基纤维素钠、丁乙酸纤维素等，这类材料的特点是毒性小、黏度大、成盐后溶解度增大。用于微胶囊壁材的全合成高分子材料分为可生物降解和不可降解的两类。可生物降解如聚乳酸、聚氨基酸、聚乳酸-聚乙二醇嵌段共聚物等，其特点是无毒、成膜性好、化学稳定性高。非降解的如聚氯乙烯、聚苯乙烯等，其特点是成膜性好、化学性质稳定，但有些对活性生物会造成毒害作用。

壁材按照溶解性能可分为：①水溶性壁材，包括天然胶类（如明胶、阿拉伯胶等），部分纤维素类（如羧甲基纤维素、羧甲基纤维素钠等）以及亲水性聚合物（聚乙二醇、聚乙烯醇等）；②非水溶性壁材，包括水不溶性聚合物（聚酰胺、聚甲基丙烯酸酯等）；③肠溶性壁材，如虫胶、邻苯二甲酸乙酸纤维素等。

8.3.2.2 芯材

微胶囊芯材可以是单一固体、液体或气体，也可以是固、液、气诸相混合体。可用作芯材的物质很多，在不同行业、不同用途中有不同内容。芯材性质不同则所采用的微胶囊化工艺不同，如用相分离凝聚法时，芯材是易溶的或难溶的均可，但界面缩聚法则要求芯材必须是水溶性的。另外要注意芯材与壁材的比例适当，如芯材过少，则易生成无芯材的空囊。

现在已知用作芯材的物质有胶黏剂、催化剂、除垢剂、增塑剂、稳定剂、油墨、涂料、染料、颜料、溶剂、液晶、金属单体等。常用于胶囊化的芯材可分为：①香料、气体等挥发性很高的物质，若将其常规添加到产品中会很快挥发，难以进行处理和稳定质量。若将其胶囊化，使其在需要时可重现功能。②某些液体反应性物质在涂料和黏合剂等中用作固化剂或混合催化剂，使用前需将2种或3种液体混合，由于它们的寿命受到限制，所以在连续生产流水线上未被使用，如将其胶囊化，则其应用将不受到限制。③杀虫剂、农药等有毒物质微胶囊化为缓释型微胶囊，不仅可使其效果长期保持，提高使用效率，且可降低环境污染。④对光、氧和湿度敏感的化合物通过将其微胶囊化，可延长使用寿命和使用范围。如将对光敏感的染料微胶囊化，则由于光分解微胶囊壁而成为新型的光记录材料。⑤微胶囊化可改变物质的功能，如将密度小的物质微胶囊化，能提高其使用性能。

8.3.3 微胶囊的性质和质量

8.3.3.1 微胶囊的性质

微胶囊的性质主要包括微胶囊的形态、结构及粒径；微胶囊中芯材的释放；微胶囊囊壁的厚度等。

（1）微胶囊的形态、结构及粒径

微胶囊的形态与芯材的大小和性质、壁材的性质及微胶囊化的方式有关。微胶囊的结构随着工艺条件的不同而有差异，微胶囊的表皮材料一般用蛋白质、植物胶、纤维素、合成聚合物、玻璃等，并有一层、二层、三层结构；中心可装入气体、液体，也可以充入固体物，内容物微粒数目可以从一个到数万个。微胶囊粒径的大小直接影响芯材的释放，影响到对易氧化芯材的保护效果，影响装载芯材的量、有机溶剂残留量等。影响粒径大小的因素主要有芯材的粒径、制备方法、制备温度、制备时的搅拌速率、壁材溶液的黏度、乳化条件等。

（2）微胶囊中芯材的释放

控制释放是微胶囊化的主要目的之一，也是微胶囊的重要特性之一。微胶囊芯材的释放按扩散、膜层破裂和囊膜降解3种方式进行：

① 扩散　通过选择合适的壁材、控制制备条件，可使胶囊膜具有渗透作用。芯材随液体（如水、体液等）的渗入而逐渐溶解，并向外扩散，直至囊膜内外的浓度达到平衡。

② 膜层破裂　囊壁因挤压、摩擦而破坏，如口香糖中的甜味剂和香精。微胶囊的芯材可在水或其他溶剂中因壁材的溶解而释放，这是最简单的释放方法，如喷雾干燥法制造的粉

末香精和粉末油脂；也有因温度的升高致使壁材融化。

③ 囊膜降解　囊膜受热、溶剂、酶、微生物等影响而破坏，释放所包裹的物质。有意识地选择壁材和包囊方法，可使芯材在指定的 pH 值、温度、湿度下释放，如利用高分子材料的溶解性随体内各部位 pH 值不同而改变的特点，使壁材在指定部位溶解而释放出包裹的物质。聚乙烯基吡啶类在酸性条件下溶解，属于胃溶性高分子聚合物，而苯乙烯-马来酸酐在碱性条件下溶解，是肠溶性高分子聚合物，选用不同的壁材可改善包裹物对胃肠道的不良刺激。

（3）微胶囊囊壁的厚度

微胶囊囊壁的厚度与控制芯材的释放、保护芯材关系密切。囊壁厚度可用光学显微镜及电子显微镜进行测定，也可以通过测定微胶囊的质量、密度等值求得。

影响囊壁厚度的因素主要有制备工艺、芯材量、芯材的粒径、壁材的化学结构等。

8.3.3.2　微胶囊的质量

对于微胶囊产品来说，针对不同的芯材，选用不同的壁材和不同的方法制得的微胶囊性能可能相差很大，有时对于同种壁材，由于微胶囊化工艺条件的差异，也会引起质量的不一致。因此微胶囊的质量评价就很重要。

（1）微胶囊的形状测定

微胶囊可采用光学显微镜、扫描或电子显微镜观察形状并提供照片，也可以采用图像分析仪测定形状。微胶囊的形态一般为圆整球形或卵圆形的封闭囊状物。

（2）微胶囊的粒径及分布的测定

不同用途的微胶囊对粒径有不同的要求。微胶囊粒径的测定有多种方法，如库尔特计数法、激光法等都可用于粒径及其分布的测定。

（3）芯材含量的测定

芯材含量是评价微胶囊产品的重要指标之一，采用的方法根据具体产品及不同的芯材性质作具体的选择。如对挥发油类微胶囊的含量测定通常采用索氏提取法来测定并计算含油量，对其他类型的微胶囊产品多数采用溶剂提取法来进行。

（4）溶出速率

通过微胶囊溶出速率的测定可直接反映出芯材的释放速率，溶出速率也是评价微胶囊质量的主要指标之一。对于不同的微胶囊产品，根据其不同的用途特点对其使用的持续时间和效果进行测定。

（5）微胶囊的装载率和包埋率

① 装载率是指一定质量的固体微胶囊内装载芯材的百分数，可由下式计算：

装载率 =（微胶囊内芯材质量/微囊的总质量）×100%。

对于粉末状微胶囊，可以直接测定装载率。对于液体介质中的微胶囊，可用离心或过滤等方法分离微胶囊，再按粉末状微胶囊的方法测定装载率。

② 包埋率是指微胶囊内芯材的质量占投放芯材质量的百分数，可由下式计算：

包埋率 =（微胶囊内芯材质量/投放芯材质量）×100%。

包埋率对评价微胶囊质量的意义不大，可用于评价工艺。

③ 囊壁厚度的测定　囊壁厚度可按下式计算：

$$h = (D - d)/2 \qquad (8-5)$$

式中，h 为微胶囊壁厚，μm；D 为微胶囊的外直径，μm；d 为芯材球粒的直径，μm。

8.3.4　微胶囊的制备方法

依据囊壁形成的机理和成囊条件，微胶囊制备方法大致可分为 3 类，即化学法、物理化学法和物理机械法。化学法一般包括界面聚合法、原位聚合法、锐孔法等；物理化学法有水相相分离法、油相相分离法、干燥浴法（复相乳化法）、熔化分散冷凝法等；物理机械法有喷雾干燥法、空气悬浮法、沸腾床涂布法、离心挤压法、旋转悬挂分离法等。

8.3.4.1　化学法

此方法主要是利用单体小分子发生聚合反应生成高分子成膜材料并将囊芯包覆。通常使用的主要化学方法有：

（1）界面聚合法

界面聚合法又叫界面缩聚法，它是利用分别溶解在不同性质溶剂中的两种活性单体反应制得囊壁。当一种溶液分散在另一种溶液中时，分别溶于两种溶液中的两种活性单体向界面扩散并在界面处发生聚合反应，从而形成微胶囊壁。例如，水相中含有 1,6-己二胺和碱，有机相为含对苯二甲酰氯的环己烷、氯仿溶液，将这两相溶液混合搅拌，在水滴界面上发生聚合反应，生成聚酰胺作为壁材。由于聚合反应速率超过 1,6-己二胺向有机相扩散的速率，故反应生成的聚酰胺几乎完全沉积于界面成为壁材。利用界面聚合法既可以使疏水材料的溶液或分散液微胶囊化，也可使亲水材料的水溶液或分散液微胶囊化。图 8-9 为界面缩聚反应制备微胶囊的示意图。该方法特别适合于酶制剂和微生物细胞等具有生物活性的大分子物质的微囊化。

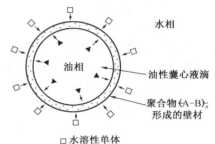

图 8-9　界面缩聚反应制备
微胶囊示意

该法制备微胶囊的过程包括：①通过适宜的乳化剂形成 O/W 乳液或 W/O 乳液，使被包囊物乳化；②加入反应物以引发聚合，在液滴表面形成聚合物膜；③微胶囊从油相或水相中分离。在界面反应制备微胶囊时，影响产品性能的重要因素是分散状态、搅拌速度、黏度及乳化剂，稳定剂的种类与用量对微胶囊的粒度分布、囊壁厚度等也有很大影响。作壁材的单体要求均是多官能团的，如多元胺、多异氰酸酯、多元醇等。反应单体的结构、比例不同，制备的微胶囊性能也不相同。

（2）原位聚合法

此法是将反应性单体与引发剂全部加入分散相或连续相中，单体在单一相中是可溶的，而聚合物在整个体系中是不可溶的。聚合单体首先形成预聚体，最终在芯材表面形成胶囊外壳。界面聚合法与原位聚合法的主要区别在于：在界面聚合法微胶囊化的过程中，分散相和连续相两者均要能够提供单体，而且两种以上不相容的单体分别溶解在不相容的两相中；而对于原位聚合法来说，单体仅由分散相或者连续相中的一个相提供。

（3）锐孔法

此法因聚合物的固化导致微胶囊囊壁的形成，即先将线型聚合物溶解形成溶液，当其固化时，聚合物迅速沉淀析出形成囊壁。因为大多数固化反应即聚合物的沉淀作用，是在瞬间进行并完成的，故有必要使含有芯材的聚合物溶液在加到固化剂中之前，预先成型。锐孔法可满足这种要求。锐孔法可采用能溶于水或有机溶剂的聚合物作壁材，通常加入固化剂或采

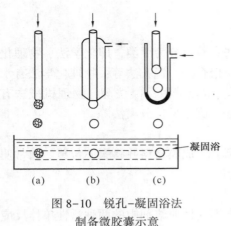

图 8-10 锐孔-凝固浴法
制备微胶囊示意

用热凝聚，也可利用带有不同电荷的聚合物络合实现固化。近来，多采用无毒且具有生物活性的壳聚糖阳离子与带有负电荷的多酶糖如海藻酸盐、羧甲基纤维素、硫酸软骨素、透明质酸络合以形成囊壁。图 8-10 为锐孔-凝固浴法制备微胶囊示意图。

8.3.4.2 物理化学法

物理化学法广泛适用于各种液体、固体和分散体的微胶囊化，一般在液相中进行，芯材和壁材在一定条件下形成新的相析出，所以又叫相分离法或凝聚-相分离法。在含有芯材和壁材的溶液中，通过加入其他物质或溶剂或采用其他适宜的方法，使囊壁物质的溶解度降低，从而从溶液中凝聚形成一个新相并分离出来。这类方法的一般过程是在连续搅拌下，由 3 种互不相溶的化学相的形成、壁材物质在芯材表面的沉积、囊壁层的固化 3 个步骤组成。

（1）水相相分离法

该法以水为介质，主要用于包囊疏水性材料，它又可分为单凝聚和复凝聚法。单凝聚法是以一种高分子材料为壁材，将芯材物质分散在壁材水溶液中，然后加入凝聚剂，由于水与凝聚剂结合，致使体系中壁材的溶解度降低而凝聚出来形成微胶囊。复凝聚是用两种具有相反电荷的高分子材料作壁材，将芯材物分散在壁材水溶液中，在一定条件下，如 pH 值的改变、温度的改变、无机盐电介质的加入，使得相反电荷的高分子材料相互吸引，溶解度降低，自溶液中凝聚析出而形成微胶囊。图 8-11 为复凝聚法制备微胶囊示意图。

(a)芯材在明胶-阿拉伯树胶溶液中分散　(b)相互分开的微凝聚物从溶液中析出　(c)微凝聚物在芯材液滴表面上逐渐沉析　(d)微凝聚物结合成液滴的壁材料

图 8-11　复凝聚微胶囊化工艺

（2）油相相分离法

在水相相分离法中，被微胶囊化的主要是疏水性材料。可是，许多被包囊物质，例如药物、化肥和农药等，是溶于水的。为了满足亲水性材料微胶囊化的需要，人们开发了油相相分离法(也称为有机相分离法)。有机相体系中的相分离法主要应用于水溶性或亲水性固体及液体的微胶囊化。

Holliday 等在 1960 年首先提出采用乙基纤维素凝聚的方法制备微胶囊。继而，Fanger 等采用温度引发乙基纤维素凝聚的方法制备了很多微胶囊产品，并且申请了专利。在油相相分离法制备微胶囊的工艺中，用来作微胶囊化介质的是聚合物的有机溶液，通过一定的方法，使聚合物作为凝聚的聚合物相而分离，凝聚的聚合物包围住芯材，形成了囊壳。

凡能在有机溶剂中溶解的聚合物，大多数可用来作为成膜的壳材。该法在医药领域里是特别有用的，目前已在该领域成功地实现了商品化。

油相相分离法制备微胶囊的原理是向作为胶囊囊壁材料的聚合物有机溶剂的初始均相溶液中，加入一种对该聚合物为非溶剂的液体(沉淀溶剂或第二种聚合物组分)，引发相分离而将囊芯物包囊成微胶囊。

利用有机相中聚合物的相分离法制备水溶性物质或水溶液的微胶囊化过程包括如下两步：①将所要包囊的芯材料分散在聚合物溶液当中；②通过冷却或加入沉淀剂的方法，使得聚合物凝聚、层析在分散的被包囊颗粒的周围。在油相相分离制备微胶囊的过程中，不需要进行固化。

(3) 干燥浴法(复相乳液法)

该法中用作微胶囊化的介质是水或液体石蜡、豆油之类油。把壁材溶液和芯材形成的乳化体系以微滴状态分散到上述介质中，然后通过加热、减压搅拌、溶剂萃取、冷却或冻结等方式使壁材溶液中的溶剂逐渐去除，壁材从溶液中析出并将囊芯包覆形成囊壁。根据使用的微胶囊化的介质不同，该法又分为水浴干燥法和油浴干燥法。前一种方法首先形成 W/O 乳状液再分散到水溶性介质中形成 W/O/W 型双重乳状液，然后去除油相溶剂，使油相聚合物在芯材外硬化成壁。后一种先将芯材乳化至聚合物的水溶液形成 O/W 乳状液，然后再将其分散到稳定的油溶性材料如(液态石蜡，豆油)，形成 O/W/O 双重乳状液，然后再除水，使水相聚合物在芯材外硬化成壁。水浴干燥法的应用如过氧化氢酶的微胶囊化，油浴干燥法的应用如鱼肝油的微胶囊化。图 8-12 为干燥浴法制备微胶囊的示意图。

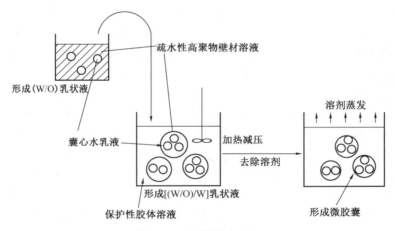

图 8-12　干燥浴法示意

(4) 溶化分散冷凝法

此法利用蜡状物质在受热时独特性质来实现微胶囊化。典型的蜡状物质是疏水、白色、有光泽、热稳定的、在常温下为固态的物质，具有较低的软化点和熔点，受热时易熔化成液态并使囊心分散在其中形成微粒，冷却后蜡状物质围绕囊心形成固态壁膜产生微胶囊。根据形成微胶囊使用的介质不同，分为液态介质中形成微胶囊、气态介质中形成微胶囊和应用锐孔形成微胶囊几种形式。

(5) 粉末床法

该法是利用液滴可以润湿细小的固体粉末并在液滴周围形成一定厚度的壁膜的原理来制备微胶囊的。一般液滴是从粉末层的上方落下来，所以通常将此法称为"粉末床法"。

8.3.4.3　物理机械法

（1）空气悬浮成膜法（Wurster法）

该法是由威斯康星大学的 D. E. Wurster 教授发明的，其特点是应用流化床把囊芯固体粉末悬浮在空气中，再用壁材溶液以喷雾形式加到流化床上，在悬浮滚动的状态下，逐步对囊芯形成包覆、干燥而得到微胶囊。先将固体粒状的囊心物质分散悬浮在承载气流中，然后在包囊室内将包囊材料喷洒在循环流动的囊心物质上，囊心物质悬浮在上升的空气流中，并依靠承载气流本身的湿度调节对产品实行干燥。该法可使包囊材料以溶剂、水溶液乳化剂分散体系或热溶物等形式进行包囊，通常只适用于包裹固体囊心物质，一般多用于香精、香料及脂溶性维生素等微胶囊化。

（2）沸腾床涂布法

沸腾床涂布法主要是对固体微粒或吸附了液体的多孔微粒进行胶囊化。通常沸腾床涂布器是通过悬吊一个沸腾床，或将固体微粒悬在一个流动的气流柱中（一般是空气流），然后将胶囊壁材液体喷射到微粒上，立即将被涂布了的微粒进行干燥、溶剂蒸发或冷凝，重复此涂布-干燥过程，直至获得一个符合要求的涂布厚度。在此，有 3 种类型的沸腾床可被利用，即顶部喷射、底部喷射和切向喷射。

（3）离心挤压法

该法是基于芯材和壁材两种不相溶的液体，通过一个旋转双流体喷头被排放。此过程将产生一个连续的双流体柱从喷头被排放后，立即自发分裂成球状液滴的细流。每个液滴都呈液体壁材包含液体芯材的形式，这些液滴如何转化成为胶囊取决于壁材的属性。当壁材是一个相对较低黏度的热熔体时，冷却后迅速结晶，则当液滴从喷头落下时，即转变成固体微粒。若从喷头挤出的液滴具有的外壳是能够迅速凝胶的液态高分子溶液时，则液滴落入凝固浴，在浴中转变成凝胶珠，凝胶珠被干燥即形成固体外壳的胶囊。

（4）旋转悬挂分离法

在此过程中，芯材被分散到液体壁材中，然后被喂入一个旋转盘，形成被涂布了的壁材的单个芯材液滴。该液滴连同少量纯的壁材液滴被离心掷入旋转盘的边缘落下、冷却，就制成了离散的微胶囊。当壁材被固化的同时，纯的壁材液滴也被固化了，但在离散带上被分开，所以它们在胶囊中的含量很低。为了获得较好的产品，芯材必须有球形的几何外形，这需要在胶囊化前先进行造粒。当胶囊壁不能被迅速固化时会产生一些问题，因为壁材若是晶态材料，在贮藏过程中，结晶质量分数及晶型转变易受影响，所以这表明通过旋转悬挂分离产生的胶囊外壳，在胶囊完全形成后并不是立刻可达到热力学平衡。

（5）喷雾干燥法

喷雾干燥是以单一工序将溶液、乳液、悬浮液和浆状物料加工成粉状干燥制品的一种干燥方法，其基本原理是将被干燥的液体通过雾化器的作用，喷成非常细微的雾滴，并依靠干燥介质（热空气、烟道气或惰性气体）与雾滴的均匀混合，进行热交换和质交换，使得溶剂汽化或者使得熔融物固化。喷雾干燥法最适于亲油性液体物料的微胶囊化，芯材的憎水性越强，包埋效果越好。该方法主要优点是干燥速率高、时间短，物料温度较低。对于喷雾干燥工艺来说，虽然采用较高温度的干燥介质，但是液滴中含有大量溶剂存在时，物料的表面温度一般不超过热空气的湿球温度，因此非常适用于热敏性物质的干燥，产品纯度高，具有良好的分散性和溶解性；生产过程简单，操作控制方便，易于实现大规模工业化生产。缺点是单位产品的耗热量大，设备的热效率低，介质消耗量大，另外，干燥器的体积较大，基建费用高。

（6）喷雾冷冻法与喷雾冷却法

这两种方法与喷雾干燥法的不同点在于干燥室所用的空气温度以及所用的壁材性质不同，喷雾干燥法中采用热空气将水分去除，而喷雾冷冻法与喷雾冷却法中干燥室空气为室温或经冷却处理，远低于所用壁材如脂质（硬脂酸）或蜡质的凝固点。这两种工艺适用面较窄，对于香料等易挥发或对热特别敏感或太不稳定易氧化的芯材适合在低温下使溶剂去除，使壁材凝聚形成微胶囊。水溶性的芯材如矿物质、酶、水溶性维生素、酸味剂等，固体芯材如硫酸亚铁、固体风味料等均可采用这种方法制备微胶囊。喷雾冷冻也可用于一般溶剂中溶解困难的生理活性物质的微胶囊化。

（7）真空蒸发沉积法

该法是由美国 NCR 公司首先提出的，它是以固体颗粒作芯材，将金属（如铝、铜等）或将蜡涂膜在芯材颗粒的表面。

（8）静电结合法

这是一种利用静电作用形成微胶囊的特殊方法，由于需要特殊的设备，因此它不是一种制备微胶囊的常用方法。其原理是当两种带相反电荷的气溶胶相互碰撞时由于静电作用而相互吸引会使它们结合在一起。利用这种原理也可使粒径很小的微粒结合形成微胶囊。

8.3.5 微胶囊制备示例

8.3.5.1 洗涤剂的微胶囊化

将 2 : 6 : 2 的碱性蛋白酶、相对分子质量为 800~900 的聚乙二醇和乙酸钙水溶液混合制成颗粒，与涂有相对分子质量为 1500、98%~99% 皂化了的聚乙烯醇包覆的二氧化钛混合，加至杂化体系中，制得含酶洗涤剂，在 40℃ 下贮存 30 天，酶活性可保留 83%。

8.3.5.2 化妆品的微胶囊化

由于户外紫外线（UVB）对皮肤的伤害能力较大，现有的防晒剂更多的针对 UVB 的防护。防晒剂可分为有机紫外线吸收剂和紫外线物理屏蔽剂。前者有氨基苯甲酸及其衍生物，水杨酸及其衍生物等；后者有 TiO_2 和氧化锌等。特别是纳米超微 TiO_2，由于其透明性好，不会产生粉体发白现象，并且对 UVA（320~400nm 的长波紫外线）、UVB（90~320nm 的中波紫外线）都有良好的防护作用，具有无毒、化学惰性等优点，近年来受到广泛关注。但是，纳米 TiO_2 在直接用作防晒剂时，有以下问题需要解决：①纳米粉体的分散及与化妆品其他成分混合；②纳米粉体与皮肤的相容性的问题；③纳米粉体在光敏化时对皮肤伤害的问题。微胶囊技术近年来被广泛地应用于微生物、动植物细胞、酶和其他多种生物活性物质和化学药物的固定化方面，很好地解决了上述问题。用复凝聚法将 TiO_2 防晒剂制备成微胶囊后，不仅保持了 TiO_2 原有的紫外线防护能力，而且解决了 TiO_2 粉体的分散问题。TiO_2 微胶囊的工艺条件见表 8-8 所示。

将一定量的明胶、OP-10 及蒸馏水混合均匀后在 60℃ 下溶解，然后将其加入 TiO_2 乳液中，在高剪切乳化机中以 4000r/min 的转速乳化 10min。水浴锅温度调至 40℃，将乳液倒入贮罐中，加入一定量的蒸馏水稀释，在搅拌下往上述乳液中滴加壳聚糖溶液。然后用 10%NaOH 溶液调节反应液的 pH 值至 6.0~6.4。加入少量二水

表 8-8 微胶囊制备的工艺条件

项　　目	指　　标
TiO_2 浓度/%	0.8
芯壁比	1
pH 值	6.2
复凝聚时间/min	60~80

181

合氯化钙，恒温反应一段时间。将反应液倒入备用罐，置于含有一定量食盐的冰水浴中。加入少量的戊二醛交联，在搅拌下交联固化 1~1.5h。反应结束后置于室温中抽滤、洗涤，干燥得到微胶囊产品。

8.3.5.3 食品添加剂的微胶囊化

脂溶性风味剂主要是亲脂性香辛料提取物、香精油等，如姜油、大茴香油、桂皮油等。脂溶性风味剂挥发性强，应用微胶囊技术将亲脂性液体香料、香精油微胶囊化，可保护香味物质避免直接受热、光的影响而引起氧化变质，避免有效成分挥发而损失，能有效地控制香味物质的释放，提高贮存及应用的方便性。

用复凝聚喷雾干燥法进行生产：将 100g 风味剂加入 400g 10%明胶水溶液中，搅拌、过胶体磨 3 次，得 O/W 型乳状液。加入 400g 10%阿拉伯胶水溶液于乳状液中，搅拌，控制温度在 40~50℃，用 10%乙酸溶液调节 pH 值至 4.4，加入 40℃水至 2000g，充分搅拌，即形成复凝聚湿微胶囊。

8.3.5.4 香精香料微胶囊

香精香料微胶囊指的是芯材为香精香料的微胶囊。食品的风味和香气是食品产品的主要质量指标之一，在世界消费趋向崇尚香味的潮流下，香精香料的微胶囊就显得越来越重要。香精香料微胶囊化的主要作用有：①减少敏感性物质和外界环境的接触，从而防止变质和损失。例如，桔油中的萱烯易被氧化，导致风味的变质，还有一些风味物质含有酊类化合物，它会和蛋白质反应，这使得在高蛋白质食品中保持风味存在困难。如将风味物质进行微胶囊化就起到了保藏和持留风味的作用。②防止风味成分的挥发，减少风味的损失。③使风味物质具有缓释作用，典型的例子就是口香糖中微胶囊化香精。④将液体香精香料变成固体粉末，使在食品加工或食品配方中使用更为方便。⑤制成具有双重乳状液的液态微胶囊产品，为脂肪代用品的开发提供了新的途径，如低脂肪的生菜调味料。⑥消除一些风味化合物对食品加工的影响，如肉桂中的肉桂醛可以阻滞焙烤食品的酵母发酵。

多重乳状液法制备香料香精微胶囊：Gaonkar 的专利利用这一方法来携带风味物质，制出了生菜调味料的脂肪代用品。制备 W/O/W 乳状液的方法是：第一步，制备 W/O 型乳状液。水相中含有成胶物质，如海藻酸钠、角叉胶、聚氨基葡萄糖等。油相就是风味物质油，并含有带着助凝胶离子的表面活性剂，助凝胶离子是钙、铜、锌、铁等离子。所用表面活性剂是 HLB 值在 1~3 之间的油包水型乳化剂。油相和水相在 40~50℃时混合均质，并至少稳定 10min。第二步，制备 O/W 型乳状液。油相就是前面制好的 W/O 型乳状液。水相中要加入 1%~4%黄原胶或瓜尔豆胶，起稳定体系的作用。两者混合均质，不过这次的均质条件较第一步温和。这样就制成了油相是风味物质的多重乳状液。专利报告中还提到在风味物质油中加入乙基纤维素以增加油的黏度，从而减小表面张力和在内层水相中加入盐或糖以平衡内外水相渗透压。

8.3.5.5 微胶囊技术制备新型多功能水性内墙涂料

涂料是国民经济和国防工业的重要工程材料，作为建材，近年来获得了快速的发展，而水性涂料与多功能化涂料的发展势头更为迅猛。水性涂料以水为分散介质，除具有一般涂料的特点外，具有无毒、无味、不易燃烧等特点，符合环保要求而越来越受到用户欢迎；多功能化涂料是指同时具有保护、装饰以及其他功能的涂料产品，这些产品依据其用途可分为许多种，如：耐高温涂料、抑菌杀虫涂料、导电涂料、发光涂料、抗辐射涂料、隔热涂料、防火阻燃涂料等。多功能性涂料产品普遍具有科技含量高、涉及的学科领域广、产品附加值高等特点，能够满足工农业生产和科学研究的特殊需要，是涂料工业的主要发展方向之一。随着技术的进步，我国建筑涂料的研制与生产必将走向水性化、多功能化和高性能化的发展道路，生产与使用水性多功能化涂料将成为今后涂料研制、生产和使用的主流方向。多功能化水性内墙涂料配方见表8-9。

表8-9　多功能化水性内墙涂料配方

组　　分	用量/%
乳液（固含量 ≥50%）	24
纳米二氧化钛	5
高岭土	7
云母粉	7
金红石型钛白粉	5
碳酸钙	20
焦磷酸钠	0.5
丙二醇	1
20%羟乙基纤维素溶液	5
消泡剂	适量
增稠剂	适量
氨水	适量
其他助剂	1
水	补足100

微胶囊乳液的制备方法：称取定量的香草醛、乙酸乙烯酯、丙烯酸乙酯、甲基丙烯酸甲酯、十二烷基硫酸钠、OP-10、磷酸氢二钠和水于反应器中，搅拌均匀，升温至75℃，滴加引发剂，反应3h后，自然降温，加入增塑剂，并用氨水调节乳液 pH=6~7，降至室温，出料。

乳胶漆的制备：在低速下定量地将水、纳米二氧化钛、丙二醇、羧甲基纤维素、焦磷酸钠、消泡剂、碳酸钙、高岭土、云母粉等加入高速搅拌机。高速搅拌（5000r/min），分散完毕后，与乳液混合，在球磨机中研磨数次，分别用氨水和聚乙烯醇调节 pH 值和黏度，出料。

8.3.5.6　阿斯匹林药物微胶囊（水浴干燥法）

把水溶性阿斯匹林药物，用含有乙基纤维素的苯溶液乳化分散成油包水乳液，再分散到含有 $H_3PO_4-NaH_2PO_4$ 的缓冲溶液（pH=4）的保护性胶体水溶液中（磷酸缓冲液的作用在于防止阿斯匹林溶解于水相中）形成 W/O/W 型复相乳液。在保持30℃、减压条件下搅拌使苯蒸发去除，得到乙基纤维素包覆的阿司匹林药物微胶囊。或者把阿司匹林分散在含有乙基纤维素壁材的由乙酸甲酯与氯仿按 1:1 比例组成的有机溶液中形成油包水乳液，再分散到含聚乙二醇的保护性胶体水溶液中，在室温下搅拌几小时使乙酸甲酯、氯仿蒸发，也可得到以乙基纤维素为壁材的微胶囊。

8.3.5.7　含血红蛋白的人造细胞（水浴干燥法）

血红蛋白有结合氧气和二氧化碳的能力。在肺部富氧环境中能结合氧气而排出二氧化碳，而在体内富二氧化碳环境又结合二氧化碳放出氧气，因此有输送氧气和二氧化碳的功能。但没有结合成红血球细胞的血红蛋白，在血液中会被分解而失效。如果形成微胶囊，则可以把血红蛋白保护起来免遭破坏，同时能通过半透性微胶囊壁膜与外界进行氧气和二氧化碳的交换。因此把含血红蛋白的人造细胞叫人造红血球，在医学上作红血球的替代品（血液替代品）使用。

含血红蛋白的人造细胞的制备：将牛红血球收集、溶血、萃取后得到含氧合血红蛋白8%的水溶液，装入渗析袋中，放入含20%碳蜡的聚乙二醇（相对分子质量4000）的溶液中，保持5~10℃处理12h，使氧合血红蛋白溶液凝结成浓度为25%的未变性血红蛋白水溶液。为使血红蛋白微胶囊化过程中不发生变性反应，要使用聚苯乙烯、苯基硅氧烷梯形聚合物、硬脂酸葡萄糖酯或乙基纤维素作壁材和使用苯作溶剂。具体制备方法为：把4份血红蛋白水溶液加到含10%聚苯乙烯（相对分子质量4000）的苯溶液中，搅拌形成油包水乳液，在另一容器中配制100份含有2%明胶的保护性胶体溶液，在此溶液中加入少量血红蛋白稳定剂谷胱甘肽。在激烈搅拌条件下，把血红蛋白乳液分散到保护性胶体溶液中形成 W/O/W 型复相乳液。把体系温度升高到 40℃，保持 1~2h，使苯渐渐分散到保护性胶体溶液中并从液面上蒸发，即可得到聚苯乙烯硬壁膜包覆的血红蛋白微胶囊，粒径为 5~10μm。把所得微胶囊用等渗生理食盐水洗涤，并贮存在含谷胱甘肽稳定剂的等渗食盐水中待用。由于这种微胶囊壁厚小于 1μm，而且有半透性，所以可以很好地通过壁膜交换氧气和二氧化碳，起到替代红血球的作用。

8.4 烟剂与熏蒸剂

8.4.1 概述

烟剂是农药原药与燃料、氧化剂、助剂等混合加工成的一种剂型，可以是粉状，也可以是锭状或片状。烟剂用火点燃后能发烟，但不会产生明火，直到烧完。

农药原药受热汽化在空气中凝结成固体微粒即烟。固体微粒大小为 0.5~5μm，粒径在胶体范围，形成"气溶胶"。烟剂点燃后，由于烟剂具有很高的分散度，使药剂的穿透、附着能力大大加强，因而能充分发挥药剂的作用。但是，烟剂的使用受环境的限制因素很多，只有在密闭的环境条件下使用效果才好；烟剂所含原药中有效成分必须在短时间高温下不会分解，或分解很少。因此，烟剂剂型所适用的原药品种相当有限，只有少数几种在发烟条件下不分解的农药才可以制成烟剂。

烟剂在加工、贮运过程中要注意安全。配方不合理或加工技术不高，可能会有自燃或爆炸的危险。贮运不当，如过热或遇明火，可能引起发烟或燃烧。

熏蒸剂是通过挥发的蒸气，对害虫起熏杀作用的药剂。常温下熏蒸剂中的有效成分为气体或通过化学反应能生成具有生物活性的气体，通常是一类分子较小的、易挥发的有机化合物，它们在 4℃ 以上的温度时都是气体。这些化合物通常但未必总是比空气重，其中大部分含有一个或几个卤原子，主要是 Cl、Br 或 F。常用的熏蒸剂有：磷化铝、氯化苦、磷化钙、溴甲烷等。

8.4.2 烟剂的组成和加工方法

8.4.2.1 组成

除主剂(有效成分)之外，供热剂是烟剂的主要辅助成分。供热剂的作用是为主剂挥发(升华)成烟剂提供热源，是由燃料、助燃剂(氧化剂)和其他性能调节剂组成。

(1) 燃料

燃料指在有氧条件下能燃烧的物质。一般在 15℃ 以下不与氧作用，而在 200~500℃ 时能与氧发生燃烧反应。烟剂所用燃料多为碳水化合物和一些无机还原剂，如木粉、木屑、木炭、淀粉等。

(2) 助燃剂

助燃剂提供燃料燃烧时需要的氧，保证燃烧反应持久稳定地进行。常用的助燃剂有硝酸盐(如硝酸铵、硝酸钾)、氯酸盐、过氯酸盐等。

(3) 发烟剂

发烟剂是在高温下容易迅速挥发汽化，冷却成烟的物质。发烟剂作为挥发性有效成分的载体帮助农药飘移或沉淀，以增大烟量和烟浓度。常用发烟剂有氯化铵、碳酸氢铵、六氯乙烷、松香等。

（4）阻燃剂

阻燃剂是消除燃烧火焰和燃烧残渣余烬的不可燃物质。它是防止有效成分燃烧、分解、阻止残渣死灰复燃、避免火灾，做到安全施用的重要助剂，常用阻燃剂有陶土、石灰石、滑石粉等。

此外，有些烟剂中还加入稳定剂、防潮剂、中和剂、黏结剂等起调节作用。

8.4.2.2　烟剂的加工方法

一种合格的烟剂既要保持烟剂特有的燃烧、发烟、自灭等性能，又要保证贮运、使用中有效成分的稳定性和安全性，因此，如何通过辅助剂的选择和调配，处理好燃烧与消焰和阻燃、生热发烟与药物稳定、氧化与还原、燃烧与安全的矛盾，综合平衡，求得经济有效、安全的配方，是烟剂配制的核心问题。

一般烟剂都先按供热剂、主剂分别加工处理，然后进行混合、组装或成型处理。供热剂可以采用干法、湿法和热熔法三种方法加工：干法加工即将燃料、助燃剂和其他助剂分别粉碎到规定的细度，按比例混合均匀后用塑料袋包装；湿法加工是将助燃剂溶于 $60 \sim 80 ℃$ 的水中，制成饱和溶液，然后加入燃料和其他助剂搅拌均匀后干燥、粉碎；热熔法是在铁锅中加助燃剂质量的 $2\% \sim 3\%$ 的水与粉碎后的助燃剂混合加热至全部熔化，停止加热并加入干燥的燃料，充分拌匀，并趁热取出粉碎到适宜的细度，再与其他助剂混拌均匀。

8.4.2.3　烟剂和熏蒸剂的应用

烟剂适用于郁闭的空间，如温室、仓库、森林，无风也无严重地面上升气流的天气，也可以用于大田作物。如用百菌清、腐霉利等杀菌剂烟剂在温室大棚里防治病害，可以先计算好空间大小与用药量，把烟片依次放在周围没有易燃物的地面上，准备就绪后从最里面的一片开始点燃，一片已发烟再点第二片，点完最后一片出门，并关紧大门。药烟可在大棚中扩散到任何一个角落，最后均匀沉积在大棚内各种物体，包括施药靶标的各个侧面，如作物叶片的正面与反面。有效成分在靶标上沉积均匀周到，且不会提高空气湿度，有利于保证药效。

熏蒸剂可用于杀死昆虫、虫卵和建筑物、谷物升运器、仓库、温室以及土壤中的种种微生物等。熏蒸应在密闭空间或相对密闭的环境下进行，如仓库、车厢、船舱、集装箱中。露天堆放的货物或小型果树可用塑料薄膜覆盖，人为造成密闭空间。土壤施药后（如用溴甲烷）覆土并用塑料薄膜覆盖也可进行熏蒸操作，土壤通常在种植之前进行熏蒸处理，这样处理可使灭菌作用完全，这也适用于建筑物和谷仓的灭菌。

粮仓中熏蒸，可杀死粮食中的豆象、麦蛾、谷盗等贮粮害虫。棉库中熏蒸，可杀死在籽棉中或仓库内越冬的红铃虫。

熏蒸的优点是防治有害生物较彻底，如严格的土壤熏蒸，可以几乎完全杀死土栖的害虫、害螨、有害线虫、有害真菌等有害微生物、害鼠，甚至全部土壤中的生物。其缺点是有的熏蒸操作费时费事；操作人员要受一定训练而且要有一定实践经验；不少熏蒸剂毒性较高，不但熏蒸操作时要注意安全，熏蒸后也要注意环境中的污染问题及被熏蒸材料的残留毒性问题；熏蒸还要尽量避免伤害有益生物及对作物造成药害，如影响种子发芽率等。

熏蒸法的另一个重要应用是用于连续不断地从世界的一个国家飞到另一个国家的飞机上，能够防止富有生命力的害虫从一个国家传到另一个国家。

8.4.3　烟剂与熏蒸剂产品示例

8.4.3.1　敌敌畏插管烟剂

本品对马尾松毛虫具有强烈的毒杀作用，一般防治效果都在95%以上，是比较好的林用杀虫烟雾剂。

表8-10　敌敌畏插管烟剂配方

组　　分	含量/%
敌敌畏原油或乳油（原油含量为90%）	5~10
硝酸铵	40
2.5%敌百虫	30~35
木粉	20

（1）配方

见表8-10。

（2）制法

此剂由供热剂和主剂两部分组成。供热剂有两种加工方法：

① 热熔法　将定量的硝酸铵放在铁锅内加水1%左右，加热至硝酸铵全部熔化后，立即倒入定量木屑（或木粉）中，搅拌均匀，趁热迅速研碎，颗粒直径小于4~5mm左右。之后，按比例与供热剂其他成分进行二次混合。

② 直接粉碎混合法　将所需原料按比例分别称量，一次混合粉碎，混合均匀，并通过80目筛孔，然后用塑料袋按1kg分装，袋口用热合机热合，以防吸潮。土法加工最好通过30目筛孔或热筛。可随配随用，也可用牛皮纸或旧报纸包装。

敌敌畏插管烟雾剂中的主药敌敌畏，不是直接倒在供热剂中，而是将敌敌畏装在不透油的聚乙烯薄膜管中，每管长10cm，内径1.5cm，管壁厚0.4mm，每管装原油18mL（相对密度约1.37，净重约25g），用热合机封口，以防止敌敌畏挥发。

8.4.3.2　磷化铝熏蒸剂

磷化铝可以毒杀各种种子害虫的成虫、蛹、幼虫及卵等。磷化铝是以具有氨基甲酸铵涂层的片剂形式使用的，它与来自熏蒸物质的水分或者与来自空气中的水分接触后，释放出有毒的磷化氢气体。另外，氨基甲酸铵在潮湿的条件下释放出二氧化碳和帮助磷化氢自燃的氨。磷化铝熏蒸以后留下的残余物是一种无害的化合物，即氢氧化铝。

熏蒸散装种子时，每1000kg种子用磷化铝片剂5~10片，均匀分散排布在种库中；如用于袋装种子，每100kg的种子袋可将1片磷化铝片剂用木棒插入袋中心即可；若熏蒸大量的袋装种子，可将磷化铝片剂按每1000kg种子10片的剂量投放在堆集的种子袋空隙间，然后用帐篷布覆盖熏蒸。

用于种子库熏蒸灭鼠时，用量为6~12g/m³（即2~4片），每隔1~2m放一个投药点，药片不要相叠放置，更不能成堆放置。

使用磷化铝熏蒸的时间随温度和湿度而变化。在12~15℃时熏蒸5天、16~20℃时熏蒸4天、20℃以上时熏蒸3天。熏蒸后的种子经3~5天通风散毒后，不变质、不留残毒和气味。

思　考　题

1. 精细化学品常用剂型有哪些？
2. 剂型加工的目的和作用有哪些？
3. 表述粉剂的粒径范围、基本组成和常用制造方法。
4. 粉体混合物中粉体组分的哪些特性影响或控制混合过程？

5. 精细化工生产中粉体组分常用的粒径范围有哪些?

6. 如何根据化工产品种类和性质要求选择固体颗粒的形状?

7. 粉剂精细化学品中填充剂有哪些作用?

8. 粉体表面改性的目的和常用改性方法和工艺有哪些?

9. 比较颗粒剂与粉剂的粒径大小，表述颗粒剂的常用制造方法。

10. 微胶囊的特点有哪些? 对微胶囊技术的最新发展和应用进行课程论文写作。

11. 表述微胶囊壁材的来源及特点，选择微胶囊壁材的基本原则。

12. 简述微胶囊的制备方法。

13. 比较烟剂与熏蒸剂的含义、特点及应用。

第9章 气 雾 剂

9.1 概 述

气雾剂起始于20世纪30年代初。1931年，气雾剂的构成原理作为专利问世。二战期间，美国驻外部队首先使用杀虫气雾剂驱除蚊蝇。1945年，美国开始把杀虫气雾剂由军用转向民用投放市场公开出售。随后，国际市场上又不断地出现了各种气雾剂产品。至今，气雾剂的品种已发展到4000多种。我国最早的是1955年第一个药用气雾剂——肾上腺素气雾剂在上海问世。

9.1.1 气雾剂的含义、分类及组成

9.1.1.1 含义

气雾剂是指利用容器内具有一定压力的气体，打开时通过其内压产生的抛射作用，将药剂从耐压容器内以气溶胶（以固体微粒或液体微滴的形式分散在气体分散介质中的分散体系）的形式喷出的一类精细化工深加工制品。它能直接喷射到空间或物体表面，使有效成分均匀分布而得到充分的利用，具有体积小、携带或贮存方便、使用时操作简单等特点。喷出的物质因气雾剂的品种不同而不同，有的形成雾状，可悬浮在空间一段较长的时间；有的则能直接喷射到物体表面，并在其表面形成一层薄膜；有的形成泡沫专为特殊用途所用。

9.1.1.2 分类

（1）按气雾剂的组成分类

按气雾剂的组成可以分为两类：二相气雾剂和三相气雾剂。二相气雾剂由气相和液相组成，一般为溶液系统，所用抛射剂在常压下是气相，故称二相气雾剂；三相气雾剂由气相、固相、液相或气相、液相、液相组成，一般为混悬系统或乳液系统。混悬系统气雾剂为粉末气雾剂，乳液系统气雾剂又可分为O/W型气雾乳剂和W/O型气雾乳剂。

（2）按气雾剂的用途和性质分类

① 空间类气雾剂 空间类气雾剂专供空间喷雾使用，喷出的粒子极细，粒子直径一般在10μm以下，能在空气中悬浮较长时间。为了达到极微细粒的要求，空间用气雾剂含抛射剂的比率较大。常见的品种有空间杀虫气雾剂、空间消毒气雾剂、空气清新气雾剂、空间药物免疫吸入剂等。

② 表面类气雾剂 这类气雾剂是专供喷射表面使用的，喷射出来的粒子较粗，一般粒子直径为100~200μm。喷射后可直达被喷射表面，喷出的抛射剂在没有接触到表面之前或正在接触到表面之时便立即汽化，留在表面上的仅是一层药液的薄膜。由于对喷射出来的微粒不要求很细，所以抛射剂的用量可以少些。常见的品种有消灭有害昆虫的表面杀虫气雾剂、皮肤科和伤科医用气雾剂等。

③ 泡沫类气雾剂 泡沫类气雾剂喷出的物质状态不是液体微粒而是泡沫，它与上述两类气雾剂不同之处在于抛射剂被制剂乳化后形成了乳状液，当乳状液经阀门喷出后，被包围的抛射剂立即膨胀而汽化，使乳状液变成泡沫状态。泡沫的稠度可以根据配方的要求来控

制，也可以从抛射剂的用量来控制。常见的有洗发用气雾剂、牙膏气雾剂、洗手消毒用气雾剂等。

④ 粉末类气雾剂　这类气雾剂中含有固体细粉分散在抛射剂中，形成比较稳定的混悬体。若将气雾剂的阀门打开，可引起气雾剂罐内的物料湍动，而其粉末即被抛射剂喷出，待抛射剂汽化后便将粉末遗留在空间或表面。常用的粉末类气雾剂有药用粉末气雾剂、止血粉气雾剂等。

9.1.1.3　组成

气雾剂由抛射剂、内容物制剂、耐压容器和阀门组成。抛射剂与内容制剂一同装在耐压容器内，容器内由于抛射剂汽化产生压力，若打开阀门，则内容物制剂、抛射剂一起喷出而形成气雾。

（1）抛射剂

抛射剂亦称推进剂，它是使内容物压出的力量源泉，一般是以液态形式压入气雾罐内的气体，即液化气。当从喷口向外喷出时，液化气因汽化而膨胀，使内容物形成细微的雾状物。在工作状态下，罐内的液化气随着喷射的进行而不断汽化，使罐内保持恒定的压力。抛射剂的种类很多，可按物质的结构特点分为五大类，即氟代烃和氯代烃类、烷烃类、压缩气类和醚类。

① 氟代烃和氯代烃类　氟代烃类即人们常说的氟利昂类（Freon），它们是一个或多个氟氯原子取代的烷烃，为不燃性抛射剂。常见的氟代烃类抛射剂有 F_{11}（CCl_3F）、F_{12}（CCl_2F_2）、F_{21}（$CHCl_2F$）和 F_{22}（$CHClF_2$）等。氟利昂类的临界温度高于 60℃，属低压液化气体，且不燃烧。虽然氟利昂类是气雾剂产品理想的抛射剂，但鉴于氟利昂破坏臭氧层，对大气污染产生一定的公害，已经不提倡使用，发达国家早已宣布禁用，我国也已宣布于 1998 年 1 月 1 日起禁用。因此，目前正逐渐被其他抛射剂所代替。

氯代烃类为一个或多个氯原子取代的烷烃，一般有一定的麻醉作用。其中，有的为不燃性的，如二氯甲烷、三氯乙烷；有的在空气中存在爆炸极限，如氯甲烷、氯乙烷。氯代烃类不常用作抛射剂，亦属将要淘汰的抛射剂。

② 烷烃类　烷烃类抛射剂有丙烷、正丁烷、异丁烷和戊烷等碳氢化合物，它们无毒、无味。如异丁烷为主的打火机气，常温下为气体，加压成为液体，不溶于水，易溶于有机溶剂，沸点：-6.9℃，闪点：-77℃，爆炸极限：1.8%～9.6%，蒸气压：131.5kPa（0℃）、186kPa（10℃）、258.4kPa（20℃）、349.6kPa（30℃）、464.1kPa（40℃）、605.9kPa（50℃），临界温度：144.7℃，临界压力：3998kPa，也是低压液化气体。烷烃类抛射剂尤其适宜于在用烃类作溶剂溶解药剂中的有效成分时使用，因为此时它们兼有部分溶剂的功能，甚至在药剂的主要成分为碳氢化合物类型时可以免去溶剂。它们来自石油化工，使用时多为丙烷、丁烷、异丁烷混合成分，俗称液化石油气（LPG），亦称无味丙丁烷气，简称丙丁烷。丙烷、正丁烷、异丁烷三者的雾化能力十分接近，都有易燃的共性，在空气中具有 2%～8% 容积的爆炸极限。烷烃类抛射剂由于价格低廉，国外占市场抛射剂总销量的一半以上。如果能够解决它的易燃问题，将可能占据全部的抛射剂市场。国内丙丁烷较为常用。

③ 压缩气类　压缩气类抛射剂包括压缩空气、压缩氮气、压缩一氧化氮、压缩二氧化碳等。它们虽然曾一度被氟利昂赶出了抛射剂的使用范围，但由于其独有的不会燃烧且无毒的安全性能，同时它们也不会污染环境，故随着环境保护呼声的提高和出于安全方面的考虑，其作为抛射剂的使用将会有新的作为。近来有消息报道，国外一种新上市的新型浇注聚

189

氨酯用气雾脱模剂，就是使用压缩空气作为抛射剂的。在我国，仅不足20%的气雾剂是以压缩气体为抛射剂的。其中有诸多原因，主要原因是压缩气类抛射剂属于高压液化气体，许多高强度焊合金属罐难以承受其蒸气压力。以二氧化碳为例，蒸气压：6080kPa（22.4℃）、7800kPa（30℃），差不多是同一温度下低压液化气体烷烃类的20多倍。因此，在解决气雾罐的耐压能力之前，安全而又环保的压缩气类抛射剂的广泛使用尚待时日，这里必须要加大对容器结构进行的基础性研究的投入。

④ 醚类　醚类是一类新型的抛射剂，如乙醚、甲醚等，主要是指甲醚。甲醚常称二甲醚（DME），易燃，能溶于水及醇、乙醚、丙酮、氯仿等多种有机溶剂。常温常压下二甲醚为无色、具有轻微醚香味（近乎无味）的气体，在压力下为液体。稳定性方面，常温下二甲醚具有惰性，不易自动氧化，无腐蚀性，无致癌性，几乎无毒。作为抛射剂，二甲醚对金属无腐蚀，易液化；特别是水溶性和醇溶性均较好，使其作为气雾剂具有推进剂和溶剂的双重功能。另外，由于二甲醚水溶性好，这有利于降低气雾剂配方中乙醇及其他有机挥发物的含量，减少对环境的污染。因此，与烷烃类抛射剂的特别适宜的使用范围相反，二甲醚尤其适用于水溶性的气雾剂。随着世界各国环保意识的日益增强，人们在寻求替代氟利昂的对环境无害的抛射剂的过程中，生产成本低、建设投资少、制造技术不太复杂的二甲醚被普遍认为是一种新一代的理想抛射剂。目前，国外气雾剂工业中二甲醚已得到广泛应用，在西欧各国民用气雾剂制品中已是必不可少的氟利昂替代品，仅次于烷烃类抛射剂。但是在国内，仅10%的气雾剂以二甲醚为抛射剂，原因有三：一是二甲醚价格高于液化石油气；二是二甲醚生产规模小于液化石油气；三是我国缺乏对二甲醚的基础与应用研究，如安全性研究等，使其在气雾剂中的应用受到限制。由于全球范围内目前占统治地位的抛射剂仍然是烷烃类，正被"看好的"也是具有可燃性的醚类，尤其是它们使用在与人们生活密切相关的气雾杀虫剂、气雾空气清新剂、气雾固发剂等领域，因此压缩在小小容器中的可燃性抛射剂往往成为人们生活中的一个不安全因素，它们引起爆炸造成财产损失、人员伤亡的事件时有发生。如果氟代烃类、氯代烃类抛射剂完全被烷烃类和醚类取代的话，它们引起的不良后果必将更为突出，这一点已经引起了消防部门的警惕，但如果没有气雾剂生产厂家的注意仍然是不够的。因此，抛射剂的发展趋势是，在保证使用效率和经济效益的同时，追求环保而又能保证安全，它们是最佳抛射剂的理想标准。由于抛射剂在气雾剂配方组成占相当大的比重，一般为40%~60%（质量分数），高者甚至达80%以上，它们由此而直接影响着气雾剂的使用性能和安全性能。因此，追求环保而又安全，事实上也是目前气雾剂配方的理想标准和研制方向。

（2）内容物制剂

内容物制剂即气雾剂的药剂组成。气雾剂的配方组成，包括抛射剂和药剂两大部分。抛射剂在前面已叙述，气雾剂的药剂组成一般包括有效成分、溶剂、助剂等，其与气雾剂的具体用途、使用条件有关。为了达到理想的喷雾效果与使用目的，除有效成分的选择是关键外，溶剂、助剂的配合也很重要。通过溶剂、助剂的精心选择，可以有效地降低有效成分在气雾剂配方中的含量，而又不影响使用效果。因此，许多气雾剂的配方组成中，真正的有效成分含量很低，一般不超过10%，甚至不足1%的也有。在某些特殊情况下，也可能不含有溶剂和助剂，只含有有效成分。当然，有效成分的组成也可能不止一种，而是多种物质的混合。事实上，气雾剂的配方中有效成分、溶剂、助剂以及抛射剂有时难以有明确的界限。

（3）耐压容器

气雾剂的容器为耐压容器，又叫气雾罐，通常用玻璃、塑料和金属或这些材料综合制成。各类容器都有一定的特点，选用时应考虑容器必须不与内容物以及抛射剂发生作用，有一定的耐压安全系数，轻便、耐腐蚀、价廉以及外形美观等因素。

① 玻璃容器　玻璃容器由中性玻璃制成。玻璃容器多用于压力不大的气雾剂。其优点是化学性质稳定、耐腐蚀、抗泄漏性能好，可以制成各种不同的颜色、大小和式样，比其他材料的容器更富有吸引力。缺点是耐压性和耐撞击性较差，因此一般用于压力和容积均不大的气雾剂，且需选用坚硬的玻璃材料，外层须包以软塑。

② 塑料容器　塑料容器应以化学稳定性好、不透气、耐压和耐撞击的塑料制成。塑料容器质轻、牢固、能耐受较高的压力，具有良好的抗撞击性和抗腐蚀性。但塑料容器价格较高，具有较高的渗透性和特殊的气味，以及由于增塑剂的迁移往往引起变色等，因此这类气雾罐目前还没有广泛用于气雾剂产品中。

③ 金属容器　金属容器有铝制、不锈钢和马口铁制等。铝制容器一般经冲压制成，无缝，质量差异小，规格易一致，常使用铝镁合金罐。不锈钢制和马口铁制经焊接而有缝。金属容器耐压性强，但易被内容物和抛射剂腐蚀而导致内容物变质，因此内壁需涂上防腐涂料或经电化学方法处理。

（4）阀门系统

阀门系统是整个气雾剂中的重要部分，气雾剂的性能主要取决于抛射剂和阀门系统的选择。阀门系统的精密度可直接影响气雾剂的产品质量。阀门具有开闭气雾剂出口的作用以及使内容物成为微细雾状的作用。阀门的种类较多，常见的有一般阀门、定量阀门、泡沫阀门、击散阀门等，应根据内容物的剂型及使用要求加以选择。

9.1.2　气雾剂的工作原理与质量检查

（1）气雾剂工作原理

二相气雾剂装置内只有液相和气相，二相气雾剂为均匀溶液体系，有效成分能与抛射剂混溶，或有效成分能通过潜溶剂和助溶剂的作用与抛射剂混溶。抛射剂与其他内容物装封到容器内，一部分抛射剂立即汽化，当容器内部压力与抛射剂的蒸气压相等时达到平衡，抛射剂的汽化部分成为气相，但大部分抛射剂仍与有效成分一起在液相中。气相的压力将容器内的液体通过浸入管压至阀门内，若无浸入管则在喷洒之前将容器倒置，使药液进入阀门，这是倒喷。阀门打开时药液通过内孔自喷嘴喷出，在常温常压下抛射剂立即汽化，药液成为极细的微粒，呈雾状分散在空气中，容器内部由于抛射剂继续汽化而基本保持原有的压力。

三相气雾剂的工作原理与二相气雾剂相同。

（2）气雾剂产品质量检查

气雾剂产品的质量检查可参见 GB/T 14449—2017《气雾剂产品测试方法》。

9.1.3　气雾剂的应用领域

近年来，随着科学技术的不断发展，气雾剂的应用领域随之扩大，已渗透到人们的衣食住行之中。因此，全球气雾剂产品的数量相当可观。现在市场经营的气雾剂品种有 4000 种以上，应用涉及各个方面。如日常生活方面，有杀虫、环境消毒、清新空气、发胶、护肤、保健、劳保安全、家庭清洁、医药、演员专用等；工业方面，有汽车用、轮船用、机械防锈、模具脱模、电气用、仪器仪表用、金属与非金属无损探伤、油漆涂料等；其他方面，有家具及皮革上光、保护书画及图纸、动物用、林业用等。实践证明，积极开发新气雾剂品种的厂家才大有前途。

9.2 气雾剂配方组成结构

9.2.1 气雾剂配方原则

气雾剂的配方组成，包括抛射剂和药剂两大部分。由于气雾剂是通过气雾罐和抛射剂使内容物成雾状喷出的，因此在气雾剂配方的设计中，一些基本的要求是：抛射剂和药剂的相溶性良好，对金属的气雾罐无腐蚀，不堵塞喷嘴，喷出后能迅速散开，喷雾粒子的大小适宜。其中，相溶性是问题的关键，影响较大。

在气雾剂的配方中不能将现成的配方直接加上抛射剂装入气罐制成成品，而要根据现成的配方特性以及所需要的气雾剂产品要求来进行综合考虑确定。气雾剂产品配方必须考虑以下因素：

① 喷雾状态　喷雾的干燥或潮湿受不同性质和不同比例的抛射剂/阀门结构及其他成分的存在制约。

② 泡沫形态　气雾剂通常有三种主要的泡沫类型：稳定的泡沫、易消散的泡沫、喷沫的。泡沫形态是由抛射剂、有效成分性质和阀门系统决定的。

③ 稳定性　配方中各成分要注意其相互间是否会起化学反应，抛射剂与内容物其他成分配伍性如何，能否起化学反应，同时还要注意气雾罐体与抛射剂以及内容物其他组分会起什么反应。

④ 溶解度　各种气雾剂内容物不同组分对不同抛射剂的溶解度不同，必须避免使用溶解度不好的物质，以防止其在溶液中析出固体物质而阻塞阀门等问题。

⑤ 腐蚀作用　腐蚀问题实际上是化学反应的一个特殊问题。它不仅涉及抛射剂和各种成分，也关系到气雾罐的材料性质。

⑥ 变色变味　变色是一种化学反应，泡沫型气雾剂产品较易变色，大多是受香精的影响所致；香气变坏也是气雾剂产品值得注意的问题。

⑦ 低温　采用冷却法充装的气雾剂产品必须要充分考虑到各种成分在低温时不会受影响。

9.2.2 配方设计

在容器内抛射剂与有效物质以不同的方式结合，产品可具有各种特性，按需要时气雾剂喷出微细气雾、泡沫、半固体或固体，气雾剂可分为溶液型、混悬型和泡沫型。根据内容物的理化性质、用途，可以将气雾剂配方设计成某种类型。

（1）溶液型

溶液型气雾剂是由澄清均匀的溶液与抛射剂气体组成的二相气雾剂。大多数气雾剂制成这种形式。最简单的方法是将有效成分溶解在抛射剂中，多数产品需加中间溶剂或其他附加剂。溶液型二相气雾剂中，抛射剂在整个配方中约占 20%~70%。配方组成中抛射剂多，压力高，雾粒细小，否则雾粒大。

（2）混悬型

有效成分的微细粉分散在抛射剂中成为比较稳定的混悬液，一般抛射剂含量高，压力大，打开阀门时引起容器内容物湍动，粉末与抛射剂一起喷射出来，后者汽化，将有效成分微粒留在空间或作用位置。混悬型气雾剂制备存在的问题较多，应结合气雾剂的特点，须经多次配方试验。

（3）泡沫型

泡沫型又叫乳浊型。这类气雾剂的喷出物不是雾粒而是泡沫，在容器内为乳浊液，抛射剂是内相。乳浊液喷出后，分散相中的抛射剂立即膨胀汽化，使乳剂成为泡沫状态。泡沫气雾剂一般情况下抛射剂的含量为8%～10%，也可以高达25%以上。泡沫的性状随抛射剂的性质和用量而异。

9.3 气雾剂制备工艺及示例

9.3.1 制备工艺

气雾剂制造过程的基本工艺程序是：容器与阀门系统的处理与装配-配制内容物-内容物装罐-填充抛射剂-试射检验-出品，其制备工艺流程见图9-1。下面仅就容器与阀门系统的处理与装配、内容物的配制和分装、充填抛射剂三部分进行详细介绍。

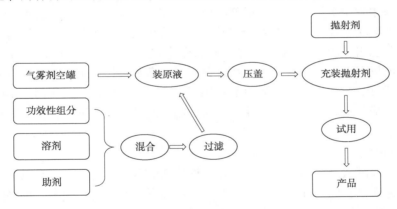

图9-1　气雾剂制备工艺流程

9.3.1.1 容器与阀门系统的处理与装配

（1）容器的处理

气雾剂容器按常规方法洗涤洁净后，充分干燥。若容器是玻璃容器，则对其进行搪塑，即先将玻璃瓶洗净烘干、预热至120～130℃，趁热浸入塑料黏浆中，使瓶颈以下黏附一层塑料浆液，倒置，在150～170℃烘干15min，备用。塑料黏浆的配制方法为：将200g糊状树脂、100g苯二甲酸二丁酯、110g苯二甲酸二辛酯、5g硬脂酸钙、1g硬脂酸锌、适量色素混合均匀，使成浆状。对塑料涂层的要求是：能均匀紧密地包裹玻璃瓶，外表平整、美观。

（2）阀门系统的处理与装配

先将阀门的各种零件分别处理。对于橡胶制品，可在75%乙醇中浸泡24h，除去色泽并消毒，然后干燥备用。对于塑料、尼龙材质的零件，先洗净，再浸在95%乙醇中备用。不锈钢弹簧在1%～3%碱液中煮沸10～30min，用水洗涤数次，然后蒸馏水洗涤2～3次，直至无油腻为止，浸泡在95%乙醇中备用。最后将上述已处理好的零件按照阀门的结构装配。

9.3.1.2 内容物的配制与分装

按配方组成、要求的气雾剂类型进行配制。溶液型气雾剂应制成澄清溶液；混悬型气雾剂应将固体物料微粉化并保持干燥状态，且制成合格的混悬液；乳剂型气雾剂应制成稳定的乳状液。

9.3.1.3 充填抛射剂

充填抛射剂是气雾剂制备工艺过程中最关键、最重要的部分。抛射剂的充填方法主要有压灌法、冷灌法和杯下压灌法三种。

（1）压灌法

该法是目前主要的充装方法。将预先配制好的原液在室温下灌装入气雾罐中，将罐内的剩余空气排除，充进小量的液化气体（如抛射剂）使之汽化，或直接通入其他气体将剩余空气排出，然后将阀门系统装上并旋紧，以定量的抛射剂通过阀门注入气雾罐内，再将推动按钮按上即可。也可先将阀门系统装上，抽空，将定量的抛射剂通过阀门注入，再按上推动钮即可。此法的优点是不需要冷却设备，抛射剂损耗较少，原液不受任何影响，但灌装速度慢，生产效率低。

（2）冷灌法

首先配制好原液，在配制过程中有时要加入一部分较高沸点的抛射剂作为溶剂或稀释剂，以防在冷却中发生沉淀。加过抛射剂的原液，在没有送入热交换器之前应作为液化气处理，必须贮存在耐压容器中，确保安全同时要注意防止抛射剂的散失。灌装时一般将原液冷却到-20℃，抛射剂冷却到其沸点下至少5℃。操作方法是将冷却的原液装入气雾罐内，随后加入已冷却的抛射剂，立即装上阀门系统并旋紧。灌装操作应迅速完成，以防抛射剂损失和产品受水分污染。此法的优点是抛射剂直接灌入容器，速度快，对阀门无影响，容器中的空气易于排出，成品压力较为稳定。缺点是需要制冷设备和低温下操作，同时只适用于非水性产品的生产。

（3）杯下压灌法

该法吸取了冷灌法和压灌法的优点，是一种较新的压灌工艺。主要有三项操作：抽出罐内空气；灌入抛射剂；阀门扎口固定。一般先在室温下将原液装入罐内，再将阀门放于容器上面，灌装机头在容器的肩部形成密封状态，当阀门上举时，容器内的空气被抽尽，接着液化抛射剂从另一进液口进入并通过阀杯下面迅速定量地灌入容器内，最后扎口密封。

9.3.2 示例

气雾剂的应用领域很广，使用气雾剂的实例也很多。

9.3.2.1 气雾杀虫剂

气雾杀虫剂是利用抛射剂将含有杀虫有效成分的药剂从密闭容器内呈雾状喷出，均匀分散在空气中形成气溶胶的剂型。它具有用量少、灭杀快、使用方便等优点，是国际上用于室内灭杀蚊、蝇及其他卫生害虫的重要剂型。

气雾杀虫剂的基本组成包括活性成分、增效剂、乳化剂、抛射剂、溶剂等。其中活性成分和增效剂是具有杀虫效力和增加杀虫效力的组分。

活性成分应具有杀灭爬虫又能毒死飞虫的多功能性，同时也应具有低毒、无刺激性、持效期长、易挥发、击倒力强、在有机溶剂中溶解性好的特点。常用的有拟除虫菊酯类化合物，如生物丙烯菊酯、氯菊酯、胺菊酯等；增效剂在配方中主要是为了达到增效的目的。常用的增效剂是增效醚，具体品种主要有二丙醚和胡椒基丁醚；乳化剂的作用是在生产水基杀虫剂时使微溶于水的活性成分和增效剂能较好地分散于水中。水基杀虫剂一般加入两种不同类型的乳化剂复配使用。选择乳化剂要注意乳化剂不能使活性成分失活，用量尽可能少；抛射剂前面已讨论很多，这里就不赘述；溶剂有油剂、醇剂和水剂三种，其中溶剂以无味的脱臭煤油的油剂型应用较广。

油基杀虫气雾剂配方(%)如下：

胺菊酯	0.25	戊菊酯	1.00
异丙醇	3.9	香精	0.1
一号液体石蜡	95		

将以上组分配制成微黄或淡黄色澄清油状液体，此原液稳定性好，可贮存2年，将该原液分装于气雾罐中，按总量为30%的比例充填抛射剂。

9.3.2.2 气雾固发剂

气雾固发剂亦称气雾整发剂，或发胶、摩丝等，是喷在头发上，干燥后在头发丝的外表面形成薄膜，使头发丝挺硬，达到保持发型之目的的气雾剂。气雾固发剂的主要成分为薄膜形成剂、整发剂、溶剂、香料和抛射剂。薄膜形成剂现在几乎都用可溶于水或醇的合成树脂，如聚乙烯吡咯烷酮、乙烯吡咯烷酮和乙酸乙烯酯的共聚物、丙烯酸衍生物共聚物、乙烯吡咯烷酮和二乙基氨甲基丙烯酸酯的共聚物等。整发剂一般使用能使头发光亮和柔软的羊毛脂衍生物和乙二醇类。

配方1(%)：

乙酸羧基乙烯酯	2.0	2-氨基-2-甲基-1-丙醇	0.17
聚硅酮	0.1	乙醇	72.63
蒸馏水	5.0	异丁烷和丙烷混合物(90/10)	20.0
香精	0.1		

将除抛射剂之外的所有配方组分充分混合均匀后即为喷发胶原液，然后充装抛射剂。

配方2(%)：

聚乙烯吡咯烷酮季铵盐	5.0	去离子水	75.5
乙酸乙烯酯/乙烯基吡咯烷酮共聚物	4.0	香精	适量
油醇聚氧乙烯醚	0.5	丙烷：异丁烷 (25：75)15.0	

9.3.2.3 气雾脱模剂

气雾脱模剂是一种气雾剂型的外脱模剂，是在塑料加工时为了使制品易于从金属模具中取出而喷在金属模具表面的一层润滑剂。气雾脱模剂实际上就是硅油脱模剂，其主要成分是二甲基硅油加适量助剂，再充入抛射剂(如气态烷烃)。硅油是一种低黏度、热稳定性好的油液，作脱模剂时使用的是与有机溶剂的共配液，使用时要等有机溶剂挥发后才能显示硅油的润滑效果。硅油脱模剂使用时具有耐热(达150℃)、无毒、光泽好等优点，脱模效果优良，涂一次可脱模多次。另外，硅油表面张力极低，有特殊的表面润滑效应和成膜能力，对黏性材料有突出的抗黏性，不与树脂亲和。因此，有机硅系列脱模剂是一种优异的脱模剂，广泛应用在塑料、橡胶等各种场合中。作为气雾剂型的硅油脱模剂，不仅脱模效果良好，而且使用更为方便，因而近年来在国内外被流行使用。

硅油型气雾脱模剂配方示例(%)如下：

二甲基硅油	6.0	溶剂油	12.0	丙丁烷	82.03

将抛射剂外的组分充分混合均匀后充装抛射剂。

思 考 题

1. 何谓气雾剂？表述气雾剂特点、组成与分类有哪些？
2. 简述气雾剂的基本组成。
3. 气雾剂配方设计的基本要求是什么？应考虑哪些因素？
4. 设计气雾剂产品时，抛射剂用量选择需考虑哪些因素？
5. 简述气雾剂用抛射剂的特点与选择。
6. 气雾剂的罐装方法有哪些？
7. 用框图说明气雾剂的生产流程。
8. 气雾剂产品的质量评定通常包括哪些项目？
9. 简述气雾杀虫剂的基本组成。

第10章 液体制剂

10.1 概　述

前已述及复配型精细化工产品剂型的种类繁多，按照其形态不同可将剂型分为液体剂型、固体剂型、半固体剂型、气体剂型等。一种产品加工成什么剂型最好，除了考虑活性成分的类别、理化性能、生物活性、对人和环境的影响外，还应考虑使用目的、使用对象、使用方式、使用条件等综合因素，使之充分发挥作用，做到安全、方便、经济、合理。本章将重点介绍真溶液制剂、胶体溶液制剂、混悬液制剂、乳状液等液体制剂的配方组成、配制理论及生产方法等内容。

10.1.1 液体制剂的含义及分类

液体制剂主要是指有效成分及其辅助成分在液体分散媒中组成的液体分散体系。液体制剂的分散相可以是固体、液体或气体，在一定的条件下分别以颗粒、液滴、胶粒、分子、离子或其混合形式存在于分散介质中。按其分散情况可分为均相液体制剂及多相液体制剂。均相液体制剂是指一单相分散体系的组成物，均相液体制剂中的固体、液体或气体组分在一定条件下均以分子、离子或胶团形式分散于液体分散媒（溶剂）中。如分散相以分子或离子状态分散于液体分散媒中者称为溶液（真溶液），其中溶质相对分子质量小的称为低分子溶液；溶质相对分子质量大的称为高分子溶液。胶体溶液除高分子溶液外，还包括缔合胶体和溶胶。高分子溶液、缔合胶体属于单相，所以，把低分子溶液、高分子溶液、缔合胶体称作均相液体制剂，均相液体制剂是稳定体系。非均相体系的液体制剂系指分散相与液体分散介质之间具有相界面的液体制剂，根据分散相的不同可分为胶体、混悬剂、乳剂等液体制剂。由于非均相体系的液体制剂具有较大的相界面和界面能，属于不稳定体系。液体制剂的精细化工产品品种很多，在洗涤剂、农药、医药、化妆品、助剂等领域占有很大的比例。

10.1.2 液体制剂的优缺点和要求

液体制剂与固体制剂相比，具有在生产过程中节约能源、节省资源、避免粉尘污染和其他污染，配方易于调整，可以很方便地获得不同品种的产品、生产工艺简单、有效成分含量比较高、产品计量方便、准确且容易控制、使用方便等优点。但液体制剂产品包装多为瓶装，对包装材料要求高，包装费用较高，产品的储存稳定性较差，长期存放容易发生霉变、分层，同时运输亦不如固体制剂方便，非水制剂成本高，有时会影响有效成分作用的发挥，配伍使用时容易发生配伍禁忌，有机溶剂常具有一定的毒性，带来一定的环境污染问题等。

不论是均相的还是非均相的液体制剂都要求有效成分在其稀释剂或载体中具有较好的溶解性或分散性，形成相对稳定的液态混合体系。根据产品类别不同，对其添加助剂的类别和用量、对有效成分性质的要求等有所不同，如溶液型制剂应澄明，乳浊液或混悬液型制剂应保证其分散相小而均匀，且在振摇时容易均匀分散；稀释剂或载体最好是水，其次是乙醇或其他毒性较小的有机溶剂，最后考虑其他类型的溶剂；有效成分的含量应准确、稳定；制剂应无污染、无刺激，同时具有一定的防腐能力。具体要求见后续的相关内容。

10.1.3　制备液体制剂时应考虑的因素

液体制剂的制备应考虑的因素主要有：①有效成分的性质，包括分散性、溶解性、稳定性等。②剂型的确定，即制成真溶液型、胶体型、乳浊液型，还是混悬液型，这与产品的最终用途、有效成分性能的发挥等因素有关。例如，医药，一般来说，溶液型的药剂吸收最快，作用和疗效也最大，其次是胶体型，再其次是乳浊液型或混悬液型，因为任何药物必须通过溶解过程形成分子或离子后才能吸收，吸收量达到一定浓度时才呈现疗效。③溶剂或分散介质的选择，溶剂既可影响有效成分的溶解性，又对其性能的发挥有一定的影响。例如将维生素 A 分别制成增溶的水溶液、乳剂、油溶液三种制剂内服后，其水溶液最容易吸收，油溶液最差。④分散度，分散度的大小对液体制剂的稳定性有较大的影响，分散度愈大，则体系愈不稳定，反之可增加体系的稳定性。

10.1.4　常用的分散剂

液体制剂的分散介质一般称作分散剂，溶液型和胶体型制剂的分散剂常称作溶媒或溶剂。液体制剂的分散剂最好是：本身稳定且化学活性小，不妨碍有效成分的作用和含量的测定，无臭味，毒性小，成本低而有防腐性。但符合上述各条件的分散剂很少，常用的分散剂又各有优缺点，所以只能是充分掌握各分散剂的优缺点而加以适当利用。

产品中分散相各成分的溶解度与分散剂的极性有着十分密切的关系。各类溶剂的特点、溶解机理、溶剂的选择等内容前面章节已有介绍，下面是一些常用的分散剂。

极性溶剂：水、乙醇、甘油、丙二醇、二甲基亚砜、聚乙二醇。

非极性溶剂：脂肪油（茶油、花生油、麻油、豆油、棉籽油、油酸乙酯、肉豆蔻酸异丙酯等）、液体石蜡等。

半极性溶剂：酮类、醛类。

混合溶剂：丙二醇-水、乙醇-水等。

10.1.5　液体制剂的应用领域及发展趋势

液体制剂因其制备工艺比较简单、设备投资和成本相对较低而得到较广泛的应用。几乎所有类别的复配型精细化工产品都有液体制剂型产品，只要在满足产品的性能和使用条件的前提下，有合适的溶剂、助剂或分散剂将活性组分进行溶解或分散，形成适宜的液体剂型均可加工成某种液体制剂。液体制剂因其使活性组分较好的溶解、分散或悬浮，需要使用合适的试剂。随着人们环境保护意识的提高和国家相关法规和标准的出台，使原来可以使用的试剂目前限量使用或禁止使用，因此，液体制剂朝着选用无毒或低毒试剂的方向发展，在水能够满足要求的前提下优选水做溶剂。在活性组分的选择上优选那些生物降解性好、无毒或低毒、高活性成分，且比例有增加的趋势，减少相应助剂的种类和用量，简化配方组成。利用先进技术和手段生产产品，例如将微波分散法用于混悬液产品的制备。

10.2　真溶液型制剂

10.2.1　概述

所谓真溶液制剂是指有效成分(分散相/溶质)以分子或离子状态分散在溶剂(水或水与有机物的混合物或只有有机物等介质)中，形成分散粒子半径小于 1nm 的均一、透明的液体制剂，能够通过半透膜。根据介质不同可分为水剂(Aqueous Solusion，简称 AS)和可溶性液剂(Soluble Liquiol/concentrace，简称 SL)，AS 的介质是水，SL 的介质是水与有机物的混合物或只有有机物，SL 包括了水剂，AS 是 SL 中的一种特例。医药行业真溶液液体制剂可分为溶液剂、糖浆、芳香水剂、醑剂等。

溶质的分散度在真溶液中最大，其总表面积也最大，因此呈现作用方面比同一溶质的混悬液或乳浊液快而高。但由于结构的特点，某些溶质在水或其他溶剂中的溶解度很小，即以分子或离子形式分散成饱和溶液也达不到有效浓度，所以常常需要设法增加其溶解度。常见的方法有：增溶、助溶和难溶性的弱酸或弱碱制成溶解度较大的盐类等。溶剂的选择不仅对溶质的溶解度有相当大的影响，而且对相应制品的性质和性能、使用方法等有很大的影响。如香水最好的溶剂是酒精，软饮料的用途决定了其溶剂只能是水。溶质分散在溶剂中形成真溶液虽然效用高而快，但同时其化学活性也增高，因此在制备真溶液制剂时，除了要考虑溶剂、浓度和应用途径外，尚需考虑其化学稳定性和防腐等因素。

10.2.2　常见真溶液型产品的配方组成

常见真溶液型产品的基本组成包括三部分：活性物质(产品的有效成分)、溶剂(水或其他有机物)、助剂(表面活性剂以及增效剂、稳定剂等)。

真溶液型产品本身外观是均匀透明的液体，用水稀释后活性物质成分子状态或离子状态存在，且稀释液仍然是均一透明的液体。它的表面张力，无论是稀的水溶液，还是使用浓的水溶液，都要求在 50mN/m 以下。产品常温存放两年或更长时间，液体不分层、不变质，仍保持原有的物理化学性质以保证有效成分性能的发挥。

凡是能溶于水的活性物质都可以直接制成水溶液，配方组成相对简单；而对于本身难溶于水或溶解度很低的活性物质可以通过物理方法或化学方法将其制成配方组成相对复杂的真溶液制剂。所谓物理方法，就是根据活性物质的物理特性及各官能团的结构组成，来寻找它的溶解介质，再利用增溶作用、助溶作用及其助剂功能配制成溶液；所谓化学方法就是改变活性物质的化学结构，增大在介质中的溶解度。

10.2.3　常见真溶液的制备方法及示例

真溶液制剂主要的制备方法有混合法、溶解法、稀释法、蒸馏法和化学反应法。这些制备方法或多或少都与液相混合技术有关，其中最常用的制备方法是液相混合，液相混合的物料可以是溶液、悬浮液、乳液或熔融态液体。常用混合器为搅拌混合器和静态混合器。

在真溶液制剂的制备中经常遇到对固体-液体非均相体系进行分离的操作，以得到澄清透明的溶液。由于非均相系统中各相的性质有明显的差异，故可借机械的方法加以分离，大致可采用沉降法及澄清法、过滤法和离心分离法等。液体中如混有固体或沉淀，可用沉淀法把它们分离出来，这是利用两者密度的差异，使其静置得到分离的操作方法。沉降法虽然简单易行，但不适用于分离悬浮在液体中不易沉降的细微颗粒及混浊溶液，此时应用澄清法进行分离。沉降与澄清均不能达到完全分离的目的，尚需过滤或离心，进一步处理。

10.2.3.1 可溶性农药液剂的配制

农药的可溶性液剂包括水剂(有效成分或其盐类的水溶液制剂，药剂以分子或离子状态分散在水中的真溶液制剂)和可溶性液剂(均匀液体制剂，用水稀释后有效成分形成真溶液)。可溶性液体农药的加工过程比较简单，主要包括化学过程和物理过程。化学过程就是某些药剂在水中溶解度很低，为了加工出比较高浓度的水剂，首先将它与碱(酸)反应生成可溶性盐或磺化物，物理过程就是按配方要求将各种原料配在一起搅拌均匀成透明溶液，然后通过检验含量等指标，如果不合格需经适当调制，达到指标要求，便可成为成品。

例如，草甘膦(农达)原药为白色晶体，含量一般大于95%，国外水剂含量为41%，国内有10%和41%的。但草甘膦25℃下水中的溶解度仅12%。为了提高水中溶解度，可将其变成盐，10%草甘膦水剂一般与NH_4OH成盐，单纯的成盐水剂药效不能充分发挥，因此，水剂中要加入相当量的助剂。再如吡虫啉是一个较理想的超高效内吸性杀虫剂，尤其对刺吸或口器害虫有特效，国外主要有可湿性粉剂(WP)、乳油(EC)、浓悬浮剂(SC)、颗粒剂(GR)、水分散性浆状处理用粉剂(WS)、种子处理用浓悬浮剂(FS)、浓缩可溶剂(SL)等剂型。其中SL含量高达20%，商品名叫康福多。吡虫啉虽然在水中溶解度很低(20℃时0.51g/L)，但在极性溶剂中有较高的溶解度。因此，它可以配制成SL，江苏农药研究所对此做了深入研究，其制剂组成为：

组分	用量/%	组分	用量/%
吡虫啉	20.2	助溶剂A	20
助剂JP90	10	溶剂	加到100
助剂JP93	5		

其性能与国外同类产品相当。

图10-1为该类农药的加工工艺流程简图。

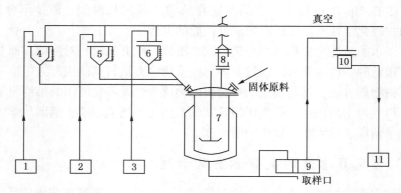

图10-1 可溶性液剂加工工艺流程示意

1—液体原药；2—溶剂；3—助剂；4、5、6—计量槽；7—配制釜；
8—冷凝器具；9—过滤器；10—产品贮罐；11—包装线

主要设备如下：

① 配制釜：带有夹套的搪瓷反应釜或不锈钢反应釜，釜上装有电机、变速器、搅拌器、

冷凝器。

② 过滤器：真空抽滤器，也可用碳钢制的管道压滤器或陶瓷压滤器。

③ 真空泵：水冲泵、水环泵、机械泵等均可使用。

④ 计量槽：碳钢或不锈钢材质。

⑤ 贮槽：碳钢或不锈钢材质。

10.2.3.2 溶液型液体药剂的制备

产品的同一性、效能和纯度是药剂的重要标准，药剂产品质量检查包括：在每一剂中活性物质的含量应当相同；在药剂中应当没有未申报的物质；至少直到有效期限为止，效能和治疗性能应当保持不变。然而，疗效和治疗指数 LD_{50}/ED_{50}（病人致死剂量的50%除以病人有效剂量的50%）不仅取决于活性物质，而且还取决于活性物质的表现形式。因此活性物质的配合是重要的。视配合而定，一种活性物质的贮存性质和使用性质可彻底改变，这样活性物质必须经过配方设计，以使它能完整无损地通过胃。活性物质，即在生物体中有药理作用的物质，可以有天然物质提取物（如植物提取物或动物腺、荷尔蒙、血清）或矿物质提取物，半合成的活性物质和合成的活性物质。助剂有助于活性物质定型，并保护它或调整它的作用。它们不应引起任何不良的副作用，特别不应损害药物的作用或使它的耐药性减小。

溶液型液体药剂由于药物的分散度大，其总表面积与机体的接触面也最大，所以口服溶液药物一般能很好地吸收，有些溶液与体液接触后，虽可析出药物，但由于这些析出的粒子很细，可迅速溶解，所以与水能混溶的非水溶液，口服后吸收也要比固体制剂快。因此，溶液型液体药剂在呈现作用和疗效方面比同一药物的混悬液或乳浊液快而高。溶液型液体药剂易于保持均匀状态，有助于分剂量均匀。但药物在溶液中的分散度大，其化学活性也增高，很多药物的水溶液又极易增殖微生物。所以在制备溶液型液体药剂时要注意其化学稳定性与防腐问题。首先应注意防止微生物的污染，特别是容易引起发霉的一些霉菌如青霉菌、丝状菌、酵母菌等，缩短生产周期和暴露时间，缩小与空气的接触面积等；投药瓶要经灭菌处理，软木塞最好经溶化的石蜡浸润，以堵塞细孔，防止需氧菌的生长。配制环境、用具也必须进行清洁处理，个人卫生也要加强。但由于多方面的原因往往不能完全排除污染的可能，因此，常需要加入防腐剂。防腐剂的选择要考虑：①防腐剂本身用量很小，无毒性和刺激性；②能溶解至有效的浓度；③性质稳定，在贮存时不发生变化，也不与制剂中的成分起反应；④没有特殊的气味或味道；⑤最好能对一切微生物有防腐能力。药物中常用的各种防腐剂见表10-1。

表10-1　防腐剂和它们抗细菌、酵母和真菌的效能

杀菌剂[①]	浓度/%	最佳pH范围[②]	效能[③]			
			革兰氏+	革兰氏-	酵母菌	真菌
苯酚	0.3	2-4-(8)	+	+	(+)	(+)
甲酚	0.3	2-4-(8)	+	+	+	+
对氯间甲酚	0.02	2-4-(8)	+	+	+	+
苯基乙基酮	1.0	2-4-(7)	+	+	(+)	(+)
氯丁醇	0.5	2-4	+	+	(+)	(+)
苯甲醇	1.0	2-4-(7)	+	+	(+)	(+)
PHB甲酯	0.18	2-7-(9)	+	+	0	0
PHB丙酯	0.02	2-7-(9)	+	+	(+)	0

杀菌剂①	浓度/%	最佳 pH 范围②	效能③			
			革兰氏+	革兰氏-	酵母菌	真菌
PHB 甲酯+丙酯	0.2	2-7-(9)	+	+	(+)	(+)
PHB 甲酯+丙酯+苯甲醇	0.2+0.5	2-7	+	+	+	+
山梨酸	0.2	2-3-(5)	+	+	+	+
苯甲酸	0.1	2-3-(5)	+	+	+	+
苯基硝酸汞	0.001	7-10	+	+	+	+
Merthiolat 硫柳汞	0.02	2-7-(9)	+	+	+	+
Thiocide	0.01	2-7-(9)	+	+	+	+
Cialite	0.01	2-7-(9)	+	+	+	+
杀藻胺	0.01	(3)-5-8-(10)	+	+	+	+

注：① PHB 为对羟基苯甲酸。

② 括号外的数值指适用的 pH 值范围，左侧括号内的数值指适用的最低 pH 值，右侧括号内的数值指适用的最高 pH 值。

③ +有效；(+)有些效果；0 无效。

为了捕获自由基和打断氢过氧化物的循环，还时常需要加入抗氧剂。适用于水溶液的抗氧剂有连二亚硫酸盐和亚硫酸盐。由于相应的酸有一种讨厌的气味，所以这些化合物不能真正符合口服用途的要求。其他的水溶性抗氧化剂有抗坏血酸和半胱盐酸。油溶性抗氧化剂有酸丙酯、生育酚、维生素 C 棕榈酸酯和二叔丁基羟基甲苯（BHT）。为了防止出现腐臭，特别有必要向含有脂肪的配制品中加入抗氧剂。抗氧剂的需用量相对较小，例如维生素 C 棕榈酸酯 0.01%～0.2%；生育酚 0.001%～0.5%；BHT 0.001%～0.02%；亚硫酸钠0.05%～0.3%；半胱盐酸 0.01%～0.1%；抗坏血酸 0.01%～0.1%。

除此之外，最重要的还是要考虑活性物质的溶解问题。固体、液体或气体类活性物质在液体中的溶解，最常用的溶剂是水，其他的是乙醇和油。溶剂的选择和增溶的方法前面章节已经介绍，在此不再重复。另外，配制固体药物溶液时，通常考虑溶解的快慢，溶解快的药物可利用搅拌加速溶解，溶解慢的药物可采用粉碎方法加速溶解。提高温度一般可加速溶解，但应注意药物的热稳定性，溶液通常需要过滤除去不溶性杂质。气体在液体中的溶解度受压力、温度及其他因素影响。将气体快速溶解在液体中的方法是将溶剂在气体中喷淋或将气体吹入溶剂中。由于气体在液体中的溶解度与气体的分压成比例，因此利用此规律除去液体中已溶解的某些气体（如氧气）。最常用的方法是向水中通入氮气或二氧化碳，这样可除去水中大部分氧。煮沸也可以除去水中大部分氧。

溶液型液体制剂的制备方法有三种，即溶解法、稀释法和化学反应法。

下面为溶液型液体制剂的两个常见配方：

（1）复方碘溶液

本品含碘（I_2）应为 4.5%～5.5%（质量/体积），含碘化钾（KI）应为 9.5%～10.5%（质量/体积）。

配方为：碘 50g，碘化钾 100g，蒸馏水适量，共制 1000mL。

本品俗称卢戈氏液，碘化钾为助溶剂，溶解碘化钾的水，尽量少用，以使其浓度增大，加碘后溶解快。取碘与碘化钾，加蒸馏水 100mL 溶解后，再加适量的蒸馏水，使全量成

1000mL 即得。

(2)煤酚皂溶液

配方为：煤酚 500mL，豆油 180g，氢氧化钠 27g，蒸馏水适量，共制 1000mL。

该药为杀菌剂，常用于消毒手、敷料、器械和处理排泄物。煤酚为甲酚的三种异构体的混合物，在水中的溶解度为 2%，而本品含煤酚 50%（体积），加表面活性剂肥皂为增溶剂，在溶液中形成胶团，使煤酚增溶而达到高浓度。肥皂是用植物油与氢氧化钠反应生成的，也可用脂肪酸代替植物油与碱反应。除豆油外还可用棉籽油、花生油、芝麻油等，但碘价应在 100 以上，皂化价不高于 205。

配制：取氢氧化钠加蒸馏水 250mL 溶解后加豆油，置水浴上加热，时时搅拌，至取溶液 1 滴、加蒸馏水 9 滴无油滴析出即为完全皂化，加煤酚，摇匀，冷却，再添加适量蒸馏水使成 1000mL，摇匀即得。

10.2.3.3 真溶液型化妆品的配制

化妆品是用来做皮肤或口腔中的清洁和保养，美化使用者的外貌或消除使用者气味的物质或配制品。作为人们日常使用的化妆品必须具有安全性、稳定性、有效性和舒适性。化妆品的种类、剂型较多，所用的原料也很多，按用途及性能可分为基质原料和辅助原料两大类。真溶液型化妆品包括皮肤用的香水、古龙水、花露水、各种化妆水等，毛发用的头水、营养性润发水等产品，因其是以香味为主的化妆品，故又叫作香水类化妆品。这些香水类化妆品除了用途不同外，有时也可按赋香率不同加以区分，如香水赋香率为 15%～25%，有时达 50%，而花露水为 5%～10%，古龙水为 3%～5%，头水为 0.5%～1%，化妆水为 0.05%～0.5%。香水类化妆品的主要原料为香精、乙醇、水、色素。其组成主要是以酒精作基质原料，加入适当的香料香精和色素。当水质量较差时加入乙二胺四乙酸钠（简称 EDTA）、柠檬酸及其钠盐、葡萄糖酸等软水剂以及少量的抗氧化剂。

(1)香水

香水是含有香精和少量水分的乙醇溶液，具有芬芳浓郁的香气，其主要作用是喷洒于衣物、手、头发上，使之散发令人愉快的香气，是重要的化妆品品种。香水中的香精用量一般在 15%～20% 之间，乙醇用量为 80%～85%。存在于香水的少量的水分，可以使香水挥发得更好。在某些香水中，香精用量可以降至 7%～10%，如果在其中加入 0.5%～1.2% 的兰蔻酸异丙酯能使香水喷洒在织物上形成一层膜，从而使香气挥发速度减慢，达到留香持久的目的。

香水是化妆品中品位较为高贵的一类芳香佳品，其品种的高低除了与各种原料的质量和用量有关外，还与调配技术有关。香水香精是所有香精中档次最高的品种之一。它对香气的要求甚高，应该香气幽雅、细致、协调，既要有优良的扩散性，又要在人皮肤上或织物上有一定的留香能力，香气还应能引起人们的好感和喜爱。因此，对原料的要求也很高。高级香水，其香精多选用天然的花、果的芳香油或浸膏及动物香料（如麝香）来配制，此类天然香料的市场价格一般超过黄金的价格，用这类香料配制的香水，香气高雅、留香持久、价格也较昂贵。低档香水所用的原料多用人工合成香料配制，香料含量一般在 5% 左右，与使用天然香料配制的香水相比，香气稍差且留香时间也短，价格相对较低。

下面以冷杉精油为主香原料的多功能香水的研制为例，介绍香水的配制过程。

以冷杉精油为主香原料，研制出集草香、果香、药香于一体的多功能男女兼用香水，其香气清新、变化平滑、连贯性好，感观性能优良，又具有明显的抑菌作用，来自纯天然，无毒无污染。该香水的配制工艺过程包括以下步骤：

① 香料选择：依据香型、设计目的和原料的供应情况，使特征香气(木香、脂香、鲜花香、青草香)贯穿于整个香气过程。

② 评香：通过稀释嗅闻测试，对各单体香料进行评香试验。

③ 调香：调香就是将各种香原料混合起来，使各种香气之间取长补短，达到和谐，自始到终散发美妙怡人的香气。调香时首先根据设计香型进行原料选择(包括原料香气、颜色、沸点、稳定性)，再对各单体香料进行浓度试验，确定参考浓度。试制香料主体部分(即尾、中香)，以木香、脂香、药草香为主，初步认为达到平衡后，用乙醇稀释到10%左右，放置30min后嗅试中香部分，2h后嗅试尾香部分，不断嗅试、调整，使之达到理想程度。主体调好后，加入轻快、清新、活泼的头香部分，进行嗅试、调整，达到与中段香、尾段香平衡，主要表现是果香、清香、凉爽气息与淡花香。在调香时，注意使香气浓郁的调和剂、香气美妙的矫香剂和使香气均匀散发的定香剂的应用，使所设计的特征香气(木香、脂香、鲜花香、青草香)贯穿于整个香气过程。为此，在按照上述工艺确定的初制配方的基础上，继续调整，直到满意为止。

调香得到的香水香精配方(%)为：

基香：冷杉油29.2，柏木油7.0，乙酸柏木酯3.0，柠檬油5.0，丙级茉莉浸膏0.6

头香：大叶留兰香油1.0，香蕉油6.0，杨梅油5.0，甜橙油6.0，葡萄油2.0，乙酸乙酯2.0，40%乙醛7.0

调和剂：玫瑰浸膏2.0，香芹酮1.0，椒样薄荷油1.0

矫香剂：紫苏油3.0，桂花油4.0，胡椒醛2.50

定香剂：香兰素3.5，乙基麦芽酚0.7，百里香酚2.57

④ 香水制造的工艺过程：酒精→脱醛→加入香精→加入色素→熟化→冷冻过滤→装瓶→成品

（2）花露水

花露水主要在气温较高的季节用于沐浴祛除汗臭，其次消除公共场所的污秽气。以乙醇、香精、蒸馏水为主体，辅以少量螯合剂、抗氧剂和耐晒的水溶性颜料，颜色以淡湖兰、绿、黄为宜，其组成为70%~75%的乙醇，20%的水和2%~5%的香料及少量色彩淡雅的色素，要求产品的香气易散发，并有一定的留香能力。由于70%~75%的乙醇对细菌的杀死作用最强，因此花露水具有一定的杀菌作用，涂在蚊叮、虫咬之处有止痒消肿的功效；涂在患痱子的皮肤上，亦能止痒且有凉爽舒适之感。习惯上香精以清香的熏衣草油为主体，有的产品采用东方香水香型(如玫瑰麝香型)，以加强保香能力，称为花露香水。

玫瑰麝香型花露水的配方(%)：玫瑰麝香型香精3.0，豆蔻酸异丙酯0.2，麝香草酚0.1，酒精(95%)75.0，蒸馏水22.0，色素适量。

古龙水又称科隆水，因其最早流行于德国的科隆镇而得名。属男性使用花露香水，其香气清新、舒适，在男用化妆品中占首位。其香精用量为2%~5%，乙醇用量为75%~85%，香精中含有柠檬油、薰衣草油、橙花油、迷香油等。传统的古龙水香精用量为1%~3%，乙醇用量为65%~75%。

（3）化妆水

化妆水是一种透明液体化妆品，能除去皮肤上的污垢和油性分泌物，保持皮肤角质层有适度水分，具有促进皮肤的生理作用，柔软皮肤和防止皮肤粗糙等功能。化妆水的使用范围几乎遍及全身，视皮肤性质不同，有中性皮肤用、干性皮肤用、油性皮肤用、老年皮肤用等类型的化妆水。根据使用目的又可分为润肤化妆水、收敛性化妆水、柔软性化妆水等。

① 化妆水组成配方中主要成分　在化妆水组成配方中，主要有以下几种成分。

溶剂：精制水、乙醇、异丙醇等。

保湿剂：甘油、聚乙二醇及其衍生物和糖类等。

柔软剂：高级醇及其酯作为油分，还有作为角质软化剂的苛性钾和三乙醇胺等。

增黏剂：用天然或合成的黏液质，具有滋润和保护皮肤的作用，如果胶、纤维素衍生物等。

增溶剂：主要是非离子表面活性剂等。

药剂：如收敛剂、杀菌剂、缓冲剂、营养剂等。

其他：香料、染料、防腐剂等。

② 化妆水的两种常见配方

a. 柔软性化妆水配方组成(%)举例：

甘油3.0，丙二醇4.0，缩水二丙二醇4.0，油醇0.1，Tween-20 1.5，月桂醇聚氧乙烯(20)醚0.5，乙醇15.0，精制水71.8，香料0.1，色素适量，防腐剂/紫外线吸收剂适量。

b. 收敛性化妆水配方组成(%)举例：

柠檬酸0.1，对酚磺酸锌0.2，甘油5.0，油醇聚氧乙烯(20)醚1.0，乙醇20.0，精制水73.5，香料0.2，防腐剂适量。

（4）头水

头水是酒精溶液的美发用品，有杀菌、消毒、止痒及防头屑的功效，具有幽雅清香的气味。它的主要成分有酒精、香精、精制水、止痒消毒剂，有时也加入保湿剂如甘油、丙二醇等，以防止头发干燥。

奎宁头水的配方(%)如下：

盐酸奎宁0.2，水杨酸0.8，酒精70.0，香精1.0，精制水28.0。

（5）须后水

须后水是男用化妆水，用以消除剃须后面部紧绷及不舒适感，并有提神清凉及减少剃痛、杀菌等功效。香气一般采用馥奇型、古龙香型等。适当的酒精用量能产生缓和的收敛作用及提神的凉爽感觉，加入少量薄荷脑则更为显著。

须后水的配方(%)如下：

乙醇50.0，尿囊素氯化羟基铝0.2，甘油1.0，薄荷醇0.1，杀菌剂0.1，香料适量，染料适量，精制水48.6。

香水类化妆品生产工艺上基本相同，只是由于配方组成上的不同，工艺上稍有差异。它们的生产过程主要包括混合、熟化、冷冻、过滤、润色、成品检验、装瓶等工序。例如香水、古龙水、花露水的生产过程是在原料准备就绪后，先把乙醇放入配料混合罐中，同时加入香精、定香剂、染料，搅拌溶解，并加入精制水混合均匀，然后把配制好的香水或花露水等输送到贮罐中，进行静置贮存熟化。熟化时间需多久，看法尚不一致，影响熟化时间的因素包括原料的质量、温度的高低等。一般花露水、古龙水需要24h以上，香水至少一个星期以上，高级香水时间更长。具体的熟化期应视生产厂家的经验及具体情况而定。在熟化期有一些不溶性物质沉淀出来，应过滤除去，一般采用压滤的方法，加入硅藻土或碳酸镁等助滤剂，在加入助滤剂后，应将香水冷冻到5℃以下，而花露水、古龙水在10℃以下，并在过滤时保持这一温度，使不溶物充分沉淀出来，这样才能保证产品的清晰度指标要求。因为这些含水量较高的制品，如果在较高温度下过滤，一旦温度更低时，就会出现水不溶物而使产品呈半透明状，即使加热这种沉淀也不会重新溶解，产品就此浑浊。装瓶时，应先将空瓶用生产用的乙醇洗涤再罐装，并应在瓶颈处空出 4%~7.5% 的容积，预防贮藏期间内溶液受热膨胀而瓶子破裂，装瓶宜在室温 20~25℃ 下操作。其工艺流程见图 10-2。

图 10-2　香水、花露水、古龙水生产工艺流程

化妆水的生产过程是：先在精制水中溶解甘油、丙二醇等保湿剂及其他水溶性成分。另在乙醇中溶解防腐剂、香料、作为增溶剂的表面活性剂以及其他醇溶性成分，上述溶解过程均在室温下进行。然后将两体系混合增溶，再加染料着色，经过滤除去不溶物质，就可装瓶，得到澄清的化妆水类制品。其工艺流程见图 10-3。

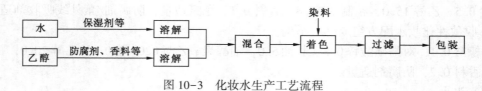

图 10-3　化妆水生产工艺流程

10.3　胶体溶液型制剂

10.3.1　概述

胶体溶液型制剂是指组分以 1~500nm 大小的粒子均匀分散在液体分散媒中形成的液体制剂。胶体溶液类产品在精细化工行业中占有相当的比例，例如微溶的农用制剂；药物中的胶浆剂、火棉胶剂、涂膜剂、血清、胃蛋白酶、树胶等；在水中或有机液体中的微细颜料、分散颜料；打印机的油墨、墨水、涂料、高分子溶液等都属胶体溶液。

表 10-2　分散体系按分散相粒子的大小分类及特性比较

分子分散体系(溶液)	胶体分散体系	粗分散体系
直径<1nm	1nm<直径<0.1μm	直径>0.1μm
可透过滤纸	可透过滤纸	不能过滤纸
能透过半透膜	不能透过半透膜	不能透过半透膜
质点扩散快	质点扩散慢	微粒不扩散
渗透压大	渗透压小	不具渗透压
热力学稳定体系	热力学不稳定体系	热力学不稳定体系
动力学稳定体系	动力学稳定体系	动力学不稳定体系
浓度对溶液的沸点、冰点、蒸气压等影响大	浓度对溶液的沸点、冰点、蒸气压等影响小	浓度对溶液的沸点、冰点、蒸气压等无影响
无 Tyndall 效应	有 Tyndall 效应	无 Tyndall 效应
单相分散系	单相或多相分散系	多相分散系
运动单位为分子或离子	运动单位为胶粒	运动单位为粗粒

胶体溶液含有至少两个分散相：一个或多个分散相(内相)，一个连续相(外相称为分散介质或载体)。前面章节已介绍了胶体溶液基本理论，胶体溶液与溶液、粗分散体系的差异在于分散相的粒径。在此将真溶液、胶体溶液及混悬液的特点进行比较，详见表 10-2。它们的差别，均是由分散系的微粒大小所引起的。胶体微粒由于粒径小，在光显微镜下不能观察到，但可以用超显微镜和电子显微镜观察到。粗分散体系微粒可以用肉眼和显微镜观察。胶体微粒的粗分散体系可以通过普通滤纸，但渗析或超滤膜能阻止其通过。胶体溶液由于粒径小，没有或很少出现沉降、分层，因为布朗运动使体系微粒保持分散。

根据胶体分散相和连续相间亲和力或相互作用不同，胶体溶液可分为亲液(水)型胶体和疏液(水)型胶体，其性能比较见表 10-3。

表 10-3 疏水胶体与亲水胶体性质比较

疏 水 胶 体	亲 水 胶 体
为多相分散体系	为单分散体系
不稳定，需加稳定剂	稳定体系，不需加稳定剂
黏度和渗透压小	黏度和渗透压大
表面张力与分散介质相近	表面张力比分散介质小
分散相与分散介质没有亲和力	分散相与分散介质有亲和力
Tyndall 效应明显	Tyndall 效应不明显
小量电解质即可产生沉淀	小量电解质无反应，大量时能引起盐析
除去溶媒后，粒子凝结；除非采用特殊方法，否则不易再分散	除去溶媒后，粒子凝结成凝胶；在分散媒中再胶溶容易

10.3.2 常见胶体溶液类产品的配方组成与制备方法

在此主要讨论亲水胶体和疏水胶体类产品的配制方法。

10.3.2.1 胶体溶液类产品的配方组成

亲水胶体是热力学稳定体系，分散相和分散介质之间有很强的亲和力，只要把大块的分散相放在分散介质中就可自发散开形成胶体，因此，这类产品的配方组成相对简单，一般主要由有效成分活性物质和分散介质组成，也不需要特殊的方法来制备。例如阿拉伯胶、蛋白质、洋菜、白明胶、淀粉及某些染料等放在水中即能形成溶胶；把橡胶、硝化纤维素和乙酸纤维等放在某些有机溶剂中也可溶解形成溶胶。搅拌和加热可加快这些亲水胶体的形成速率。

疏水胶体是热力学不稳定体系，分散相和分散介质间有巨大的界面积，积聚着大量的自由能，因而分散相粒子间有自发聚集的趋势。要制备稳定的疏水胶体，就需要有稳定剂的存在，以抑制颗粒间聚集。其配方组成相对复杂，除了有效成分活性物质和分散介质外还要添加分散剂、流变剂等其他组分。

从颗粒大小的变化看，疏水胶体的制备方法有两种：一种是将大块物质分裂成胶体颗粒的方法，称为分散法；另一种是使离子或分子聚集成胶体颗粒的方法，称为凝聚法。

10.3.2.2 胶体溶液类产品的制备方法及举例

(1) 亲水胶体溶液的制备

高分子化合物溶液如蛋白质、酶类、纤维素类溶液、淀粉浆、胶浆等和高分子聚合物溶液如右旋糖酐、聚氧乙烯吡咯烷酮溶液等均属于亲水胶体。高分子化合物的分子结构中若含有亲水基团，如—OH、—COOH、—NH$_2$、—CH$_2$COONa 时，能与水发生水化作用，水化后以分子状态分散于水中，形成亲水胶体溶液，如明胶、胃蛋白酶、胰岛素、催产素、疫苗、胶浆、右旋糖酐、聚乙二醇等。高分子化合物分子结构中含有非极性基团，如—CH$_3$、—C$_6$H$_5$、—(CH$_2$CH$_2$O)$_2$等，随着非极性基团数目的增加，高分子的亲水能力降低，而对半极性溶剂及非极性溶剂的亲和力增加。高分子分散在这些溶剂中形成高分子的非水溶液，如玉米朊乙醇溶液。

亲水胶体溶液的制备需经过有限溶胀和无限溶胀过程。

(2)疏水胶体溶液的制备

疏水性胶体也叫溶胶，其制备必须满足以下条件：分散相在介质中的溶解度很小，反应物浓度很稀，生成的难溶物晶粒很小又无长大的条件，必须有稳定剂存在。

1)分散法

使大块物质分散有四种方式，即机械分散、电分散、超声分散和胶溶分散。在工业上用得较多的是机械分散。

① 机械分散法　机械分散法也称研磨法，是工业上将大块物体分散的常用方法，特别适用于脆而易碎的物质。研磨法常使用的设备是球磨机和胶体磨，另外还有立磨和研压机等。它们都是利用刚性材料与待分散物质的相互摩擦和碰撞将物质磨细。研磨机的分散能力因其构造和转速的不同而异。一般球磨机的粉碎能力较差，胶体磨的效率较高。在磨细过程中，磨细到一定程度，由于颗粒具有巨大的界面能，加之颗粒间存在的吸引力，颗粒间自动聚集的倾向增大，到分散作用和聚集作用达到平衡时，延长研磨时间，粒子也不会再细了。为了提高研磨效率，通常加入惰性稀释剂或稳定剂以防止颗粒的重新聚集，这样用胶体磨制得的胶体粒子可达 10^{-6}m 左右。

在工业上，研磨物质时加入的稳定剂常常是一些表面活性剂。它们吸附在粒子的表面上，起稳定和保护作用。例如，把硫黄、水和表面活性剂混匀，在胶体磨上磨细，再加稳定剂如少量大分子防沉剂，可制得稳定性良好的硫水胶体分散体。它是一种农药，可以防治农作物的红蜘蛛等螨类害虫及白粉病、锈病等由病菌引起的病害。硫黄的粒度越小，药效越好。

② 电分散法　电分散法也叫电弧法，主要用来制备金属(Au、Ag、Hg 等)水溶胶。此法系用金属为电极，浸在冷却水中，水中加入少量氢氧化钠，通以直流电(电流 5~10A，电压 40~60V)，调节两电极间的距离使产生电弧。在电弧的作用下，电极表面的金属气化，遇水冷却而成胶粒。所加的氢氧化钠是稳定剂，用以使溶胶稳定。

③ 超声波分散法　该法是实验室内制备胶体的常用方法。当频率高于 16000Hz 时的声波称为超声波。在电极上加高频电压交流电，使石英片发生同频机械振荡，频率约 10^6Hz。此高频机械波经变压器油传入试管内后，即产生相同频率的疏密交替波，对分散相产生很大的撕碎力，从而使分散相均匀分散。超声波法还广泛应用于乳状液的制备。

④ 胶溶法　该法是应用于工业生产的胶体制备方法。许多不溶性沉淀，当加入少量某种可溶性物质或洗去体系中过多的电解质时，能自动地分散变成胶体。这种使沉淀转变成胶体的方法叫胶溶法，所加可溶性物质叫胶溶剂，这个过程叫胶溶作用。胶溶作用一般只发生于新鲜的沉淀。在新鲜的沉淀中，分散相颗粒间包含了大量的分散介质，比较疏松，是胶体颗粒的聚集体。若沉淀放置时间过长，小颗粒经老化变成大颗粒或出现颗粒间连结，就难以利用胶溶作用来达到重新分散的目的。

胶溶作用有三种方法：

a. 吸附法　让沉淀颗粒吸附补充的电解质胶溶剂的某种离子，从而使颗粒带一定量的电荷并建立双电层，由于双电层的排斥作用引起沉淀颗粒间的相互分离。沉淀颗粒对离子的吸附是有选择性的，一般优先吸附与沉淀物有相同元素的离子，即能形成难溶盐或难电离化合物的离子。因而选择胶溶剂时，应考虑与沉淀有相同离子的化合物。例如，新生成的 $Fe(OH)_3$ 沉淀，用水洗净电解质后，加入少量稀的 $FeCl_3$ 溶液，经搅拌，沉淀逐渐消失，生成红棕色的 $Fe(OH)_3$ 淀胶。在此过程中，沉淀颗粒吸附了 Fe^{3+} 带正电荷，从而发生胶溶作用。另外，胶溶剂的量要合适。实验证明，一般沉淀剂不能完全胶溶，在胶溶剂的加量合适时，胶溶量最大。加量过多和过少，胶溶效率都低。在加量过多时，由于压缩双电层使胶溶困难。

b. 表面溶解法　加入的胶溶剂能和颗粒表面分子发生反应，生成可溶性化合物，它解离后在颗粒表面形成双电层。例如，把刚生成的氢氧化铁（Ⅲ）沉淀洗净后，加入稀的盐酸溶液，只要 HCl 适量，即可生成红棕色胶溶。这时 HCl 仅和 $Fe(OH)_3$ 颗粒的表面分子发生反应，在表面上生成 $FeCl_3$，它解离后形成双电层，使沉淀胶溶。若 HCl 过量，则生成黄色的 $FeCl_3$ 溶液。

c. 沉淀洗涤法　适用于因电解质过多，压缩双电层使颗粒聚集成沉淀体系。对于这样的体系，只要用水洗涤沉淀，把过量的电解质降低到一个合适的浓度，就可使颗粒双电层厚度增加，粒子间的静电斥力在较远距离内起作用，从而引起沉淀胶溶。例如在 $AlCl_3$ 和 $MgCl_2$ 的混合溶液中加入稀氨水，得到铝和镁的混合氢氧化物沉淀。用水洗涤沉淀，并放置一段时间，沉淀即可胶溶。胶溶速度与温度有关，温度高时，速度快。另外，洗涤水不要太多，否则反离子浓度太低，不能有效地形成双电层，沉淀将难以胶溶。

2）凝聚法

凝聚法是由分子分散的过饱和溶液或过饱和蒸汽在适当条件下，分离出新相从而形成胶体的方法。它可以获得高分散的溶胶。凝聚法可分为化学法和物理法。

① 化学凝聚法　若一个化学反应能生成难溶性化合物，在一定条件下，就可以利用该反应制成难溶性化合物的胶体。例如：可用复分解反应制备盐类的溶胶，$AgNO_3$（稍过量）$+KI \rightarrow AgI$（溶胶）$+KNO_3$；利用水解反应制备金属氧化物溶胶，$FeCl_3 + 3H_2O \rightarrow Fe(OH)_3$（溶胶）$+3HCl$；利用硝酸等氧化剂氧化硫化氢水溶液，可制得硫溶胶，$2H_2S + O_2 \rightarrow 2S$（硫溶胶）$+ H_2O$。

② 物理法　利用物理过程使分子或离子分散体系凝聚成分散体系的方法，如更换溶剂法、蒸汽凝聚法和电分散法等。更换溶剂法是利用同一物质在不同溶剂中溶解度相差悬殊的特性来制备胶体的。例如，将松香的酒精溶液滴加入水中，由于松香在水中溶解度很小，溶质以胶粒大小析出，生成松香的水溶胶。这种方法制作简单，但得到的粒子太细。

（3）胶体溶液类产品的制备举例

综上所述，制备溶胶的方法很多，将功能性组分分散在某些介质中配制胶体溶液型产品，使其具有一定的功能和性能的复配型精细化工产品，保证产品具有相当的稳定性。其配方组成和配制过程差异较大，下面以印刷油墨配制为例说明胶体溶液型制剂的配制过程。

油墨是能进行印刷、有颜色、具有一定流动度的浆状胶黏物。它由颜料（着色剂）连接剂、填充料和辅助剂等物质组成，用于印刷各种物品，如纸张、塑料、金属、布料等，并以不同形式干燥固着于被印物体的表面。从胶体化学的角度看，油墨可看成是颜料在油脂或树脂溶液中的分散体。它的制造、贮存和应用技术均与胶体化学理论密切相关。

油墨的基本组成有着色剂、连接料、辅助剂和填充剂等四大部分。油墨的着色剂通常有颜料和染料两种，其中以颜料为主。颜料能赋予油墨颜色，是油墨组成中的主要固体部分。填充料是能均匀良好地分散于连接料中的无色或白色粉状固体。其作用是可调节油墨性能，酌量减少颜料用量，降低成本，提高油墨配方设计的灵活性。连接料在油墨中起黏结及成膜作用，油墨的主要性能如流动性、黏度、干性及印刷性能都取决于连接料的性质和用量。连接料将着色剂、填充料等固体物质黏结起来，再经研磨粉碎分散后，成为具有一定流动性能的浆状胶体即油墨。添加剂是在油墨制造过程中或印刷使用中，为改善油墨印刷性能、提高印刷效果而附加的材料，也称辅助剂。油墨的辅助剂根据其作用不同可分为催干剂、反干燥剂、减黏剂、稀释剂、冲淡剂、抗擦剂、防脏剂、增塑剂、香料、防腐剂、增稠剂、罩光油等。

为了得到合格、精美的印刷品，印刷油墨必须连续、均匀、定量，且有选择、可控制地相继从墨斗向墨辊、印刷承接物转移，并能大量复制印刷品的特性，这是油墨的印刷适性。影响油墨印刷适性的四大性能是油墨的流变特性、干燥特性、光学特性和墨膜特性。

① 油墨的流变特性　理想的油墨配方应具有以下三个方面的流变特性：a. 在低剪切速度时具有较高的结构黏度，以防止贮存时颜料沉淀；b. 剪切降黏，有利于印刷；c. 印刷后能恢复网架结构，使黏度升高，防止流挂或印刷网点不清晰。通常，油墨本身不具备上述特性，而需借助流变剂的功能。流变剂的作用机理是在低剪切速率下可形成网架结构，提高体系黏度；在高剪切时结构被破坏，黏度下降；停止剪切时又恢复网架结构，黏度升高。黏度恢复的速度对印刷质量影响很大，恢复太慢，涂层的流平性好，但流挂现象严重；恢复太快，流平性不好，但不发生流挂。所以结构的恢复速度要适中，既要保证不发生明显流挂，又要保证流平性好，才是令人满意的配方。油墨的流变性可用一些带有经验性、不十分确切的技术指标或参数表征。如流动度表示油墨稀稠程度（是黏度的倒数），一般是屈服值的函数；流动性，表示流动的难易，用夹在两块玻璃中间一定量油品的铺展直径衡量；身骨是油墨软硬、松紧、稀稠和弹性总和的俗称，如果油墨硬、紧、稠、弹性好就称油墨骨好。

② 油墨的干燥特性　油墨通过印版转移给承印物而形成耐久的图像墨膜的特性称为油墨的干燥特性。油墨的干燥特性应是在贮存、在印机墨斗中以及印刷时的转移过程中，很长时间内保持液体状态而不赶干，一旦转移到承印物上要很快干燥，但并不是完全干透，而是手触摸不黏手即可。油墨的干燥方式由油墨的类型、承印物的种类等因素决定，主要有聚合干燥、渗透干燥和挥发干燥几种机理。不同的干燥方式所用的连接料亦不相同。

③ 油墨的光学特性　印刷品的颜色是以网点（颜色各异的小点组成）为成像元素，通过三原色大小或疏密不同的重叠或并列，利用色料减色法表现的。颜色在表现印刷效果上是极其重要的。油墨光学特性有色强度、色相无从（色偏）、灰度和色效率。颜料在应用体系中是以颗粒分散状态存在的，其粒子大小、形状及表面特性等均影响颜料的性能，进而影响产品的性能（如遮盖力、着色力和亮度等光学性能及耐候性）。一般而言，在其他参数固定的条件下，颜料的粒子大小存在最佳粒度范围，在此范围内理论光散色最强；粒度分布与形状也影响颜料的光学性能，一般大小分布越窄，亮度越高，针状粒子比非针状的具有更大的着色力；粒度小的颜料耐候性较差，对粒度小的颜料进行表面改性可提高耐候性。实际应用

时，颜料的粒度应视具体条件而定，是多种颜料性能的均衡值。一般颜料粒度小于 $1\mu m$ 时性能会有大幅度提高。颜料的原级粒子界面能量较高，因而有自发聚集的趋势。市售商品颜料是原始颗粒及其聚集体的混合物，应用时必须使之充分地分散在介质中。颜料在分散介质中的分散过程可分为三个阶段，即 a. 介质润湿颜料；b. 用机械研磨，使聚集体分散成小颗粒；c. 介质润湿小颗粒表面，使其处于稳定的分散状态。颜料能否被介质润湿，由二者的物性决定。为改善颜料的润湿性能，常采用的方法有：a. 添加润湿剂，主要是一些表面活性剂，其作用机理就是降低颜料和介质的表面张力；b. 对颜料表面进行物理或化学处理；c. 根据颜料的本性，选择适宜的分散介质。此外，由于颜料在介质中的润湿作用是"空气-颜料"界面转变为"介质-颜料"界面的过程，所以采用真空条件，可以加速除去粒子表面的空气，改进润湿效果。研磨过程是用机械力将颜料聚集体分散成原始颗粒的过程。选择合适的分散设备是非常重要的。如体系黏度极大时，适宜采用二辊机(擦碎作用)，黏度较大时采用三辊机(擦碎作用)，黏度中等时采用高速搅拌机(冲碎作用和擦碎作用)，黏度小时采用砂磨机、球磨机或立式球磨机(冲碎作用)。另外，为提高研磨率，常在体系中添加分散剂。

油墨属于热力学不稳定体系，分散的颜料粒子有聚集发生絮凝的趋势。同时，由于密度差，颜料粒子还有沉降的趋势。絮凝和沉降均影响产品的贮存稳定性和使用性。如产品的浮色现象大多就是由颜料的絮凝引起的。絮凝和沉降的理想模型包括：a. 分散状态的颜料沉降形成硬性堆积的颜料饼，很难再分散。b. 颜料絮凝后再沉降，形成松散的沉淀，容易再分散。这种使颜料轻微絮凝形成易再分散的沉淀是防止形成硬性沉淀方法之一，但因该法部分破坏颜料的分散性，影响遮盖力和着色力等，目前逐渐被放弃。c. 有效防止絮凝和沉降的方法是向体系中加分散剂，提高悬浮体的稳定性，这是目前油墨制造者努力的方向。配方中加入分散剂可提高颜料粒子的 ζ 电位。一些颜料粒子在极性介质中本身带有电荷，其性质与介质的 pH 值有关。把离子型表面活性剂、无机聚合物或聚电解质等类型的分散剂加到分散体系中时，可吸附在颜料粒子表面而提高其 ζ 电位。所加的分散剂量要适度，浓度过大因离子强度增加会压缩双电层反而引起相反的效果。分散剂吸附在颜料粒子表面形成吸附层，因空间位碍效应而阻止粒子间的絮凝，吸附层要有一定的厚度才能具有明显的作用。颜料在树脂溶液中分散时，树脂浓度也要适度。树脂浓度太高时分散稳定性降低。这是因为树脂不是单一物质，含有低分子极性物质，它们选择性地吸附在颜料表面，可阻碍树脂的吸附，从而使吸附层变薄，分散稳定性变差。

④ 油墨膜的特性　油墨是将图文和色彩信息以膜状物形式黏固在承印物表面的，因此对油墨膜的特性有一定的要求。油墨要黏附在承印物上首先必须有足够的黏附性，特别是对非吸收性金属板印刷用的塑料油墨和印铁油墨等，其黏附性更重要。油墨的黏附性主要取决于连接料的特性。印刷品不仅作为信息载体，而且也常作为美术品和装饰品供人欣赏，美化环境。为了发挥印刷品的使用和装饰特性，依照印刷品的不同，墨膜应具备对水、酸、碱、盐、溶剂、光、热、氧等的耐抗性。为此在选用着色料、连接料树脂和油墨制造时都有一定要求。

由前所述，油墨的配制是根据印刷的要求确定油墨的基本配方组成，进而根据配方成分添加适宜的分散剂、溶剂等其他辅助成分。将连接料、溶剂等组分根据其特征选择不同的方法加工成胶体溶液，进而再将颜料、填料等组分分散、悬浮于树脂溶液中制成油墨。表 10-4 列出了凸版轮转油墨的配方组成及组分作用。

表 10-4　凸版轮转油墨的配方组成及组分作用

组　　分	印报油墨/%	书版油墨/%	组分的作用
炭　黑	10~13	18	着色料
铁　蓝	3~4	6	色调调整剂
碳酸钙	7~8	4	填充料
矿质调墨油 1	65~71	11	矿物油型连接料
矿质调墨油 2	3~5	10	矿物质润湿剂
醇酸树脂油		30	成膜、墨性连接料
机　油	3~10	16	墨性调整溶剂
凝胶油		5	弹性材料

10.3.3　常见高分子溶液产品的配方组成与制备方法

高分子溶液在生产实践和科学研究中屡见不鲜，钻井液处理剂、高分子减阻剂、土壤改良剂等用的是高分子稀溶液；合成纤维中的纺丝液是一种比较浓的高分子溶液；油漆、涂料、胶黏剂以及胶浆是更浓的高分子溶液；经增塑的塑料和共混聚合物属于固态溶液。此外，高分子在医药领域中应用也非常广泛，一些高分子本身就可起治疗作用（如右旋糖酐血浆代用品）或通过化学方法与药物形成高分子药物聚合物，以延长疗效（如聚乙烯吡咯烷酮-碘络合物等）。一般亲水性高分子溶液剂口服给药途径较多，如胃蛋白酶合剂、胰蛋白酶合剂等。

目前研究较多的是浓度在 1% 以下的稀溶液，并取得了不少定量或半定量的结果。习惯上把大于 5% 浓度的称为高分子浓溶液，小于 5% 浓度的称为高分子稀溶液。由于浓溶液结构的复杂性，至今仅限于经验性的讨论，没有很成熟的理论来描述。

10.3.3.1　高分子溶液的制备

高分子化合物的种类很多，有的溶于水，有的溶于有机溶剂，所以制备高分子溶液的方法也不相同。制备高分子溶液首先要经过溶胀过程。溶胀是指溶剂分子渗入到高分子化合物分子间的空隙中，与高分子中的亲水基团发生作用而使体积膨胀，结果使高分子空隙间充满了溶剂分子，这一过程称为有限溶胀。由于高分子空隙间存在溶剂分子，降低了高分子分子间的作用力（范德华力），溶胀过程继续进行，最后高分子化合物完全分散在溶剂中而形成高分子溶液，这一过程称为无限溶胀。无限溶胀过程常需加以搅拌或加热等步骤才能完成。形成高分子溶液这一过程称为胶溶。

胶溶过程有的进行得非常快，有的则非常缓慢。制备明胶溶液时，先将明胶碎成小块，放于水中浸泡 3~4h，使其吸水膨胀，这是有限溶胀过程，然后加热并搅拌使其形成明胶溶液，这是无限溶胀过程。琼脂、阿拉伯胶、羧甲基纤维素钠等在水中均属于这一过程。甲基纤维素则需溶于冷水中完成这一制备过程。淀粉遇水立即膨胀，但无限溶胀过程必须加热至 60~70℃ 才能完成淀粉浆。胃蛋白酶、汞红溴、蛋白银等高分子药物，其有限溶胀和无限溶胀过程都很快，需将其撒于水面，待其自然溶胀后再搅拌可形成溶液。如果将它们撒于水面后立即搅拌则形成团块，这时的团块周围形成了水化层，使溶胀过程变得相当缓慢，给制备过程带来困难。

10.3.3.2　高分子溶液制备示例

以口服高分子溶液剂选用的高分子药物为例，一般这些药物与水亲和力大，溶解性能好，不需特殊处理，即容易形成高分子溶液。其制备工艺过程为：称量→溶胀→溶解→质量检查→分装。

制备中的影响因素有：①药物的溶解过程。高分子药物在溶解时，首先经历有限溶胀过程，然后无限溶胀，最终形成高分子溶液。②高分子药物的粉碎。高分子药物若为片状、块状时，先用适宜方法粉碎成细粒，加入总量 1/2～3/4 水放置，使其充分溶胀，可加快溶液的形成。③电荷的影响。高分子药物带有电荷，制备中应注意其他药物或附加剂的带电情况，以免系统中存在相反电荷时发生中和，使高分子药物凝聚失效。④高分子溶液的稳定性。高分子溶液久置或受外界因素的影响易聚结产生沉淀，故不宜大量配制。

下面给出胃蛋白酶合剂的配方及制备方法：

配方：胃蛋白酶(1：3000)20g，稀盐酸 20mL，单糖浆 100mL，橙皮酊 20mL，5%羟苯乙酯醇液 10mL，纯化水加至 1000mL。

制法：将单糖浆、稀盐酸加入 800mL 纯化水中，搅匀，再将胃蛋白酶撒于液面，使其自然溶胀、溶解。然后将橙皮酊缓缓加入溶液，取事先用 100mL 纯化水溶解好的羟苯乙酯醇液，缓缓加入上述溶液中，再加纯化水至全量，搅匀，即得。

注意：①胃蛋白酶相对分子质量约为 35500，在 pH 值为 1.5～2.5 时分解蛋白的活力最强，故用稀盐酸调节 pH 值。另外，合剂中含盐酸的量不可超过 0.5%，以免使胃蛋白酶失活。②配制时应将胃蛋白酶分撒于液面上，使其自然溶胀，不可猛烈振摇或搅拌，以防止黏结成团。③一般不宜过滤，因为胃蛋白酶在酸性溶液中带正电(其等电点为 2.75～3)，而湿润的滤纸或棉花带负电，有吸附作用。必要时可在滤纸润湿后加少量稀盐酸冲洗以中和电荷，消除吸附现象。④配制时应用冷却的纯化水，因为在 50℃ 以上胃蛋白酶会产生沉淀，且高于室温贮存会降低活性。

本品用于治疗胃蛋白酶缺乏或消化功能降低引起的消化不良症。

10.4　乳状液与微乳液型制剂

10.4.1　概述

乳状液是一种多相分散体系，它是一种液体以极小的液滴形式分散在另一种与其不相混溶的液体中所构成的，分散相粒子直径一般在 0.1～10μm 之间，有的属于粗分散相体系，甚至用肉眼即可观察到其中的分散相粒子。它们是热力学不稳定的多相分散体系，有一定的动力学稳定性，在界面电性质和聚结不稳定性等方面与胶体分散体系极为相似，乳状液同样存在巨大的相界面，界面对它们的形成和应用起着重要的作用。乳状液在工业生产和日常生活中有广泛的用途，例如油田钻井用的油基泥浆是一种用油基黏土、水和原油构成的乳状液；许多农药，为节省药量、提高药效，常将其制成浓乳状液或乳油，使用时掺水稀释成乳状液。

1943 年，Schulman 等往乳状液中滴加醇，制得透明或半透明、均匀并长期稳定的体系。经大量研究发现，此种乳状液中的分散相颗粒很小，常在 0.01～0.20μm 之间。此种由水、油、表面活性剂和助活性剂等四个组分，按一适当的比例自发形成的透明或半透明的稳定体系，称之为微乳状液。微乳状液在生产中早就有应用，早期的一些地板抛光蜡液、机械切削油等都是微乳状液。60 年代中期，在石油开采的三次采油中利用微乳状液使采收率有很大的提高，用微乳状液驱油，采收率普遍提高 10% 以上，油层的沙岩井经处理后，其渗透率亦大为提高并长期保持不变。

因此乳状液和微乳液型制剂的应用是极其广泛的。

10.4.2 乳状液

在精细化学品的生产中，经常会遇到需要将一种固体或液体以极细小的微粒或液滴形式均匀分散在另一种互不相溶的液体中形成一种多相分散体系，这种多相分散体系即为乳状液。在乳状液中，以极小的液滴分散的不连续相称为内相。另一相为连续相称为外相。如果其中一相为水时则相应的称为水相，另一相为非极性的有机类物质如白油、脂肪醇等称为油相。将一种油和水放在一个容器中用力快速搅拌，会暂时形成乳状液，但当停止搅拌时油珠就会很快凝结成大的油珠与水分离，又恢复成分层状态，这种恢复过程不需要外力，是一种自发过程。因此，要使乳状液稳定，必须加入第三种物质——乳化剂。

10.4.2.1 配方组成

乳状液的配方组成对其稳定性及应用有很大的影响，因此拟定一个合理的配方组成是十分必要的。

当乳状液用途、乳状液类型、适当的辅料和乳化理论确定后，就可以拟定试验配方。

① 根据辅料在水相和油相的溶解度归类。

② 根据乳状液的类型及油相的种类，确定乳化所需的最佳 HLB 值。将低 HLB 值和高 HLB 值的两种乳化剂混合得到具有理论计算的 HLB 值的混合乳化剂。配方筛选时，一般使用比要求量更多的乳化剂。乳化剂一般应化学性质稳定、无毒。但制备乳状液的设备不同，其输入功率有差异，功率越大，乳化剂用量应越少。

③ 根据乳状液用途、乳状液类型来选用适宜的助剂调节乳状液的黏度，从而使乳状液具有合适的流变性。

④ 乳状液中应根据原料的不同加入相应的防腐剂和抗氧剂。对防腐剂应注意其在油、水中的分配系数，以保证它在两相中均应达到有效浓度。

乳状液的配方组成中包括原药、有机溶剂或水、乳化剂、增稠剂、防腐剂等。

10.4.2.2 乳状液的制备及举例

乳状液在生活和生产中都有广泛的应用，下面举几个例子如下。

(1) 化妆品乳状液的制备

护肤乳液是基础化妆品中一大类颇受人喜爱的化妆品，涂于皮肤上能铺展成一层极薄而均匀的油脂膜。乳液的黏度小，流动性好，但稳定性往往不好，在贮存过程中容易破乳而分层，因此欲制成稳定的护肤乳液，必须选用乳化性能良好且不使黏度过分增高的表面活性剂做乳化剂，主要为阴离子表面活性剂、非离子表面活性剂和阳离子表面活性剂。常用的表面活性剂有十六醇硫酸二乙醇胺、聚氧乙烯失水山梨醇脂肪酸酯、脂肪醇聚氧乙烯醚、聚氧乙烯甘油脂肪酸酯、甘油脂肪酸酯等。为了使乳液稳定，还可适量地加入胶质，以提高乳液的黏度。

护肤乳液有 W/O 和 O/W 型的，其主要成分应包括中性烃类或酯类油脂、高级醇、脂肪酸；乳化剂；水相成分为低级醇、多元醇、水溶性高分子和蒸馏水等。

制造乳液的条件较严格，必须根据各种不同配方，选取最适当的乳化、温度、搅拌、冷却等条件。通常是在油相组分中加表面活性剂，加热溶解后加于热水相中，以强力乳化器进行乳化，边搅拌边用热交换器冷却乳液。表 10-5 为一种护肤乳液的配方。

表 10-5　护肤乳液的配方

组　　分	用量/%	组　　分	用量/%
组分 A		组分 B	
甘油单硬脂酸酯	2	硬脂酰氧化胺	10
鲸蜡醇	0.25	盐酸二季铵盐	4
十八醇	0.25	蒸馏水	71
棕榈酸异丙酯	4	组分 C	
羊毛脂	2	香精	0.2
矿物油	8	防腐剂	适量

制法：将组分 A 混合，加热至 70℃。将组分 B 分别地加热至 75℃，调节硬脂酰氧化胺和水的 pH 值至 5.5~6.0，混合后加入盐酸二季铵盐。在快速搅拌下，将组分 B 加于组分 A 中，待冷却至 35℃时加入组分 C。

（2）乳制品乳状液的制备

人造奶油属油包水型乳液体系，应选用亲油性的 W/O 型乳化剂，如聚甘油脂肪酸酯，可抑制结晶、提高延伸性、分散性、改进风味。甘油单乙酸酯热稳定性好，与植物油的甘油二乙酸酯和硬化油配合，可制出各种可塑性人造奶油。

以卵磷脂做乳化剂的搅拌奶油，具有良好的性能，制备方法如下：在 60℃和一定压力下使熔点 35℃的氢化菜籽油 40 份、脱脂奶油 4 份、水 54.5 份、柠檬酸 0.7 份、大豆磷脂 0.3 份和氢化卵磷脂 0.5 份均质化，冷却至 5℃放置过夜，这样得到了稳定的奶油。

（3）沥青乳液的制备

沥青是道路工程和养护、铁道路面处理、建筑物防护、木材防腐处理、防潮沥青纸和油毡制造等方面需要量很大的重要原材料。沥青在常温下为固体乃至半固体状态，因此在使用时必须进行预处理，使之成为沥青液。处理方法有加热熔化法、溶剂法和乳化法。其中，以沥青和水的乳化法为好。

阳离子型沥青乳液的制备：阳离子型沥青乳液的粒子带有正电荷，与带负电荷的石料接触的瞬间就发生破乳，从而使沥青牢固地黏附在石料表面上，即使用于酸性石料（如硅石）时亦是如此。阳离子型沥青乳液在湿的石料上也会很快破乳，使沥青牢固地黏附于湿的石料上，原因是吸附于石料表面的阳离子乳化剂形成亲油疏水膜，因此在冬季和雨季用阳离子型沥青乳液施工都不会影响施工质量。

制备阳离子型沥青乳液用的乳化剂主要是烷基丙烯二胺类乳化剂，如牛脂丙烯二胺、椰子油丙烯二胺等。此外也可以用季铵盐类乳化剂，如 $C_{12~20}$ 烷基三甲基氯化铵。表 10-6 为一种阳离子型沥青乳液的配方。

表 10-6　阳离子型沥青乳液的配方

组　　分	用量/份	组　　分	用量/份
沥青	50~70	水	30~50
阳离子乳化剂（牛脂丙烯二胺）	0.5~1	氯化钙	0.1
36%盐酸	0.3		

制备方法：沥青加热至 130~140℃，水加热到 80~90℃，然后将阳离子乳化剂和其他配料加入水中，再将沥青熔化液与乳化剂溶液混合，在 3000r/min 的搅拌速度下混合 5~

10min，制得阳离子沥青乳液。

10.4.3 微乳液

微型乳液简称微乳，是由水、油、表面活性剂和助表面活性剂按适当比例混合后自发形成的各向同性、透明、热力学稳定的分散体系。它广泛用于日用化工、三次采油、酶催化等方面。微乳除了具有乳剂的一般特性之外，还具有粒径小、透明、稳定等特殊优点。如果把表面活性剂看作能同时溶解水和油的共溶剂，则使用最少量的表面活性剂增溶最多的油和水就成为微乳配方设计所追求的目标。

10.4.3.1 配方组成

（1）微乳液配方组成及其作用

一般的微乳液都由水、油、表面活性剂和助表面活性剂(极性有机物，一般为中短链醇或胺)组成，而表面活性剂和助表面活性剂的浓度相当大，并且对微乳液的形成起着关键的作用。

表面活性剂对形成微乳液的作用和影响：表面活性剂主要分布在油-水界面，从而使油-水界面张力大大降低，并且在助表面活性剂的存在下，产生混合吸附，形成混合膜，使界面张力进一步下降，而形成微乳液。可见，表面活性剂在微乳液配方中是不可缺的。但是表面活性剂品种繁多，并非所有表面活性剂都能用于制备微乳液，表面活性剂的选择不仅要考虑微乳液本身，还要兼顾使用目的、经济性和安全性等。像化妆品和柔软剂的微乳液，所选表面活性剂的纯度、毒性和刺激性便是非常重要的指标，表面活性剂的复配，可发挥它们的协同效应，提高乳化效率，有助于减少乳化剂的用量。

（2）助表面活性剂在微乳化过程中的作用

① 降低界面张力。在制备微乳液时，如果只使用表面活性剂，当达到 CMC 后界面张力不再降低，若加入一定浓度的助表面活性剂，则能使界面张力进一步降低，使更多表面活性剂和助表面活性剂在界面上吸附，当界面张力降低至 10^{-3} mN/m 时，则自发形成微乳液。② 增加界面的柔性，使界面易于弯曲。形成微乳液时，由大液滴分散成小液滴，界面要经过变形重整，这都需要界面弯曲能。加助表面活性剂可降低界面刚性，增加界面流动性，减少微乳液生成时所需的弯曲能，使微乳液易于生成。③调节 HLB 值和界面的自发弯曲，导致微乳液的自发形成。只有体系的油-水界面有大量表面活性剂和助表面活性剂，微乳液才易于生成，这就要求所用表面活性剂 HLB 值与具体体系相匹配。这可以通过选择合适 HLB 值的表面活性剂混合物加入助表面活性剂来实现。

配制微乳液时，可选用离子型表面活性剂、非离子表面活性剂或混合表面活性剂。不同类型的表面活性剂体系尽管有许多共同点，但也有不同之处：

1）离子型表面活性剂体系

A. 亲水相：

① 无机电解质　无机电解质对微乳液的相行为有较大的影响。

② 有机反离子　与无机反离子相比，有机反离子的影响较复杂。

③ pH 值　皂类表面活性剂受 pH 值的影响较大，这是因为长链羧酸是弱酸，其盐的电离度依赖于 pH 值。

④ 表面活性剂的亲水基的种类　磷酸盐的亲水性相对要弱一些，而磺酸盐、硫酸盐、羧酸盐彼此间的差异不是很大。

B. 亲油相：

① 油相的相对分子质量和结构　对于短链烷烃，由于表面活性剂的链–链内聚作用，可导致表面活性剂沉淀或呈胶状、液晶结构。油相分子的结构和形状也是影响其与表面活性剂亲油基相互作用的因素。

② 表面活性剂亲油基的结构　对于给定的油相，表面活性剂与油的相互作用就将取决于表面活性剂亲油基的链长和结构。

C. 醇类助表面活性剂：醇类助表面活性剂可以分布在油相、水相和界面相，取决于其亲水、亲油性相对大小。

2）非离子表面活性剂体系

这里所谈到的非离子表面活性剂主要是聚氧乙烯型非离子表面活性剂，其中最常用的是脂肪醇聚氧乙烯醚和烷基酚聚氧乙烯醚。由于这类非离子表面活性剂的特殊结构，它们与离子型表面活性剂相比具有以下特点：

① 在水溶液中为中性分子，不带电荷，因而对电解质的敏感性较离子型表面活性剂为低。

② 亲油基大小可变。通过增加或减少加成的聚氧乙烯链（EO）数即可在很大范围内改变表面活性剂的亲水性。

③ 非离子表面活性剂的水溶性来自聚氧乙烯链（EO）中醚氧原子与水分子形成氢键的作用，但由于氢键强度随温度升高而下降，在温度足够高时断裂而发生相分离（浊点现象），因此温度对非离子表面活性剂的亲水亲油平衡有较大的影响，从而将影响非离子体系的相行为。

④ 商品非离子表面活性剂具有聚氧乙烯链（EO）分布，一般符合泊松分布，因此对两个产品，即使平均聚氧乙烯链（EO）数相同，若分布不同，则性能将不完全相同。

虽然非离子表面活性剂体系较复杂，但基本组成同样是由亲水相、亲油相组成。而且亲水相由无机电解质、有机反离子、表面活性剂组成，亲油相由烷基类有机物、表面活性剂、醇类助剂组成。

10.4.3.2　微乳液的制备及举例

（1）微乳液化妆水

化妆品品种繁多，可分为基础化妆品、美容化妆品、毛发用化妆品、洗净剂、口腔卫生用品和特殊化妆品等七大类，绝大多数化妆品是由多种成分复配而成。当今由于强调化妆品的疗效性、功能性和自然性，它们的成分更趋复杂。多数化妆品属于乳状液，这是因为油性物和水性物混合使用比油性物单独使用更适应皮肤的感官，可以使微量成分均匀地涂敷在皮肤上，并可以通过调节油性物/水性物比例等方法，使产品适应不同的皮肤状况。在未发现表面活性剂的增溶作用之前，曾广泛使用乙醇、甘油等组分来增加油性物的溶解度，使化妆品透明化。现在利用表面活性剂配制成乳状液，更理想的是配制微乳状液，可以不用或少用有机溶剂。

微乳化妆品比起乳状液化妆品有许多优点，是较为理想的一类化妆品。这些优点包括：因为是热力学稳定体系，微乳的制备方法较为简单；由于它是光学透明的，任何不均匀性或沉淀物的存在容易被发觉；可以长期贮藏而不分层；由于微乳液良好的增溶作用，可以制成含油成分较高的产品；由于微乳液颗粒细小，更易扩散和渗透进入皮肤，从而提高有效成分的利用率。

下面为微乳液化妆水的一个配方。

① 配方组成(%)：

A 相：2-乙基己酸十六醇酯 0.5~3.0，不饱和脂肪醇 1.0，复合乳化剂 1.0~8.0。

B 相：1,3-丁二醇 3.0，聚乙二醇 400 5.0，香精、防腐剂，适量，去离子水加至 100.0。

② 制备工艺：准确称量 A 相各组分于一烧杯中，搅拌，混合均匀；将 B 相各组分在另一烧杯中混合均匀；然后在搅拌下将 B 相缓慢地加入 A 相中；均质 30min，即可出料。

按上述方法所得到的化妆水微乳液呈蓝色透明状，这是由于表面活性剂形成的胶束膨胀变大，产生光反射现象造成的。

配方中的复合乳化剂主体为聚甘油基脂肪醇醚，化学式为 $RO(C_4H_6O)_x[C_3H_5(OH)O]_yH$，式中 R 为 C_{10}~C_{18} 的高级脂肪醇，氧化丁烯基的加成物质的量 x 在 5~25mol，甘油基的加成物质的量 y 在 4~20mol。上述脂肪醇 R 的选择十分重要，若选用低碳数的脂肪醇，其与氧化丁烯及甘油共聚后难以形成表面活性剂，若脂肪醇 R 碳数过高，则克拉夫特点过高，不宜用作微乳化剂。上述配方中脂肪醇 R 选择为油醇。除油醇外，配方中的不饱和醇也可以选用11-二十二烯醇、霍霍巴醇等，但需要将复合乳化剂用量乃至构成作相应的调整。

复合乳化剂与不饱和脂肪醇的比例应在(2:1)~(8:1)，若比例大于这一范围，不会形成膨胀胶束而形成透明均一溶液；若比例过小，部分不饱和脂肪醇或 2-乙基己酸十六醇酯会游离出来而导致水溶液混浊。配方中复合乳化剂的用量与液态油(在 25℃ 下为液体状态的油脂)的种类及加入量有关，除配方中所用的 2-乙基己酸十六醇酯外，常用的液态油还有角鲨烷、异硬脂醇、甘油三辛酸/癸酸酯、矿油等。配方中液态油含量越高，复合乳化剂用量也越大，但当液态油加入量高于 5% 时，采用此体系难以形成低黏度微乳液。当配方中不用液态油而选用固态油脂时，难以形成微乳液。当配方中用的复合乳化剂由增溶剂聚氧乙烯(40)氢化蓖麻油替代，其与液态油及不饱和脂肪醇(油醇)之比大于 2.5 时，有可能形成无色透明溶液，但不能形成微乳液。

(2) 微乳型汽车洗液

汽车在行驶过程中极易受到尘埃、泥沙、路面沥青、煤焦油和燃料油等污垢的污染。为了保持车辆清洁，延长其使用寿命，需要对汽车外壳经常清洗和上蜡。目前洗车场大多采用洗衣粉或散装洗涤灵洗车，它不仅对车体漆膜造成一定危害，而且浪费大量水源，洗车、上蜡分步完成费时费力。为了合理利用水资源，开发一种低泡、护车节水、洗涤、上光同步完成的环保型微乳洗车液是十分必要的。表 10-7 为微乳型汽车洗液的一个配方。

表 10-7 微乳型汽车洗液的配方

组　　分	用量/%	组　　分	用量/%
石蜡	4	蜂蜡	4
LAS	6~10	OP-10	2~4
油酸	1	三乙醇胺	1
Tween-80	1~3	正丁醇	1~2
去离子水	余量		

制备方法：将 LAS(十二烷基苯磺酸钠)、油酸、石蜡、蜂蜡一起加热搅拌均匀(温度控制在 80℃ 左右)作为 A 相。在去离子水中加入由 LAS 定量的 NaOH 配成的碱溶液，同时加入

OP-10、三乙醇胺、Tween-80，升温搅拌均匀（80℃左右）作为 B 相。将 A 相慢慢加入 B 相中，并不断地搅拌（速度为 1300r/min 左右），直至两相完全分散，即形成微乳状液。往体系中滴加低碳醇（正丁醇），搅拌均匀，即得微乳型洗车液。

（3）微乳型金属切削液

一种微乳型金属切削液的配方如表 10-8 所示。

① 制备方法：

a. 松香钠皂的配制　在 25 份柴油（-10℃）中加入 15 份松香升温至 80℃，搅拌至松香溶解后，边搅拌边加入烧碱溶液（30%）8 份，升温至 90℃保温 0.5h，然后降温至 70℃加入十二烷基苯磺酸钠 18 份，激烈搅拌至室温得到浅色松香钠皂。

b. 硫化机油　10 份机油（N7）加热至 90℃，加入 0.8 份升华硫黄搅拌至全部溶解。

c. 碳酸钠水溶液　把 1 份碳酸钠溶于 34 份软水中。

② 成品复配　按配方称取上述松香钠皂，十二烷基苯磺酸钠，三乙醇胺、平平加 OS-ZO，油酸，硫化机油、柴油、Tween-80 于反应器中，升温至（80±5）℃，搅拌，待反应器物料全部互溶后，边搅拌边加碳酸钠水溶液，最后加入亚硝酸钠，恒温 2h 得到棕色透明能在水中自动乳化的液体，使用前用 90%水稀释。

表 10-8　微乳型金属切削液的配方

组　　分	用量/%	组　　分	用量/%
松香钠皂	14.6	柴油（-10℃）	14.2
十二烷基苯磺酸钠	14.2	三乙醇胺	4.2
平平加 OS-ZO	4.2	油　酸	2.8
硫化机油	4.2	Tween-80	2.8
碳酸钠水溶液	24.6	亚硝酸钠	14.2

10.5　混悬液型制剂

10.5.1　概述

10.5.1.1　混悬液的含义、特点及质量要求

混悬液型制剂简称混悬剂，是指将难溶性的固态精细化学品以极细小的微粒高度分散在分散介质中，形成的一种高悬浮、可流动的具有一定黏度的非均相分散体系。此时配方中的活性组分是经过研磨后在分散剂的帮助下仍以固态分布于分散剂中，它属于粗分散系，所用分散介质大多为水，也可以为油类。以水为分散介质的可称其为水悬浮剂，以油（有机溶剂）为分散介质的叫油悬浮剂。分散相微粒的大小在 500nm 以上，一般为 10μm 以下，但有的可达 50μm 或更大，比胶粒大得多，且分散相有时可达总质量的 50%，属于热力学不稳定体系，兼有乳剂和可湿性粉剂的优点。该剂型的优点是可与水任意比例均匀混合分散，不受水质和水温的影响，使用方便，不易污染环境。大多数混悬剂为液体制剂，也有将药物用适宜的方法制成粉末状或颗粒状的干混悬剂，使用时加水即迅速分散成混悬剂。这有利于解决混悬剂在保存过程中的稳定性问题。它采用湿法粉碎、混合，需添加水（水型或水中加少量溶剂型）和各种助剂。这一剂型的开发，给难溶于水和有机溶剂的固体精细化学品的复配和

应用开创了广阔的发展前景，并具有很强的竞争能力。

混悬剂型产品需具备的性能是根据生产、应用和贮运等多方面要求提出的，其质量要求应严格。活性组分本身的化学性质应稳定，在使用或贮存期间其含量应符合要求；混悬剂中微粒大小根据用途不同而有不同要求；粒子的沉降速度应很慢、沉降后不应有结块现象，轻摇后应迅速分散；混悬剂应有一定的黏度要求；医疗外用混悬剂及农药混悬剂应容易涂布，不易流散，能较快干燥，干燥后能形成一层保护膜。

混悬剂主要性能指标有：有效含量、外观、流动性、黏度、细度、pH 值、悬浮率、分散性及稳定期等。生产控制必测的指标有：有效含量、悬浮率、细度和 pH 值。悬浮剂对水质和水温有很强的适应性，可不要求检测。

（1）有效含量

悬浮剂主要由三部分组成，即分散相（活性组分）、连续相（也称分散介质，水）和助剂。这里讨论的有效含量，主要指分散相有效成分最佳浓度的选择。由于受设备（主要是砂磨机）性能限制和助剂、活性组分的理化性状等多种因素的制约，根据实践经验和已工业化的品种看，国内外悬浮剂的有效成分含量基本都控制在 50% 以下，并以 40% 居多。

（2）流动性

流动性是悬浮剂的重要表征指标。它不仅直接影响加工过程的难易，而且，也直接影响计量、包装和应用等。流动性好，加工过程容易，应用也方便；流动性差，不仅难以加工而且给应用带来困难和麻烦。影响悬浮剂流动性的主要因素是活性组分的含量和制剂的黏度。若活性组分含量占的百分比越大，即意味着体系中干物质量越多，黏度越大，流动性越差；反之，流动性越好。黏度也是影响流动性的主要因素。

（3）分散性

分散性是指活性组分粒子悬浮于分散介质中保持分散成微粒个体粒子的能力。分散性与悬浮性有密切关系。分散性好，一般悬浮性就好。反之，悬浮性就差。悬浮剂要求活性组分粒子有足够的细度，活性组分粒子越大，越易受地心引力作用加速沉降，破坏分散性；反之，活性组分粒子越小，粒子表面的自由能就越大，越易受范德华引力的作用，相互吸引发生团聚现象而加速沉降，因而也降低了悬浮性。要提高活性组分粒子在悬浮液中的分散性，除了要保证足够的细度外，重要的是克服团聚现象，主要办法是加入分散剂。因此，影响分散性的主要因素是活性组分和分散剂的种类和用量。选择适当，不仅可以阻止活性组分粒子的团聚，而且还可以获得较好的分散性。

（4）悬浮性

悬浮性是指分散的活性组分粒子在悬浮液中保持悬浮时间长短的能力。一个好的悬浮剂，不仅对水使用时，可使所有活性组分粒子均匀地悬浮在介质水中，达到方便应用的目的，而且在制剂贮存期间内也具有良好的悬浮性，即良好的贮存稳定性。由于悬浮剂是一个悬浮分散体系，它虽与胶体不同，但又具有胶体的某些性质，如分散液具有聚结不稳定性与不均匀态，故也具有和溶胶系统相似的特性。分散液和溶胶不同的主要特征是其动力学的不稳定性。分散液中的分散粒子具有相当大的表面自由能，欲使其成为稳定状态，就需要降低其表面自由能。防止絮凝的成功方法是：①加入某些表面活性剂；②分散液粒子可生成带有 ζ 电势的扩散双电层（排斥作用）；③强烈吸附；④厚的吸附层；⑤低的电解质浓度。另外，在分散液中加入某些高分子物质，由于增加了粒子之间聚结的空间位阻，也可以使体系稳定。

（5）细度

细度是指悬浮剂中悬浮粒子的大小和粒度分布。悬浮粒子的细度是通过机械粉碎来完成的。任何悬浮剂无论用什么形式的粉碎设备，进行何种形式和多长时间的粉碎，都不可能得到均匀的粒径、形状相同的粒子，而只能是一种不均匀的具有一定粒谱的粒子群体。采用粒子平均直径和粒度分布的方法，才能比较客观地反映出悬浮剂中粒子的大小。平均粒径从宏观上说明悬浮剂的平均细度，粒度分布进一步说明粒子群体结构。虽然悬浮剂的粒径是影响悬浮率和稳定性的重要因素之一，但目前还没有明确的公认的标准，各国指标不一。英国ICI公司悬浮剂粒径范围为 $0.5 \sim 5 \mu m$，美国为 $1 \sim 5 \mu m$，日本为 $0.6 \sim 0.7 \mu m$ 等。悬浮剂的细度（粒径大小和分布）直接与悬浮率有关，一般说来细度越细，分布越均匀，悬浮率越高。故在加工过程中应严格控制悬浮剂的细度。我国一般控制在 $1 \sim 5 \mu m$。

（6）黏度

黏度是悬浮剂的重要指标之一。黏度大，体系稳定性好；反之，稳定性差。然而，黏度过大容易造成流动性差，甚至不能流动，给加工、计量、倾倒等带来一系列困难。因此，要有一个适当的黏度。由于制剂品种不同黏度各异，一般在 $100 \sim 5000 mPa \cdot s$ 之间。

（7）pH 值

因为不同的活性组分在不同 pH 值下的稳定性不同。例如，农药的有效成分在中性介质中比较稳定，在较强的酸性或碱性条件下容易分解，通常规定 pH 值在 $6 \sim 8$ 之间为宜，但有的农药悬浮剂在酸性或碱性介质中稳定，因而需要对其 pH 值加以调整。

（8）起泡性

起泡性是指悬浮剂在生产和对水稀释时产生泡沫的能力。泡沫多，说明起泡性强。泡沫不仅给加工带来困难（如冲料、降低生产效率、不易计量），而且也会影响使用效果。悬浮剂在加工过程中，空气被高速（$600 \sim 1200 r/min$）旋转的分散盘带入悬浮剂中，并被分散成小气泡，形成泡沫。悬浮剂的泡沫可以通过选择合适的助剂得到解决，必要时还可以加入抑泡剂或消泡剂。

（9）贮存稳定性

贮存稳定性是悬浮剂一项重要的性能指标。它直接关系到产品的性能和应用效果，关系到企业的信誉。贮存稳定性是指制剂在贮存一定时间后，理化性能变化大小的指标。变化越小，说明贮存稳定性越好；反之，贮存稳定性就越差。贮存稳定性通常是指贮存物理稳定性和贮存化学稳定性。贮存物理稳定性是指制剂在贮存过程中有效组分粒子间互相黏结或团聚而形成的分层、析水和沉淀，并由此引起的流动性、分散性和悬浮性的降低或破坏。提高贮存物理稳定性的方法是选择合适的有效浓度和助剂。贮存化学稳定性是指制剂在贮存过程中，由于有效组分与连续相（水）和助剂的不相溶性或 pH 值变化而引起的有效组分的分解，使有效组分含量降低。降低越多，说明化学稳定性越差；反之，化学稳定性越好。提高贮存化学稳定性的方法是选择好助剂和适宜的 pH 值。

10.5.1.2 影响混悬液稳定性的因素及稳定方法

悬浮剂不仅要求化学稳定而且还要求物理稳定。混悬剂是液态制剂，但不是纯溶液，而是一种流动的悬浮体系，属于假流体，故具有胶体的部分性质，即动力学不稳定性、热力学不稳定性和不均匀态。又由于它是假塑性流体，与牛顿流体不同，而具有假塑性流体的性质。所以，它不仅涉及胶体化学的知识，而且也涉及流变学的一些内容。此外，体系中包含有各种不同类型和不同作用的助剂，故又涉及固体的表面活性和表面吸附等问题。因此，混

221

悬剂的稳定性是个较为复杂的问题，与多种因素有关。

（1）混悬微粒的沉降

根据混悬剂对悬浮液的要求，希望悬浮液中的粒子分散、悬浮程度越高越好，即活性成分能较长时间地悬浮在分散液中，沉降速度必须很小。混悬剂的悬浮液分散体系中粒子的沉降速度基本上符合 Stokes 定律。理想状态下沉降速度 v 与悬浮微粒的半径 r、悬浮微粒与分散介质的密度差$(\rho_1-\rho_2)$、分散介质黏度 η 之间的关系可用下式表示：

$$v = \frac{2r^2(\rho_1 - \rho_2)g}{9\eta} \tag{10-1}$$

由 Stokes 公式可知，微粒沉降速度与微粒半径平方、微粒与分散介质的密度差成正比，与分散介质黏度成反比。混悬剂微粒沉降速度愈大，动力稳定性就愈小。为增加混悬剂的动力稳定性，减小沉降速度，最有效的办法就是尽量减小微粒半径，将固体粉碎得愈细愈好。另一种办法就是增加粉碎介质的黏度，以减小固体微粒与分散介质间的密度差，这就要向混悬剂中加入高分子助悬剂，在增加介质黏度的同时，也减小了微粒与分散介质之间的密度差，同时微粒吸附助悬剂分子而增加亲水性。这是增加混悬剂稳定性应采取的重要措施。混悬剂中的微粒大小是不均匀的，大的微粒总是迅速沉降，细小微粒沉降速度缓慢，细小粒子由于布朗运动，可长时间悬浮在介质中，使混悬剂长时间地保持混悬状态。例如，当粒子直径为 $1\mu m$ 时，沉降速度为 1mm/h；当粒子直径为 $0.1\mu m$ 时，沉降速度为 1mm/d；当粒子直径减小到为 $0.01\mu m$ 时，沉降速度为 1mm/a。这样的沉降速度已相当小，为不存在重力因素的沉降。此时如果发生沉降则是由于粒子凝聚直径增大而引起的。

（2）结晶长大与转型

混悬剂中微粒大小不可能完全一致，混悬剂在放置过程中，微粒的大小在不断地发生变化，小的微粒数目不断减少、大的微粒不断增加，使微粒的沉降速度加快，结果必然影响混悬剂的稳定性。当固体微粒处于微米大小时，小粒子的溶解度就会大于大粒子的溶解度。这一规律可用 Ostwald Freundlich 方程式表示：

$$\lg \frac{s_2}{s_1} = \frac{2\delta M}{\rho RT}(\frac{1}{r_2} - \frac{1}{r_1}) \tag{10-2}$$

式中，s_1、s_2分别为半径为r_1、r_2的微粒溶解度；δ 为表面张力；ρ 为固体微粒密度；M 为相对分子质量。Ostwald Freundlich 方程式说明：当固体物质处于微粉状态时，小的微粒溶解度大于大的微粒。若$r_2<r_1$、$s_2>s_1$、混悬剂中溶液是饱和溶液，在饱和溶液中小微粒溶解度大，在不断地溶解，而大微粒就不断地增长变大。这时就必须加入抑制剂以阻止结晶的溶解和生长，以保持混悬剂的物理稳定性。

许多有机物以若干种晶型存在，同一物质的多种晶型中，只有一种晶型是稳定的，而其他亚稳定型都会在一定时间内转化为稳定型。亚稳定型物与稳定型物相比较，具有较大的溶解度和较快的溶解速度，于是亚稳定物不断溶解而稳定型物不断长大甚至结块，导致亚稳定型不断转化成稳定型。晶型转化不仅会破坏混悬剂的稳定性，而且还能降低药效。若在混悬剂中添加亲水性高分子化合物（如 MC、PVP、阿拉伯胶等）以及表面活性剂如 Tween-80，能有效地延缓晶型转化。

（3）润湿与表面现象

混悬微粒的润湿及其表面自由能直接关系到混悬液的稳定性。

润湿是指固-气二相的结合转成固-液二相的结合。有些固体物质如大多数磺胺药物、甾醇、硫黄等粉末的表面上，常附着空气而形成一层稳定的气膜。当与水振摇时不易润湿，因而漂浮或下沉于制品中。自然润湿的固体(即亲水性固体物质)，其固-液二相间的界面张力(δ_{S-L})小于固-气二相间的界面张力(δ_{S-A})，即$\delta_{S-A}>\delta_{S-L}$；当$\delta_{S-A}<\delta_{S-L}$时，固体不能被液体所润湿(即疏水)，要使其润湿，必须将气膜破坏。

加入适量的表面活性剂可以降低固-液二相间的界面张力，使$\delta_{S-L}<\delta_{S-A}$，从而除去固体微粒表面气膜而使固体被润湿。此外，也可加入表面张力比较小的液体如乙醇、甘油等进行研磨，将微粒表面的气膜破坏，然后再加入分散介质(水)，微粒亦可被润湿。能使疏水微粒润湿的物质称为润湿剂。

在$\delta_{S-A}>\delta_{S-L}$，且$\delta_{S-L}=0$时，由于固-液间没有界面张力，则固体以单粒分散的形式混悬于液体中。但由于微粒本身的重量，最后终究要下沉。下沉时微粒相互滑下，小粒填充于大粒孔隙间。沉积于下层的微粒因受上层微粒重量的压力而逐渐压紧成饼块状，不易再分散。但在$\delta_{S-A}>\delta_{S-L}$且$\delta_{S-L}>0$时，即固-液间有一定的界面张力，但小于固-气间的界面张力时，固体不仅能被液体所润湿，而且固体微粒有集聚成絮凝的趋势。絮凝的微粒下沉较快，下沉后疏松堆聚而不结块，因而经振摇容易再分散。

通过控制润湿剂的用量使$\delta_{S-L}=0$或$\delta_{S-L}>0$。当润湿剂用量较多而使$\delta_{S-L}=0$时，得到的是不易再分散的饼块状制品而非混悬剂；当润湿剂用量取为适当用量(比$\delta_{S-L}=0$时的用量小的某个恰当值)时，$\delta_{S-A}>\delta_{S-L}$且$\delta_{S-L}>0$，得到经振摇易再分散的混悬制剂。

(4) 微粒的荷电与水化

混悬剂中微粒可因本身离解或吸附分散介质中的离子而带有荷电，具有双电层结构，即有ζ电势。此外，水分子在微粒周围可形成水化膜，这种水化作用的强弱随双电层厚度而变化。微粒荷电使微粒间产生排斥作用，加之有水化膜的存在，阻止了微粒间的相互聚结，使混悬剂稳定。向混悬剂中加入少量电解质，可以改变双电层的构造和厚度，会影响混悬剂的聚结稳定性并产生絮凝。疏水性物质混悬剂的微粒水化作用很弱，对电解质更敏感。亲水性物质混悬剂微粒除荷电外，本身具有水化作用，受电解质的影响很小。例如在2%碱式硝酸铋混悬液中加入KH_2PO_4可调节其使之发生部分絮凝，如再加适量羧甲基纤维素钠作助悬剂时可制得分散好、沉降容积大、不结块的混悬液。

(5) 絮凝与反絮凝

混悬剂中的微粒由于分散度大而具有很大的总表面积，因而微粒具有很高的表面自由能，这种高能状态的微粒就有降低表面自由能的趋势，表面自由能的改变可表示为：

$$\Delta F = \delta_{S-L} \times \Delta A \qquad (10-3)$$

式中，ΔF为界面自由能的改变值；ΔA为微粒总表面积的改变值；δ_{S-L}为固-液界面张力。对一定的混悬剂，δ_{S-L}是一定的，那么，只有降低ΔA，才能降低微粒的表面自由能ΔF，这就意味着微粒之间要有一定的聚集。但由于微粒荷电，电荷的斥力阻碍了微粒产生聚集。因此，只有加入适量的电解质，使ζ电势降低，以减小微粒间的电荷的排斥力。ζ电势降低到一定值后，混悬剂中的微粒形成疏松的絮状聚集体，使混悬剂处于稳定状态。混悬微粒形成絮状聚集体的过程为絮凝，加入的电解质为絮凝剂。为了得到稳定的混悬剂，一般应控制ζ电势在20~25mV范围内，使其恰好能产生絮凝作用。

絮凝剂主要是不同价数的电解质，其中阴离子絮凝剂作用大于阳离子。电解质的絮凝效果与离子价数有关，离子价数增加1，絮凝效果增加10倍。

向絮凝状态的混悬剂中加入电解质，使絮凝状态变为非絮凝状态的过程为反絮凝。加入的电解质称为反絮凝剂。反絮凝剂所用的电解质与絮凝剂相同。

（6）分散相的浓度和温度

在同一分散介质中，分散相的浓度增加，混悬剂的稳定性降低。温度对混悬剂的影响更大，温度变化不仅改变物质的溶解度，还能改变微粒的沉降速度、絮凝速度、沉积容积，从而改变混悬剂的稳定性。冷冻可破坏混悬剂的网状结构，也使稳定性降低。因此，混悬剂在贮存过程中及跨地区远销时应考虑到气温变化或地区温差。

（7）混悬剂的流变性

黏度对混悬剂的稳定性影响较大。我们知道，黏度越大，沉降速度越小，混悬剂越稳定。但黏度过大会导致制品剂量不易准确、倾倒困难等问题。因此，研究混悬剂的流变性对改进混悬剂的质量有重要意义。混悬剂是非均匀分散体系，属于非牛顿流体。从混悬剂的稳定性考虑，所配的混悬剂最好是塑性流体或假塑性流体。假塑性流体型的混悬剂在静置状态下黏度较大，而在倾倒时黏度变小。这种流变性既有利于混悬剂的稳定性，又不影响倾倒。若是塑性流体，则希望其塑变值落在静置时微粒下沉所引起切变应力与振摇或倾倒时的高切变应力之间。这样可使微粒在静置时不沉降，振摇倾倒时由于切变应力大于塑变值而不影响倾倒。调整塑变值的方法包括调整微粒大小、微粒与分散介质间的密度差或用假塑性物质来调整。实践中常将塑性物质（如羧乙烯聚合物）与假塑性物质（如西黄蓍胶等）合用作助悬剂。

若所加的助悬剂具有触变性，则混悬剂在静置时可形成凝胶，而一经振摇即可恢复流动性。这可有效地阻止微粒沉降。

10.5.1.3　混悬液的稳定剂

在制备混悬剂时，为增加混悬剂的稳定性，常加入各种能使混悬剂稳定的助剂，这些助剂也叫稳定剂，主要包括润湿分散剂、助悬剂、絮凝剂和反絮凝剂等。具体内容见 10.5.2。

10.5.1.4　混悬液的应用领域

一种精细化学品加工成什么剂型最好，除了考虑活性组分的类型、理化性能、生物活性、对人和环境的影响外，还要考虑使用目的、应用对象、使用方式、使用条件等综合因素，使之充分发挥作用，做到安全、方便、经济、合理的使用。

混悬剂在医药、农药加工方面应用较广。从生产角度考虑，在室温下为固体，且在分散介质中的溶解度（20～40℃）低于 $100\mu g/L$ 的所有活性组分，均可被加工成悬浮剂。此外，有些味道不适、难于吞服的口服药或两种溶液混合时溶解度降低的药物，则可将其制成不溶性衍生物，然后配成悬浮剂使用。为了均匀与安全起见，毒性大的或剂量小的活性组分不应制成悬浮剂。比较典型的农药悬浮剂产品有除草剂、杀菌剂、杀虫剂等。

10.5.2　常见混悬液型产品的配方组成

混悬剂的组成包括活性组分（分散相）、水或其他分散介质（连续相）和各种助剂。为了获得性能优良而又稳定的混悬剂，除了细度、黏度的要求外，还必须选择合适的助剂和有效成分含量，并使三者按最佳的比例配制。混悬剂中的助剂有多种，主要有润湿剂、分散剂、增稠剂、助悬剂、絮凝剂/反絮凝剂、防冻剂和消泡剂等。下面简单介绍混悬剂的常用助剂。

10.5.2.1　润湿剂

润湿剂是指能增加疏水性组分微粒被水湿润程度的添加剂。疏水性组分不易被水湿润，加之微粒表面吸附有空气，给制备混悬剂带来困难，这时应加入润湿剂。润湿剂可被吸附于微粒表面，增加其亲水性，产生较好的分散效果。最常用的润湿剂是 HLB 值在 7～11 之间的表面活性剂，如羟基磺酸盐或硫酸盐、十二烷基苯磺酸钠、十二烷基硫酸钠、油酸钾（钠）、琥珀酸二辛酯磺酸钠、二丁基萘磺酸钠、烷基聚氧乙烯醚磺酸盐、聚山梨酯类、聚氧乙烯蓖麻油类、磷脂类、泊咯沙姆等。其中琥珀酸二辛酯磺酸钠、十二烷基硫酸钠的润湿性较佳，但乳化性能差。羟基磺酸盐或硫酸盐等阴离子表面活性剂的作用机理是亲油基部分吸附于被润湿分散的颗粒表面上，而亲水基团朝外，使各分散颗粒表面具有相似电荷的排斥力增加了 ζ 电位，避免和降低阳离子的絮凝和沉淀作用，抑制晶体生长，从而使体系保持稳定。润湿剂常用量为 0.2%～1%。对于医药内服剂中的表面活性剂必须做毒性试验，注意有无药理作用，证实无毒后才能使用。

10.5.2.2　分散剂

分散剂是指能阻止固-液分散体系中固体粒子相互凝聚，使固体粒子在液相中较长时间保持均匀分散的一类物质。分散剂起促进磨碎作用，并赋予粒子润湿和防凝聚的性能。由于分散剂对有效成分同时具有润湿作用，因此，也称之为润湿分散。表面活性剂是通过吸附在固体粒子的表面上产生足够的能垒阻止固体粒子絮凝而达到使固体粒子分散稳定，是良好的分散剂，具有良好的促进研磨效果、改进润湿能力和防止凝聚作用。凡是能使固体微粒表面迅速润湿，又能使固体质点间的能垒上升到足够高的表面活性剂都可作为分散剂使用。通常根据其结构不同分散剂分为五类，见表 10-9。另外，分散剂也可根据分散介质不同分为水介质中使用的分散剂和有机介质中的分散剂。水介质中的分散剂一般都是亲水性较强的表面活性剂，疏水链多为较长的碳链或成平面结构，如带有苯环或萘环。这种平面结构易作为吸附基吸附于具有低能表面的有机固体粒子表面而以亲水基伸入水相，将原来亲油的低能表面变为亲水表面。对于离子型表面活性剂还可使固体粒子在接近时，产生电斥力而使固体粒子分散。对于亲水的非离子表面活性剂还可以通过长的柔顺的聚氧乙烯链形成的水化膜来阻止固体粒子的絮凝而使其分散稳定。

对于有机介质中的分散过程而言，选择经典的表面活性剂作分散剂时，其分散稳定作用远不及在水介质中。为了克服经典的表面活性剂在非水介质中的分散稳定作用的局限性，一般选择聚合物型分散剂，也称作超分散。超分散剂可通过锚固基团的离子对、氢键、范德华力以及改性剂结合等作用以单点锚固或多点锚固的形式与固体颗粒表面紧密结合，同时，通过具有亲介质的溶剂化的聚合物链的空间位阻效应对颗粒的分散起稳定作用。

表 10-9　分散剂的分类

类　　别		举　　例
工业副产物	亚硫酸纸浆废液及其固形物	木质素磺酸钙等
阴离子型表面活性剂	1. 磺酸盐	
	（1）萘或烷基萘甲醛缩合物磺酸盐	NO，NNO，扩散剂 MF
	（2）脂肪醇环氧乙烷加成物磺酸盐	
	（3）烷基酚聚氧乙烯醚磺酸盐	
	（4）木质素及其衍生物磺酸盐	ORZANP；POLYFON；M_9DAXAD
	（5）聚合的烷基芳基磺酸盐	
	2. 聚羧酸盐	
	3. 磷酸盐	
	（1）脂肪酸乙烷加成物磷酸盐	
	（2）烷基酚聚氧乙烯醚磷酸盐	
	4. 硫酸盐	
	烷基酚聚氧乙烯基醚甲醛缩合物硫酸盐	索伯（SOPA）

类　别		举　例
非离子型表面活性剂	1. 聚氧乙烯聚氧丙烯基醚嵌段共聚物 2. 烷基酚聚氧乙烯基磷酸酯	$HO(EO)_a(PO)_b(EO)_c H$
水溶性高分子物质	淀粉、明胶、阿拉伯胶、卵磷脂 羧甲基纤维素（CMC） 聚乙烯醇（PVA） 聚乙烯吡咯烷酮（PVP） 聚丙烯酸钠 乙烯吡咯烷酮/乙酸乙烯酯共聚物 聚乙二醇（PEG）	
无机分散剂	缩合磷酸盐	三聚磷酸钠（简称五钠），六偏磷酸钠

分散剂的选择首先要搞清分散机理，影响分散的因素，以及分散剂用量对制剂性能的影响，还要掌握分散剂的种类、性能、来源和价格，才能从中筛选出适合工业生产用的分散剂。分散剂的选择有两个前提条件必须注意：一是充分润湿，二是相应的细度和粒谱。这样分散剂的选择才能做到事半功倍，否则，再好的分散剂也得不到理想的分散效果和高的悬浮率，还有可能将其筛掉，导致失误，浪费人力、物力和时间。

从对润湿剂和分散剂的分类中，我们可以看到：多种助剂都具有双重性，同时具有润湿和分散作用，只是有些助剂偏重于润湿性，有些偏重于分散性，而只具有单一性能的助剂则不多见。另外，根据表面活性剂的协同效应理论，在混悬剂配方中选用复配助剂是最佳选择。因为复配助剂具有用量少，适应性强，适用面宽，润湿、分散等综合性能好等优点。应用最多的是非离子型和阴离子型的复配助剂。然而，不管选用哪种润湿分散剂，在确定其用量时，均必须以能溶在所选用的分散介质中，或与分散介质可稳定的结合为前提。润湿分散剂的用量一般不超过 10%。

10.5.2.3　助悬剂

助悬剂是一类具有黏性的亲水胶体物质。使用助悬剂主要是为了增加分散介质的黏度，以降低微粒的沉降速度，增加微粒的亲水性，防止结晶的转型。也可称作增稠剂。理想的助悬剂应具有触变性。在选择和使用助悬剂时应注意：①当助悬剂与混悬剂中的药物或其他成分结合时，会使药物不能或延缓发挥作用；②助悬剂与药物所带电荷相反时，因电荷被中和或在体系中含有较大量的电解质因"盐析"而发生胶体聚结；③助悬剂的用量应适当，加过多的助悬剂会使体系过分黏稠而不易倾倒，且微粒沉降后不易再分散；④使用助悬剂应注意防腐。助悬剂的种类很多，其中有低分子化合物、高分子化合物，有无机的，也有有机的，甚至有些表面活性剂也可用作助悬剂。

（1）低分子助悬剂

甘油、糖浆、山梨醇等为常用的低分子助悬剂，可增加分散介质的黏度，也可增加微粒的亲水性。在外用医药悬浮剂中常加入甘油，亲水性药物的混悬剂可少加，疏水性药物应多加，如复方硫黄洗剂就加有甘油。糖浆主要用于内服的混悬剂型药物，具有助悬和矫味作用。有些无机物也常作助悬剂使用。例如分散性硅酸、气态二氧化硅、膨润土和硅酸铝镁等，其中最常用的是硅酸铝镁，可用作农药悬浮稳定剂、触变剂、胶体保护剂。它作为混悬剂助剂的最重要的性质是流变学性质和与少量的水溶性高分子(如 CMC、XG 等)强烈的协同效应,且无毒、无刺激性。大量配方试验证明,硅酸铝镁具有可控触变性、用量少、价格低、应用安全等优点。

(2)高分子助悬剂

高分子助悬剂包括天然的高分子助悬剂和合成或半合成高分子助悬剂。天然的高分子助悬剂主要是树胶类,如阿拉伯胶、西黄蓍胶、桃胶等。由于这些物质容易被微生物或酶类分解而失去黏性,故使用时需加入防腐剂。西黄蓍胶的黏度较大,常用量为 0.5% ~ 1%。阿拉伯胶常用量为 3% ~ 5%。由于阿拉伯胶液干燥后能在皮肤或黏膜上形成不舒服的薄膜,故仅用于内服制剂。阿拉伯胶和西黄蓍胶可用其粉末或胶浆。此外,植物多糖类(如白芨胶、海藻酸钠、琼脂、角叉菜胶、淀粉浆等)和脱乙酰甲壳素也可用作助悬剂。应用植物多糖类时也需加防腐剂。合成或半合成高分子助悬剂包括纤维素衍生物及卡波谱、聚维酮、葡聚糖、聚丙烯酸钠、聚乙烯吡咯烷酮(PVP)、聚乙酸乙烯酯等。纤维素衍生物从纤维制得,也称作合成胶,常用的有甲基纤维素、羧甲基纤维素、羟丙基纤维素、羟丙甲基纤维素、羟乙基纤维素等。这类纤维素衍生物的水溶液均透明,干燥后能形成薄膜,大多数性质稳定,受 pH 值影响小。如甲基纤维素溶液在 pH 值为 2 ~ 12 均稳定;羧甲基纤维素溶液在 pH 值为 3 ~ 11.5 均稳定。但应注意某些助悬剂能与药物或其他附加剂有配伍变化。如甲基纤维素与鞣质、浓盐酸溶液配伍禁忌;羧甲基纤维素与三氯化铁、硫酸铝等有配伍禁忌。

(3)表面活性剂类助悬剂

在混悬剂型农药制备中,加入助悬剂使其在农药粒子表面形成强有力的吸附层和保护屏障,阻止凝聚,同时对分散介质还能亲和。为此要求助悬剂分子结构中有足够大的亲油基团和适当的亲水基团,以利于在水中悬浮。常用的为阴离子型和非离子型两类表面活性剂,如木质素磺酸钠或钙、亚甲基二萘二磺酸钠(NNO)、二丁基萘磺酸钠(拉开粉 BX)、油酸甲基氨基乙基磺酸钠(LS)、聚羧酸酯钠盐、十二烷基聚氧乙烯醚磷酸酯或硫(磺)酸酯等。木质素磺酸钠由亚硫酸纸浆废液经过化学加工而成。它的表面极性极弱,主要作用是吸附在颗粒周围形成坚固稳定的保护层,即形成具有一定机械强度和弹性的凝胶结构,阻止颗粒间的凝聚,改善体系的分散悬浮性能,提高稳定性,因而在农药加工及其他行业的悬浮体中广泛应用。

表面活性剂类助悬剂最大用量一般不超过 3%,常用量为 0.1% ~ 0.5%。

10.5.2.4 絮凝剂和反絮凝剂

混悬液中加入适量盐类电解质调节混悬微粒表面的电荷,使混悬微粒的 ζ 电位值降低到一定程度,以至部分微粒发生絮凝,起这种絮凝作用的电解质称为絮凝剂。絮凝的微粒沉降后形成疏松的沉降物,可防止沉淀结块,一经振摇可以重新均匀混悬。有时,当混悬液中含有大量固体微粒时,往往容易凝集形成黏稠的糊状物而不易倾倒,但当加入适量电解质以增加微粒表面电荷时可防止其凝集,并能增加其流动性而便于倾倒,起这样作用的电解质称为反絮凝剂。絮凝剂和反絮凝剂的种类、性能、用量、混悬剂所带电荷以及其他附加剂等对絮凝剂和反絮凝剂的使用有很大影响,应在试验的基础上加以选择。较常用的絮凝剂和反絮凝剂有:柠檬酸盐(酸式盐或正盐)、酒石酸盐、酸性酒石酸盐、磷酸盐等。如在医药上的炉甘石洗剂中加入适量酸性酒石酸盐或酸性柠檬酸盐作反絮凝剂可改善洗剂的倾倒性。

10.5.2.5 防冻剂

防冻剂也称冰点调节剂或抗凝剂。以水为分散介质的悬浮剂，其配方不仅要适用于在我国南方高气温条件下生产、贮存和使用，而且也要适用于北方地区寒冷条件下的生产、贮存和应用。前者可以少加甚至不加防冻剂，而后者必须添加防冻剂，以防变质。符合要求的防冻剂不仅防冻性能好，而且挥发性低，对有效成分的溶解越少越好。常用的防冻剂有乙二醇、丙二醇、甘油、甘油-乙醚双甘醇、甲基亚丙基双甘醇等。有人认为选择乙二醇、尿素和无机盐等多种物质作防冻剂的效果可能更好。尤其当单一的乙二醇能部分溶解活性物质时，用上述物质可以防止在制剂贮存期间形成结晶和团聚。但其用量不得超过10%。

防冻剂在制剂中加与不加，视地域气温而定，低于0℃的寒冷地区必须添加。

10.5.2.6 消泡剂

由于大多数混悬剂的生产采用湿式多级砂磨超微粉碎，高速旋转的分散盘把大量空气带入并分散形成极微小的气泡，使悬浮液体积迅速增加膨胀。这些微小的气泡不仅会影响黏度（流动性变差）、计量和包装，而且将显著地降低生产效率。如果不能消泡，还可能使塑性流体变成胀流型流体。所以，在制剂配方中需加入一定量的消泡剂，并要求消泡剂必须能同制剂的各组分有很好的相溶性。常用的消泡剂有：有机硅酮类、$C_{8\sim10}$脂肪醇、$C_{10\sim20}$饱和脂肪族羧酸及其酯类、酯-醚型化合物。实际应用以有机硅酮和酯-醚型消泡剂较多。它们各自的特点是前者消泡效果好，用量少；后者则不会使分散体系絮结和析油。

一个好的混悬剂配方，如果助剂选择恰到好处，也可以在较短时间（1~2h）内自行消泡，而无需添加消泡剂。这不仅有利于减少生产成本，也避免了繁琐的试验选择过程。国外也有采用超声波、真空机脱泡或通入醚蒸气等消泡，效果也很好。

10.5.2.7 pH值调整剂

pH值调整剂也称酸度调节剂。这是保证制剂中有效成分化学稳定性的关键。绝大多数原药在中性介质条件下稳定。而少数原药则需酸性或碱性介质条件，因此，必须通过加pH值调整剂调节介质，以适合原药对介质pH值的需要。pH值调整一种是用酸调节，如乙酸、盐酸等；另一种是用碱调节，如氢氧化钠、氢氧化钾、氢氧化胺和胺盐及三乙醇胺等。

10.5.3 混悬液的制备方法及示例

制备混悬剂时，应使混悬微粒有适当的分散度，并应尽可能分散均匀，以减少微粒的沉降速度，使混悬剂处于稳定状态。要制备一个好的混悬剂，除必须保证合格的粒度外，各种助剂的合理配伍最为关键，应进行综合调整，方可达到理想程度。

10.5.2小节介绍了混悬剂的配方组成，但并非必要一一添加。在实际配制中，根据需要和可能尽量选择兼有多种用途的助剂，而使配方组分简单化，以降低生产成本，同时也减少相互影响的因素。混悬剂型产品由于选用活性组分不同，性能各异，故配方和制造方法也不尽相同。尽管如此，它们之间仍有许多共同点和相似的研究步骤与指导原则。概括起来这类制剂的研究过程为：经过实验室研究确定混悬剂的配方，这是制备混悬剂的第一步。首先考虑固体有效成分的选择，作为混悬剂的固体有效成分应满足以下条件：①在水（油）中的溶解度不大于70mg/L，最好不溶。否则在制剂贮存时易产生奥氏成熟（Ostwald成熟），也称结晶长大。也有人提出化合物在液相中的溶解度不应超过100mg/L。②在水（油）中的化学稳定性高，对于某些不太稳定的有效成分可用稳定剂（如pH缓冲剂、还原剂等）改善其化学稳定性。③熔点最好在60℃以上，也有人提出不得低于100℃。这是因为制剂贮存时温度变化大，且加入的表面活性剂和助剂可降低有效成分的熔点，一旦熔化，表面能增大，会引起粒子凝聚，破坏制剂的稳定性。而且熔点高的原药在研磨时容易制得微粒。对于复合制剂来说，除了上述条件外，还要对两种或两种以上原药是否符合复配要求进行特殊的测定，如毒力、毒性、稳定性等的测定，以增效不增毒、相容稳定性好为原则确定它们的最佳配比和最佳浓度。然后进行各种助剂的选择。在充分掌握配方试材性能、来源和价格的基础上，进行配方设计。

以水为分散介质的混悬剂的基本配方组成为：有效成分（40%～50%，也有更低一些的）、润湿分散剂（3%～7%）、增稠剂（0.1%～0.5%）、防冻剂（5%左右，最低气温高于0℃地区可不加）、水（加至100%）。

以有机溶剂为分散介质的混悬剂的基本配方组成为：有效成分（20%～50%）、溶剂、乳化剂（2%～6%）、润湿剂（0.2%～1.0%）、分散剂（0.3%～3%）、增稠剂（0.2%～5%）、消泡剂（0.2%～5%）、稳定剂（0.2%～5%）。

在完成配方研究的基础上，第二步是进行实验室配制，其步骤如下：①根据选好的有效成分的性质确定一种加工方法，即确定工艺路线；②选定合适的加工设备；③确定各组分的加料顺序。

混悬剂的制备方法可分为分散法和凝聚法。分散法对于医用混悬液制剂的制备而言，是将粗颗粒的药物粉碎成符合混悬剂微粒要求的分散程度再分散于分散介质中制成的。该法制备混悬剂与药物的亲水性有密切关系，氧化锌、炉甘石、碱式硝酸铋、碱式碳酸铋、碳酸钙、碳酸镁、磺胺类等亲水性药物，一般应先将药物粉碎到一定细度，再加配方中的液体（水、芳香水、糖浆、甘油等）适量，研磨到适当的分散度，最后加入配方中的剩余液体使成全量。小量制备可用研钵，大量生产可用乳匀机、胶体磨等机械。固体药物在粉碎时，加入适当液体研磨，使药物更容易粉碎得更细，微粒可达到$0.1～0.5\mu m$。药物粉碎时加入适当量的液体进行研磨，这种方法称为加液研磨。加液研磨，通常1份药物可加0.4～0.6份液体，能产生最大的分散效果。对于质量、硬度大的药物，可采用中药制剂常用的"水飞法"，即将药物加适量的水研磨至细，再加入较多量的水搅拌，稍加静置，倾出上层液体，研细的悬浮微粒随上清液被倾倒出去，余下的粗粒再进行研磨，如此反复至完全研细，达到要求的分散度为止。"水飞法"可使药物粉碎到极细的程度。有些粉末状药物，其表面吸附有大量的空气，当微粒加于水中时，微粒表面的空气难以被水置换，使药物漂浮于水面上，不易混悬均匀。这时可用强力搅拌或适当加热，必要时可加少量的表面活性剂，以驱逐微粒表面的空气。疏水性药物制备混悬剂时，药物与水的接触角>90°，加之药物表面吸附有空气，当药物细粉遇水后，不能被水润湿，很难制成混悬剂。这时必须加一定量的润湿剂，与药物研匀再加液体混匀。分散法对于农药混悬剂的制备一般有两种制造过程。一种是用机械或气流粉碎等方法，将不溶于水的固体原料加工至$300\mu m$以下，然后再与表面活性剂、防冻剂、增黏剂等水溶性助剂混合调配、分散或熔融制成浆料（粗分散液），经胶体磨匀化磨细，再经砂磨机1～2次研磨，最后调整pH值、流动性、润湿性等，经质量检查合格后即可包装而得成品。另一种是先把原药与表面活性剂、消泡剂和水混匀分散，经粗细两级粉碎制成原药浆料，然后与增黏剂、防冻剂、防腐剂和水混合，经过滤后即得混悬剂。

所谓凝聚法是通过物理或化学的方法使分子或离子状的药物凝聚成不溶性的药物微粒。物理凝聚法是将药物制成热饱和溶液，在搅拌下加至另一种不同性质的液体中，使药物快速结晶，可制成$10\mu m$以下（占80%～90%）微粒，再将微粒分散于适宜介质中制成混悬剂。化学凝聚法也叫化学反应法，是用化学反应使两种药物生成难溶性的药物微粒，再混悬于分散介质中制成混悬剂。欲使形成的不溶物颗粒细微，两种作用物溶液的浓度必须低，并在缓缓混合时急速搅拌以使生成物的颗粒细微。胃肠道透视用$BaSO_4$就是用此法制成的。化学法现已很少应用。

在小试研究的基础上，进行中间试验，进而进行工业性放大，即可得到一种实用的工业化生产方法和工艺路线。图10-4给出了悬浮剂类复配产品的基本生产工艺过程。

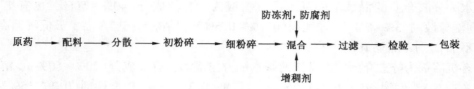

图10-4 悬浮剂类复配型产品生产工艺简图

例1 莠去津悬浮剂的配制（法国）

（1）配方组成

组分	用量/%	组分	用量/%
莠去津（有效成分）	45	增稠剂（LD51）	0.2
乳化剂（Tensiofix CD5）	15	防冻剂（乙二醇）	5
分散剂（Men1）	0.2	水	34.6

（2）加工方法

采用超微粉碎法（湿磨法）。

这种方法的主要加工设备有三种。一是预粉碎设备：球磨机、胶体磨。使用哪一种因物料性质而定，较硬的脆性的物料用球磨机较好，粉状的细的物料选用胶体磨为宜。二是超微粉碎设备——砂磨机。砂磨机有两种，一种是立式的，其中又有开放式和密闭式之分；另一种是卧式的。从目前使用情况看，多以立式开放式为多。其原因是设备结构简单、使用维护方便、价格便宜。三是高速混合机（10000~15000r/min）和均质器（>8000r/min），主要起均化作用。

（3）配制流程（图10-5）

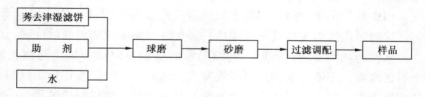

图10-5 莠去津悬浮剂制备工艺流程

（4）操作过程

① 粗分散液的制备 将原药（原粉或湿原药）、润湿分散剂、防冻剂、增稠剂和水按设计投料量装入球磨机中，开动球磨机粉碎，取样检测颗粒直径达到74μm（200目）时，停止粉碎。使用球磨机的优点是一机多能，即同时具有配料、混合、粉碎三种功能。

② 超微粉碎 超微粉碎是在砂磨机中进行的。砂磨机是加工混悬剂的关键设备。砂磨机对物料的粉碎是通过剪切力完成的，而剪切力的大小即粉碎效率的高低是与砂磨机分散盘的线速度及玻璃砂的粒径有关。一般来说，线速度大（线速度在610m/min左右），剪切力

230

大，粉碎效率高。低于此线速度，粉碎效率低或无粉碎作用。砂磨机通常使用$\phi 1.0 \sim 2.0mm$的玻璃砂，装填料量为砂磨机筒的70%左右。经球磨的物料(已形成料浆)投入砂磨机中，通冷却水，进行砂磨超微粉碎，砂磨终点为粒径≤$3\mu m$(也有的≤$5\mu m$)。

③ 均质混合调配　砂磨虽然可以进行超微粉碎，但因其设备本身的欠缺，导致被粉碎物料粒径的不均匀性(直流粉碎和过度粉碎)。均质器的作用在于使粒子均匀化，提高制剂的稳定性。消泡剂一般在超微粉碎过程中加，以减少在此过程中产生大量泡沫带来的影响。

例2　45%甲基托布津(甲基硫菌灵)混悬剂的配制

(1)配方组成

组分	用量/%	组分	用量/%
甲基托布津原粉(300目)	45.3	甘油(防冻、增黏剂)	5.0
琥珀酸二烷基酯磺酸钠	2.5	三聚磷酸钠(pH调节剂)	1.0
聚氧乙基苯乙烯基醚聚合物	2.5	水	38.7
次乙基乙二醇单甲醚	5.0		

(2) 工艺流程(图10-6)

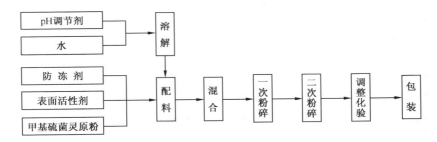

图10-6　甲基托布津混悬剂制备工艺流程(采用湿法粉碎)

例3　40%四螨嗪-久效磷油悬浮剂的配制

(1)配方组成

组分	用量/%	组分	用量/%
四螨嗪-久效磷	40	稳定剂(BOT)	0.3
乳化剂(FD)	6.0	消泡剂(AS)	0.2
分散剂(S-1)	2.0	助溶剂(ME)	5.0
增稠剂(Sr)	0.2	溶剂(EA)	补至100

(2) 生产工艺

油悬浮剂生产工艺流程一般分为四个工序：配料、砂磨机或砂磨釜研磨、均质混合器分散混合、产品包装。工艺流程见图10-7。

按配方要求，将四螨嗪原药、增稠剂Sr、消泡剂AS、助溶剂ME和溶剂EA经计量后加到砂磨釜中，再加入总量1%的乳化剂FD，研磨到一定细度后，将物料输送至贮槽，经计量后放到均质混合器内，再将定量的久效磷原药、稳定剂BOT以及余下的5%乳化剂FD和一定量的溶剂EA加入均质混合器内，经均质器分散混匀后，取样分析，产品合格后，放入成品贮槽，包装入库。

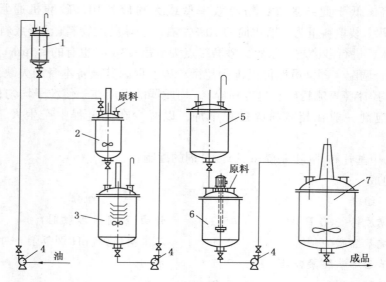

图 10-7　40%四螨嗪-久效磷油悬浮剂制备工艺流程

1—油计量罐；2—配料釜；3—砂磨釜；4—输料泵；5—贮槽；6—均质混合机；7—贮槽

例4　乙酸可的松眼液的制备(物理凝聚法)

(1)配方组成

组分	用量/%	组分	用量/%
乙酸可的松(微粒结晶)	5.0	羧甲基纤维素钠	2.0
硝基苯汞	0.02	硼酸	20.0
Tween-80	0.8	蒸馏水	余量

(2)制备工艺

取硝基苯汞溶于约占总量一半的蒸馏水中，加热至40~50℃，加入硼酸溶解，加Tween-80混匀。再将羧甲基纤维素钠溶于总量1/3的蒸馏水中，过滤，滤液加热至80~90℃，加入微晶乙酸可的松，搅拌均匀，保温30min，冷却至40~50℃时加入配好、滤清的硝基苯汞等的溶液中，并添加蒸馏水至全量。分装于3mL玻璃瓶中，于100℃下、灭菌30min。

思　考　题

1. 液体制剂类型解释：液体制剂；真溶液制剂；胶体溶液型制剂；微乳液型制剂；混悬液。

2. 概述液体制剂的分散相和分散介质，真溶液型产品的配方基本组成。

3. 比较亲水胶体和疏水胶体类产品配方组成的主要不同，并简述疏水胶体的两种制备方法。

4. 疏水性胶体的制备必须满足哪些条件？

5. 比较疏水胶体溶液的制备方法及其应用特点。

6. 何谓胶溶作用？胶溶作用制备胶体的方法有哪些？

7. 简述吸附法胶溶剂类型与用量的选择。

8. 比较沉淀洗涤法和凝聚法制备疏水性胶体(溶胶)的原理及应用。

9. 概述混悬液型制剂的配方组成、获得稳定混悬剂应注意的问题和需添加的各类助剂。

10. 简述微乳液配方的组成及特点。

11. 乳液稳定性差的原因有哪些? 改善办法有哪些?

12. 乳液类化妆品常见的质量问题有哪些? 微乳化妆品有哪些优点?

第11章 半固体制剂

11.1 概 述

半固体制剂也叫膏剂(ointments)，是按照配方比例将各种液体和固体组分混合制成的一种均匀、稳定、黏稠的分散体系。要求不因贮藏和气温的变化而发生分层、沉淀、结块或变为流体等。制造膏剂的关键是选择好乳化剂和稳定剂。制造膏剂时，不需要干燥过程、不需要高含量的固形物，制造设备简单，投资少，节省燃料和动力消耗，生产环境好，无污染。

11.1.1 膏剂的含义及应用领域

膏剂是指有效组分与适宜基质均匀混合制成的具有适当稠度的膏状制剂。在精细化工行业中膏剂有广泛的应用，如化妆品的膏霜类制品，清洁卫生用的牙膏，家用化学品的鞋油、上光蜡制品，作燃料用的固体酒精，防止、降低金属部件的腐蚀和磨损用的润滑脂等。

11.1.2 膏剂的特点、要求及制备

11.1.2.1 特点

膏剂主要由有效组分和基质两大部分构成。有效组分是满足产品使用目的的构成成分；不同产品，由于用途不同，有效组分的成分完全不同。基质是半固体制剂形成和发挥作用的重要组成部分，由能赋形以及满足产品涂布等需要的成分构成，常常占半固体制剂组成的大部分，因此基质的性质和质量对最终产品的质量影响极大。

11.1.2.2 膏剂性能要求

优良的半固体制剂应该均匀，细腻，软滑，稠度适宜；性质稳定，长期贮存不变质，即无酸败、异臭、变色、变硬和油水分离等现象。以上要求均属于一般要求，对于不同用途的半固体制剂还有特殊要求，如用于人体的医用软膏制剂应无刺激性、过敏性及其他不良反应，所含有效组分的释放、穿透性较为理想，不妨碍皮肤的正常功能，用于创面应无菌，以及美观、容易清除等。化妆品中的膏霜类除了要求提供适当的油分和营养成分润泽皮肤这一基本的功能之外，随着人们生活水准的不断提高，在崇尚自然的今天，对润肤霜的功能性要求更加苛刻，对增添各种皮肤营养素的需求以及绿色环保的润肤霜配方设计，均要求所用的有效组分或者是直接从天然物中提取得到的，或者是天然物经过改性而制成的，如加入羊胎素、天然维生素 E、天然维生素 C、超氧化歧化酶(SOD)、透明质酸、人参提取液、天然芦荟汁，甚至牛奶、蜂蜜等。这些天然物质的共同特性是比较"娇嫩"，在配制膏霜的过程中容易受热或受酸碱作用而失去其生理活性，或者变色变味而影响产品质量。为了最大限度地保存这些天然产物的生理活性，必须使用具有低温乳化功能或者自乳化功能的表面活性剂，使得乳化均质过程能够在常温下进行。使用烷基葡萄糖苷、卵磷脂、氨基酸衍生物等天然表面活性剂，能够满足绿色环保的要求。

11.1.2.3 制备时应考虑的因素

膏剂常用制备方法大致可以分为熔和法、捏合法和乳化法。按照膏体的类型、制备量

234

及设备条件的不同，采用的制备方法也不同。一般溶液型和混悬型膏体采用捏合法或熔和法；乳剂型膏体常在形成乳剂基质过程中或在形成乳剂基质后加入其他有效成分，一般采用乳化法。在形成乳剂型基质后加入的其他成分常为不溶性微细粉末，实际上也属于混悬型膏体。

制备膏体的基本要求是，必须使有效成分等组分在膏体基质中分布均匀，膏体软硬均匀一致、细腻，这与制备方法的选择尤其是有效成分等其他组分的加入方法密切有关。

（1）有效成分加入的一般方法

为了使膏体制剂均匀细腻，不含固体粗粒，便于发挥有效成分的应有功效，在制备时应采取如下方法：

① 基质的任何固体组分或不溶于基质的固体成分必须粉碎成细粉，并过100目筛，先与少量基质研匀。若配方中含有液体组分如液体石蜡、植物油、甘油等时，可使固体细粉先与液体组分研磨成细糊状，再与其余基质混匀至无颗粒感。

② 有效成分可以直接溶于基质中时，则把油溶性成分溶于少量液体油中，再与油脂性基质混匀成为油脂性溶液型半固体膏体；水溶性成分溶于少量水后，与水溶性基质混匀成为水溶性溶液型半固体膏体。若有效成分可溶于基质某组分时，一般油溶性成分溶于油相或少量有机溶剂，水溶性成分溶于水或水相，再吸收混合或乳化混合。

③ 具有特殊性质的成分，如半固体黏稠性物质，若极性与基质极性接近，可直接与基质混合；若极性相差较大，可先与适当的表面活性剂混合，再与基质混合。若配方中有共熔性组分（如樟脑、薄荷脑等）时，可先研磨至共熔后再与基质混合。

（2）制备方法的选择

① 熔和法　适用于含有的基质熔点不同时所需膏体的制备。一般将熔点高的基质先熔化，再将熔点低的加入。若有效成分溶于基质可直接加入，但需注意其在此温度下是否会破坏失效。不溶性有效成分应先研成细粉，筛入熔化或软化的基质中，搅拌混合均匀，若不够细腻则需要通过研磨机进一步研匀，使无颗粒感。

② 捏合法　较软的膏体，在常温下通过捏合和研磨即能使基质与其他组分均匀混合者可采用此法。捏合法制备膏体需经过捏合和研磨两步：捏合就是将配方中各组分在适当的捏合机械中的拌合，拌合时拌合时间要控制适宜，时间太短则膏体不均匀，时间太长则打入空气太多，膏体发松，难以出料；研磨就是利用机械的剪切力作用将捏合后的膏体中的胶体或粉料的聚集团进一步均质分散，使膏体中的各种微粒达到均匀分布，常见的研磨设备有胶体磨和三辊机。

③ 乳化法　乳化法是将加热至温度高于油相的水相，加入已加热到80℃的油相中，边加边搅拌至冷凝，水、油均不溶解的组分最后加入，搅匀即可。大量生产时由于油相温度不易控制均匀冷却，或二相混合时搅拌不匀而使形成的基质不够细腻，因此在温度降到30℃时再通过胶体磨、均质器或研磨机使膏体细腻均匀。乳化法制备膏体的主要设备有搅拌器、胶体磨、均质器以及特种乳化设备。

一般情况下，乳化开始时采用高速搅拌对乳化有利，乳化结束进入冷却阶段后则以中等速度或慢速搅拌有利，这样可减少气泡的混入。对于半固体膏状产品，搅拌至固化温度时停止。

真空乳化搅拌机是一种较为完善的乳化设备，适用于乳化膏体的生产，可使膏体的气泡减少到最低程度，增加膏体表面光洁度。由于搅拌在真空状态下进行，膏体避免了与空气的接触，因此减少了氧化过程和污染。

上述三种方法制得的膏体中都或多或少地混入了气体。若膏体中混入气泡则膏体发松，不够细腻，且可能会使组分中某些成分酸败，或使膏体破坏。为提高产品质量，大多数半固体产品需将产品内所含空气排除，常用的膏体脱气方法是真空脱气法。

11.2 膏剂的常用基质

膏剂的常用基质主要有油脂性基质、亲水性基质和乳剂型基质三大类。

11.2.1 油脂性基质

油脂性基质包括天然油质物质和合成油质物质。其共同特点是润滑，无刺激性，保护、软化作用比其他基质强，不易长菌。其缺点是释放有效成分性能较差，油腻性大，不易清除，若用于人体往往妨碍皮肤的正常功能。

11.2.1.1 天然油脂物质

（1）植物系油质物质

植物油常与熔点较高的蜡类熔和而成适宜稠度的基质，常用作润滑剂或降低其他基质的熔点。植物油在乳剂基质中比矿物油对角质的附着性要好。植物油在长期贮藏中也会酸败，但比动物脂肪略佳。

① 花生油　花生油为淡黄色油状液体，不溶于水，微溶于乙醇，可溶于乙醚、氯仿等。花生油可替代橄榄油应用于化妆品的膏霜等乳化制品中。

② 橄榄油　橄榄油一般是由果实经机械冷榨或溶剂抽提制得，为淡黄或黄绿色透明油状液体，不溶于水，微溶于乙醇，可溶于乙醚、氯仿等。橄榄油的甘油酯中不饱和脂肪酸成分类似于人乳，其中不饱和亚油酸和亚麻酸含量几乎与人乳相同，因而易被皮肤吸收。橄榄油中还富含维生素A、D、B、E和K，故有促进皮肤细胞及毛囊新陈代谢的作用。橄榄油用于化妆品中具有优良的润肤养肤作用，此外还有一定防晒作用。

③ 杏仁油　杏仁油是从甜杏仁中提取的，具有特殊的芳香气味，为无色或淡黄色透明油状液体，不溶于水，微溶于乙醇，可溶于乙醚、氯仿。杏仁油性能与橄榄油极其相似，但其饱和度稍高，凝固点稍低，常为橄榄油代用品，在化妆品膏霜中常作为油性成分。

④ 棉籽油　棉籽油是由棉花种子经压榨、溶剂萃取所精制得到的半干性油。为淡黄色油状液体，不溶于水，微溶于乙醇，可溶于乙醚、氯仿、苯、石油醚等。精制的棉籽油可替代杏仁油、橄榄油等应用于化妆品中，也可像花生油一样与蜂蜡加热熔和作为基质。

⑤ 可可脂　可可脂是从可可树果实内的可可仁中提取制得的。为白色或淡黄色固体脂，具有可可的芬芳，略溶于乙醇，可溶于乙醚、氯仿、石油醚等，为植物性脂肪。相对密度0.945~0.9，熔点32~36℃。可可脂在化妆品中可作为口红及其他膏霜油基原料，但价格较高。

⑥ 木蜡　又叫日本蜡，是从日本野添树的果皮中制得的，具酸涩气味。不溶于乙醇，可溶于乙醚、氯仿、二硫化碳。熔点48~56℃。木蜡可作为化妆品乳霜的原料。

⑦ 巴西棕榈蜡　又称加洛巴蜡，是从南美巴西的棕榈树叶浸取制得。粗制品为黄色或灰褐色，不溶于水，可溶于热乙醇、热氯仿、四氯化碳、乙醚及碱类，其主要成分为蜡酸蜂

花醇酯（$C_{25}H_{51}COOC_{30}H_{61}$）。相对密度 0.990~0.999，熔点 83~86℃，是天然蜡中熔点最高的一种。

（2）动物系油质物质

动物系油质物质是从动物体分离得到的油质物质，长期暴露于光线、空气及高温下易分解或酸败，但加抗氧剂或防腐剂可改善。

① 羊毛脂（wool fat） 羊毛脂是从羊毛中提取的一种脂肪物质，是羊的皮脂腺分泌物。羊毛脂一般是毛纺行业从洗涤羊毛的废水中用高速离心机提取出来的一种带有强烈臭味的黑色膏状黏稠物，经脱色、脱臭后为一种色微黄的半固体，略带特殊臭味。它可以分为无水和有水两种。无水羊毛脂熔点 38~42℃，可溶于苯、乙醚、氯仿、丙酮、石油醚，微溶于90%乙醇，不溶于水，但能吸收其质量 2 倍的水而不分离，可作为 W/O 型乳剂基质。无水羊毛脂具有强黏性，故很少单独用作基质，常与凡士林合用，并可改善凡士林的吸水性与渗透性。含水羊毛脂含水分约 25%~30%，溶于氯仿与乙醚后能将水析出。

羊毛脂组成与人的皮脂十分接近，对人的皮肤有很好的柔软、渗透性和润滑作用，具有防止脱脂的功效，是制造膏霜、乳液类化妆品及口红的重要原料。但应注意，羊毛脂极其许多衍生物使用时往往出现过敏，尤其在湿疹病人中容易发生，这可能是由于羊毛脂中含醇部分所引起的，因此在制备与人体接触的半固体制剂时应注意到这一点。

② 蜂蜡（beeswax） 蜂蜡是从蜜蜂的蜂房中取得的蜡，由于蜜蜂的种类以及采蜜的花卉种类不同，蜂蜡品种与质量亦有差别，一般为淡黄至黄褐色的黏稠性蜡。蜂蜡溶于乙醚、氯仿、苯和热乙醇，不溶于水，可与各种脂肪酸甘油酯互溶，相对密度 0.950~0.970，熔点62~66℃。蜂蜡的主要成分为棕榈酸蜂蜡醇酯，并含少量游离高级醇而有乳化性。蜂蜡不易酸败，常用于增加半固体基质的稠度。蜂蜡有较强的滑润性，较弱的吸水性，吸水后形成W/O 型乳剂。可用于油性膏霜化妆品中。

③ 鲸蜡（spermaceti） 鲸蜡是从抹香鲸、槌鲸的头盖骨腔内提取的一种具有珍珠光泽的结晶蜡状固体，呈白色透明状，其精制品几乎无色无味，长期暴露于空气中易腐败。鲸蜡可溶于热（温）乙醇、乙醚、氯仿、二硫化碳及脂肪油，但难溶于苯，不溶于水，相对密度0.940~0.950，熔点 42~50℃。鲸蜡常用于增加基质的稠度，在化妆品中可用作膏霜类产品的油质原料。

④ 虫胶蜡 虫胶蜡又称紫胶蜡，是一种紫胶虫的分泌物，为我国特产，故又称中国蜡。它是一种白色或淡黄色的结晶固体，其质坚硬而脆。不溶于水、乙醇和乙醚，但易溶于苯，其主要成分为 C_{26} 的脂肪酸和脂肪醇的酯。相对密度 0.93~0.97，熔点高，为 74~82℃。

（3）矿物油质物质

矿物油脂、蜡是从天然矿物中经加工精制得到的高分子物质，它们的沸点高，多在300℃以上，来源丰富，较易制得，不易腐败，性质稳定，为价廉物美的原料。

① 液体石蜡 又叫石蜡油、白油、矿油等，它主要用于调节半固体膏体的稠度，或用于研磨粉末状原料使成细糊状以利于与基质混合。是从石油分馏的高沸点（330~390℃）馏分即润滑油馏分中经脱蜡、中和、活性白土等处理后而得到的。它是一种无色、无臭、透明的黏稠状液体，具有润滑性，在皮肤上可形成障碍性薄膜，对皮肤、毛发柔软效果好。白油是一种液态烃类的混合物，其主要成分为 $C_{16}H_{34}$~$C_{21}H_{44}$ 正异构烷烃的混合物。由于工厂生产的白油质量不同，因此有各种编号的白油，如白油 7#、白油 18# 等。白油不溶于乙醇，可溶

于乙醚、氯仿、苯、石油醚等，并能与多数油脂类混合（蓖麻油除外）。它的化学稳定性及对微生物的稳定性均好。相对密度 0.840~0.885，雾点 45℃ 以下。市场上白油分为重质和轻质两种。重质相对密度为 0.86~0.90，密度较大，黏度也较大，对皮肤、毛发柔软效果好，但洗净、湿润效果差；轻质白油相对密度为 0.818~0.880，与重质相反，其黏度低，而洗净及湿润效果好，柔软性差，常用于雪花膏基质中。

② 凡士林　又叫矿物脂、软石蜡，是石油蜡膏中加入适量中等黏度润滑油（30 号机械油），再加发烟硫酸去除芳烃，或加氢后分去油渣，再经活性白土精制脱色、脱臭而成。凡士林为白色或黄色半固体，白色凡士林系由黄色品漂白而成，无气味，半透明，结晶细，拉丝质地挺拔者为佳品，它溶于氯仿、苯、乙醚、石油醚，不溶于乙醇、甘油和水，其化学性质稳定，不会酸败，对人体皮肤无刺激性，其主要成分是 C_{16}~C_{32} 的高碳烷烃（异构）和高碳烯烃的混合物。相对密度 0.815~0.880，熔点 38~60℃。凡士林在化妆品膏霜制品中作为油质原料。

凡士林在医药工业中是最常用的半固体制剂基质之一，它能与多数药物配伍，尤其适用于遇水不稳定的抗生素（如杆菌肽、盐酸四环素、氯霉素）。凡士林有适宜的黏稠性和涂展性，是一种比较理想的闭塞性赋形剂。凡士林有使皮肤角质层水合的能力，能使皮肤滑润，有防止皮肤干裂及软化痂皮等作用，角质层的水合还有利于增加药物对皮肤的渗透性。药物在凡士林与角质层间的分配往往留在凡士林中较多，因而释放药物的能力比较差。凡士林的吸水性很低，仅能吸收约 5% 的水，所以不宜于制备用于有多量渗出液药物软膏制剂，在凡士林中加入适量羊毛脂、羊毛醇、胆固醇或高级醇类可提高其水值。

③ 石蜡　又叫固体石蜡，是由天然石油或岩油的含蜡馏分经冷榨或溶剂脱蜡而制得的。它是目前生产量最大、使用广泛的一种工业用蜡。石蜡是以饱和高碳烷烃（$C_{16~40}$）为主体（特别是以 $C_{20~30}$ 为主）的一类混合物，其中含有 2%~3% 的支链或环状烃。石蜡为无色或白色、无味、无臭的结晶状蜡状固体，表面有油滑性感觉，不溶于水、乙醇和酸类，溶于乙醚、氯仿、苯、二硫化碳。相对密度 0.82~0.90，熔点 50~60℃。其化学性质较为稳定。纯品不含游离酸、碱，重金属铅、砷的含量分别在 20mg/kg 及 2mg/kg 以下。应用于化妆品中可以制造发蜡、香脂等的油质原料。它能与蜂蜡、油脂类熔合，可用于药用软膏基质。由于产量大、价格低，在各种工业用蜡中使用面广，是各种上光蜡产品中很重要的一种基质原料。

④ 地蜡　地蜡是无定形或微晶体结构的高分子固体烃类混合物，按其来源不同可分为天然矿地蜡、石油地蜡和合成地蜡。

a. 天然矿地蜡　是从天然地蜡矿中开采出来，经提炼加工所得的烃蜡，主要成分是饱和的与不饱和的、直链的、带支链的和环状的高分子量固体烃类的混合物。其最显著的特性是吸油、亲油的性能特别好，不像石蜡那样容易从油膏体中结晶出来。天然矿地蜡可与各种植物蜡、动物蜡、矿物蜡和多数合成蜡相混熔，可溶于二硫化碳、石油醚、松节油、溶剂汽油、甲苯等有机溶剂，不溶于甲醇和乙醇，广泛用于化妆品（如冷霜、发蜡、唇膏等）、皮鞋油、汽车蜡、地板蜡等。可用于调节膏体稠度，且有保护润滑作用。

b. 石油地蜡　是从石油中提取出来的，我国的商品名称叫提纯地蜡，因其结晶很细，国外通称微晶蜡。提纯地蜡和石蜡都是从石油中提取出来的固体烃类的混合物，但其生产工艺和最后产品的物理性能都不相同。地蜡的晶体结构是很重要的特征，地蜡的晶粒比石蜡晶粒小得多，这就决定了地蜡具有无定形或微晶的外观、极强的亲油性和吸油能力。其成分以

$C_{31\sim70}$ 的支链饱和烃为主，还有少量的环状、直链烃，为高碳烃。它不溶于甲醇、乙醇等极性溶剂，略溶于热乙醇，可溶于苯、氯仿、乙醚、四氯化碳、松节油、溶剂汽油等非极性溶剂，可与各种矿物蜡、植物蜡及热脂肪油互熔。相对密度 0.89~0.92；熔点 60~85℃，较高；灰分在 0.05% 以下。这种蜡的黏性较大，具有延展性，在低温下不脆硬有非常好的亲油吸油性能，在与液体油混合时具有防止油分分离析出的特性，与多数有机溶剂或矿植物油所形成的油膏体柔软又很细腻，故广泛用于冷霜、发蜡等化妆品及皮鞋油等上光蜡产品中，可改善膏体结构性能。

c. 合成地蜡　在我国已不再生产，需要时依靠进口。它可用于皮鞋油、汽车蜡、地板蜡及化妆品等产品中。

11.2.1.2　合成油质物质

(1) 硅油

硅油又称硅酮，为有机硅氧化物的聚合物，是一种无油腻感的合成油和蜡，外观似油性半固体，在医药和化妆品中常用其两种衍生物二甲基硅油、甲苯硅油作为半固体制剂基质。硅油不溶于水，与羊毛脂、硬脂酸、鲸蜡醇、单硬脂酸甘油酯、Tween、Span 均能混合。硅油中可加入薄膜形成剂如聚乙烯吡咯烷酮、聚乙烯醇及纤维素衍生物等，以增强其防护性。

二甲基硅油与甲苯硅油用于皮肤上均属惰性物，无过敏性，不吸收，无毒性，疏水，并且有较低的表面张力。在医药工业中常用于乳膏剂中以保护皮肤对抗水溶性刺激剂的刺激性，但硅油制剂禁用于需要引流或发炎与擦伤的皮肤。

二甲基硅油在化妆品中可增进皮肤滑爽细腻感，且无油腻感和无残余感，常用它代替传统的油性原料石蜡、凡士林制造高级化妆品。它主要应用在护肤膏霜、乳液及香波中。

(2) OP 蜡

OP 蜡是 S 蜡的衍生物，OP 蜡有硬度大、揩擦光亮度好、吸油量大等许多优点，是上光蜡类产品中很适用的一种高熔点硬性蜡原料。在以巴西棕榈蜡为主体原料的溶剂型硬膏体皮鞋油配方中，加入适量的 OP 蜡后，可以获得光亮好看的镜子样的鞋油表面。

11.2.2　亲水性基质

亲水性基质由天然或合成的高分子水溶性物质组成，常用的有甘油明胶、淀粉甘油、纤维素衍生物、海藻酸钠(sodium alginate)、卡巴浦尔及聚乙二醇(polyethylene glycols)等。其中除聚乙二醇为真正的水溶性基质外，其余多呈凝胶状，故又称为水凝胶基质(Hydrogel base)。本类基质能与水溶液混合，一般释放有效成分较快，无油腻性，易涂展，易洗除；缺点为润滑作用较差，不稳定，易失水、干涸及霉败，故须加保湿剂与防腐剂。

上述亲水性基质原料除了单独作为基质外也可以作为黏合剂，使固体粉质原料黏合成型而成为亲水性半固体基质。如牙膏的粉质摩擦剂碳酸钙、磷酸氢钙等，常用羧甲基纤维素钠、海藻酸钠、聚乙二醇等作为黏合剂，使之成为具有适宜黏弹性的半固体制剂。同样一般也应加入保湿剂和防腐剂。

(1) 甘油明胶

甘油明胶由甘油、明胶与水加热制成，一般明胶用量为 1%~3%，甘油为 10%~30%。温热后易涂布，涂后能形成一层保护膜，因本身有弹性，故在使用时用于人体较舒适。可用于药物半固体制剂。

（2）淀粉甘油

淀粉甘油由10%淀粉、2%苯甲酸钠、70%甘油及水加热制成。可用于药物半固体制剂。

（3）纤维素衍生物

纤维素衍生物中常用的有甲基纤维素和羧甲基纤维素钠。甲基纤维素可缓缓溶于冷水，不溶于热水，但湿润、放置冷却后可溶解。羧甲基纤维素钠在任何温度下均可溶解，1%的水溶液pH值为6~8。甲基纤维素在pH值为2~12时均稳定，而羧甲基纤维素钠在pH值5以下或pH值10以上时其黏度显著降低。溶液在115℃加热30min不降低甲基纤维素的稳定性，但能使羧甲基纤维素钠的黏度降低。制成水溶性基质需要加入适量防腐剂。甲基纤维素可加硝（醋）酸苯汞、苯甲醇、三氯叔丁醇等防腐剂，因其能与对羟基苯甲酸酯类形成复合物，所以不能用对羟基苯甲酸酯类作防腐剂，而羧甲基纤维素钠可以用对羟基苯甲酸酯类防腐。羧甲基纤维素钠与强酸性溶液和重金属如汞、银等以及铝、锌、铁等金属相混会出现浑浊、失去黏度或加入物有吸附性，但与用量、等级以及被加入物质的浓度有关。甲基纤维素和羧甲基纤维素钠常制成浓度为2%~6%的凝胶状基质。在牙膏生产中，它们可以用来作为黏合剂，使牙膏配方中各组分胶合起来成为半固体制剂。我国主要使用的是羧甲基纤维素钠。

（4）海藻酸钠

海藻酸钠为黄白色粉末状碳水化合物，缓缓溶于水形成黏稠性凝胶，常用浓度为1%~10%。其水溶液可高温灭菌，在pH值4~10间较稳定，pH值3以下则析出海藻酸，pH值10以上能使黏度降低。加入少量葡萄糖酸钙、酒石酸钙或枸杞酸钙等钙盐能使溶液变稠，但浓度高时则可沉出。遇5%以上乙醇及重金属盐等生成不溶物。由于制品容易失水、霉败，故常加保湿剂和防腐剂。

（5）聚乙二醇

聚乙二醇为环氧乙烷与水缩合成的高分子聚合物。取不同相对分子质量（液体、半固体、固体状）的聚乙二醇，以适当比例混合，可制得稠度适当的基质。聚乙二醇700以下是液体，聚乙二醇1500、1540及1000是半固体，聚乙二醇2000、3000、4000、6000是固体。半固体制剂中常用的聚乙二醇300与1500的等量熔合物及聚乙二醇300与4000比例为35：65的熔合物为水溶性基质，此类基质无水而有强烈的亲水性，易溶于水并极易洗除，能吸收皮肤上的水性分泌液，可用于湿润皮肤表面。能耐高温，不易霉败，具有非油腻性，可以作为半固体化妆品基质；由于其本身具有香妆制品的要求，故更适用于药物软膏基质，易于为病人接受。其缺点为久用可引起皮肤干燥，对发炎组织有时稍有刺激性。可与一些药物如苯酚形成氢键结合体，由于形成大分子物增加了扩散的困难，并影响吸收。遇水不稳定的物质在此基质中稳定性也差，此外与季铵类化合物、山梨糖醇及尼泊金酯类、塑料均有配伍禁忌，因此忌用塑料容器。

11.2.3 乳剂型基质

乳剂型基质是由含半固体或固体的油相加热液化后与水相借乳化剂的作用在一定温度下混合乳化，最后在室温下形成半固体的基质。形成基质的类型及原理与乳状液相似，但常用的油相多数为半固体或固体，主要有硬脂酸、石蜡、蜂蜡、高级醇（如十八醇）、羊毛脂、鲸蜡、凡士林等，有时为了调节稠度而加入液体石蜡、各种植物油等。常用的乳化剂有皂类、高级脂肪醇与脂肪醇硫酸酯类、多元醇及其酯类、脂肪醇聚氧乙烯醚类与烷基酚聚氧乙烯醚类等。

乳剂基质与乳浊液类似，也有两种类型，即 W/O 和 O/W 型。乳化剂的作用对形成乳剂基质的类型起主要作用，同时乳化剂的存在也使其较油质性基质易于洗除，特别是 O/W 型。

W/O 型能吸收部分水分，水分慢慢蒸发，若用在皮肤上，因水分蒸发带走热量而使皮肤有清凉的感觉，故有"冷霜"之称；O/W 型能与大量水混合，基质含水量较高，制成品颜色洁白，且涂在皮肤上有立即消失的现象，这些现象类似雪花，故有"雪花膏"之称。乳剂型基质不阻止皮肤表面分泌物的分泌和水分蒸发，对皮肤的正常功能影响较小，因此广泛用于化妆品膏霜和药物的半固体制剂中。一般乳剂型基质特别是 O/W 型基质中有效成分的释放和透皮吸收较快。由于基质中存在水分，使其增强了润滑性，易于涂布。O/W 型基质外相含水较多，在贮存使用过程中可能发生霉变，常常需加入防腐剂，同时水分也易蒸发散失而使膏体变硬，所以还常常加入甘油、丙二醇、山梨糖醇等作为保湿剂，用量一般为 5%~20%。配方中遇水不稳定的组分不宜用乳剂型基质制备半固体制剂。

乳剂基质的制法一般与乳浊液型制剂制法不同，需要加热制备，但制备原理相同，且成品为半固体。乳剂基质的 3 大组成部分中水相一般为水或水溶液，比较简单；油相物质在油质性基质中已有介绍；乳化剂与乳浊液乳化剂大致相同，但在半固体制剂中有其特点，如在半固体制剂中阴离子、非离子表面活性剂及新生皂乳化剂使用比较多等，在此作一适当介绍。

11.2.3.1 肥皂类乳化剂

肥皂类乳化剂有一价皂和多价皂。肥皂类除了作为乳化剂之外，其皂体本身也可以作为半固体基质。如固体酒精一般利用长链饱和脂肪酸的钠盐（肥皂）加热时溶解在酒精中，放冷后均匀析出呈三维网状结构的皂体，使液体酒精形成半固体。再如润滑脂（黄油）是由高级脂肪酸的金属盐的皂体作为基质，加入润滑油等添加剂所组成的具有塑性的半固体制剂。

（1）一价皂

一价皂是以钠、钾、铵的氢氧化物，硼酸盐、碳酸盐等碱性盐，三乙醇胺、三异丙醇胺等有机碱，与脂肪酸如硬脂酸、油酸等作用而成的新生皂。这种新生皂与水相、油相混合后一般形成 O/W 型基质，但配方中如含有过多的油、蜡成分也能形成 W/O 型。硬脂酸为常用的脂肪酸，含量约为基质总量的 10%~25%，其中只有一部分（约 15%~25%）与碱反应成皂，未皂化部分乳化分散后可增加基质的稠度，并使成品带有珠光，用于皮肤上，水分蒸发后留有一层硬脂酸薄膜而有保护性。

新生皂反应的碱性物质的选择，对乳剂型基质影响很大。新生钠皂为乳化剂时，制成的乳剂型基质较硬；以钾皂为乳化剂制成的成品较软；新生有机胺皂为乳剂型基质较为细腻、光亮美观，因此常与前二者合用或单用作乳化剂。硼砂能形成很白的制品。碳酸盐类因在形成新生皂的过程中产生二氧化碳以致制品中含有气泡，久贮因气泡散失而体积缩小，故较少采用。

新生皂作为乳化剂形成的基质应避免配方中含有酸、碱性组分，也容易被钙或其他电解质破坏，因此水不宜用硬水。此类乳化剂制备的基质一般在 pH 值 7.5 以下时不稳定。

表 11-1 给出有机胺皂乳剂型基质的一个配方。

表 11-1　有机胺皂乳剂型基质的配方

组　分	用　量/g	组　分	用　量/g
硬脂酸	100	三乙醇胺	8
蓖麻油	100	甘　油	40
液体石蜡	100	蒸馏水	452

将硬脂酸、蓖麻油、液体石蜡置于蒸发皿中，在水浴上于 75～80℃ 加热使熔化。另取三乙醇胺、甘油混匀，加热至 75～80℃，缓缓加入油相中，边加边搅拌直至乳化完全，放冷即得。三乙醇胺与部分硬脂酸形成有机胺皂，起乳化作用，其 pH 值为 8，HLB 值为 12，为 O/W 型基质。必要时还加入适量单硬脂酸甘油酯，以增加油相的吸水能力，达到稳定 O/W 型乳剂基质的目的。

（2）多价皂

多价皂一般是由 2 价、3 价的金属如钙、镁、锌、铝等的氧化物或氢氧化物与脂肪酸作用形成。此类多价皂在水中离解度小，亲水基的亲水性小于 1 价皂，而亲油基为双链或三链碳氢化物，亲油基强于亲水基，其 HLB 值小于 6，形成 W/O 型乳剂基质。新生多价皂较易形成，且油相的比例大，黏滞度较水相高，因此形成的 W/O 型乳剂基质也较 1 价皂形成的 O/W 型乳剂基质稳定。

表 11-2 给出多价钙皂乳剂型基质的一个配方。

表 11-2　多价钙皂乳剂型基质的配方

组　分	用　量/g	组　分	用　量/g
硬脂酸	12.5	白凡士林	67.0
单硬脂酸甘油酯	17.0	双硬脂酸铝	10.0
蜂　蜡	5.0	氢氧化钙	1.0
地　蜡	75.0	尼泊金乙酯	1.0
液体石蜡	410.0mL	蒸馏水	加至 1000.0

将硬脂酸、单硬脂酸甘油酯、蜂蜡、地蜡在水浴上加热熔化，再加入液体石蜡、白凡士林、双硬脂酸铝，加热至 85℃。另将氢氧化钙、尼泊金乙酯溶于蒸馏水中，加热至 85℃，将此溶液加入油相中，边加边搅拌直至冷却。配方中氢氧化钙与部分硬脂酸钙皂以及配方中的双硬脂酸铝(铝皂)均为 W/O 型乳化剂。水相中氢氧化钙为过饱和态，应取上清液加至油相中。

11. 2. 3. 2　高级脂肪醇与脂肪醇硫酸酯类乳化剂

（1）鲸蜡醇和硬脂醇

鲸蜡醇和硬脂醇即十六醇和十八醇，为固体高级脂肪醇，鲸蜡醇熔点 45～50℃，硬脂醇熔点 56～60℃，无刺激性，不酸败，对光和空气稳定，不溶于水而溶于乙醇，可与油质性基质加热熔化混匀，但有一定的吸水能力，吸水后可形成 W/O 型乳剂基质的油相，增加乳剂的稳定性和稠度。由于它们的分子中有较长的碳链，疏水性较强，故常与 1%～2% 的脂肪醇硫酸酯钠合用以增加其亲水性，并可使其形成较为稳定的 O/W 型乳剂基质。新生皂为乳化剂的乳剂基质中，用鲸蜡醇和硬脂醇取代部分硬脂酸形成的基质则较细腻光亮。

（2）脂肪醇硫酸酯盐

常用的为月桂醇硫酸酯钠，属阴离子乳化剂，常与其他 W/O 型乳化剂合用调整适当的

HLB 值，以达到油相所需范围，常用的辅助 W/O 型乳化剂有鲸蜡醇或硬脂醇、硬脂酸甘油酯等。本品的常用量为 0.5%～2%，用于制备 O/W 型乳剂基质。

表 11-3 给出了含月桂醇硫酸酯钠的乳剂型基质的一个配方。

表 11-3　月桂醇硫酸酯钠乳剂型基质配方

组　　分	用　　量/g	组　　分	用　　量/g
月桂醇硫酸酯钠	15	尼泊金丙酯	0.15
硬脂醇	220	丙二醇	120
白凡士林	250	蒸馏水	加至 1000
尼泊金甲酯	0.25		

将硬脂醇与白凡士林在水浴上加热至 75℃ 熔化，再加入预先溶在水中并加热至 75℃ 的其他成分，搅拌乳化至冷凝，再通过胶体磨或均质器以增进产品的均质性。

该配方中的月桂醇硫酸酯钠用作主要乳化剂；硬脂醇与白凡士林同为油相，硬脂醇还起辅助乳化及稳定作用，白凡士林可防止基质水分蒸发并留下油膜，若用于皮肤有利于角质层水合而产生润滑作用；丙二醇为保湿剂；尼泊金甲酯、丙酯为防腐剂。

11.2.3.3　多元醇及其酯类乳化剂

常用的有硬脂酸甘油酯、月桂酸甘油酯、硬脂酸聚甘油酯等，以及吐温和司盘类乳化剂等。

（1）硬脂酸甘油酯

硬脂酸甘油酯是单、双硬脂酸甘油酯的混合物，不溶于水，溶于热乙醇和乳剂型基质的油相中。其分子中的甘油基上有羟基存在，有一定的亲水性，但十八碳链的亲油性强于羟基的亲水性，是一种较弱的 W/O 型乳化剂。但其与少量一价金属皂、脂肪醇硫酸酯钠等合用时可以得到满意的 O/W 型乳剂基质。一般作为乳剂基质的稳定剂或增稠剂，并使产品滑润，用量约为 15%。

（2）Tween 与 Span 类

Tween 与 Span 类均属非离子表面活性剂，Tween 的 HLB 值在 10.5～16.7，为 O/W 型乳化剂；Span 的 HLB 值在 4.3～8.6，为 W/O 型乳化剂。Tween 用于半固体基质者有 Tween-20、Tween-60、Tween-80 等，是油状液体，可溶于水而不溶于液体石蜡。各种 Tween 乳化剂均可单独制成乳剂基质，其优点是无毒性，对眼、皮肤均无刺激性，高温灭菌不分解，因此适合药物和化妆品半固体制剂，并能与酸性盐、电解质配伍。但 Tween 有特臭，且能与碱类、重金属盐、酚类等起作用而容易使乳剂破坏，所以常与其他乳化剂如 Span、月桂醇硫酸酯钠等合用，以调整其 HLB 值而使之稳定。

表 11-4 给出了含 Tween 和 Span 的乳剂型基质的一个配方。

表 11-4　含 Tween 和 Span 的乳剂型基质配方

组　　分	用　　量/g	组　　分	用　　量/g
硬脂酸	60	白凡士林	60
Tween-80	44	甘　油	100
Span-60	16	山梨酸	2
硬脂醇	60	蒸馏水	加水至 1000
液体石蜡	90		

将油相成分(硬脂酸、Span-60、硬脂醇、液体石蜡及白凡士林)与水相成分(Tween-80、甘油、山梨酸及水)分别加热至80℃，将油相加入水相中，边加边搅拌至冷凝成乳剂型基质。配方中Tween-80为主要乳化剂，Span-60为反型乳化剂(W/O型)，以调节适宜的HLB值而形成稳定的O/W型乳剂基质。硬脂醇为增稠剂，且可使制得的乳剂型基质光亮细腻。

11.2.3.4 脂肪醇聚氧乙烯醚和烷基酚聚氧乙烯醚

(1) 平平加O

平平加O是以十八(烯)醇聚乙二醇醚为主要成分的混合物，为非离子型乳化剂，其HLB值为15.9，属O/W型乳化剂。但单独用本品作乳化剂难以制成乳剂型基质，为了提高乳化效率，增加基质的稳定性，常常需用不同的辅助乳化剂。

(2) 乳化剂OP

乳化剂OP是以聚氧乙烯(20)烷基酚醚为主的混合物，也是O/W型非离子表面活性剂，HLB值为14.5，可溶于水，在冷水中的溶解度比在热水中大，在室温下25%水溶液仍澄清，1%水溶液的pH值为5.7，对皮肤无刺激性。其耐酸、碱、还原剂及氧化剂，性质稳定，用量一般为油相质量的5%~10%，常与其他乳化剂合用。使用时若水溶液中有大量金属离子如铁、锌、铝、铜、铬等时，其表面活性降低；不宜与含酚类结构的物质合用，以免形成络合物，破坏乳剂基质。

11.3 常用膏剂的配方结构及制备

11.3.1 牙膏

11.3.1.1 概述

牙膏是和牙刷配合，通过牙刷达到清洁、健美、保护牙齿之目的的一种半固体制剂，是一种不溶性摩擦剂颗粒在具有三维聚合网络结构液体润湿剂中的悬浮体系，即由液相和固相组成的用适当黏结剂黏结起来的半固体混合物。普通牙膏基本的要求是清洁牙齿、除去牙齿上的结石，使口腔保持清新的洁净感，具有使消费者感觉清凉爽口的功效。疗效牙膏应达到附加要求和特定的防龋作用，如抑菌作用、防止口臭及某些有益于抗牙周炎的作用等。

11.3.1.2 牙膏配方组成结构

牙膏是一种将粉质摩擦剂分散于胶体凝胶中的悬浮体。牙膏配方组成大致可以分为基本原料和特种活性原料。基本原料复配制得的牙膏可以满足牙膏的基本要求，赋予牙膏基本的功能，同时也形成了牙膏的基质。特种活性原料加入由基本原料组成的牙膏基质中，赋予牙膏特定功能。

(1) 基本原料

配方中常用的基本组分有摩擦剂、黏结剂、保湿剂、表面活性剂(洗涤、发泡剂)、香精和颜料、甜味剂和防腐剂。此外，一些疗效型牙膏还含有中草药及其他一些疗效成分。

① 摩擦剂 摩擦剂主要是粉质原料，是牙膏配方中的主体，是使牙膏具有清洗牙齿作用的主要成分，其作用是除去牙齿表面的污垢，赋予光泽，又不磨损牙齿。摩擦剂大多为有适当硬度和粒度的无机粉末，有较好的清洁能力，不损伤牙齿组织，化学上稳定、无毒、无刺激性、无味、无臭等。摩擦剂一般占配方的20%~50%，一般要求颗粒直径为5~20μm、

莫氏硬度为 2~3、颗粒晶形规则及表面平整等。

常用的无机粉末摩擦剂有：碳酸钙、碳酸镁、磷酸三钙、焦磷酸钙、不溶性偏磷酸钙、氢氧化铝、二氧化硅等。此外，也有使用热塑性树脂粉末做摩擦剂的，其优点是对氟化物稳定，在牙膏只有氟化物时，不会与其反应而使氟化物变质。碳酸钙在中低档牙膏中广泛采用。常用的热塑性树脂粉末有：聚丙烯、聚氧乙烯、聚甲基丙烯酸甲酯等的粉末，它们通常是与硅酸锆一起使用。

② 黏结剂　黏结剂是制造牙膏胶基的原料，其作用是使固体颗粒稳定地悬浮在液相之中，防止粉末成分与液体成分分离，并赋予膏体细致的光泽，适当的黏弹性和挤出成型性。配方中用量为 1%~2%。黏结剂性能如何直接影响牙膏的稳定性。

常用的黏结剂有：无机成胶聚合物，如硅石-空气凝胶、沉淀硅石、火成硅石、胶状镁铝硅酸盐、硅酸盐白土；改性纤维素制品，如羧甲基纤维素、羟乙基纤维素、羟丙基纤维素、羟甲基羧乙基纤维素、羧甲基羟丙基纤维素、甲基纤维素、乙基纤维素、硫酸化纤维素；天然胶，如角藻酸盐、黄胶、刺梧桐树胶、阿拉伯树胶、茄替胶、金合欢胶、刺槐豆胶、藻胶和瓜树胶；菌类胶，如黄原素胶；天然混合聚合物，如琼脂、果胶、明胶和淀粉；合成有机聚合物，如聚丙烯酸酯、聚乙烯吡咯烷酮。其中最常用的是羧甲基纤维素钠（CMC）。

③ 保湿剂　保湿剂是使牙膏膏体保持一定的水分、黏度和光滑度，防止膏体硬化，易于从管中挤出所采用的溶剂；另外一个作用即为降低膏体的冻点，使牙膏在寒冷的地区也能使用。用于牙膏的保湿剂有：甘油、山梨醇、丙二醇、丁二醇、聚乙二醇等。

④ 表面活性剂　表面活性剂是使牙膏具有去污和起泡的能力。表面活性剂能降低污垢和食物碎屑在牙齿表面的附着力，并能渗透进污垢和食物碎屑中，将其分散成细小颗粒，形成乳化体被牙刷摩擦而从牙齿表面脱落下来，随漱口水吐出。配方中用量通常为 1%~2%。对表面活性剂的基本要求是无毒、无刺激性、无不良味道，不影响牙膏的香味。

常用的表面活性剂有：十二烷基硫酸钠、月桂酰甲胺乙酸钠、月桂醇磺乙酸钠、甘油单月桂酸酯磺酸钠、二辛基磺化琥珀酸钠等。

⑤ 香精和色素　香精和色素是分别赋予牙膏以清新爽口香气和着成一定颜色的用料。用量一般为 1%~2%。牙膏的香精香气以水果香型、留兰香型为主，其他有薄荷、茴香等香型。色素一般是水溶性食用色素。

⑥ 甜味剂和抗菌剂　甜味剂是用于矫正牙膏中香精苦味及摩擦剂显出的粉末味。目前使用的甜味剂主要是糖精钠。它稳定、无发酵弊病，在牙膏中的用量为 0.05%~0.25%。

此外，牙膏中还需加入抗菌剂。常用的抗菌剂有：苯甲酸钠、尼泊金甲酯、尼泊金丙酯和山梨酸等。

（2）特种活性原料

在牙膏中加入特种活性原料的目的是预防蛀牙、减少牙周疾病和口腔内其他疾病的发生。常用的特种活性原料有：

① 氟化物　将氟化物加入牙膏中迄今已广泛采用，牙膏中采用氟化物可降低龋齿发生率 28%~48%。氟的作用在于能使羟基磷石灰转化成为氟磷石灰，具有较好的抑制因细菌产生的酸腐蚀作用。氟离子与牙釉质结合在一起，由此降低酸中釉质的可溶性，提高牙釉质的抗酸能力，而且可被牙釉质吸收，对龋齿的抑制和控制及过敏牙质的脱敏有显著效果。常用的氟化物有：氟化钠、氟化亚锡、单氟磷酸钠、氟化锌、氢氟化乙醇胺等。

② 酶　牙表膜的形成，最后成为菌斑，是龋齿的主要原因。菌斑的主要组分是葡聚糖，采用葡聚糖分解酶可以控制龋齿。乳酸过氧化物酶(LPO)可以阻止产生乳酸的细菌繁殖，唾液和牛乳中存在这种酶，这是唾液的自然防护机制。在牙膏中加入淀粉糖苷酶(AM)和葡糖氧化酶(GO)，可加强唾液的自然防护机制，抑制引起龋齿的细菌的繁殖和酸的产生。

③ 表皮生长因子(EGF)　表皮生长因子是一种小相对分子质量的促细胞分裂多肽，产生于哺乳动物体内，分布于整个组织和体液中。EGF 的刺激能使黏膜表层和中层中的多数细胞分化与繁殖。由于 EGF 的部分受体与某些致癌基因为同系物，因此 EGF 还具有抑制和消退肿瘤细胞的作用。目前国内许多牙膏生产企业正积极探索 EGF 在牙膏中的应用。

另外，在牙膏中加入硝酸钾、六水氯化锶可起脱敏作用，加入尿囊素、脱水葡糖酸盐等可保护牙龈，加入两面针、田七、厚朴等中草药提取物有特定的治疗和预防口腔疾病的作用。据报道，维生素类对于防治牙龈病特别是牙龈炎有很好的效果，这些维生素有维生素 A 棕榈酸酯、乙酸维生素 E、维生素 C、维生素 B_6 等。

11.3.1.3　制备方法及举例

牙膏的制备方法有湿法溶胶制膏和干法溶胶制膏。湿法溶胶制膏工艺是广泛采用的方法。先用甘油或其他不与黏结剂形成溶胶的保湿剂润湿黏结剂，使黏结剂均匀分散，然后再分散于含有糖精和抗菌防腐剂等的液体部分，使其膨胀形成均匀的凝胶，在捏合机中不断搅拌下慢慢加入粉质摩擦剂；或先将粉质摩擦剂放入拌膏机中，搅拌下慢慢加入液体凝胶，至形成均匀的膏体。最后加入香精和表面活性剂混合均匀，经研磨、贮存陈化，进行真空脱气，即制成。

干法溶胶制膏工艺是将黏结剂粉料与摩擦剂粉料预先用粉料混合设备混合均匀，在捏合设备内与水、甘油溶液一次捏合成膏。该法省去制胶的工序，优点是大大缩短了生产程序，有利于生产自动化，一品种多类型化生产，还能节约原料。

下面介绍常见牙膏配方

（1）普通营养牙膏

① 配方　表 11-5 给出了一个普通营养型牙膏的配方。

表 11-5　普通营养牙膏配方

组　　分	用　量/%	组　　分	用　量/%
透明石英	5	羧甲基纤维素钠	1.5
沉淀二氧化硅	10	糖精钠	0.1
十二烷基硫酸钠	2	香　精	0.9
氯化钠	10	尿囊素	0.1
96%甘油	40	蒸馏水	30.4

② 制法　采用湿法溶胶制膏工艺。将甘油与羧甲基纤维素钠混合，充分润湿后加入水浸泡24h，陈化溶胀成溶胶状；将其余全部组分拌和，加入溶胶一起研磨，放置12h，让其陈化，搅拌均匀，真空脱气即为成品。

③ 原理分析　配方中，透明石英、沉淀二氧化硅为摩擦剂，起摩擦作用，残留在口腔内的食物特别是附着在牙齿表面的磷酸钙等，可以用摩擦剂清除，所以摩擦剂对牙膏洁齿能力影响很大。摩擦剂粉末的硬度如果太大，会损伤牙周组织，相反，硬度太小，粉末颗粒不

适合，难以将牙垢除去，也不能赋予牙齿表面光泽。所以，选用适宜的摩擦剂，发挥更好的摩擦作用，是直接影响牙膏洁齿性能的重要因素。十二烷基硫酸钠为阴离子表面活性剂，起去污、起泡作用，在牙膏中添加表面活性剂，利用其降低液体表面张力的作用，使牙膏在口腔内迅速分散、扩散，同时渗透到附着在牙齿表面的沉淀物中去，以达到清除的目的。摩擦是清除口腔内沉淀物的物理方法，利用表面活性物质是物理化学的清除方法，利用这两种方法达到口腔清洁的目的，一般选用起泡力较强的表面活性物质作发泡剂，泡沫有较好的携污垢能力，泡沫均匀迅速扩散，不仅能顺利地除去牙齿表面的污垢和口腔内食物残渣，而且渗透到牙缝内和牙刷刷不到的部分，可将牙垢分散、乳化后除去。氯化钠为防腐剂，起抑菌作用，并有一定的增稠效果。甘油为润湿剂，起润肤、溶解固定香精和溶胀黏结剂的作用。羧甲基纤维素钠为黏结剂，起黏结摩擦剂作用，赋予膏体以适当的黏弹性。糖精钠为甜味剂，增加牙膏甜度，改善口感。尿囊素为营养成分，促进皮肤外层组织吸收水分，使皮肤柔软有弹性，防止皮肤干裂。香精起增香作用。蒸馏水将全部组分溶解分散成为膏体。

（2）防龋齿牙膏

① 配方　表 11-6 给出了一个防龋齿牙膏的配方。

表 11-6　防龋齿牙膏配方

组　　分	用　量/%	组　　分	用　量/%
碳酸钙	50	糖精钠	0.02
70%山梨醇	29.28	磷酸二氢钙	0.31
十二烷基硫酸钠	0.3	二氧化硅	0.5
羧甲基纤维素钠	1	薄荷油	0.05
单氟磷酸钠	0.76	蒸馏水	11.78

② 制法　采用干法溶胶制膏工艺。先将山梨醇和水以外的全部组分混合均匀，在捏合机内将混合料加入水和山梨醇一起捏合成膏状体，即为成品。

③ 原理分析　配方中，碳酸钙、磷酸二氢钙、二氧化硅为摩擦剂，起物理清除牙垢的作用。十二烷基硫酸钠为阴离子表面活性剂，起去污、起泡作用。单氟磷酸钠为防龋齿剂，起增强牙齿耐酸性作用。为增强牙齿的耐酸性，早期在牙膏中配用的药效成分为氟化物，如氟化锡（SnF_2）、氟化钠（NaF）、单氟磷酸钠（Na_2PO_3F）等。使用氟化锡与氟化钠时，游离的氟离子会与牙膏膏体中析出的钙离子反应，生成氟化钙而降低预防龋齿的效果，因此需在配方上下功夫。而单氟磷酸钠没有这种不活化的情况，所以，现在一般药效牙膏大多使用单氟磷酸钠。氟化物能增强牙齿耐酸性的机理，主要是构成牙齿珐琅质的羟基磷灰石与氟离子置换，变成耐酸性高的氟代磷灰石，配用于牙膏膏体的氟化物量以氟离子计，规定在1000mg/L（1000ppm）以下，相当于单氟磷酸钠的0.76%。据报告，配用了氟化物的牙膏对龋齿的控制率为15%～30%，其他国家还有配用氟化胺的牙膏专利及临床试验报告。此外，还有报道指出，单氟磷酸钠与石油基磷酸钙合用，能增强预防龋齿的效果。山梨醇为润湿剂，保持牙膏水分，防止硬化，还有固香和溶胀黏结剂的作用。羧甲基纤维素钠为黏结剂，黏结摩擦粉料，并赋予膏体有一定的黏弹性。糖精钠为甜味剂，起增甜和改善口感的作用。薄荷油为香精，起增香作用。蒸馏水将全部组分溶解分散成为膏状体。

（3）透明的凝胶体牙膏

① 配方　表 11-7 为一个透明凝胶体牙膏的配方。

表 11-7　透明的凝胶体牙膏配方

组　分	用　量/%	组　分	用　量/%
二氧化硅干凝胶（Sylodent 750）	14	十二烷基硫酸钠（牙膏级）	1.5
二氧化硅黏结剂（Sylodent 15）	8	聚乙二醇（1450）	5
单氟磷酸钠	0.78	香精	2
70%山梨醇溶液	46.72	苯甲酸钠	0.1
96%甘油	20.9	糖精钠	0.2
羧甲基纤维素	0.3	颜料溶液	0.5

② 制法　采用湿法溶胶制膏工艺制成透明的凝胶体牙膏。

③ 原理分析　配方中二氧化硅干凝胶为摩擦剂，又是凝胶体成分之一；二氧化硅黏结剂也是凝胶体成分，它与羧甲基纤维素合用，起黏结作用；山梨醇、聚乙二醇、甘油为润湿剂，起保湿作用，同时又是透明凝胶成分；单氟磷酸钠为化学药剂，起杀菌、消毒、防龋齿作用；十二烷基硫酸钠为阴离子表面活性剂，起去污、发泡作用；香精起增香作用；苯甲酸钠为防腐剂，起抑菌作用；糖精钠为甜味剂，起增甜效果；颜料溶液起着色作用，增加牙膏色彩。

11.3.2　膏霜类化妆品

膏霜乳液类美容护肤产品是化妆品中产量最大的门类之一，而且是最主要的产品。膏霜乳液类美容护肤产品主要用于皮肤的保护和营养，常见的品种有雪花膏、护肤霜、祛斑霜、防皱霜、营养霜、美白霜、防晒乳等。膏霜类产品属于乳化体，乳化体是由两种完全不相溶液体所组成的、具有稳定性的两相混合体系。表面活性剂对于产品的制造、稳定存放和使用等方面起着关键的作用。

11.3.2.1　膏霜类化妆品的配方组成

膏霜类化妆品的组成基本上可以分为膏体材料、表面活性剂、功能性添加剂和感官性添加剂四大部分。

膏体材料指的是构成膏霜乳液类产品的基质材料，是主要活性成分的载体，它的作用是赋予化妆品产品各种各样的物理形态，并且将其他成分分散开来。

传统的膏霜产品是白色的膏体，其构成产品的基质材料，即膏体材料是长碳链脂肪酸及脂肪酸钠盐、钾盐等，如硬脂酸和硬脂酸钠就是白色膏霜产品的基质材料。

在一些固含量很低的 O/W 软膏产品中，可以使用高碳石油烷烃作为基质材料，如凡士林和软蜡。这些材料在较高的温度下熔化成为油液，用乳化剂乳化分散在水介质里变成乳液，当温度下降以后重新凝固起来，成为软膏体。

广义来说，水也是乳液产品的基质材料，它是被分散的油相液滴的载体。

近年来新材料不断出现，基质材料的形式也不断更新，出现了透明的膏体产品。透明膏体可以使用一种叫作"卡波姆"的高分子材料来制造。先将水溶性原料溶解在水中形成透明溶液，再加入"卡波姆"，用少量碱调节 pH 值，溶液很快就变成透明膏体。

基质材料的定义也在不断发生变化。目前，疗效性的化妆品方兴未艾，并逐步成为主流。如果以产品中具有抗衰老、防晒、美白、去粉刺、去皱纹等功能的原料作为功能性化妆品的主体，则传统的膏霜乳液就转变为一种载体，用于承载疗效性的物质。

表面活性剂是膏霜乳液类化妆品中必不可少的成分，虽然其用量只占总质量的百分之

248

几，但它能将互不相溶的油相和水相均匀、稳定地混合在一起。没有表面活性剂，膏霜乳液类产品根本就制造不出来。表面活性剂在这类产品中主要起乳化、分散和渗透作用。利用表面活性剂把油相成分充分分散成为微小的液滴均匀地分布于水相之中，或反过来把水相成分充分分散成为微小的液滴均匀地分布于油相介质之中，形成乳化体并且保障乳化体长期稳定存在；表面活性剂能够使产品涂抹在皮肤上时，改变液滴与皮肤、毛孔之间的接触角，使产品能够顺利地在皮肤表面铺展开，进一步穿过毛孔渗透入深层的真皮组织中发挥护肤的作用。

11.3.2.2 膏霜类化妆品常用品种、配方组成及制备

（1）雪花膏类制品

雪花膏商品名也称为"霜"或"护肤霜"，是硬脂酸和硬脂酸化合物分散在水中的 O/W 型乳化体。

① 配方组成 构成雪花膏配方的主要原料是硬脂酸、碱类、多元醇、水及其他原料，如：单硬脂酸甘油酯、十六醇、十八醇、香精和抗菌剂等。单硬脂酸甘油酯是一种辅助乳化剂，一般用量为 1%~2%，可使雪花膏不变薄，冰冻后水分不易离析；尼泊金酯为抗菌防腐剂；羊毛脂作为滋润皮肤的保护剂；十六醇或十八醇与单硬脂酸甘油酯混合使用更为理想，经长时间储存雪花膏也不致出现变薄、颗粒变粗等现象，乳化更稳定，同时可避免起面条现象，十六醇或十八醇的用量一般为 1%~3%；加入白油 1%~2% 也具有避免起面条的效果。表 11-8 为典型配方举例。

表 11-8　雪花膏配方

组　分	用　量/%			
	No. 1	No. 2	No. 3	No. 4
硬脂酸	14.0	18.0	15.0	10.0
单硬脂酸甘油酯	1.0		1.0	1.5
羊毛脂		2.0		
十六醇	1.0		1.0	3.0
白油	2.0			
甘油	8.0	2.5		10.0
丙二醇			10.0	
氢氧化钾(100%)	0.5		0.6	0.5
氢氧化钠(100%)			0.05	
三乙醇胺		0.95		
香精、防腐剂	适量	适量	适量	适量
去离子水	73.5		72.35	75

② 雪花膏制造技术 雪花膏的制造过程包括原料加热、乳化、冷却等过程。

a. 原料加热 甘油、硬脂酸和单硬脂酸甘油酯等油脂类原料投入设有蒸汽夹套的不锈钢加热锅内，总油脂类原料的投入体积应占不锈钢加热锅有效容积的 70%~80%。油脂类原料熔化后由于其相对密度小，浮在上面，甘油相对密度高，沉于锅底，硬脂酸等和甘油互不相溶。油脂类原料加热至 90~95℃，维持 30min 灭菌。如果加热温度超过 110℃，油脂色泽会逐渐变黄。

将去离子水和防腐剂尼泊金酯类等水溶性组分在另一不锈钢夹套锅内加热至 90~95℃，

搅拌使溶解，维持 30min 灭菌。将氢氧化钾等碱溶液加入水中，搅拌均匀，立即使稀碱水流入乳化锅内进行乳化操作。水溶液中尼泊金酯类与稀碱水接触，在几分钟内不致被水解。因去离子水在加热和搅拌过程中蒸发，总计损失约 2%~3%，所以往往额外多加 2%~3%水分，以补充水的损失。

b. 乳化　乳化在乳化搅拌锅内进行。乳化搅拌锅有夹套蒸汽加热和温水循环回流系统，500L 乳化搅拌锅的搅拌桨转速约 50r/min 较适宜。预先开启夹套蒸汽使乳化搅拌锅预热保温，以使放入乳化搅拌锅的油脂类原料保持规定范围的温度。将原料加热过程中油脂类原料升温到规定的温度，经过滤器流入乳化搅拌锅。启动搅拌机，使水经过油脂同一过滤器流入乳化搅拌锅，这样将原料加热过程中的碱水放完。

乳化搅拌叶桨与水平线成 45°安装在转轴上，叶桨的长度应尽可能靠近锅壁，以使搅拌均匀和提高热交换效率。搅拌桨转动方向应使乳液的轴流方向往上流动，目的是使下部的乳液随时向上冲散上浮的硬脂酸和硬脂酸钾皂，加强分散上浮油脂的效果。不应使乳液的轴流方向往下流动，否则埋入乳液的搅拌叶桨不能将部分上浮的硬脂酸、硬脂酸钾皂和水混在一起。半透明软性蜡状混合物往下流动分散，此半透明软性蜡状物质浮在液面，待结膏后再混入雪花膏中，必然造成分散不良，有粗颗粒出现。在搅拌雪花膏乳液时，因乳液旋转流动产生离心力，使锅壁的液位略高于转轴中心液位，中心液面下陷。一般应使上部搅拌桨叶大部分埋入乳液中，轴中心的上部搅拌桨叶有部分露出液面，允许中心露出桨叶长度不超过整个桨叶长度的 1/5，在此种搅拌情况下不会产生气泡。待结膏后，整个搅拌桨叶埋入液面，当于 58~60℃加入香精时能很好地将香精搅拌均匀。

c. 冷却　在乳化搅拌过程中，因加水时冲击产生的气泡浮在液面，空气泡在乳化搅拌过程中会逐步消失，待基本消失后，乳液约 70~80℃，才能进行温水循环冷却。此时夹套中通入 60℃温水使乳液逐渐冷却，控制回流水在 1~1.5h 内由 60℃逐渐下降至 40℃，相应可以控制雪花膏停止搅拌的温度在 55~57℃。如果整个搅拌时间为 2h±20min，重要的因素是控制回流温水的温度，尤其是雪花膏结膏后的冷却过程中应维持回流温水的温度低于雪花膏的温度 10~15℃为准。如果温差过大，骤然冷却会使雪花膏变粗，温差过小势必延长搅拌时间，因此在每一阶段温度必须很好地控制。

在乳化过程中，内相硬脂酸分散成细小颗粒，硬脂酸钾皂和单硬脂酸甘油酯存在于硬脂酸颗粒的界面，乳化搅拌后，硬脂酸许多小颗粒聚集在一起，随着不断搅拌，凝聚的小颗粒逐渐解聚分散，搅拌冷却至 61~62℃时结膏、61℃以下时解聚分散速度较快，所以要注意雪花膏在 55~62℃冷却速度应缓慢些，使凝聚的内相小颗粒很好地分散，则制成的雪花膏细度和光泽都好。如果在 55~62℃冷却速度过快，凝聚的内相小颗粒尚未很好地解聚分散就冷却成为稠厚的雪花膏，就不容易将凝聚的内相小颗粒很好地分散，制成的雪花膏细度和光泽都较差，而且可能出现粗颗粒。发现此种情况，可将雪花膏再次加热至 80~90℃重新熔化加以补救，同时搅拌冷却至所需温度，能改善细度和光泽。

如果搅拌时间过长，停止搅拌温度偏低(约 50~52℃)，雪花膏过度剪切，稠度降低，制得的雪花膏细度和光泽都很好，硬脂酸分散颗粒也很均匀，但硬脂酸和硬脂酸钾皂的接触面积增大，容易产生硬脂酸和硬脂酸钾皂结合成酸性皂的片状结晶，因而产生珠光。加入少量十六醇或中性油脂能阻止产生珠光。

乳化搅拌锅停止搅拌后，用无菌压缩空气(0.1~0.2MPa)将锅内制成的雪花膏由锅底压出，让雪花膏静置冷却。一般静置冷却到 30~40℃时装瓶。

（2）冷霜类制品

冷霜又叫香脂或护肤脂，是一种 W/O 型乳化体。

① 配方组成　冷霜配方的主要用料有蜂蜡、白油、水分、硼砂、香精和防腐剂等。蜂蜡的用量为 2%～15%。硼砂的用量根据蜂蜡的酸价而定，因为冷霜的制备原理是用硼砂皂化蜂蜡中的游离脂肪酸，生成的钠皂作为乳化剂制成 W/O 型冷霜。理想的乳化体应是蜂蜡中 50% 的游离脂肪酸被中和。在实际配方中，由于单硬脂酸甘油酯、棕榈酸异丙酯等中有少量的游离酸存在，蜂蜡与硼砂的比例是（10～16）∶1。如果硼砂用量不足，则成皂乳化剂含量低，乳化体粗糙而不细腻容易渗出水，乳化不稳定；如果硼砂用量过多，则有针状硼酸结晶。冷霜中水分含量是一项重要因素，一般水分含量要低于油相含量，目的是使乳化体稳定，油相和水相的比例一般是 2∶1 左右。用植物油制成的乳化体在色泽方面不如用白油洁白，但皮肤易吸收，可以营养皮肤，因而采用杏仁油、茶油等较为有利。白油主要是由正构烷烃和异构烷烃组成，因为正构烷烃会在皮肤上形成障碍性不透气的薄膜，所以应选用异构烷烃含量高的白油为宜。

为了提高产品质量，现在多采用非离子型乳化剂和蜂蜡-硼砂相结合，或单独采用非离子型乳化剂。这样制得的乳化体耐热、耐寒性好，其他物理性能也有改进。

冷霜由于其包装容器不同，配方和操作也有很大区别，大致可分为瓶装冷霜和铁盒装冷霜两种。瓶装冷霜在 35℃ 条件下不发生油水分层现象，乳化体较软，油润性好。由于耐热温度不高，所选用的原料及乳化剂的范围可以更广。表 11-9 为瓶装冷霜典型配方举例。铁盒装冷霜能随身携带，使用方便。其主要要求是质地柔软，受冷不变硬、不渗水，受热 40℃ 不渗油。所以铁盒装冷霜的稠度较瓶装冷霜厚一些，也就是熔点要高一些，选用原料配方、设备和操作方法都有区别。表 11-10 为铁盒装冷霜典型配方举例。

表 11-9　瓶装冷霜典型配方

组　　分	用　　量/%		
	No. 1	No. 2	No. 3
蜂蜡	10.0	10.0	8.0
白凡士林	5.0		10.0
18#白油	48.0	35.0	40.0
鲸蜡		4.0	2.0
杏仁油		8.0	
棕榈酸异丙酯		5.0	
单硬脂酸甘油酯			1.0
失水山梨醇单硬脂酸酯			2.0
水	36.4	37.3	37.0
硼砂	0.6	0.7	
香精、防腐剂、抗氧剂	适量	适量	适量

表 11-10　铁盒装冷霜典型配方

组　　分	用　　量/%	组　　分	用　　量/%
三压硬脂酸	1.2	单硬脂酸丙二醇酯	1.5
蜂蜡	1.2	氢氧化钙	0.1
天然地蜡	7.0	去离子水	41.0
18#白油	47.0	香精	适量
双硬脂酸铝	1.0	防腐剂、抗氧剂	适量

② 制造技术　W/O 型冷霜包装容器不同，配方不同，操作也有很大区别。

a. 瓶装冷霜　将油、脂、蜡类等油相原料加热到略高于蜡的熔点（约 75℃），使熔化成透明液体。另将硼砂等水溶性组分溶解在水中，并加热到与油相温度相似。将水溶液缓慢均匀地加入油相中，搅拌速度不要求剧烈，在 500L 乳化搅拌锅中采用刮板搅拌机的转速控制在 50~60r/min。这样制成的冷霜倾向于 W/O 型，乳化稳定而富有光泽，若用较高的乳化温度或过分剧烈搅拌都有可能制成 O/W 型乳化体。夹套冷水回流冷却，冷霜降温冷却到 45℃时加入香精。继续冷却，停止搅拌的温度约 25~28℃；静置过夜，次日再经过三辊机研磨，真空脱气后装瓶。

b. 铁盒装冷霜　将粉末状双硬脂酸铝投入未加热的白油中，用搅拌机搅拌均匀，然后用夹套锅水蒸气加热到 110℃，待双硬脂酸铝完全溶解后，再加入其他油脂原料，油相经过滤器后流入搅拌锅内，维持油温在 80~90℃。把氢氧化钙加入 80℃ 热水中搅拌均匀，将此水溶液缓慢均匀地加入油相中，同时启动框式搅拌桨搅拌，部分未溶解的氢氧化钙因水中钙离子与脂肪酸中和成皂而逐渐溶解。在搅拌状态下约需 10min 氢氧化钙与脂肪酸才能完全中和成皂，所以开始搅拌 15min 后才能进行夹套冷水回流冷却。温度降至 40℃ 时加入香精。继续冷却，停止搅拌的温度约为 25~28℃；静置过夜，次日再经过三辊机研磨，真空脱气后装盒即可。

11.3.3　皮鞋油

皮鞋油大致可以分为溶剂型皮鞋油、乳剂型皮鞋油和自亮型液体皮鞋油。国内消费者欢迎、产销量最大的是乳剂型半固体皮鞋油。

11.3.3.1　配方组成

（1）皮鞋油用蜡

皮鞋油用蜡分为低熔点软蜡和高熔点硬蜡。石蜡、蜂蜡和低熔点地蜡属低熔点软蜡，它们吸收性能和光亮度均较差，不能用作皮鞋油的主要蜡组分。川蜡、巴西棕榈蜡等属高熔点硬蜡，光亮作用强，并对鞋油膏体结构起决定作用，是皮鞋油的主要蜡组分。

① 皮鞋油用蜡的品种　皮鞋油用蜡常用的品种有川蜡、褐煤蜡、巴西棕榈蜡、甘蔗蜡、提纯地蜡、合成蜡。目前，我国能大量生产的有川蜡和褐煤蜡。

a. 川蜡　亦称虫蜡，是寄生在女贞树、白蜡树枝上的白蜡虫分泌的蜡质。这种分泌物经热溶化撇出蜡，再熔化、过滤、精制，必要时进行漂白即得川蜡。

川蜡的熔点为 65~80℃，颜色为白到淡黄，呈纤维状晶体。其特点是强度高，熔点高，流动性好，光泽性好；不足是脆性大，收缩率高。川蜡溶于苯、甲苯、二甲苯和三氯乙烷，微溶于醇类和醚类。

b. 褐煤蜡　亦称蒙坦蜡，是以溶剂萃取法从褐煤中提取出来的，褐煤蜡的熔点为 80~86℃，其中树脂沥青含量较高，只能用于制造黑色、棕色等深色皮鞋油。

c. 巴西棕榈蜡　也叫卡那巴蜡，是由巴西棕榈树叶子分泌出来的无定形蜡，为黄色至棕色的固体，可以漂白，质硬而脆，有光泽，相对密度（15℃）为 0.990~0.999，熔点为 83~91℃，酸值为 2~10mg KOH/g，碘值为 7~14g I_2/100g，皂化值为 78~88mg KOH/g，闪点为 298.9℃。巴西棕榈蜡的主要成分是棕榈酸蜂酯和蜡酸，它溶于热乙醇、热氯仿和四氯化碳，不溶于水。由于巴西棕榈蜡的硬度大、熔点高，加于其他蜡中可提高混合蜡的熔点、硬度、坚韧性、光泽，可降低黏度和塑性。

d. 甘蔗蜡　又称蔗蜡，是附着于甘蔗茎表皮的蜡质，为蔗糖工业中的副产品。一般由甘蔗汁煮沸的液面层和榨渣中用有机溶剂萃取而得。甘蔗蜡为棕绿色固体，可以漂白，质硬而脆；精制品的相对密度为 0.977，熔点为 76~79℃；主要成分为棕榈酸豆甾酯和软脂酸蜂酯；溶于乙醇和苯等，不溶于水；可用作乳化型皮鞋油的主要硬性蜡组分。

e. 提纯地蜡　也称微晶蜡，是从石油减压蒸馏残渣中提取出来的，其碳链较长，一般为 $C_{40~66}$；平均相对分子质量较大，一般为 580~900 的烃蜡，呈无定形或微晶体结构。提纯地蜡具有良好的韧性和亲油性。在皮鞋油的配方中适当添加一些，可以使皮鞋油膏体细软，不容易渗析变质。但配方中用量多时，使蜡膜有黏性，揩擦不滑爽。高熔点微晶蜡色泽白至微黄，熔点高，有很好的揩擦光洁度，可用作皮鞋油的硬性光亮蜡组分。

f. 合成蜡　是用高级脂肪酸与高级醇进行酯化制成的高熔点、白色至浅色的固状物。熔点接近 80℃ 的合成蜡可用作川蜡的代用品，用于制造皮鞋油。

② 对皮鞋油用蜡的质量要求　蜡是皮鞋油的主要组分，是护革、防护作用的关键性原料。对皮鞋油用蜡的要求如下：

a. 对揩擦光亮度和硬度的要求。蜡的硬度和揩擦光亮度对于溶剂型和乳化型皮鞋油都很重要，直接影响到皮鞋油能否擦得亮，蜡膜是否滑爽耐磨，光泽是否持久等。因此，皮鞋油用蜡的各项质量指标必须符合有关的标准。

b. 对溶剂吸收性能或吸油量的要求。蜡的吸油量一般随着蜡熔点升高而增大。如果配方中没有一定量的吸油性能好的硬性蜡组分，皮鞋油是不可能凝结成为有一定硬度的膏体，不能经受 40℃ 的耐热试验而渗油。

c. 对溶剂的结合力或亲油性的要求。在溶剂型鞋油的配方中，应有适当比例的吸油性能好的蜡，使皮鞋油凝结成一定硬度的膏体；还要求有适当比例的亲油性好的蜡，以避免膏体结构粗糙和渗油，俗称"冒汗"。

d. 对溶剂保持性或保油性的要求。蜡对溶剂的保持性可分为三类：加速溶剂的自由挥发速率；维持单纯溶剂原来的自由挥发速率；减缓溶剂的自由挥发速率。最后一类说明蜡对溶剂有较好的保持性。

溶剂的自由挥发速率不仅与露置空间的温度变化有关，而且也与空气相对湿度的变化有关。所以，确定用蜡时必须考虑这些因素。

（2）皮鞋油用溶剂和染料

① 皮鞋油用溶剂　皮鞋油所用的溶剂除水以外都是挥发性的有机溶剂，溶剂在皮鞋油中的作用，是溶化各种蜡质原料和油溶性的染料，制成适合均匀涂布的膏体。对皮鞋油用溶剂的要求是，它对蜡和油溶性染料具有较好的溶解性能，而其本身的挥发速率要适中，不应有令人讨厌的异臭。

在选择溶剂时，溶剂与蜡的结合能力对膏体的质量十分重要。当加热将蜡溶于溶剂中时，可得到透明溶液，冷却后即成膏体。但蜡在膏体中的凝结状态可呈结晶态或胶体分散状态。若蜡与溶剂的结合能力较差，蜡就会以晶体的形态存在，蜡的颗粒较大，膏体结构粗糙，有明显的蜡油分离现象，膏体表面有油珠冒出。若蜡与溶剂的结合能力较好，蜡则以胶体的形态存在，蜡的颗粒较小，膏体结构细腻，无油蜡分离现象，可得到好的鞋膏。溶剂的挥发速度，除受溶剂本身的挥发速度影响外，还受蜡的品种的影响。若溶剂挥发太快，鞋油在贮存使用期间易干硬收缩。

皮鞋油常用的溶剂有松节油和 200 号溶剂汽油。它们可以单独使用，也可以混合使用。

当用松节油作为主要溶剂时，松节油对各种蜡料和油溶性染料都有很好的溶解能力，但长久贮存时松节油氧化聚合，发生变色变质，使浅色皮鞋油泛黄、发黏，揩擦光亮度差，故只适宜用于制造深色鞋油。200号溶剂汽油则具有长期贮存也不易氧化变质的优点，故生产无色或浅色皮鞋油时常以200号溶剂汽油为主要溶剂。

当将乳化剂引入皮鞋油光亮剂生产中时，鞋油从溶剂型转向乳化型。其外观虽然也是膏状，但其有机溶剂含量减少。

② 皮鞋油用染料 皮鞋油所用的染料主要是油溶性染料和脂溶性染料。油溶性染料有油溶黄、油溶红、油溶蓝、油溶黑等，它们都能直接溶解于松节油、溶剂汽油和蜡中。脂溶性染料如油溶苯胺黑，则需先熔化在一定比例的脂肪酸(如硬脂酸或油酸中)，然后才能溶解于松节油、溶剂汽油和蜡中。对染料的质量要求，主要是色光、强度和溶解度三个方面：

a. 染料的色光和强度 皮鞋油中所用染料最主要的是油溶苯胺黑，它分带红光和带青光两种，带青光的比较好。

b. 染料的溶解度 染料的溶解度通常是指在室温下的溶剂中所能溶解染料的质量(g)。染料的溶解度随着染料品种、溶剂和温度等的不同而异。皮鞋油中所用油溶性染料，除色泽应符合产品要求外，并要求在溶剂汽油或松节油中的溶解度最好要大些。溶解度过低的染料，如在皮鞋油中的用量稍多一些，经一段时间后就会在膏体表面或膏体中间离析出来，使产品报废。

11.3.3.2 制备方法及举例

(1) 溶剂型硬膏体鞋油

溶剂型硬膏体鞋油为硬膏，具有光亮度好、防水性强的特点。使用时，先擦去皮鞋上的尘污，用毛刷蘸取少量鞋油均匀地涂布在皮鞋面上，待鞋油中的溶剂挥发后，以毛刷、软布或泡沫塑料揩擦打亮。表11-11为一个溶剂型硬膏体鞋油的配方。

表11-11 溶剂型硬膏体鞋油配方

组　分	用　量/%	组　分	用　量/%
卡那巴蜡	4.6	硬脂酸	1.7
蒙坦蜡	4.6	油溶苯胺黑	0.9
地蜡	12.6	松节油	75.6

该配方为黑色鞋油，制法如下：将卡那巴蜡和蒙坦蜡放入容器内，用开水浴加热熔化，然后加入已溶解的硬脂酸和染料，搅拌均匀后再边搅拌边加入地蜡；停止加热继续慢慢溶化，搅拌一段时间后加入松节油；将混合物冷却至40℃后罐入镀锡铁盒中密封，静置12h即得。

(2) 乳化型鞋油

乳化型鞋油为乳化软膏，可分为油包水型和水包油型两类，常用的为油包水鞋油。这种鞋油使用方便，不易干缩，光亮度也较高。使用时，用毛刷将鞋油涂在皮鞋面上，待溶剂挥发后，用毛刷或软布揩擦，即可使皮鞋清洁、光亮。表11-12、表11-13给出了乳化型鞋油的两个配方。

制法：将蜡置于反应罐内加热熔化，将染料和有机溶剂置于另一反应罐内加热溶解；将水和乳化剂置于第三反应罐内加热溶解；将各溶液混合，搅拌均匀，冷却即可。

表 11-12 乳化型鞋油配方 1

组 分	用量/%	组 分	用量/%
卡那巴蜡	6.5	染料	5.0
石蜡	4.5	有机溶剂	36.0
蜂蜡	5.0	精制水	30.0
乳化剂	13.0		

表 11-13 乳化型鞋油配方 2

组 分	用量/%	组 分	用量/%
川蜡、白蜂蜡、白石蜡	15.0	松节油	28.0~30.0
硬脂酸、硬脂醇	9.0	水	45.0~47.0
阴离子和非离子复配型表面活性剂(乳化剂)	1.8	防腐剂、香精	适量

制法：将油、蜡组分混合，加热到90℃；将表面活性剂加入水中，加热至90℃；然后分别将两者经过滤泵泵入带有搅拌器的反应釜中，进行搅拌混合，待反应釜冷却至53℃时加香精和防腐剂，至47℃时出料，凝成膏状，再经研磨，罐装即为成品。

该产品为白色膏状体，结构细腻，适用于彩色皮鞋打油，还可用于其他皮革制品、家具、自行车、摩托车等漆面上光。

皮鞋保养用品除上述介绍的溶剂型硬膏体鞋油和乳化型鞋油(膏状制品)，还有液体鞋油、皮鞋上光剂和皮革修饰剂。液体鞋油是乳化型自亮鞋油，用于光亮和保护皮鞋之用；皮鞋上光剂涂擦于皮鞋表面上即形成光亮膜，使皮鞋光亮，并起保护作用；皮革修饰剂中的皮革修饰渗透剂，能改善皮革修饰层的物理化学性质，既可用于皮鞋，也可用于其他皮制品的修饰。

11.3.4　润滑脂

润滑脂是由一种或多种稠化剂、一种或多种润滑液体组成的具有塑性的半固体润滑剂，实际上是在液体里添加了一些起稠化作用和特殊性能的物质的混合体，把液体稠化而成半固体的塑性体。润滑脂主要用于防止和降低金属部件的腐蚀和磨损，封存或密封零部件等。

润滑脂按不同分类方法有不同种类：按基础油不同，可以分为石油基润滑脂和合成油润滑脂；按润滑脂滴点高低不同，可以分为高温润滑脂和低温润滑脂；按稠化剂不同，可以分为皂基脂和非皂基脂，其中皂基脂又可以分为钙、钠、铝、钡、锂等的单皂基脂，钙-钠混合基脂，复合钙、复合锂等的复合皂基脂。我国应用较多的是钙基润滑脂，人们习惯地称之为"黄油"。

11.3.4.1　钙基润滑脂的配方组成

钙基润滑脂是由天然脂肪或合成脂肪酸与氢氧化钙反应生成的钙皂，皂体除作为乳化型半膏体制剂的乳化剂外，其本身也可以作为半膏体基质，即钙皂作为基质稠化中等黏度的石油润滑油，稠化过程就是润滑油与钙皂的混合过程。钙基润滑脂的主要原料是动植物油脂、氢氧化钙和润滑油。动植物油脂多采用牛油、羊油和猪油等。动植物油脂主要是与氢氧化钙发生皂化反应形成皂基质，一般单独用植物油制造钙基脂时皂化速度快，但比用动物脂肪制成的润滑脂滴点略低、稠化能力小、皂用量大、产品易氧化，而单独用动物脂肪可以制成优质钙基润滑脂。氢氧化钙常用石灰，石灰纯度对钙基脂很重要，一般要求是：氧化钙含量

≥85%，碳酸钙含量≤3%，二氧化硅含量≤0.5%，盐酸不溶物含量≤0.1%，还要控制氧化镁含量，并要求过200目筛。这是因为碳酸钙不能和脂肪反应，并且可能在成品中形成阻塞性杂质；氧化镁会形成镁皂，引起钙基脂滴点下降；二氧化硅是钙皂中最不希望的组分，它会成为润滑脂中的磨损性杂质，并且会使润滑脂的盐酸不溶物不合格。钙基润滑脂所用的润滑油是中黏度 N_{46} 左右的机械油。润滑油黏度大小对成脂难易有影响，黏度过大，皂纤维在油中分散难，皂晶体生长速度慢，皂油体系结构不良，成品润滑脂稠度偏低，且易分油。从化学组成来看，环烷基润滑油是制备润滑脂的理想原料，但不易得到。

润滑油与皂基质混合形成润滑脂的主体，为改进或增加润滑脂的性质，还需加入适当的添加剂，常用的有：抗氧剂、抗腐蚀剂、防锈剂、极压添加剂或油膜强度增强剂、防水剂、金属钝化剂、抗磨剂、染色剂、拉丝剂等。表 11-14 为钙基润滑脂常用的一个配方。

表 11-14　钙基润滑脂常用配方

组分	用量/%							
	No. 1	No. 2	No. 3	No. 4	No. 5	No. 6	No. 7	No. 8
猪油	15.4		16.0			1.3	8.0	1.5
牛羊油		15.0			5.0	11.8	8.0	12.0
糠油				12.8	1.0	2.0		
豆油								2.0
硬脂酸	1.7			3.2				
松香						0.2		
石灰粉	1.7	1.7	1.7	1.7	1.7	1.7	1.7	1.7
N_{46} 机械油	81.2	83.0~85.0	83.4	84.0	84.0	82.4		
N_{68} 机械油							42.0	
N_{68} 合成油							42.0	
N_{32} 机械油								82.5

11.3.4.2　钙基润滑脂的制备

钙基润滑脂（黄油）加工工艺简单，生产工艺成熟，一直是我国润滑脂的主要产品，其生产工艺大致由如下步骤组成。

（1）混合、皂化

将动植物脂肪、浓度为18%的石灰乳和所用润滑油总量的1/3全部加到原料配料槽内，搅拌混合均匀，温度保持在60℃左右；将此混合物料以 1960kPa 的压力泵入管式炉中，在此进行皂化反应，炉温为 260~270℃（管式炉的热载体为熔融硝酸∶亚硝酸钠=2∶1），物料停留 1~2min，通过热交换进行皂化反应。

皂化时加入适量润滑油，可以提高皂化速度，也使得制备的皂基在润滑油中容易分散，与润滑油能很好地混合均匀。但润滑油的加入量一般是总量的1/3，过多或太少都会影响皂化反应速度。皂化速度随温度升高而加快，开口釜温度为110℃，反应需4h才完成；管式炉皂化在 260~270℃进行，一般油料常压下 45min 即可完成；加压可以使体系内物料在气液混合时反应，使反应瞬间完成，一般物料在 1~2min 即可反应完全。

（2）闪蒸

闪蒸在闪蒸釜内进行。皂化后的物料经管式炉出口进入闪蒸釜，在 210~220℃下进行闪蒸，釜内脱除的水分和甘油以蒸气形式进入回收装置。闪蒸釜内物料温度很高，要及时打入润滑油进行降温。

（3）水化

温度降至125℃时，将游离碱调整到规定范围内，加水进行水化反应，水化反应温度控制在110~125℃，加水量一般是物料量的2%~2.5%，加水要缓慢，在30r/min的搅拌速度下进行。

水化是钙基脂生产过程独有的工序。水是溶解碱类形成乳化的必要媒介，水的加入量直接影响润滑脂最终产品的质量。若加入水量过少，与钙皂分子不能充分形成水化物，则皂在润滑油中不能形成稳定体系，无水根本制不成脂。若水量过多，则过量的水以游离水形式存在，所得钙基脂偏软，滴点偏低，外观失去半透明和光泽，也影响其他性质。一般成品脂含水量在1%~3.5%，最好在2%以下。水的需要量与原料有关，高熔点脂肪需要较多的水，不饱和脂肪需要较少的水，游离脂肪酸的存在对水的需要量有一定影响。

（4）稠化成脂

水化后将物料转到成脂釜，温度降至95~105℃，加入余量润滑油进行稠化，并打循环使物料混合均匀，如果温度太低，可用蒸汽通入夹套保温。待成脂釜内产品分析合格后，通过螺旋推进器用泵压出。螺旋推进器浸泡在水里，使物料进一步冷却至70~80℃，经包装计量即为成品。

钙基润滑脂为淡黄色至暗褐色均匀油膏，其滴点在75~100℃，使用温度不超过60℃。具有良好的抗水性，遇水不易乳化变质。具有较短的纤维结构、良好的剪切安定性和能变安定性，因此具有较好的润滑性能和防护性能。

11.3.5 半固体燃料

汽油、酒精等液体燃料中加入少量凝固剂后可以制成半固体燃料，用于宴会火锅、野炊等场合和军事用途。它是以高级脂肪酸钠皂体作为基质，将有效组分液体燃料混合、固定于其中，形成的半固体制剂。

11.3.5.1 配方组成

半固体燃料主要由液体燃料和皂体固化剂两大部分组成。

液体燃料可以是低级醇或烷烃，也可以两者混合使用，两者混合后醇可以减少烷烃燃烧状态不佳的现象（主要是黑烟），烷烃可以提高醇的燃烧温度和燃烧值。最常用的低级醇是酒精或回收酒精；烷烃混合物一般是70号汽油；混有香蕉水的酒精可以制得性能良好的半固体燃料。

皂体固化剂常用硬脂酸钠，一般是用硬脂酸与氢氧化钠反应产生的新生皂。

11.3.5.2 制备方法及举例

总的制备方法是，在加热条件下，皂化反应与液体燃料混合同时进行，再冷却凝固而成。配方不同，制备操作略有区别。

（1）半固体酒精的制备

配方：硬脂酸8g，氢氧化钠1.2g，酒精160g。

制法：将160g酒精分成两份，其中一份加入1.2g固体氢氧化钠，另一份加入8g硬脂酸。将二者同时在两个水浴上加热到65℃，使氢氧化钠和硬脂酸分别溶解。在搅拌下将含氢氧化钠的酒精溶液慢慢加入含硬脂酸的酒精溶液中，温度控制在65℃，搅拌反应15min，停止加热，冷至凝固，其熔点为61℃。

（2）半固体汽油的制备

配方：硬脂酸 10g，氢氧化钠 3g，70 号汽油 100mL。

制法：将硬脂酸加入溶剂汽油中，水浴加热至溶解。将氢氧化钠配制成 50% 的水溶液，于 60℃ 水浴中不断搅拌条件下将氢氧化钠水溶液加入汽油溶液中，并在 60℃ 下搅拌反应 10min，冷凝即成。

（3）半固体混合燃料的制备

配方：硬脂酸 5g，氢氧化钠 1.7g，70 号汽油 50mL，酒精 50mL。

制法：按配方量取硬脂酸、氢氧化钠、70 号汽油、酒精置于搅拌回流装置中，温度控制在 50℃ 左右，搅拌反应 15min 至反应液呈微黄色澄清溶液，冷却即得白色半固体燃料。该产品凝固点稍低，为 37℃；燃烧时在燃烧盒口加一铜丝网（金属网）可减少黑烟产生且延长燃烧时间。

思 考 题

1. 简述膏剂的含义、配方基本组成及其特点。
2. 简述膏剂的性能要求。
3. 膏剂常用制备方法有哪些？简述制备膏剂的基本要求和制备方法的选择。
4. 膏体中混入气泡对产品质量有何影响？其改善措施有哪些？
5. 膏剂的常用基质有哪三大类？橄榄油基质有哪些特点？
6. 简述皮鞋油的主要类型和配方基本组成。
7. 简述皮鞋油用蜡的分类、主要类型及特点。
8. 简述牙膏的基本组成及各组分的作用。
9. 比较石蜡与地蜡的化学组成、物性特点与应用。

下 篇

产品开发与配方设计

第 12 章　复配型精细化学品开发过程

综前所述，适用于某一特定对象并满足应用对象对其性能提出的特殊要求的精细化学品，即复配型精细化学品，多数是通过一定的配方、制成一定的剂型后方可实现。因而市场上的那些适用于不同对象、牌号及品种众多的精细化学品，或称专用化学品，都是由一种或几种主要成分，辅以若干辅助成分，以一定的比例制成特定剂型后冠以商品的混合物。可以说，复配型精细化学品(专用化学品)的研究，主要包括两方面：精细化学品的应用配方研究和应用技术研究。也可以说，配方与其应用技术的研究是复配型精细化学品满足消费者要求，走向实际应用的必由之路。

大量实践表明，复配技术(配方研究、剂型配制技术研究)的创造力是令人惊叹的。常可见到，同一主成分物质，当其与不同的物质复配时，便可诞生一系列可适用于不同对象的、功能各异的系列产品。例如，以农用杀菌剂二硫氰基甲烷为例，当其与不同的物质复配时，即产生了适用于松木、橡胶木、纤维板、竹纤维板、竹制品、涂料、青壳纸、橡胶跑道等的工业防霉剂，适用于冷却水、造纸用水等的水处理剂，以及防治农作物剑麻斑马纹病、胡椒瘟病等的农用杀菌剂等不同系列的众多品牌的产品。像二硫氰基甲烷那样，围绕一个主成分，开发系列专用化学品、实现一物多用并创造良好的社会效益及经济效益的例子，在配方产品中是不胜枚举的。可以毫不夸张地说，配方出效能，配方左右产品性能。

精细化学品复配技术的研究内容包括两大部分：其一是精细化学品的配方研究，包括(旧)配方的解析技术研究，新配方确定的方法和途径研究。在确定新配方的同时，应将剂型加工的问题统筹考虑。其二为复配型精细化学品的制剂成型技术研究，包括剂型确定依据和宗旨、各类剂型加工技术的研究等。其中，配方研究及剂型加工技术研究有着一套与化学合成不同的方法。如何掌握复配技术，提高开发复配型精细化学品新品种的创新能力，是当前我国精细化工发展面临的一个重大问题，是发展精细化工的关键。本章将在前人研究基础上，对复配型精细化学品开发过程中涉及的基本原则、思路、方法等，进行梳理、归纳和总结，并以作者的部分研究实例加以阐述。

12.1　复配型精细化学品开发的前期调研

有许多人以为，复配型产品只不过是几种物质的简单混合，只要清楚配方，买到原料，谁都可以配制出来。于是就有一些不懂化工或对化工知之甚少的人，找到某一配方资料之后，就想"照方抓药"、制造产品、发财致富。结果，除个别侥幸者外，绝大多数均以劳民伤财而收场。究其原因，是因为这些人忽视了复配型产品所具有的技术高度保密性。试想，如果真的一配就成，那岂不是一日就可造出许多新产品来？通常公开的配方，大部分都是隐瞒了某些技术诀窍的。这些诀窍，也许出现在配制过程中，也许出现在原材料的质量规格上，也许包含在没有显示的组分里，或许出现在应用条件中。因此，复配型产品的配制，很少是照方抓药就能制成的，其产品开发过程一般均带有研究性质。一个优秀的复配型产品制造者，既要有本行业坚实的基础知识、丰富的实践经验，还应对产品的应用领域十分了解。只有这样，才能具有分析问题的能力、敏锐地发现问题的直觉、懂得利用一切技术手段（例如配方剖析等）去揭开复配型产品中的秘密，从而真正理解配方资料给出的信息、买到合乎需要的原料，即使在买不到资料上指定的原料或嫌指定原料太贵时，但懂得以何种物质替代，并可在制造工艺出现问题时能找到解决的办法，在产品性能的某些方面不符合使用要求时，能对配方作出合适的调整。据统计，一项现代新发现或新技术，其内容的90%可从已有的资料中获得。因此，在动手配制复配型产品之前，首先应进行学习及调查，充分查阅相关资料，从各个方面、多种途径获取信息，提高自己的专业素养，这才是通向目的地的捷径。

12.1.1　调研的主要内容

无论是配方产品，还是非配方产品，其新产品开发的最终目的，都是要走向市场、实现商品化，创造社会效益与经济效益。因此，必须了解市场需求，了解消费者对产品性能的要求，了解竞争对手的同类产品的技术及经济现状，了解有关的可利用的以往技术及新技术、新设备、新工艺，这样才能使产品开发时少走弯路，缩短开发周期，并保证产品在未来竞争中处于优势。调查研究是达到上述目的的唯一途径。

调研的主要内容包括技术调研及市场调研两个方面。

（1）技术调研

相关技术内容的调研通常可通过对文献、资料的查阅而获得信息。其内容范围包括：

① 复配型产品目标性能的主要成分；

② 功能类似的产品的现有品种；

③ 复配型产品配方的基本构成、配制的工艺技术、设备与流程；

④ 产品的技术水平现状与发展趋势；

⑤ 产品质量的检测方法及所需手段；

⑥ 有关产品性能、产品开发与应用技术方面的有待解决的难题；

⑦ 有关原材料性能、价格、货源与质量、原料代用品的情况；

⑧ 与产品有关的政策、法规、标准等。

通过详细的技术调研，可以正确定位待开发产品应达到的性能及技术水平，可以尽可能多地吸取前人相关产品开发的经验，可以熟悉新技术、新观点、新工艺的状况，进而为新产品的开发制定合理的技术路线、原料路线，为产品检测方法的拟定及产品应用范围的界定等各环节积累相关资料、信息；从而避免开发工作在低水平上的重复劳动，提高产品的开发速度。此外，通过充分的技术调研也能使产品开发者根据获得的信息，分析开发工作的难度，确定主攻点及作出有无能力开发的判断。

（2）市场调研

市场调研的主要内容包括：

① 市场（用户）对产品性能的要求；

② 市场现用产品的牌号、来源、性能、价格；

③ 用户（消费者）对现用产品的评价及有无进一步改进的要求；

④ 市售（含进口）或试制中的同类产品的品种、性能特点、价格，各品种的销售走势、竞争现状；

⑤ 相关行业的现状(生产企业数、相关产品产量、效益等)、发展趋向、对产品的总需求;

⑥ 与产品有关的原料及设备的生产现状,以及其产量、质量及价格走向等。

通过市场调研所获得的信息,可以帮助从经济角度上分析新产品开发的可行性,为新产品开发提出关于成本、价格等经济目标,并对产品可达到的生产规模、产品销售方向、营销策略等提供决策依据。

12.1.2 调研的基本方法

按调查对象及信息渠道的不同,调研可分为文献调研和市场调研。两种调研方式均可获得与产品有关的技术信息和市场信息,因而其任务是一致的,但其调研方法却各不相同。文献调研的基本方法同科技文献的检索方式,这里不再赘述,在此只介绍市场调研的基本方法。

市场调研通常是通过走访用户、生产与经营单位,参加产销会,或收集情报资料中透露的商业信息、国家的指导性政策等,从而掌握与产品有关的商业经济情报。如用户现用的产品牌号、来源,用户对产品性能的评价、提出的新要求,现用产品的用法、需求量,现用产品的销售走势,同类产品在市场上的竞争情况,相关行业的现状及发展趋势,等等。

调查用户时,调查对象应为典型性企业或有代表性的个人消费群体;调查方式可采用面调、函调,亦可委托有调查能力的单位或个人作专题调查;调查重点应以省内、国内为主,同时兼顾国外有关产品的情况,包括新开发并已在国外市场出售的新产品、试制中的新产品、在中国市场试销的产品的情况等,因为这些产品或迟或早都可能进入我国市场,并影响我们欲开发产品的前途,再加上发达国家在精细化工技术水平比我们先进。亦可通过走访外贸部门、商检部门,通过收集商业广告,通过考察国内外市场,通过收集产品样本、说明书、商品标签等渠道而获得相关信息。值得指出的是,在文献调研时即应注意收集此方面的信息。

12.1.3 综合分析与决策

对调查所获得的资料做综合整理、分析之后,即可对有关产品能否开发、产品开发的目标、技术路线等作出决策。在作综合分析时,应对以下几点给予足够的重视。

(1)国家有关政策和法规

产品开发必须符合国家的发展政策。例如国家对有污染的产品采取了严格限制的政策,因此凡涉及可能污染环境的有毒原料、溶剂等产品,如涂料、油墨、农药、杀菌剂、气雾剂产品、金属清洗剂等,必须走低毒或无毒、无污染路线,否则终将被淘汰。

(2)同类产品在发达国家的走势

随着现代化的进程,人民对生活质量及环境保护要求的提高,产品亦随之更新换代,因而同类产品在发达国家的发展走势常可作为借鉴。以洗衣粉为例,以磷酸盐作为助洗剂的含磷洗衣粉,在发达国家长时间使用后,引起水域过肥,因而在发达国家已受到限制。以此为借鉴,在开发洗衣粉产品时就应着力于低磷或无磷的配方产品。

(3)用户心态

产品能否占领市场,性能及合理的价格固然重要,但用户心态亦是产品能否被接受的重要条件。在民用精细化工产品市场尤其如此。以家用餐具消毒剂为例,用此产品浸泡餐具可起消毒作用，实不失为一种简便的消毒方法。但当消毒碗柜问世后，多数居民接受后者而拒绝前者，这是因为高温可消毒的观点日久年深、深入人心，另外对化学物质的毒性，居民普遍有一种戒备心理。又如在化妆品市场，具有漂亮包装、新颖造型、优雅香气的名牌化妆品，其价格与价值相差甚远，但顾客信赖高档产品，故呈热销走势。因此，在决定开发项目、开发目标和营销策略时，用户心理状态是不能忽视的。

（4）风险和效益的预测

市场需求量，通常是以应用产品的行业的产量与吨产品对开发产品的需求量的乘积，并辅以企业的市场占有率进行估算的，再以此估算出企业的效益。但市场往往是变幻无常的。可靠的预测必须建立在对风险及产生风险的可能性有足够估计的基础上。只有对风险有足够认识的预测，才是科学的。

12.2 复配型精细化学品研究和开发的基本过程

复配型精细化学品的研究和开发，是研究工作者以某一具体应用对象提出的性能要求作为研究开发目标，从熟悉的基本理论、掌握的技术信息资料及具备的以往经验出发，进行配方设计、实验探索，直至最后确定复配型产品的最佳配方组成、配制技术、应用技术、产品鉴定和推广的全过程。

12.2.1 复配型精细化学品的配方设计

12.2.1.1 配方设计的主要依据

复配型精细化学品品种繁多，性能千差万别，其配方原理、结构、组成更是各不相同。但作为一类专用性很强的化工商品来说，其配方设计的指导思想，或配方设计的主要依据却是相同的。概括起来，配方设计的主要依据，主要包括以下几个方面。

（1）复配型产品的性能

复配型精细化学品（又称专用化学品）是为特定目的及各种专门用途而开发的化工产品。因此，进行配方组成设计时，必须以特定应用对象和特定目的所要求的特定功能为目标。

一个复配型产品的功能，一般都包含基本功能与特定功能两个方面。前者是由使用对象的性质及作为商品必须具备的基本使用性能、产品外观、气味、货架寿命等构成；后者则往往是在具备基本功能的基础上，附加的特异新功能。以餐具洗涤剂为例，当确定洗涤方式为手洗，污垢主要为动植物油污，被清洗物为餐具、灶具、果蔬等作为应用目标时，其基本功能的要求是：保证产品对人体安全无害，能较好地清除动植物油垢，不损伤餐具、灶具，不影响果蔬风味，产品贮存稳定性好。而其特定功能则是在基本功能基础上，进一步赋予产品某一特定功能而言，如护肤润手功能、杀菌消毒功能、消除餐具洗涤剂在餐具上形成的斑纹功能、保护餐具釉面功能等，或同时兼备多种特定功能。这些都是在具备基本功能以外，为特定要求而开发的新功能。所开发的特定功能则是复配型产品配方设计的主要目标，但绝不能忘记产品的基本功能。这是产品性能设计时的基本原则。

产品的基本功能，通常已体现在以往产品中，其理化性能已具体化为物理化学指标，并已通过各类标准对其指标及检测方法进行了规范化管理。因此，进行产品性能设计时，除全新的产品配方组成设计外，其理化指标均应以已有同类产品的有关标准作为参考，并在此基础上创新、发展。

（2）经济性

在保证产品性能前提下，应以获得最大效益为指导原则。经济性指导思想，必须贯穿于配方组成设计的整个过程。从配方组成所用的原料来源、质量、价格，到寻找增效搭配辅料和填料、简化配制工艺与应用方法、合理包装等，均应围绕着降低成本、获得最大效能、最大效益这一经济原则。

经济实用，常是在竞争中取胜的砝码，对于以工业用途为对象的产品更是如此。以水质稳定剂为例，由于工业冷却水系统的水循环量极大（每小时以万吨计），因此每一个工厂的此类药剂费用每年动辄十几万至几百万，是一个工厂的一笔不小开支，所以水质稳定剂的配方设计，都十分注意选择高效、价廉、投药量少的药剂。对于价格昂贵的药剂，除非特别高效，且总使用成本有可比性，否则会被用户冷落，在竞争中被淘汰。

同时，经济性必须与科学性、长远性等观点相结合，才可获得最大效益。例如，以化妆品原料的选用为例，作为乳化稳定剂的十八醇，其分子蒸馏产品售价虽较贵，但由于其香气纯正，可减少配方中香精的用量，又可提高产品档次，故虽然采用此种较贵原料，使产品的单一原料成本提高，但售价却可因档次提高而大大提高。同样，同质量的化妆品产品，包装简易者成本低，包装讲究者成本高。但后者常因包装优而提高产品档次，比前者有更好的经济效益。再如，以涂料为例，如果一种涂料的使用成本很低，但使用年限很短，而另一种涂料使用成本虽高，但具有很好的水洗去污性能，可在较长使用期内保持良好的外观性能，那么两种产品相比，消费者会选择后者而不是前者。因此，进行产品配方组成设计时，应从多角度综合考虑其经济性。

（3）安全性

复配型精细化学品为终端产品，其安全性更为重要。在其配方组成设计时，有关安全性的考虑，应包括生产的安全性、使用的安全性、包装贮运的安全性，以及对环境的影响等。

生产的不安全因素，常来自化工原料的毒性与腐蚀性、易燃易爆性以及生产设备和操作过程。设计时应尽量选用低毒、安全的原料，并应对生产设备及工艺的探讨给予足够的注意。

使用的安全性，主要是指使用对象的安全性。使用对象可以是人及其器官、牲畜、工业设备等。如各种洗涤剂、化妆品、食品添加剂、卫生杀虫剂、空气清新剂等均与人体直接接触，或被人体经口或呼吸系统直接摄入。对这些产品，在其性能设计时常把对人体的安全性放在第一位。为确保安全，国家经常制定产品标准及卫生法规等进行管理。这些法规是进行配方设计时必须遵循的。对饲料添加剂等也是如此。而对于水处理剂、锅炉清洗剂、工业清洗剂等以工业设备为主要对象的产品，在操作者按章操作时可保证安全的前提下，其安全性主要是确保对设备无腐蚀、无污染。

对环境的不安全性，主要指在产品制造和使用过程造成的环境污染。如涂料、农药、油墨的生产与使用过程中溶剂的臭味及对大气的污染，含磷洗涤剂对水域造成过肥，生产过程排放的污水造成的污染，生产过程的粉尘污染，等等。由于国际社会对环境保护十分注意，先进工业国及我国均已开发出许多无污染的换代产品，对某些易产生污染的原料采取了禁用或限制使用的政策，对生产过程污染物排放制定了标准等，这些都是产品设计时应考虑或必须遵守的原则。

（4）地域性

由于地理环境、经济发展水平、生活习俗的不同，对产品的性能要求也不相同，故进行产品配方组成设计时应考虑地域性原则。

例如，衣用洗涤剂配方设计时，就要考虑不同地区水质的差别(是硬水还是软水)，衣物上污垢的差别(以动植物油污严重污染为主，还是轻度油污及灰尘为主)，等等。水质稳定剂的配方则要考虑地域的水质。此外，各国因发展水平不同而对环保的认识程度也不同，一些化学物质在某些国家允许使用而在另一些国家被禁止使用，在一些国家可接受的使用方法(如用热水洗涤衣物以减少洗涤剂用量)而在另一些能源缺乏的国家则不能接受，如此等等，甚至产品商标采用图案的设计也会在此国受欢迎而在彼国却视为忌讳。因此，地域性原则在产品配方设计时亦必须给予足够的注意。

(5) 原料易得性

一个产品最终应以走向市场为目标，因而其原料必须易得，且质量稳定。这点是显而易见的。

12.2.1.2 配方设计的主要内容

复配型精细化学品的配方设计须在充分考虑上述设计原则的基础上进行。配方设计的内容通常包括产品性能指标设计和配方原理及结构设计两部分。

(1) 复配型产品性能指标(含剂型)的设计

复配型精细化学品是为满足应用对象对产品的特殊需要或多种要求而生产的产品，向用户提供的主要是产品的特定性能，因而性能设计是否具有实用性、科学性、先进性，往往是产品能否被用户接受，能否占领市场的关键。所以，复配型产品的性能指标设计，就是在充分了解市场现实要求或潜在要求的基础上，把市场的要求及研究者的创意具体化为物理的、化学的指标及一些可具体考察的性能要求，作为产品开发的目标。

复配型产品的性能指标常常包括两个方面：产品外观性能及使用性能。目前，在复配型产品开发中，若开发的产品是赶超型产品，则赶超目标产品的性能指标即为开发产品的目标或参考目标。此时，可通过查找相关产品的标准(企业标准或国标、部标)及产品使用说明书，并以此为借鉴确定产品应达到的性能指标要求。

对于新产品，包括在原有产品性能基础上赋予新性能的产品，其产品的性能设计则必须在兼顾同类产品必有的基本性能的基础上，提出对欲赋予的新性能以明确的、可具体衡量或检测的指标要求。以一种可通过颜色变化提示用户加药的水处理药剂为例，作为水处理剂必须对水中存在的主要细菌、真菌、藻类具有强力的杀灭和控制作用，同时还应具有对设备的防腐缓蚀性能。这是对冷却水处理剂的基本要求，而变色指示加药则是新性能。作为性能指标设计，应包含上述两个方面，即产品外观性能及使用性能。

对于专门为某种产品的生产或应用过程的特定要求而开发的产品，其性能则只能根据具体情况进行设计。以磁带防霉剂为例，资料和市场调查显示，目前尚未有添加于磁带内具有高效长效防霉作用的磁带防霉剂，故性能指标只能根据产品和生产过程的特点以及用户要求进行设计。据用户介绍，磁带是由聚氨酯、三元树脂、大豆磷脂、磁粉等按一定比例，并与由丁酮、环己酮等组成的混合溶剂，在室温下混合并砂磨成磁浆后，再涂布在片基上并以100~120℃烘干而成。磁带上的主要霉菌为木霉、杂色曲霉、黄曲霉、蜡叶芽枝霉、镰刀霉、黄青霉、宛氏拟青霉等。根据上述情况，在磁带防霉剂性能设计时提出了以下几点关键性要求：一是防霉剂的加入不得影响磁带的磁性能；二是防霉剂在110~120℃生产条件下必须稳定，不得分解或升华、挥发；三是对磁带上的霉菌必须高效，防霉期不少于3年；四是防霉剂必须能溶于磁浆所用的溶剂中或其粒径应≤磁粉经砂磨后的粒径。由于上述性能指标反映了用户的要求，体现了产品应用及生产过程的特点，故循此目标研制的产品可满足用户要求，因而作为产品性能设计的目的已达到。由此可见，产品的性能设计是要在透彻了解应用对象、应用条件的基础上进行的。有时，对象的情况用户自己也说不清，比如用户只知道产品发霉，但不知是什么菌，因此在设计前还需对霉菌进行分离确认。总之，通过实验去了解对象，再进行性能设计的情况是常有的。

另外，在进行产品性能设计时，还必须设计或收集有关性能测试的方法，以供复配型产品研制时进行性能测定，并判断目标是否已达到。

（2）复配型产品的配方原理及结构的设计

复配型产品的性能主要由配方决定，其次为选择合适剂型以及对配制工艺的掌握。因而配方原理及其结构，就成为复配型新产品开发中的技术关键。配方原理及其结构设计，应在掌握有关基本知识、理论、经验、发展动向、市场需求的基础上进行，它应能体现设计原则并保证性能目标的实现。

不同类别的复配型产品，其配方原理不同；即使同一类但性能不同的复配型产品，其配方原理也有很大差异。有些复配型产品的配方原理与化学反应有关（如固体酒精的配制，主要是在固化剂合成过程中将液体酒精包裹在固化剂中，见12.3.5开发实例），但多数复配型产品的配方原理则与化学反应无关。复配型产品配方原理的千差万别，构成了其产品性能上的差异。例如洗涤剂类配方，其产品的配方原理是基于表面活性剂可以降低表面张力，从而产生润湿、渗透、乳化、分散、增溶等多种作用，将衣物上的污垢脱落并分散于介质中，通过漂洗而达到去污效果。但有去污作用的物质，除表面活性剂外，常用的还有无机碱，其去污原理是碱与油污之间的皂化作用。此外，酶对污垢有分解作用，从而产生较强的去污力。而酶的品种不同，其去污原理也不同。脂肪酶通过生化反应将油脂类污垢分解，蛋白酶是将蛋白质分解为水溶性的低分子氨基酸或肽，淀粉酶可将淀粉转化为糊精，等等。所以在进行配方原理设计时，应根据产品的目标性能要求，确定去污原理，选用不同的物质作配方的主成分，或将不同类的物质复配作为配方的主成分。又如杀菌洗涤剂，配方原理设计除考虑去污功能外还要考虑杀菌功能；若是漂白洗涤剂则除考虑去污功能外，尚需考虑其漂白功能。总之，不同产品性能的差异，要通过配方原理设计上的差异来体现。根据配方原理设计而选择主成分物质时，通常要多选几种主成分或其组合进行实验，并通过性能测试比较其性能后确定一二个（或复合）主成分，再围绕主成分按性能指标要求进行配方结构设计。

对于配方原理涉及化学反应的配方，通常是根据化学反应式，以有关反应物质的量关系为参考，拟定几个不同的配比，作为原理性配方试验方案，并以目标性能指标为判据，对试验结果进行评价，最终确定原理性配方的主成分及其比例，然后再按目标性能要求，按功能互补的原则等进行配方结构设计。

配方结构的设计，是为了弥补主成分性能及使用性能的不足，或增加目标要求所需的功能而进行的。以洗涤剂为例，按原理设计确定的主成分，使产品具有去污功能，但为了加强洗涤效果、充分发挥主成分的作用、降低成本、增加新功能等，通常还必须加入各种助剂。在配方结构中，除主成分外，可考虑加入的助剂有：碱性助剂、酸性助剂，降低表面活性剂溶液的表面张力助剂，降低胶束临界浓度、增强分散溶液中污垢能力的助剂，防止被分散的污垢再附着的助剂，有软化硬水作用的助剂，以及对金属离子有封闭作用的助剂等，如配方中有酶，则必须有酶稳定剂。配方结构由配方原理及产品性能决定。在配方结构设计时应充分发挥主剂和助剂以及助剂之间的协同效果。

12.2.2 复配型精细化学品配方的实验室研究与优化

12.2.2.1 配方实验室研究的主要内容

（1）主成分物质及辅助物质的筛选

复配型产品配方中的主成分物质，在配方结构设计时，可根据文献资料的介绍及市场调查等，在掌握其性能及原料来源、价格等基础上初步确定。但其最后确定，必须通过实验筛选。这是因为：①为达到设计性能目标，可作为主成分的物质不止一种，文献在肯定某种物质的功效时，可能由于作者知识面或工作条件的限制，不一定对所有可作主成分的物质做过充分的对比，故文献作者认为最好的东西未必为最好；②由于原料的来源不同或由于应用对象和使用条件的不同，在此地为最好的主成分，在彼地不一定为最好；③由于保密的原因，在文献尤其是配方资料中，关于主成分物质的介绍，有时只具体到是何种（类）物质，此时需取不同的具体物质作对比试验，才能确定具体化合物的品种。基于此，主成分物质的筛选和确定，则成为配方筛选的首要内容。由于主成分不同，其他辅助物质亦会随之改变，因而主成分的筛选试验亦常常安排在配方设计阶段进行，即通过探索试验去比较不同主成分物质的性能，再确定选择何种物质为主成分，然后围绕此物质去设计配方，选择辅助成分。

辅助成分在配方中的作用主要有两方面：一为提高产品的性能，二是使产品具有合适的剂型。如果说文献和专利在产品配方上留有一手的话，那么这种现象主要发生在辅助物质身上。因为辅助成分的作用，非亲自进行实验仿制的人是难以发现的。因此，在配方试验研究过程中，当发现产品的性能，特别是使用性能出现问题时，应着力于辅助物质的研究。其研究内容主要有几个方面：①对可起同样作用的辅助物质的不同品种进行对比试验，以确定何种物质最适宜。②从经验和原理上去分析，配方中是否有意隐瞒了某一类有重要作用的物质。比如，在研究一种水处理剂时，依照专利配方配制的产品，其浓度无论怎样调整，配方组成和工艺均达不到专利介绍的水平。由于有效成分浓度低，无法实现商品化。根据经验和理论分析，可能是其中缺少了一种增溶成分。经添加不同增溶组分进行筛选，很快就解决了问题。③寻找与主成分有相乘作用的配伍物质。效果卓著的配方，通常组分间有相乘效果。详细的文献资料或专利，通常对配方组分的增效搭配有详细介绍，但新开发的产品或一般配方集中引用的配方，物质间有无相乘作用，就需在掌握增效机理或前人经验的基础上，对配方中各物质进行分析，然后收集可能产生增效作用的物质进行不同浓度搭配及对比试验。以某一水处理剂的配方为例，配方中除主成分外，还含有表面活性剂和溶剂。要求产品具有水溶性及良好的杀菌性能。此产品性能是否好，关键在于表面活性剂的选择。如果仅从解决产品在水中的溶解性能的角度去选择表面活性剂，那么产品的杀菌性能就不够理想。如从表面活性剂既起增溶作用，又与主成分有相乘作用的角度去选择表面活性剂，则产品的性能就卓著。因而增效辅助物质的选择在配方实验中具有十分重要的意义。

（2）组分配比的确定

在对配方组分进行逐个选择时，经常是从由资料获得或初步设计的原始配方出发，先改变其中一个因素，固定其他条件，对此因素采用不同物质进行试验。在此同时，如对参与筛选的每一物质都安排不同用量进行试验的话，那么在比较出何种物质对性能有良好影响的同时，物质不同用量的比较结果亦可同时得出。将已选好的因素及用量代入原始配方中，固定其他因素，再改变另一因素，并同时安排不同用量进行试验。如此反复试验即可确定物质的配比。但这样得出的结果往往不是最佳配比。因为原先固定的因素，在最后的配方中均发生了变化，即在进行选择试验时，各物质的配比与最终物质配伍时的各物质的用量关系不是同一回事。因此，在筛选并确定了主辅成分各物质及初步选择了其用量后，最好用优选法去确定各物质的用量。通过优选法试验，可以确定何种物质对性能影响最大，何种物质影响最小，哪些物质间有互相影响。在各物质均取多个不同用量进行试验时，采用优选法可得知哪几个用量搭配效果最好。对影响不大的物质，可以取最小用量。这样，既能保证性能，又可降低成本。

（3）配方工艺的确定

配方的组分、配比、剂型确定后，还要进行实验室配制试验，确定配方的配制工艺。若配方的配制工艺不当，会造成组分间分层，出现沉淀或药剂组分间的物理变化、化学变化和生物活性变化，影响产品性能。通过实验确定配方各组分最佳的搭配方法，发挥其有效成分与辅助成分的配伍作用，使配方达到最佳性能，是配方工艺实验研究的目的。

配制工艺实验的内容主要有：①各组分加料顺序的确定；②混合工艺条件，包括加料速度、温度、混合速度和方式等的确定。实践证明，透彻理解组分性能及有关的物理化学基本理论，对完成产品配制工艺的研究是至关重要的。下面介绍几个产品生产工艺操作注意事项，由此可进一步了解配制工艺方法的不同，将对产品质量和性能产生重大影响。

例1　液体洗涤剂

液体洗涤剂是各种原料在一定的工艺条件下，经过配方加工制成的一种复杂混合物。当采用表面活性剂 AES 等为原料，配制液体洗涤剂时必须注意：第一，只能把 AES 慢慢加进水中，而决不能直接加水溶解 AES，否则可能形成一种黏度极大的凝胶；第二，AES 在高温下很容易水解，因此整个操作过程的温度应控制在 40℃ 左右，最高不超过 60℃；第三，对于含有 AES 的配方来说，若总的活性物浓度超过 28%，则应先将其余表面活性剂、氯化钠及增溶剂加入 40℃ 水中，搅拌到物料完全溶解后再加入 AES。

例2　内墙涂料

配制中档的聚乙酸乙烯酯(PVA)乳胶内墙涂料时，关键是向 PVA 水溶液加水玻璃时的工艺条件。若速度过快或搅拌太弱，或温度高于 70℃ 时，均会生成絮状胶团，无黏性。有时即使制成了涂料，放几天后也会发生凝胶化。此外，在按严格操作要求配成涂料后，绝不可掺入冷水或温水，否则会影响涂料的结构和性能。

例3　橡胶型压敏胶

橡胶型压敏胶黏剂的加工工艺中有硫化过程。硫化方法不同，胶黏剂性能也有所不同。方法之一是在配胶前就将橡胶部分硫化；另一种方法是在胶黏带粘贴后再加热硫化。前一种工艺既可改善压敏胶的强度和耐热性，又可保持常温下粘贴的良好工艺性，但部分硫化程度受到交联聚合物溶解的限制。后一种工艺对于改善胶层抗溶剂性效果显著。

例4　粉状合成洗涤剂的配制

在配制粉状合成洗涤剂的料浆时，各组分的投料次序和料浆的温度均会影响料浆的质量。根据实验，一般投料的原则为：先投难溶解料，后投易溶解料；先投轻料，后投重料，先投量少的料，后投量多的料。总原则是每投入一种原料，都必须搅拌均匀后方可投入下一种原料，以达到料浆的均匀性。料浆体保持一定的温度有助于各组分的溶解和搅拌，并可控制结块，使溶液进入均质状态。但是，如果温度太高，某些组分的溶解度反而降低，析出晶体或者加速水合和水解。温度一般在 60~65℃，不超过 70℃ 为宜。

例5　水质稳定剂

某铝系水质稳定剂为钼酸盐、葡萄糖酸钠、锌盐、有机多元膦酸和苯并三氮唑的复合配方水溶液，工艺实验研究表明，药剂加入顺序最为重要。正确的操作是：苯并三氮唑先用少量碱溶解，然后缓缓加入至其他药剂(除锌盐外)的水溶液中。锌盐的水溶液要在上述各药剂溶解后，再缓缓加入，同时还应控制溶液的 pH 值在一定范围内。否则会发生溶液分层，有沉淀物析出。只有通过正确配制工艺才能获得黄绿色透明的液体产品。

例6　锅炉水除氧剂

锅炉水除氧剂是一种淡黄色粉末，由除氧剂、缓蚀剂、活化剂和稳定剂等多组分复合而成。其配制工艺也要通过实验确定。复配时各组分的投加顺序有严格规定，一定要把稳定剂先于活化剂加入除氧剂中并混合均匀，如果加入顺序不对，即把活化剂先于稳定剂加入的话，除氧剂就会被空气中的氧过早氧化，使药剂的除氧效果变差。

例7　O/W 型乳状液配制工艺

在将一种与水不互溶的主成分油类配制成 O/W 型乳状液时，筛选合适乳化剂是配制的关键。当所确定的乳化剂为复合组分时，配制 O/W 型乳状液的过程中，复合乳化剂的加料顺序应是从 HLB 值小者逐渐过渡到 HLB 值大者，且每加一种乳化剂，均应混合均匀后再加下一种乳化剂，最后加水制成 O/W 型乳状液。否则，所制成 O/W 型乳状液，不仅外观质量差，而且乳状液稳定性差。

上述例子表明，配方工艺与配方原料的性质是密切相关的。因此进行工艺设计与试验时，必须在充分考虑原料性质的基础上进行。

(4) 原材料质量规格的确定

复配型精细化学品，都是由多种物质复配而成。原料的质量规格，对保证产品质量与性能有十分重要的意义。

原材料的质量，通常可从产品的纯度、牌号、生产厂三方面去把握。对于许多通过聚合、缩合反应制得的产品而言，牌号不同，其聚合度就不同，相对分子质量也不同。甚至平均相对分子质量相同的聚合物，因相对分子质量分布不同，性质也有差别。对粉状产品而言，产品的颗粒形状、颗粒度不同，其性能、用途有很大差异。对于由天然物提取的物质而言，产地不同，则成分不同。而上述的这些差异，都对原材料的性能产生影响。此外，同种原料，可由不同的工艺路线制得。不同生产厂由于采用不同工艺路线，或即使采用同一工艺路线，但因原料来源不同、生产水平不同，往往名称相同的原料，其性能亦会因生产不同而有差异。因此在有些情况下，在确定原材料的质量规格时，还须指定应采用何单位生产的产品。

在通过小试确定原材料时，为了减少杂质对配方性能的干扰，通常都采用试剂(化学纯、分析纯)为原料。由于纯试剂杂质少，故在固定工艺和配比的条件下进行试验时，试验结果能本质地体现出不同原料对产品性能的影响，从而对原料品种或牌号作出选择。通常在确定了品种或牌号后，再逐一改用工业原料。当试验表明工业原料对配方产品质量影响很小时，即可以直接采用。有些工业原料所含的杂质会影响配方产品的质量，此时若经过适当的提纯或处理后，质量可符合要求，而经处理后成本仍低于纯试剂时，就应确定处理工艺和质量标准，将工业原料处理后使用。在保证产品性能的前提下，尽量使用价廉的工业原料是降低成本的重要环节。而按产品的性能要求来确定原料规格，是最重要的原则。

以化妆品为例，化妆品质量的好坏，除了受配方、加工技术及加工设备条件影响外，主要决定于所采用的原材料的质量。原料的质量常直接影响产品的色泽、香味及产品的档次。

某些杂质的存在甚至会引起皮肤过敏等不良反应。因而化妆品常须采用化妆品级的原料，并要按产品档次不同去选择原料的来源、等级等。比如配制香水时，原料因产品档次不同而异。高级香水里的香精多选用来自天然花、果的芳香油及动物香料配制，所得产品花香、果香和动物香浑然一体，气味高雅、怡人，且有留香持久的特点。低档香水所用香精多用人造香料配制，香气稍俗，且留香时间也短。

在确定产品的原料规格时，产品牌号及原料颗粒形状，大小等的选择都是不能忽视的。许多不同牌号的产品，性能有很大差异。比如，聚乙二醇是平均相对分子质量约200~20000的乙二醇聚合物的总称，相对分子质量不同，对应的牌号不同，性质也不同。相对分子质量低的PEG200、PEG400、PEG600吸湿性较强，常可用作保湿剂，还用作增溶剂、软化剂、润滑剂。相对分子质量较高的PEG1540常用作柔软剂、润滑剂及黏度调节剂等。对于聚合所得的原料，聚合度不同而产生诸多牌号的情况是常有的，必须给予足够的注意。此外，许多无机物、粉状精细化工产品及原料，其结晶形状或颗粒的形状大小，对性能均有较大的影响。颜料、填料、医药、农药、聚合物粉末、粉末涂料、精细化工的粉体产品、高级磨料、固体润滑材料、高级电瓷材料、化妆品、粉末状食品等，除对原料纯度要求不同外，对颗粒的细度、形状等都有不同的要求。有的要求颗粒极细，平均粒径仅数微米，甚至在 $1\mu m$ 以下；有的要求粒度分布狭窄，产品中过大过细的颗粒含量极低，甚至不允许含有；有的要求颗粒外表光滑，没有棱角、凸起或凹陷；有的要求颗粒形状应接近球形；有的则要求为圆柱形或纺锤形、针形或其他规整形状等。颗粒形状不同、粒径不同，性能差异悬殊。比如，二氧化钛(钛白粉)，就有三种结晶形态，即金红石型、锐钛型和板钛型。作为颜料，常用前两种。金红石型的光亮度、着色力、遮盖力、抗粉化性能比后者强，锐钛型白度和分散性好。故作外墙涂料时，应用耐候性好的金红石型，锐钛型只能用于内墙涂料。又如作为聚合物制品的填料时，一般认为，球状、立方体状的填料可提高聚合物的加工性，但力学强度差；而鳞片状、纤维状的填料，其作用则相反。

综上可见，当使用的原料有不同的颗粒形状和规格时，对其颗粒度及颗粒形状对产品是否有影响，必须通过实验确定。

12.2.2.2 配方的实验室评价方法

在配方的实验室研究过程中，产品的性能评定始终是评价产品好坏的惟一标准，因而确定一个行之有效的实验室评价方法，乃是进行配方实验研究的先决条件。

精细化工产品品种繁多、性能各异，因而实验室评定的方法也是千差万别、各不相同的。但对于大多数已经成行成市的产品，其性能测定往往已有成熟的方法，有的甚至已经用国家标准(或部级、行业、企业标准等)的形式规定下来。但对于新兴行业及其新产品，则可能无标准可依，此时就需要研究人员自行设计有效的评价方法。

(1) 各种"标准"规定的评定方法

对于在"标准"中规定了测定方法的产品，其性能测试必须按"标准"的规定进行。这种"标准"的实验测定方法，可以查阅已经公布的国家级或部级或行业、企业标准而得。

如液体洗涤剂，实验室主要是通过评定其去污力、起泡力、感观等指标评价配方产品，而这些性能测定的具体方法，已被 GB/T 13173.6—2000《洗涤剂发泡力的测定》(Rossmiles法) 及 GB/T 13173—2021《表面活性剂　洗涤剂试验方法》所规定。涂料、胶黏剂、油墨、农药、化妆品，甚至一些日用品如皮鞋油、墨水等精细化工产品，其性能评定大都有标准可循，这是在考虑产品评定时需要注意的。

（2）自行设计的评定方法

对于在现有产品标准中找不到相应的性能评定方法的产品，则需要研究者在掌握有关基本知识及理论的基础上，以类似产品的评价方法为借鉴，自行设计可行的有效的实验室产品评定方法。

以高温(90~95℃)水质稳定剂的性能评价方法为例，在现标准中无高温水质稳定剂的评价方法，故只得自行设计。实际研究过程中，设计了一个高温、鼓泡热水恒温装置，在此装置中，可模拟高温水操作条件下产生气穴、碰击等试验环境，从而为产品的性能测试找到了有效、可靠的评定方法。自行设计时需注意新方法的科学性、可操作性、精确性和重现性。

12.2.2.3　配方实验研究中常用的优选法

配方的研究过程离不开实验，从主成分的初步确定，到辅助物质的品种、用量、质量规格，以及工艺路线、工艺条件、应用技术的确定，均需要进行实验。配方的实验室研究过程，就是对组分的筛选、组分的配比及配制工艺等的研究过程。此过程以配方结构设计为基础。可固定配方的其他条件，只改变其中一个条件进行实验，如此逐一对各条件进行试验，并将不同条件下获得的配方产品进行性能测试，通过性能对比，找出较好组分、较好配比和较好的工艺。但因为此结果是在固定其他因素下取得的，故当几个因素同时改变时，很难说明上述结果一定为最好，因此在配方的实验室研究中，在按上述方法取得了较好的结果后，常以上述结果组成的配方为基础，再用优选法进行配方优化设计，以产品的性能为目标，通过优选试验及数据处理，确定哪些组分为影响产品性能的主要因素，哪些因素间有相互作用，最后再确定最佳配比和工艺条件，并通过验证实验后，实验工作即告完成。

关于优选法，可供选择的方法很多，其数据的处理亦有一套规律。

配方实验研究中常用的优选法有单因素优选法、多因素变换优选法、平均试验法以及正交试验法。其中正交试验法由于具有水平均匀性和搭配均匀性，被广大科研人员广泛采用，其特点是试验次数少，试验点具有典型性和代表性，实验安排符合正交性，是一种科学的试验设计方法。正交试验设计是当指标、因子、水平都确定后，再安排试验的一种数学方法。它主要解决以下三方面的问题：①分析因子(配方组分，工艺条件等)与指标的关系，即当因子变化时，指标怎样变化，找出规律，指导配方生产。②分析各因子影响指标的主次，即分析哪个因子是影响指标的主要因素，哪个是次要因素，找出主要因素是生产中的关键。③寻找好的配方组合或工艺条件，这是配方研究与设计中最需要的结果。

常用的正交试验表有：两水平的 $L_4(2^3)$、$L_8(2^7)$、$L_{12}(2^{11})$、两列间的交互列，三水平的有 $L_9(3^4)$、四水平的有 $L_{16}(4^5)$ 以及混合水平正交表，更复杂的正交表可参阅优化试验设计与数据处理方面的书籍。

正交试验设计法结果分析步骤如下：①确定实验的基本配方，以及因素、水平变化范围、各因素之间是否有交互作用。②选择合适的正交表，主要是根据因素与水平来确定，如果因素间有交互作用，可按另一个因素考虑，查正交交互作用表安排在相应的列中。③按表上提供的因素、水平试验组合方案进行实验。正交试验的每一组数据都很关键，实验要尽量减少误差，要准确、全面。④结果分析，正交试验的结果分析有直观分析和方差分析两种。

直观分析是通过计算各因子在不同水平上试验的指标的平均值，用图形表示出来，通过比较，确定最优方案，以及通过极差(最大指标对应的水平与最小指标对应的水平之差)来判断因素对结果指标影响的大小次序。直观分析虽然简单、直观、计算量小，但是直观分析不能给出误差的大小，因此也就不知道结果的精度。方差分析可以弥补直观分析的不足之处，方差则可反映数据的波动值，表明数据变化的显著程度，又反映了因素对指标影响的大小。方差分析的计算可参阅专门的书籍。下面以环氧胶黏剂的配方设计为例，介绍正交试验直观分析寻找最佳配方的方法。

环氧胶黏剂配方的基本组成有：环氧树脂、固化剂、填料、增韧剂共四种组分。一般可固定环氧树脂的量为 100 份，因此，配方实际需确定另外三个组分加入的份数。根据正交试验方案的特点，可选用四因素三水平的正交试验表。以胶黏剪切强度为试验目标，其测定在拉伸试验机上进行。目标值越大越好。根据环氧胶黏剂的基本配方组成的取值范围确定的四因素三水平正交试验表见表 12-1，试验结果列于表 12-2，试验结果直观分析列于表 12-3。

表 12-1　正交试验设计的因素与水平

水　平	因　素		
	固化剂(A_i)	填料(B_i)	增韧剂(C_i)
1	30(A_1)	30(B_1)	5(C_1)
2	40(A_2)	60(B_2)	10(C_2)
3	50(A_3)	90(B_3)	15(C_3)

表 12-2　正交试验设计结果

试验号	因　素			指标(y_i/MPa)
	A_i	B_i	C_i	
1	A_1	B_1	C_1	9.8(y_1)
2	A_1	B_2	C_2	9.9(y_2)
3	A_1	B_3	C_3	9.4(y_3)
4	A_2	B_1	C_2	11.3(y_4)
5	A_2	B_2	C_3	11.0(y_5)
6	A_2	B_3	C_1	9.8(y_6)
7	A_3	B_1	C_3	10.6(y_7)
8	A_3	B_2	C_1	10.7(y_8)
9	A_3	B_3	C_2	8.2(y_9)

表 12-3　正交试验结果的直观分析

水　平	因　素		
	固化剂(A_i)	填料(B_i)	增韧剂(C_i)
$K_1 = \Sigma y_{1i}$	29.1	31.7	30.3
$K_2 = \Sigma y_{2i}$	32.1	31.6	29.4
$K_3 = \Sigma y_{3i}$	29.5	27.4	31.0
$k_1 = K_1/3$	9.7	10.6	10.1
$k_2 = K_2/3$	10.7	10.5	9.8
$k_3 = K_3/3$	9.8	9.1	10.3
极差 $R = k_{max} - k_{min}$	1.0	1.5	0.5

为了直观，还可以作出因子水平与 k 值的关系图，该图称为直方图，本例的直方图如图 12-1 所示。

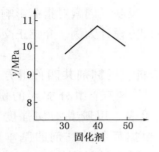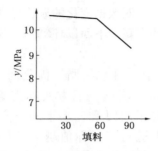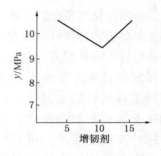

图 12-1　正交试验直观分析直方图

正交试验直观分析有：①因子与指标的变化规律：从直方图可看出因子的变化对指标的影响规律；②因子影响指标的主次顺序：极差的大小反映了各因素对配方指标的影响大小，各因素极差大小顺序为填料>固化剂>增韧剂，反映出在各组分取值范围内，增韧剂对环氧胶黏剂剪切强度的影响最大，固化剂影响最小；③选出最优方案：本例的最优方案为 $A_2B_1C_1$，即固化剂 40 份，填料 30 份、增韧剂 5 份。

从以上正交试验结果分析可得出各因素的最好水平为：环氧树脂 100 份，固化剂 40 份，填料 30 份，增韧剂 5 份。根据以上试验配方再进行验证试验测得的剪切强度为 11.0MPa，其结果低于正交试验中的结果。这说明上述配方是较优的，但不是最优配方，可进一步通过有交互作用的正交试验或其他最优化设计方法提高配方的优化程度，如回归正交试验设计、逐步回归分析、混料试验设计等优化配方的方法。

12.2.3　模拟实验

由于配方产品的小试是在实验室进行，因受实验条件的限制，小试结果与实际生产和应用要求之间可能会有相当大的距离，故在投产和生产应用前需通过模拟试验进一步检验实验室研究成果的实用性和工艺的合理性，探索使用条件和使用方法，对产品走向实际应用的可能性作进一步的试验。所谓模拟试验，是模拟实际生产应用环境及操作工艺，对配方进行更进一步的考察。通常根据模拟试验结果，推荐 1~2 个方案做生产性试验。模拟试验的方法，根据产品应用领域的不同而截然不同。有的产品，可以在实验室的模拟装置上进行。有的则需借助工厂设备进行，有些生产工艺简单或认为配方性能有保证的产品，也可不进行模拟实验而直接进行生产规模试验。模拟试验包括产品生产工艺的模拟及应用条件的模拟两个方面。

涉及合成反应的产品、混合过程设备与小试差别较大的产品以及因规模放大导致混合过程的传质、传热条件变化而对产品质量影响较大的产品，在规模生产前，常需进行模拟试验，以便进一步确定生产工艺操作条件，为生产提供依据，或为生产设备的选型及生产工艺设计提供数据。

以某单位研制的啤酒用助滤剂硅藻土为例。小试时，是将助熔剂溶于水中，接着将其喷到硅藻土上，然后将含上述溶液达 30% 的湿土人工造球，再将球干燥，放入马弗炉烧。当上述产品实现工业化生产时，要将小试的间歇操作改为连续操作，采用圆盘造粒代替人工造粒，以回转窑代替马弗炉。由于生产设备与小试差别很大，由此而产生了诸如造球时的水分含量、窑的各段温度控制、窑的转速、球的大小、粉尘处理等一大串问题，都必须借助工厂的回转窑、造粒机等进行模试，才能取得数据，提交工业设计时参考。

又如涂料类、胶黏剂类配方产品，常涉及脲醛树脂、酚醛树脂等的制备。通常，在实验室小试确定了合成工艺条件及配方后，还要进一步在扩大的试验装置(反应锅)中进行合成反应，考察反应组分配比、加料速度、加热温度、反应时间、反应物加入顺序等，探索合成反应的最佳配比和工艺条件，为工业生产提供依据。

产品性能的模拟应用试验，主要是与提供工(农)业用途的配方产品有关。由于这些产品须在特定条件下使用，或添加于产品中，或用于处理产品，或用于某一操作系统，故其性能、用量、使用方法等常需通过模拟试验作进一步验证后才能生产应用，以避免使用不当或配方不完善造成经济损失及不良的社会影响。

例如，水质稳定剂配方研究，在通过实验室小试筛选出 12 个配方后，一定要将配方产品在动态模拟试验装置上作进一步的性能考察。我国的化工行业标准 HG/T 2160 给出了室内模拟试验流程图。该流程是专为水质稳定剂模拟应用试验而设计的，是工厂循环水系统在实验室的缩影。按照相似原则，装置在材质、几何形状、化学组成、传热过程和运动状态等方面均进行了较充分模拟和适当的强化，故作为实验室阶段的最终试验而推荐的这套模拟装置，所评价的方案及其腐蚀、结垢和积污的趋势，可作为判断配方产品能否提供现场作循环冷却水系统试验考察的依据。通过在模拟装置中的周期连续试验最后可取得配方腐蚀控制、黏附控制、菌藻控制的数据，提出 1~2 个更理想的配方推荐到生产中应用。如果模拟应用发现问题则须调整配方。

又如工业用色漆配方设计时，虽然已经考虑了其施工应用性能，但实验室的涂布与固化条件毕竟与涂装线涂布及干燥固化条件不同，因此，由实验室筛选的色漆配方必须进行施工应用试验，根据试验结果，必要时还要对色漆的配方组成进行调整。在色漆生产厂中，新的色漆配方产品出厂须经两段检测，前一段先由实验室对色漆物化性能进行检测，合格后，再在工厂专用施工应用模拟涂装线上进行实涂考查。如符合标准要求，则可出厂。若发现问题，则需再进行改正，查找原因，调整配方，然后再返回实验室进行品质复查，合格后再送到施工应用模拟涂装线进行验证，直到完全达到标准要求为止。在胶黏带的生产厂，亦有类似生产工艺的小型涂布模拟装置，以检测胶黏剂性能，保证产品质量，这些装置经常接受新产品开发单位的委托，为新产品提供模拟试验数据。

12.2.4 现场应用试验

这是对配方产品最后的、也是最关键的检验。对用户说，应用试验的结果是决定其是否采用该产品的关键。所以，配方研究中，一定要在有足够把握时，才到用户单位进行应用试验。试验过程中，研究人员一定要深入实际，掌握第一手材料，并能通过修改配方或改进生产应用条件等，及时解决生产实际中出现的各种问题，使配方的应用试验顺利进行。生产应用试验的最终目的是验证、确定配方，确定使用条件和使用方法，以优良的应用效果、可靠的试验数据和良好的服务，使用户接受试验的产品。由于应用试验是在现场进行，因而事先应与用户共商试验计划，取得用户及现场生产操作人员的密切配合，只有在严格的生产管理下，才能做到对试验过程严格操作和严密监控，才能获得可靠的数据。否则再好的配方产品，也不能发挥其作用，也就无经济和社会效益可言。

产品的应用试验，因产品不同而方法各异，但都包括实际应用和检测两方面，而且，通常都应以同类产品作对照。

比如，一个由 TF 树脂、多聚甲醛、填充物组成的三夹板胶黏剂，其应用试验首先是按胶黏剂特性及由三夹板生产流程确定的条件，进行三夹板的生产试验，再令制得的三夹板通过 112 个周期(以 80℃水 3h，80℃空气 3h 为一个周期)的湿热试验。若经历 112 个周期后，性能测试证明胶黏剂确有良好黏合性能和稳定性，即表明此胶黏剂符合三合板胶黏剂应具有的耐高温、高湿度、耐老化等性能要求，同时具有一定的黏合强度，即可推向三合板胶黏剂市场。

不同产品应用的现场试验方法千差万别，在此不一一枚举。

12.2.5 产品质量标准的制定

配方研究完成后得到了精细化工新产品，为了控制和保证产品质量，需要制定产品质量标准。

产品的标准是对产品结构、规格、质量和检验方法所作的技术规定。它是一定时期和一定范围内具有约束力的产品技术准则，是产品生产、质量检验、选购、验收、使用、保管和贸易洽谈的依据。产品标准内容主要包括：产品品种、规格和主要成分，产品的主要性能；产品的适用范围；产品的试验、检验方法和验收规则；产品的包装储存和运输等方面的要求。

产品质量标准的内容和书写格式，须严格按 GB/T 1.1—2020《标准化工作导则 第 1 部分：标准化文件的结构和起草规则》及 GB/T 1.3—1997《标准的起草与表述规则·第 3 部分：产品标准编写规定》。标准首先由研究人员按上述规定起草，然后交科研项目的负责单位，由该单位组织有关专业的专家(一般 5~8 人)进行产品标准审查，提交审查意见及专家签字。然后科研人员按专家的审查意见重新整理产品标准，再呈送主管部门审查，并报技术监督部门备案。对实行生产许可证制度的产品，须由厅级主管单位组织审查，报省技术监督局备案。其余产品，可由地(市)主管部门组织审查，报各地(市)技术监督局备案。经审批并获得标准编号和备案号的企业标准才可成为正式的产品企业标准。

对于已有国家标准或行业标准的产品，可直接执行国家标注或行业标准。企业亦可制订高于国标的企业标准，以确保产品质量安全可靠。此外，在编写企业标准时，若涉及的操作方法或测定方法已有国家标准作了规定的，应引用国家标准。

12.2.6 产品的鉴定

在新产品已完成了配方研究工作，并已在用户中应用，且有一定的市场占有率，取得了一定的经济效益和社会效益时，即可申请成果鉴定。符合鉴定条件的科研成果，可由该项目的负责单位与主要协作单位协商，经基层单位的技术部门认真审查并签署意见后，填写鉴定申请表，并附全套技术资料，向下达任务的上级部门提出鉴定申请。

须提交的技术资料有：①产品试验研究工作总结：包括产品选题、样品剖析、配方性能评定的试验方法、产品质量评定方法、应用及配制工艺等。②技术工作总结：包括配方研究的技术路线、解决的主要技术问题及配方研究可达到的技术水平；存在的主要技术问题及改进意见；产品开发可行性意见及产品推广中取得的经济效益等。③产品企业标准的审批件。

④认证单位检测报告：配制好的批量产品在进入市场前，均须请认证单位(权威的产品质量监督部门，如省或市级的产品质量监督检验所)到配药现场对即将出厂的批量产品进行随机抽样，并按标准(已获批准的企标或国标等)规定的方法和内容对产品的成分和性能进行检测。质量检测部门检测后，即可提供产品质量检测报告。⑤用户意见：多个使用产品的用户对产品进行了较长时间的试用后，根据产品性能、使用情况、产生的效果(包括社会效益和经济效益)等提供的结论性的应用报告证明材料。⑥科技信息查新报告：委托省(市)科学技术信息研究所等单位，根据产品配方研究的类型、组成、用途及技术路线等，进行国内外文献的全面检索调查，根据调查结果作出查新报告，说明在国内外是否已有相同类型产品，产品工艺路线及性能是否新颖等。

鉴定主管部门对上述材料进行审查，认为已具备鉴定条件后，即安排鉴定计划并按项目内容，邀请同行业中研究生产、使用和设计部门的专家组成鉴定组，并指定和委任正、副组长负责该项目的鉴定工作。参加鉴定人员就下列问题作出评价：①技术路线和技术方案的先进性、合理性和研究结论的科学性；②技术水平、作用、意义和经济效益；③应用条件和范围；④存在问题、改进意见或推广意见等。

产品的鉴定书，是产品申请生产许可证及申请成果的必不可少的技术文件，对扩大产品的影响亦有重大作用。

12.2.7 产品的车间规模生产注意事项

配方型精细化工产品，在经过一段推广应用时期打开市场之后，扩大生产规模就提到了议事日程。由于精细化工产品品种不同，生产过程的繁、简、难、易程度亦有很大差异，因而在扩大生产时面临的问题亦不同。但要实现规模生产，以下几个有关政策及技术方面的问题则是必须注意的。

(1)"三废"处理应有妥善的方案

实验室进行配方研究及产品试制时，都是间歇式的小量生产。配制过程产生的废水、废渣、废气(以下简称"三废")量很少，三废污染不严重，因而不为人们注意。但当进入车间规模生产时，随着产品生产量的增加，三废量亦随之增加，其治理也就成了不容忽视的问题。根据我国有关规定，产品投产前，必须向有关环保部门提交三废治理方案，经环保部门审查通过后，生产车间方能投产。三废治理方案的内容，应包括生产的基本原理、基本流程、三废的主要内容及来源、三废量估算、三废治理方法、治理效果等。经治理后，三废的排放必须符合国家规定的工业三废排放标准。

(2)生产许可证的办理

为了保证产品的质量和消费者的权益，我国对与人民生活及健康关系密切的产品，如农药、化肥、食品添加剂、饲料添加剂、化妆品、餐具洗涤剂等等，实行生产许可证管理制度。因而产品投产前，应先弄清楚产品属不属于生产许可证制度管理的范围。如果是，则必须申办生产许可证。

申请生产许可证时，通常要准备如下技术资料：①生产工艺总结(包括实验室及中间试验总结)；②质量标准及起草说明；③三废处理措施；④产品使用说明书；⑤用户意见；⑥生产成本计算书；⑦鉴定证书。

与人体健康相关的产品，还须有下述有关产品的安全性的资料：产品毒性试验报告；食品卫生或化妆品卫生指标检测报告。

申请许可证可由研究或生产单位报请省、市、自治区的有关厅（局）审批，批准后，方可领取生产许可证。精细化工产品品种、类别不同，审批的厅（局）不同，审核的重点不同，程序上亦有差别。

（3）设备的选型

精细化工配方产品在由小试扩大至生产规模时，都要进行设备的选型。对于一些由液体混合而成的产品，设备可选用一般常用于合成反应的反应釜，只需根据原料性质、生产规模、过程是否需加热或冷却、何种材质及何种形式搅拌桨最为合适等进行设备选型即可。但对于固-固、固-液混合，其过程又涉及粉碎、干燥、研磨、煅烧、捏合、成型或高分子混合加工，涉及混炼、塑炼；液-液混合涉及乳化时，设备选型就变得复杂得多。

以过氯乙烯底漆的生产为例，其色浆的研磨设备是选用球磨机还是三轴磨较好？这就需要试验及分析比较。试验和对生产情况的具体分析表明，以球磨机为宜。这是因为一般过氯乙烯色漆含多量颜料，只用增塑剂不足以浸润这样多的颜料，故须连同树脂液也一起用作研磨剂，所以采用密闭的球磨机较适合。其次，即使增塑剂量也很多，但由于考虑到漆的要求，有时不能多用浸润性好的可塑剂，这样在三轴磨上研磨也不甚适宜。还有根据实际操作的结果，用球磨机研磨所得的色浆黏度较低，在配漆时分散较易；如果是用三轴磨轧的色浆，配漆时就得仔细、逐步地将色浆调稀，以免未调开的色浆成团地悬浮在漆内。故选用球磨机是合适的。

仍以过氯乙烯漆为例，在溶解、研磨、配漆之后，需将漆过滤以除去各组分带入的机械杂质、操作过程引入的机械杂质及未分散好的颜料。可供选用的过滤机有离心机、压滤机和单轴磨等。单轴磨除起过滤作用外还有研磨作用；离心机转速快（15000r/min），过滤效力很强，但如果研磨和配漆的操作不好，就会使未充分分散的颜料分离出来，使漆的成分产生变化。而对于密度和漆液相近的杂质（例如存在于树脂中的胶质透明粒子），则需连续过滤多次才有效。采用压滤机时，压滤效能比离心机差，采用325目的滤网，透明粒子仍不能滤去。若目数高，过滤效率太低。故应以单轴磨为首选，如无单轴磨，则可选高速离心机连续过滤3~4次。

从上例可见，设备的选型必须充分考虑加工物料及设备的特性，对产品质量、工艺操作以及生产效率的影响等，且常需通过试验才能得到结论。

（4）生产工艺及操作规程的确定

在实验室进行产品配方研究时，对配方配制工艺作了实验研究，确定了产品小试配制工艺。通过模拟试验，对小试工艺又做了验证及必要的修正。但由于生产时采用的设备和规模不同，故前述试验选出的优惠工艺条件，在生产时不一定就是优惠条件。因此必须将实验确定的配制工艺在大的生产装备中进行试验。通常可在实验确定的最优工艺条件的基础上，在一定的范围内，设定两三个方案，按不同方案的工艺条件，在生产设备上进行产品的生产。然后进行产品性能测定，通过比较、选择最好的方案，并确定生产操作时各工艺条件允许的操作误差，为操作规程的确定提供依据。此工艺条件的验证与修正实验，最好采用优选法进行安排。

为了保证产品质量，正确的生产操作是至关重要的。由于操作者的专业水平通常都不高，故每种产品的生产都应制定详细的工艺操作规程，由技术负责人签署后下达，并对操作工进行技术培训。

工艺操作规程必须详细规定原料添加顺序，添加量，添加速度，添加时的条件，是否需要搅拌、保温、冷却或放置，如何确定某一步操作是否完成，如何采样，何时进行中间控制检测，如何出料，如何包装，等等。操作规程的条文，必须具体、明确，操作性应非常强，每点规定应以规范一步操作为宜。一个好的操作规程，应做到即使对化工了解不多的人，只要严格按规定操作，也能做出合格的产品。

（5）建立原料及产品质量检测制度

配方研究时，已确定了配方的原材料质量规格，一般来说原材料质量规格的要求不会随生产规模的变化而改变。故在扩大生产规模时，若在小试阶段已对原料质量和规格做了足够的研究的话，那么直接采用小试的结果即可。但亦有因设备材质与小试不同，对原料中的杂质要求不同，或因操作条件不同，对原料要求不同的情况，对此亦须注意。为保证产品质量，正规批量生产时，应建立原料质量检查制度，把好原料进货时的质量关，坚持原料先取样分析后投产的制度。对不符合要求的原料应不准进入生产过程。原料质量检查可采用随机抽样检查方法取样，按产品相应的国家标准或生产企业提供的企业标准进行检测。

成品的质量检测，是保证产品质量的最重要的、也是最后的一关，必须建立产品出厂前取样检查，合格产品须凭合格证出厂的制度。产品的检测，应严格按照产品质量标准指定的项目和方法进行。

12.3 复配型精细化学品开发研究实例

上述已对复配型精细化学品开发的基本原理、基本过程、基本方法等进行了较为系统的阐述，本节主要以作者多年来所开发的一些复配型精细化学品为例，具体介绍复配型精细化学品的研究开发过程。

12.3.1 乳液型硅油消泡剂的配制

在工业生产过程中，消除有害泡沫是一个重要的课题，通常采用的有效方法是化学消泡法，即在起泡体系中加入消泡剂。消泡剂是以低浓度加入起泡体系中，能控制泡沫产生的物质总称。实际生产中，由于起泡体系以及生产条件的不同，使用的消泡剂亦不尽相同，为满足各种需要，应生产出品种多样、性质各异的消泡剂。

在文献记载的消泡剂品种中，由于有机硅型消泡剂具有消泡能力强、化学稳定性高、生理惰性和高低温性能好等特性而被广泛应用。单纯的有机硅，如二甲基硅油，并没有消泡作用，需将其乳化后，表面张力迅速降低，使用很少量即可达到较强的破泡和抑泡作用，因而有机硅消泡剂的制备主要为复合型，研究的重点是配方技术和乳化工艺，尤其是乳化剂的筛选复配和用量的确定。

12.3.1.1 产品性能特征的确定

在文献中，有机硅型消泡剂有强酸介质用消泡剂，适用于消除和抑制弱碱性发泡液的消泡剂，以及更具体体系(如发酵体系、造纸工业、制糖工业等)中用消泡剂，未见有适用范围较宽的消泡剂产品的研究报道。同时，含硅乳液消泡剂的乳化剂用量一般为 6%～7%，有的高达 13%～15%，且贮存期较短，一般为 6 个月，有的仅为 3 个月。针对此种情况，本研究所研制产品具备的性能特征为：①在中性、酸性和碱性条件下均具有快速破泡作用和具有良好的抑泡性能；②贮存期达 12 个月以上仍保持性能不变；③乳化剂用量控制在 5%以下。

12.3.1.2　配方原理与结构设计

研究发现影响乳液型制剂稳定性和产品性能的因素有很多，包括内在因素和外部条件。例如，操作温度、加料顺序、均质时间以及均质速度等外部条件，可以通过规范操作而避免；但一些内在因素，如选用的乳化剂种类与 HLB 值、乳化剂用量、消泡成分的配比等，必须通过试验来确定；同时，二甲基硅油是较难乳化的一种原料。综此，在阅读文献资料的基础上，确定所研究的硅油乳液型消泡剂的结构设计如下：消泡成分确定为二甲基硅油和二氧化硅，采用复合乳化剂，确定复合乳化剂的 HLB 值、乳化剂种类与用量。

12.3.1.3　本研究中采用的测试方法

本研究中采用的性能测试指标包括：动态稳定性、消泡力、抑泡性、耐强酸/强碱性。

（1）动态稳定性

将制得的消泡剂乳液用去离子水稀释 10 倍后置于低速台式离心机中，3000r/min 离心 30min，观察分层情况。

（2）消泡力测定

发泡液：0.5%十二烷基苯磺酸钠水溶液。

向罗氏泡沫仪中加入 250mL 发泡液（0.5%十二烷基苯磺酸钠水溶液），通气鼓泡 5min，记下泡沫高度（用 mm 表示），然后加入 0.002g 的消泡剂乳液，同时开始观察消泡情况，并记录消泡时间。当泡沫高度降至 2cm 时，计算消泡速度。消泡速度＝泡沫高度/消泡时间。

（3）抑泡性测定

方法：振荡法。

在 100mL 具塞量筒中，加入 30mL 发泡液和 1 滴消泡剂（稀释 100 倍），在室温下竖直振荡 20 次后静止。待泡沫稳定记录泡高（用 mm 表示），同等条件下做一空白实验。

$$抑泡效率＝[（空白泡高-样品泡高）/空白泡高]×100\%$$

（4）耐强酸、强碱性测定

比较加硝酸（12.3%）、磷酸（1.6%）及氢氧化钠（4.8%）前后消泡剂的消泡及抑泡性能变化。

12.3.1.4　研究的内容和方法

二甲基硅油的溶解性和分散性、有机硅乳液消泡剂的稳定性和贮存期等均与乳液的稳定性有关，而乳液的稳定性则与乳化剂的乳化能力、乳化剂用量等有关。影响二甲基硅油乳液型消泡剂稳定性因素主要有两方面：乳化工艺和消泡剂配方。通常，乳化工艺包括三条路径：①乳化剂在水中法；②乳化剂在油中法；③轮流加入法。其中，乳化剂在油中法工艺成熟，所得产品均匀细腻，本实验采用此法，重点考察消泡剂的配方组成，尤其是乳化剂的筛选。

由于正交试验可以反映出多因素协同作用中影响因素的变化趋势，而且又能减少实验的次数、方便、简捷，所以本实验在确定复合乳化剂的基础上，采用 $L_9(3^4)$ 正交实验来优化最佳配方。

（1）复合乳化剂组成的确定

在有机硅乳液消泡剂研究的文献中，大多数文献均未介绍复合乳化剂的组成及配比，而实际配制中，同一 HLB 值下的不同复合乳化剂的组合，其乳化效果差异较大，因此本研究首先考察复合乳化剂的选择与配比。试验以 Span-60 和 Tween-60 为基础乳化剂，乳化剂的 HLB 值确定为 9，复配其他类非离子乳化剂进行实验，结果如表 12-4 所示。

表 12-4　不同乳化剂复配对消泡剂性能的影响

序号	乳化剂组成	性　能		
		动态稳定性	消泡速度/ mm·s^{-1}	抑泡效率/ %
1	Span-60—Tween-60—PEG300 单硬脂酸酯	略有分层	31.5	93.5
2	Span-60—Tween-60—PEG400 单硬脂酸酯	不分层	36.2	98.2
3	Span-60—Tween-60—PEG600 单硬脂酸酯	略有分层	29.6	87.6
4	Span-60—Tween-60—PEG800 单硬脂酸酯	分　层	25.4	81.5
5	Span-60—Tween-60—Span-20	略有分层	27.3	83.8
6	Span-60—Tween-60—Span-40	不分层	34.8	95.8
7	Span-60—Tween-60—Span80	明显分层	27.4	84.9
8	Span-60—Tween-60—Tween-20	略有分层	26.4	88.2
9	Span-60—Tween-60—Tween-40	分　层	28.1	82.3
10	Span-60—Tween-60—Tween-80	明显分层	23.9	80.1
11	Span-60—Tween-60	略有分层	30.6	94.2

表 12-4 中数据表明，用 HLB 值较小的亲油性乳化剂逐渐过渡到 HLB 值较大的亲水性乳化剂，按一定比例组成的乳化剂对原料进行乳化，得到的硅油乳液消泡剂的稳定性及消、抑泡性能均好（如 2 号和 6 号，2 号复合乳化剂的 HLB 值依次为 4.7-14.9-11.6，6 号为 4.7-14.9-6.7），而复合乳化剂的 HLB 值相差较大时，对硅油的乳化能力较差。

（2）消泡剂最佳配方确定

在制备乳液型有机硅消泡剂过程中，影响因素除复合乳化剂组成外，乳化剂用量、乳化剂的 HLB 值及二甲基硅油和二氧化硅的比例等都是重要的影响因素。为了考察这些因素的协同作用，实验过程中采用四因素三水平正交实验优化最佳配方，评价指标采用综合打分。实验安排见表 12-5，结果见表 12-6。

表 12-5　因素-水平

水　平	因　　　素			
	A	B	C	D
1	12：1	3.5	25	8.5
2	13：1	4.0	30	9.0
3	14：1	4.5	35	9.5

注：A：二甲基硅油：二氧化硅，质量比；B：乳化剂用量，%；C：Span-60 和 Tween-60 占乳化剂总量的百分比，二者比例为 1.4：1；D：乳化剂的 HLB 值（用 PEG400 单硬脂酸酯和 Span-40 调节）。

表 12-6　L$_9$(3^4) 正交实验结果

实验号	A	B	C	D	动态稳定性	消泡速度/ mm·s^{-1}	抑泡效率/ %	综合评分
1	A_1	B_1	C_1	D_1	差	20.9	82.4	8
2	A_1	B_2	C_2	D_2	优	35.1	98.4	24
3	A_1	B_3	C_3	D_3	良	29.8	86.5	16

实验号	A	B	C	D	动态稳定性	消泡速度/ $mm \cdot s^{-1}$	抑泡效率/ %	综合评分
4	A_2	B_1	C_2	D_3	良	22.6	90.8	16
5	A_2	B_2	C_3	D_1	中	26.3	88.4	14
6	A_2	B_3	C_1	D_2	优	34.2	94.3	22
7	A_3	B_1	C_3	D_2	中	25.8	84.7	12
8	A_3	B_2	C_1	D_3	良	23.6	86.9	14
9	A_3	B_3	C_2	D_1	中	19.4	87.6	10
K_1	48	36	44	32				
K_2	52	52	50	58	\multicolumn{3}{c}{$T=136$}		
K_3	36	48	42	46				
R	16	16	8	26				

注：动稳定性：优 8 分，良 6 分，中 4 分，差 2 分；消泡速度：>30 为 8 分，25~30 为 6 分，20~25 为 4 分，15~20 为 2 分；抑泡效率：>95 为 8 分，90~95 为 6 分，85~90 为 4 分，80~85 为 2 分。

比较表 12-6 中 9 个实验的综合评分，2 实验最高，其因素水平组合为 $A_1B_2C_2D_2$。计算比较 R 值可知，$R_D > R_A \approx R_B > R_C$，乳化剂的 HLB 值是主要因素。比较 K 值，较好的因素-水平组合为 $A_2B_2C_2D_2$，即：二甲基硅油与二氧化硅配比为 13：1、乳化剂用量是 4%、Span-60 和 Tween-60 占乳化剂总量的百分比为 30%、乳化剂的 HLB 值为 9 是最佳配方。

（3）验证实验与消泡剂耐酸碱性性能评价

为考察确定的配方是否最佳及性能是否优良，进行了 3 次平行实验，并对其耐酸碱性及与市售同类产品的性能进行了比较，结果如表 12-7 所示。

表 12-7　验证实验及性能评价

序号	动态稳定性				消泡速度/$mm \cdot s^{-1}$				抑泡效率/%			
	中性	NaOH	H_3PO_4	HNO_3	中性	NaOH	H_3PO_4	HNO_3	中性	NaOH	H_3PO_4	HNO_3
1	不分层	不分层	不分层	不分层	36.4	34.5	35.1	36.2	99.1	96.9	98.4	98.4
2	不分层	不分层	不分层	不分层	36.1	35.0	35.3	35.7	98.6	98.4	97.9	98.2
3	不分层	不分层	不分层	不分层	35.8	34.6	36.3	35.9	98.9	97.2	98.3	98.6
法-R114	不分层	不分层	不分层	不分层	36.2	33.3	36.2	37.2	98.9	94.1	99.2	99.4
SAG-662	不分层	不分层	不分层	不分层	35.6	36.7	33.6	34.2	98.1	99.6	97.3	94.6

由表 12-7 看出，所确定的配方优于正交试验中 2 号实验，且重复性较好；与市售同类产品比较结果表明：本产品在中性条件下与国内外产品性能相当，酸性条件下优于 SAG-662，与法-R114 性能一致，碱性条件下则优于法-R114 而与 SAG-662 接近。

（4）贮藏稳定性考察

有效贮存期是产品的一项重要指标，为考察本产品的贮藏稳定性，将制备的产品装于玻璃瓶中于室温下保存，每季度取样分析，结果列于表 12-8。

表 12-8　产品贮藏稳定性

项　目	贮 存 时 间			
	3 个月	6 个月	9 个月	12 个月
动态稳定性	不分层	不分层	不分层	不分层
消泡速度/$mm \cdot s^{-1}$	35.9	35.8	35.8	34.6
抑泡效率/%	99.1	98.5	98.2	96.4

通过上述实验研究，最终确定的最优配方为：硅油复合物（二甲基硅油：二氧化硅 = 13∶1）20%、复合乳化剂（Span-60 和 Tween-60 占乳化剂量的 30%，HLB 值为 9）4.0%、余者为去离子水。本产品性能稳定，即可在中性和碱性条件下使用，也可用于酸性条件下，适于较长期贮存。

（本项研究已在 The 2nd International Conference on Functional Molecules 上发表论文。）

12.3.2 汽车发动机清洗液的配制

汽油车或柴油车发动机中的污垢主要是积炭。积炭是燃料及润滑油在高温下因燃烧不完全而形成的。由于燃烧不完全，就产生油烟和润滑油被烧焦的微粒。它混合着燃烧后残留的油液经不断氧化而成胶质，以致被牢固地附在燃烧室内，随后在高温的不断作用下，胶质又被缩聚，依次向沥青质、油焦质、炭质逐渐转化，形成积炭。由于燃料系统积炭严重，最后导致车况变坏、油耗增加、功率下降、故障率升高、尾气排放污染物超标，直接影响了机动车辆的使用寿命。因此研制汽油与柴油车发动机清洗液非常重要。

目前国内市场上出售的汽车发动机积炭清洗液，多数是汽车大修时直接清洗发动机。由于汽油车或柴油车发动机中积炭的成分基本相同，本研究的配方可称为汽车发动机清净剂，其具有易分散、抗沉积、除炭等作用，且使用方便，即把清净剂作为一个组分配入节能剂中用作汽油添加剂复配物使用。清洗方法是将燃油与燃料系清洗液按一定比例混合后、以所需的流量和压力输送给怠速工作的发动机进行燃烧，清净剂与发动机燃烧室中的积炭、胶结物等发生化学反应，使其软化、分解、疏松和逐层剥落燃烧，然后随废气排出发动机体外，除炭净化率达 90% 以上。本产品研究的重点是配方技术，尤其是表面活性剂、除炭剂、增溶剂、助剂、润滑剂的筛选和用量的确定。

12.3.2.1 产品性能特征的确定

在文献中，汽车发动机清洗液清洗方法是汽车在大修时把发动机拆卸后再清洗，针对此种情况，本研究所研制产品具备的性能特征为：①汽车在正常行驶过程中直接把清洗液加入油箱中清洗。②汽车发动机清洗液既适合汽油车，也适用于柴油车。

12.3.2.2 配方原理与结构设计

去污的本质就是把污垢从被洗涤物上除去，将被洗涤物洗干净，在这个洗涤过程中，借助于某些化学物质（洗涤剂）以减弱污垢与被洗表面的黏附作用，并施以机械力，使污垢与被洗物分离。发动机清洗液的去污机理可用下式表示：

发动机·污垢 + 发动机清洗液—→ 发动机 + 发动机清洗液·污垢

清除积炭的过程是氧化的聚合物膨胀和溶解的过程。清洗液和积炭接触后，先在积炭层表面形成吸附层，而后由于分子之间的运动以及清洗液分子与积炭分子极性基的相互作用，使脱炭分子逐渐向积炭内部扩散，即能在积炭网状分子的极性基间生成键结合，使网状分子间的极性力减弱，破坏网状聚合物的有序排列，使之逐渐变松而被清除。汽车发动机的清洗液主要由去污剂（表面活性剂）、增溶剂、助剂、润滑剂等复组分配合而成，其基本配方如下：

AE（十二醇聚氧乙烯醚）作为本配方的去污剂（表面活性剂），它能减弱污垢与被洗物表面的黏附作用，使污垢与被洗物分离并悬浮于介质中，最后将污垢洗净冲走。

单乙醇胺作为本配方的助剂，能中和酸性物质。此助剂具有螯合、分散、乳化和阻碍污垢再沉积的作用。

油酸作为本配方的润滑剂，能够将发动机中各个零部件的摩擦系数降到最低值。

乙二醇单丁醚作为本配方的除炭剂，其与积炭接触后，先在积炭层表面形成吸附层，而后由于分子之间的运动以及除炭剂分子与积炭分子极性基的相互作用，最终将积炭清除掉。

丙二醇作为本配方的增溶剂，使胶束增大，有利于非极性有机化合物插入胶束"栅栏"间，使碳氢化合物的溶解量增大。

柴油或汽油作为本配方的溶剂，可使黏稠的积炭溶液稀释，使固体药剂在其中溶解，同时降低成本。

12.3.2.3　本研究中采用的测试方法

本研究中采用的性能测试指标包括：酸度、相对密度、稳定性、对橡胶的影响、铜片腐蚀性、机械杂质、清洗能力等。

（1）酸度的测试

根据 SH/T 0069 为引用标准。

量取 20mL 试样注入 50mL 烧杯中，将烧杯放在酸度计的台架上。把准备好的两个电极浸入试样中搅拌 3~5min，使整个系统达到平衡。打开酸度计上的测量开关，仪器的指针稳定在某一数值时，记录此数值。同一操作重复测定的 3 个结果之差不应大于 0.1pH 值。取重复测定结果的算术平均值作为实验结果并取至 0.001pH 值。

（2）相对密度的测定

SH/T 0068 为引用标准。采用比重容器法。

将比重瓶及瓶塞洗干净后干燥，然后冷却至室温，称重得 G_1。将蒸馏水的温度升至接近 30℃，然后注满比重瓶，盖上瓶塞后置于（30±1）℃的恒温水浴中 20~30min 后，比重瓶温度达到 30℃。然后取出比重瓶并用滤纸擦干外壁，立即称重得 G_3。倒出蒸馏水，依次用少量酒精、乙醚洗涤比重瓶，然后烘干冷却，按照上述方法称样品与瓶重得 G_2。按下式求得样品在 30℃时的相对密度：

$$d_4^{30} = (G_2 - G_1)/(G_3 - G_1) \times (\rho_{水}^{30}/0.999973)$$

式中，$\rho_{水}^{30}$ 为水在 30℃ 时的密度，为 0.9956502 g/cm³；0.999973 为水在 4℃ 时的密度，g/cm³。

（3）稳定性测定

①高温稳定性　量取 50mL 试样注入玻璃试管中，然后将带试样的玻璃试管放入恒温箱中，温度控制在（40±2）℃，保持 24h。取出试管，待试样恢复到室温后，将试样水平倾倒 5次，观察试样是否均匀，有无沉淀物或分层现象。

②低温稳定性　量取 50mL 试样注入玻璃试管中，然后将带试样的玻璃试管放入低温箱中，温度控制在（15±2）℃，保持 24h。取出试管，待试样恢复到室温后，将试样水平倾倒 5次，观察试样是否均匀，有无沉淀物或分层现象。

（4）对橡胶的影响

取两块同样大小的油封氯丁橡胶，精确称量每段试样在空气中的质量（精确到 0.1mg），按 GB/T 1690 的方法测量试件在蒸馏水中的质量（精确到 0.1mg），每块重（4±0.2）g。

在两个玻璃瓶中分别注入 75mL 清洗液试样，并将其放入已恒温到（70±2）℃的恒温箱内，待两个玻璃瓶中的清洗液试样温度达到（70±2）℃后取出，立即将已称重的橡胶试件分别浸没在两个装有清洗液试样的玻璃瓶中，盖上盖子。再放回已恒温到（70±2）℃的恒温箱内，保持 30min。取出橡胶试片后，立即用 95% 乙醇清洗干净，晾干，观察表面是否有鼓泡、脱落等变质现象，并精确称量每块橡胶试件（精确到 0.1mg）。橡胶试件体积变化率 ΔV（%）按下式计算：

$$\Delta V = \frac{(m_3 - m_4) - (m_1 - m_2)}{m_1 - m_2} \times 100\%$$

式中，m_1 为试验前橡胶试件质量，g；m_2 为试验前橡胶试件在水中的质量，g；m_3 为实验后橡胶试件质量，g；m_4 为试验后橡胶试件在水中的质量，g。

（5）铜片腐蚀的测定

① 腐蚀水　将 148mg 无水硫酸钠、165mg 氯化钠、138mg 碳酸氢钠溶解在 1L 蒸馏水中，即得到腐蚀水。

② 测定步骤　取一标准铜片（25mm×50mm），再用砂纸将铜片打磨干净，称其质量（精确至 0.1mg）m_1，备用。

取两个 100mL 锥形瓶，分别加入 10mL 试样和 10mL 腐蚀水，然后将两个准备好的铜片分别放入两个锥形瓶中。再接上回流冷凝管，放在（88±3）℃的恒温水浴箱中，保持 24h。取出锥形瓶，待温度降至室温时取出两个铜片，同时用 95% 乙醇清洗干净，晾干。此时称量放在试样中的铜片的质量（精确至 0.1mg）为 m_2，并观察放在试样中的铜片外观与放在腐蚀水中的铜片外观相比较。铜片腐蚀率按下式计算：

$$X = \frac{m_1 - m_2}{m_1} \times 100\%$$

式中，m_1 为浸泡前铜片的质量，g；m_2 为浸泡后铜片的质量，g

（6）机械杂质的测定

将试样和汽油预先加热到 40~80℃，再将定量滤纸放在有盖的称量瓶中，在 105~110℃的烘箱中干燥 30min，然后盖上盖子放在干燥器中冷却 30min，进行称量，质量为 G_1（精确至 0.0001g），备用。

从上述预热好的试样中取 5g（精确至 0.1g），放在烧杯中。再取为试样 6 倍量的汽油即 30g 也放在烧杯中，并用玻璃棒搅拌。

趁热将试样溶液用恒重好的滤纸过滤，该滤纸是安置至固定于漏斗架上的玻璃漏斗中，溶液沿着玻璃棒倒在滤纸上，过滤时倒入漏斗中的溶液高度不得超过滤纸的 3/4。

在带有沉淀的滤纸和过滤器冲洗完毕后，将带有沉淀的滤纸放在已恒重的称量瓶中，敞开盖子，放在 105~110℃烘箱中干燥不少于 1h，然后盖上盖子放在干燥器中冷却 30min，进行称量，质量为 G_2（精确至 0.0001g）。按下式计算机械杂质含量：

$$X = \frac{G_2 - G_1}{G} \times 100\%$$

式中，G_2 为带有机械杂质的滤纸和称量瓶的质量，g；G_1 为滤纸和称量瓶的质量，g；G 为试样质量，g。

取平行测定两个结果的算术平均值作为实验结果，机械杂质的含量在 0.005% 以下时，认为无。

（7）清洗能力的测定

人工污渍：将白凡士林、三氧化铝和活性炭各 1 份，羊毛脂 2 份，钙基脂 4 份等组分混合，于 120℃左右熔融并搅拌均匀即得。

将打磨并清洗过的试片放在天平上称重 m_1（精确至 0.1mg）。分别将试片浸入预先加热到约80℃的人工污渍中浸涂5min以上，污物浸涂量为110~120mg。待试片与人工污物温度相同后，取出沥干20min。刮去试片底部聚集的油滴，称重m_2(精确至0.1mg)。将浸油并称重后的试片分别浸入三个盛有500mL、(80±2)℃清洗液中，立即开始计时。静浸3min，摆洗3min，取出试片，再在500mL、(80±2)℃的蒸馏水中摆洗10次，取出试片立即在(70±2)℃的恒温箱中保持30min取出，将试片冷却至室温后称重m_3(精确至0.1mg)。按下式计算清洗率h：

$$h = \frac{m_2 - m_3}{m_2 - m_1} \times 100\%$$

式中，m_1为打磨并清洗过的试片质量，g；m_2为浸油后试片的质量，g；m_3为清洗后试片的质量，g。

说明：以人工污渍为对象的测定结果记为净洗力，以实际污渍为对象的测定结果记为实际净洗力。

12.3.2.4 研究的内容和方法

（1）配方确定

经过配方筛选，在前人的配方研究基础上，加以改进拟定了如下的配方：以总量100g为标准，在室温下称量药品，依次加入AE（十二醇聚氧乙烯醚）、6501（椰子油酰乙二醇胺）、乙二醇单丁醚、单乙醇胺、油酸、丙二醇、柴油到烧杯中，同时将磁子也放入到烧杯中，用磁力加热搅拌器搅拌1h，得到样品。

配方实验中，丙二醇和6501（椰子油酰乙二醇胺）的量是固定的，对AE（十二醇聚氧乙烯醚）、乙二醇单丁醚、单乙醇胺、油酸进行考察。采用四因素三水平正交实验进行优化配方（见表12-9）。

表12-9　正交实验设计的因素与水平

水　平	因　　　素			
	乙二醇单丁醚/g(A)	AE/g(B)	单乙醇胺/g(C)	油酸/g(D)
1	11.0	5.0	3.5	18.0
2	12.0	6.0	4.0	20.0
3	13.0	7.0	4.5	22.0

（2）性能评价

对汽车发动机清洗液的酸度、相对密度、高/低温稳定性、橡胶腐蚀性、铜片腐蚀性、净洗力、机械杂质、实际净洗力测定结果进行综合等级打分。根据对测定指标的打分可以确定各组配方性能的好坏，进而以确定最佳配方及考察因素对配方影响的大小。结果见表12-10，汽车发动机清洗液的正交实验结果的直观分析见表12-11。

表12-10　正交实验指标等级打分结果

序　号	各　指　标　等　级　打　分　结　果									
	酸度	相对密度	高温稳定性	低温稳定性	橡胶腐蚀性	铜片腐蚀性	清洗率		机械杂质	总分
							净洗力	实际净洗力		
1	3	2	3	3	2	3	1	1	3	21
2	2	1	3	3	2	3	3	1	1	19

| 序号 | 各指标等级打分结果 | | | | | | | | | 总分 |
| | 酸度 | 相对密度 | 高温稳定性 | 低温稳定性 | 橡胶腐蚀性 | 铜片腐蚀性 | 清洗率 | | 机械杂质 | |
							净洗力	实际净洗力		
3	2	1	3	3	2	2	3	1	2	19
4	3	3	3	3	3	2	2	3	1	23
5	3	3	3	3	2	2	2	2	3	23
6	2	1	3	3	1	2	2	2	3	19
7	1	2	3	3	2	3	2	2	3	21
8	3	2	3	3	2	2	2	2	2	21
9	1	2	3	3	2	3	2	2	2	20

由表 12-11 中数据可知，配方中各组分对产品综合指标影响主次为：$R_B > R_A > R_D > R_C$，即 AE(十二醇聚氧乙烯醚)的加入量是配方中影响最大的组分，其次是乙二醇单丁醚的含量，然后是油酸的含量，最后是单乙醇胺的含量。

表 12-11　正交实验直观分析表

实验号	A	B	C	D	综合评分
1	A_1	B_1	C_1	D_1	21
2	A_1	B_2	C_2	D_2	19
3	A_1	B_3	C_3	D_3	19
4	A_2	B_1	C_2	D_3	23
5	A_2	B_2	C_3	D_1	23
6	A_2	B_3	C_1	D_2	19
7	A_3	B_1	C_3	D_2	21
8	A_3	B_2	C_1	D_3	21
9	A_3	B_3	C_2	D_1	20
K_1	59	65	61	64	
K_2	65	63	62	59	
K_3	62	58	63	63	
k_1	19.67	21.67	20.33	21.33	
k_2	21.67	21.00	20.67	19.67	
k_3	20.67	19.33	21.00	21.00	
R	2.00	2.34	0.67	1.66	

根据表 12-11 中数据，可以作出各因子水平与 k 值的关系图(直方图)，见图 12-2~图 12-5。

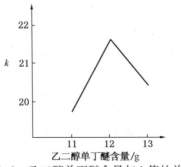

图 12-2　乙二醇单丁醚含量与 k 值的关系

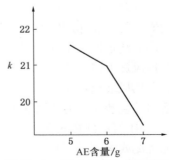

图 12-3　AE 含量与 k 值的关系

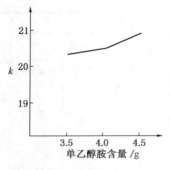
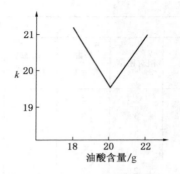

图 12-4　单乙醇胺含量与 k 值的关系　　　　图 12-5　油酸含量与 k 值的关系

正交实验直观分析有：①因子与指标的变化规律，从直方图可看出因子的变化对指标的影响规律；②因子影响指标的主次顺序，极差的大小反映了各因素对配方指标的影响大小，各因素极差大小顺序为 AE>乙二醇单丁醚>油酸>单乙醇胺，反映出在各组分取值范围内，AE 对配方影响最大，单乙醇胺对配方影响最小；③选出最优方案，本例的最优方案为 $A_2B_1C_3D_1$，即乙二醇单丁醚 12.0g、AE 5.0g、单乙醇胺 4.5g、油酸 18g。

（3）最佳条件验证实验

为验证所确定 $A_2B_1C_3D_1$ 是否为最佳配方，安排了 3 次平行实验进行验证，结果见表12-12。

表 12-12　最佳条件验证实验性能测定结果表

序　号	各 指 标 等 级 打 分 结 果									
	酸度	相对密度	高温稳定性	低温稳定性	橡胶腐蚀性	铜片腐蚀性	清洗率		机械杂质	总分
							净洗力	实际净洗力		
1	2	2	3	3	2	3	3	3	2	24
2	2	2	3	3	2	3	4	3	2	25
3	3	2	3	3	2	4	3	3	2	25

由表 12-12 可知，所确定的配方均优于 9 组正交实验，且重复性较好，至此证明实验成功，所确定的最优方案为：乙二醇单丁醚 12.0g、AE5.0g、单乙醇胺 4.5g、油酸 18g。

12.3.3　汽车挡风玻璃清洗剂的配制

在我国，汽车挡风玻璃清洗剂是近几年发展起来的一种清洗剂。汽车挡风玻璃清洗剂产品的标准，最完善的是日本的 JIS K2398—2001《汽车风挡玻璃清洗剂》。该标准详细规定了各项技术指标：外观，冰点，pH 值，高温稳定性，低温稳定性，去污力，对金属、橡胶、塑料、涂料的影响等。发达国家的汽车公司，如美国通用公司、美国国防部和英国国防部，对汽车挡风玻璃清洗剂的民用和军用产品，制定了相关的标准。我国有关部门，也在加紧研究和申报汽车挡风玻璃清洗剂产品相关的国家行业标准。

合格的汽车挡风玻璃清洗剂产品，外观应为无分层、无沉淀的液体，气味符合规定香型，如果是透明外包装，应为透明液体。冰点符合规定要求，如冬季-30℃产品，冰点应小于等于-30 ℃。pH 值最好在 6.0 ~7.5 范围之内。产品在较高和较低温度下存放一段时间，恢复室温后无沉淀或溶剂分层的现象。产品在一段时间内溶解大部分模拟污垢，产品对金属、橡胶、无影响等。

12.3.3.1 产品性能特征的确定

优质的汽车挡风玻璃清洗剂主要由水、酒精、乙二醇、缓蚀剂及多种表面活性剂组成。主要具有如下性能特征。

（1）清洗性能

汽车挡风玻璃清洗剂是由多种表面活性剂及添加剂复配而成。表面活性剂通常具有润湿、渗透、增溶等功能，从而起到清洗去污的作用。

（2）防冻性能

酒精、乙二醇的存在，能显著降低液体的冰点，从而起到防冻的作用，能很快溶解冰霜。

（3）防雾性能

玻璃表面会形成一层单分子保护层。这层保护膜能防止形成雾滴，保证挡风玻璃清澈透明，视野清晰。

（4）抗静电性能

用汽车挡风玻璃清洗剂清洗后，吸附在玻璃表面的物质，能消除玻璃表面的电荷。

（5）润滑性能

车窗中含有乙二醇，黏度较大，可以起润滑作用，减少雨刷器与玻璃之间的摩擦，防止产生划痕。

（6）防腐蚀性能

汽车挡风玻璃清洗剂中含有多种缓蚀剂，对各种金属没有任何腐蚀作用，保证汽车面漆、橡胶绝对安全。

12.3.3.2 汽车玻璃清洗剂的配制原则

由于汽车挡风玻璃光滑透明，对玻璃洗涤剂的要求是既具有高洗净能力，又不能侵蚀玻璃表面。所以在选择清洗剂的各种成分时，一般应满足下列条件：

① 对挡风玻璃外表面的冲洗具有良好的清洗效果，不留痕迹，对玻璃无损伤。

② 所选用的各组分与各种不同型号的汽车挡风玻璃中的成分不应有互溶现象，否则清洗后易使玻璃变雾，不易清洗干净。

③ 使用的溶剂和助剂挥发性要好，以免清洗后汽车挡风玻璃上留有条纹。并且要求对汽车本身无不良影响，不污染周围环境，清洗剂对人体无害。

12.3.3.3 本研究中采用的测试方法

（1）pH值的测定方法

根据中华人民共和国石油化工行业标准SH/T 0069—1991测定。

① 仪器的校正　接通pH仪电源，稳定30min，然后按仪器说明进行调节。将电极浸入到所选择的缓冲溶液中，将缓冲溶液摇动几下并观察其温度。然后把pH仪中温度调节旋钮调到与缓冲溶液的温度一致。随后调节测定pH值的指针，使其所表示的数值与缓冲溶液的数值相一致。用蒸馏水冲洗电极，并用滤纸将电极上的水吸干，然后将电极浸入到另一个缓冲溶液中，此时pH仪读数应与缓冲溶液的pH值之差在0.05pH值内，如果不符，则表明电极有故障，应更换电极重新校正。

② 检测步骤　量取100mL试样注入到150mL烧杯中，将烧杯放在pH仪的台架上。把准备好的两个电极浸入到试样中，搅拌3~5min，使整个系统达到平衡。

打开pH仪上的测量开关，当仪器上显示某一数值时，记录该数值并重复测定2次。取重复结果的算术平均值作为实验结果，并取至0.1pH。

（2）金属腐蚀性的测定方法

① 试样的准备　将汽车玻璃清洗剂浓缩液用事先制备好的腐蚀水配成冰点为（−18±1）℃的试样（本实验中配制的体积比为 1 : 5）。

② 金属片的准备　将金属片的棱角、四个边以及通孔先用粒度为 150 号的砂纸打磨，再用 180 号砂纸打磨到表面不得有凹坑、划痕以及锈迹，最后再用 240 号砂纸打磨。磨好的试片不要再用手接触，并且要尽快用无水乙醇清洗，干燥后称重（精确至 0.1mg）。

③ 实验步骤　彻底清洗实验所用的烧瓶、橡胶塞、温度计以及回流冷凝管。将准备好的试片束放入烧瓶中并加入 300mL 试样，进行回流冷凝。温度控制在（88±2）℃，时间为 24h。

实验终了时，要立即取出试片束，用软毛刷轻轻刷洗并进行称量，以确定金属试片的损失值。

（3）冰点的测定方法

① 定义　在没有过冷的情况下，冷却液开始结晶的温度；或在过冷的情况下，冷却液最初形成结晶后迅速回升所达到的最高温度。

② 准备工作及实验步骤　向冷却浴中注入工业乙醇。其液面高度要适当，即冷却管放入时即不逸出又足以使其液面高于冷却管内试样的高度。向冷却浴中加入固体二氧化碳，每次加入量不可过多，否则容易使工业乙醇逸出。

固体二氧化碳不断加入不断融化，致冷剂温度随之迅速下降，当固体二氧化碳加入到一定数量时，融化速度明显减慢。当试样预冷到比预期冰点高 8℃时就可以进行实验了。

实验过程中要注意观察，当被测样品出现结晶时要迅速记录此时的温度，该温度即为该样品的冰点。

（4）平衡回流沸点的测定方法

① 仪器的校正　进行实验时，必须采用经过校正的温度计。

将经过校正的温度计插入烧瓶的侧口中，插的深度以水银球距烧瓶底部的中心 6.5mm 为准，温度计与烧瓶侧口可用一段橡胶管缠绕，以免漏气。

取 60mL 试样装入烧瓶中并放入 3~4 粒沸石。将清洁干燥的冷凝管插入烧瓶中，并将烧瓶放在电热套上，冷凝管的上部用夹子固定在铁架台上，在冷凝管的进、出水口上分别接上橡胶管，并使冷凝管夹层充满水。

当一切准备工作完成后，即可以进行加热。调节加热速度，使试样在 10min 内达到沸腾，沸腾之后，缓慢地降低加热速度，使其在 10min 内回流速度达到每秒 1~2 滴。仔细观察回流速度，在保持规定的回流速度 2min 后，再读取温度，并记录观测到的温度和实验时的大气压。

② 计算　对温度计进行校正后，再对所观测到的温度进行大气压力差校正，可利用下表来确定大气压力差校正系数或根据公式直接进行计算（见表 12−13）。

表 12−13　校正温度计

经修正后的温度计观测温度/℃	单位标准大气压力与实际大气压力之差的温度校正系数/（℃/kPa）
<100	0.23
100~190	0.30
>190	0.30

注：实验时的大气压力若低于标准大气压力，试样沸点即将经温度计读数修正后的观测温度值加上大气压力差乘以表中系数所得的校正值；实际大气压力若高于标准大气压力，就减去所得的校正值。

试样沸点的大气压力差温度校正值 $C(℃)$ 也可按下式计算：

$$C = 0.0007126(101.3 - p)(273 + t)$$

式中，p 为试验时的实际大气压力，kPa；t 为经修正后的温度计观测温度，℃。

对观测到的温度经过温度计读数修正和大气压力差校正后，作为试样的平衡沸点，结果报告至 0.5℃。

12.3.3.4 研究的内容和方法

（1）配方确定

目前对于汽车挡风玻璃清洗剂还没有相应的标准，因而在实验中采取了直接观察的方法，即直接把清洗剂喷射在玻璃上，然后用汽车雨刷器擦拭，观察玻璃是否光亮，有没有水纹。然后，根据配制原则，从众多配方中筛选出洗涤效果较好的配方，选取最佳用量及范围，确定了基础实验配方（见表 12-14）。

表 12-14　汽车挡风玻璃清洗剂基础配方

组分	十二烷基苯磺酸钠	癸二酸	NaOH	BTA	380	乙醇	去离子水
用量/g	0.1	2	1	0.1	0.1	160	75

按日本的"JIS K2398—2001"标准对按表 12-14 中配制的产品的进行了分析，结果见表 12-15。

表 12-15　汽车挡风玻璃清洗剂检测结果

考察项目	pH 值	冰点	平衡回流点	金属腐蚀性/mg		
				铜片	铝片	钢片
检测结果	7.12	−35℃	84℃	−0.2312	−0.6442	−0.2350

（2）实验方案

分析表 12-14 配方中各组分的功能发现，对于汽车挡风玻璃清洗剂除具有一定的去污作用（表面活性剂，如十二烷基苯磺酸钠）、降低清洗剂冰点（乙醇）外，此类产品应重点考察产品对金属的腐蚀性。根据表 12-14 配方中，BAT（苯并三氮唑）对铜起保护作用，380（羧酸盐）对铝起保护作用，而癸二酸钠则对钢起保护作用，因此实验方案的重点是考察清洗剂对金属的腐蚀性。由此，配方的优化实验方案原则是：在表 12-14 配方的基础上，选择 380、癸二酸、BAT 作为考察因素；其水平是以表 12-14 配方中的相应配比量为中间量进行试验。实验方案的因素水平见表 12-16。

表 12-16　正交实验因素水平表

水　平	因　素		
	380(A)/g	癸二酸(B)/g	BTA(D)/g
1	0.07	1	0.07
2	0.10	2	0.10
3	0.13	3	0.13

（3）实验结果与分析

实验过程中，根据日本工业标准校订的 JIS K2398—2001《汽车挡风玻璃清洗剂》标准（见表 12-17）进行分析测试，试验与分析结果见表 12-18。

表 12-17　汽车挡风玻璃清洗剂标准

项　　　目	标　　　准
外观	浅蓝色透明液体或无色透明液体，无漂浮物及其他沉积物，没有不良气味
pH 值	6.5~7.5
金属腐蚀性[（50 ± 2.0）℃，48 h]/mg	
铜	±0.15
钢	±0.80
铝	±0.30
冰点/℃	≤-35
平衡回流沸点/℃	84~87

　　根据对正交实验各考察项目与表 12-17 中标准进行比较，可以清楚地看出：9 组正交实验中的冰点全部合格，而其他项目或多或少都存在一些问题，其中 3 号实验所得产品的各项指标均达到 JIS K2398—2001 标准，且优于表 12-14 配方产品。

表 12-18　$L_9(3^3)$ 正交实验方案与试验结果

序号	因　　素			检　测　项　目					
	A	B	C	pH 值	冰点/℃	平衡回流点/℃	金属腐蚀性/mg		
							铜	钢	铝
1	A_1	B_1	C_1	8.27	-40.0	84.5	-1.62	-0.45	-1.86
2	A_1	B_2	C_2	7.31	-46.2	85.0	-0.57	-1.03	-0.31
3	A_1	B_3	C_3	7.26	-48.0	85.3	-0.03	-0.24	-0.12
4	A_2	B_1	C_3	7.48	-43.9	84.1	+0.51	-0.56	9.85
5	A_2	B_2	C_2	7.94	-46.7	83.6	-0.61	-0.89	-0.15
6	A_2	B_3	C_1	8.12	-45.3	83.4	-0.33	-6.25	-0.13
7	A_3	B_1	C_2	8.05	-47.2	83.5	-3.16	-6.28	-8.57
8	A_3	B_2	C_2	7.83	-46.8	83.5	-3.86	-2.36	-5.88
9	A_3	B_3	C_1	7.84	-47.8	84.2	+3.55	+7.99	-1.99

注：产品性状：全部为透明液体，无沉淀生成。

（4）重复验证实验

　　根据对正交实验各考察项目的分析比较，最终确定 3 号实验所得产品为最佳结果，即表 12-14 配方调整为表 12-19 中配方。

表 12-19　汽车挡风玻璃清洗剂调整配方

组分	十二烷基苯磺酸钠	癸二酸	NaOH	BTA	380	乙醇	去离子水
用量/g	0.1	3（原2）	1	0.13（原0.1）	0.07（原0.1）	160	75

　　为了验证所确定的配方是否较优以及其重复性，按照 3 号实验的配方（即表 12-19 配方）进行 3 次重复实验，实验结果见表 12-20。

　　由表 12-20 中结果可知，按照上述试验研究所确定的配方（表 12-19）配制的汽车风挡玻璃清洗剂，各项检测指标均达到 JIS K2398—2001《汽车风挡玻璃清洗剂》的要求，而且重复性较好，证明所得产品为合格产品，可以按照该配方进行生产。

表 12-20　重复实验结果表

序号	检测项目					
	pH 值	冰点/℃	平衡回流点/℃	金属腐蚀性/mg		
				铜	钢	铝
1	7.36	85.3	-46.8	-0.02	-0.25	-0.16
2	7.11	84.9	-43.9	-0.07	-0.23	-0.17
3	7.32	84.1	-47.5	-0.03	-0.24	-0.15

注：产品性状：全部为透明液体，无沉淀生成。

本试验所确定的汽车挡风玻璃清洗剂为全有机型配方，该配方性能稳定，经过 48h/50℃ 金属腐蚀性实验，证明对金属如紫铜、钢、铝基本无腐蚀。该配方不含磷酸盐、亚硝酸盐、硅酸盐、硼酸盐等无机酸盐，且不含有甲醇。选用的表面活性剂生物降解性好，环境污染小，低毒，符合日本汽车挡风玻璃清洗剂工业标准及环保要求。研制的汽车挡风玻璃清洗剂含表面活性剂和挥发性溶剂，不用水洗，对汽车挡风玻璃的污垢具有良好的去除能力，且使用方便、快捷；生产工艺简单，成本低，且可四季使用。

12.3.4　环保型液体洗涤剂的配制

与固体洗涤剂相比，液体洗涤剂具有使用方便、溶解速度快、低温洗涤性能好的特点，还具有配方灵活、制造工艺简单、设备投资少、节省能源、加工成本低、包装漂亮的优点，越来越受到消费者的欢迎。随着人民生活水平的提高，人们对于洗涤用品的需求也日益多样化，要求洗涤剂能去除各种顽固性污渍，漂洗方便，洗后增白，不泛黄，又要求手洗用的洗涤剂不刺激皮肤且具有杀菌等功能。

焦磷酸钠、三聚磷酸钠，因为其去污力强、洗涤效果好被用作许多洗涤剂中的助剂，但是富磷污染已成为一个不可忽视的问题，因此，开发一种无磷但去污力同样很强的环保型洗涤剂是必然的趋势。

12.3.4.1　产品性能特征的确定

预研制的液体洗涤剂为无公害产品，所用的原材料微生物降解率高，不含强酸、强碱、磷等有害成分，对环境不产生污染；该产品可快速洗去衣物上的动物油、植物油、矿物油等油污并具有杀菌的效果，具有一定的应用价值。

12.3.4.2　环保型液体洗涤剂的配方组成

表面活性剂：AEO-9、AEO-3、6501、AES 等非离子、阴离子表面活性剂均具有对皮肤刺激性小，去污力强，微生物降解率高，配伍性良好等特点；选用的杀菌剂为阳离子表面活性剂——新洁尔灭。

助剂：柠檬酸钠、乙醇、油酸钠、甲苯磺酸钠、柠檬酸、乙二醇丁醚等。

12.3.4.3　实验中采用的测试方法

（1）稳定性实验

将样品分成 3 份，分别密封于瓶中，第一份置于 (40±2)℃ 的烘箱中，放置 24h 取出，检查有无分层现象；第二份置于 (-5±2)℃ 的冰箱中，放置 24h 取出，自然恢复到室温，检查有无分层和沉淀现象；第三份自然存放，定期观察所发生的变化。

（2）表面活性剂含量的测定

按 GB/T 13173.2—1991 所述方法进行。

（3）pH 值的测定

按 GB/T 6368—1993 所述方法进行。

（4）去污力测定

衣物上的污垢普遍较重，因此按 QB 511—1979 的方法进行测定和计算。

（5）黏度

用乌氏黏度计测定。

（6）产品外观分析

待产品稳定后，用眼观察其颜色及透明度。

（7）泡高的测定

用罗氏泡沫仪。

12.3.4.4　研究的内容和方法

（1）实验操作

将定量的 AEO-9、AEO-3、6501 混合于 250mL 烧杯中，加入去离子水和定量的柠檬酸钠，放入恒温水浴锅中（复配温度控制在 40℃左右），开动均质机并计时，待混合均匀后加入定量的新洁尔灭，再依次加入乙醇、乙二醇丁醚，最后加入适量的防腐剂、香精及调色剂，继续搅拌一定时间后，停止。

（2）配方的优选

为了选择较佳的复配工艺条件，如复配温度、乳化时间、AEO 与 AES 的物料配比、溶剂用量等，在单因素实验的基础上选用 $L_8(2^7)$ 正交表做正交实验。正交实验的因素水平见表 12-21，正交实验结果见表 12-22。

表 12-21　复配的因素水平

水平	因素								
	A/%			B/%	C/%	D/%	E/min	F/℃	G/%
	AEO-9	AEO-3	6501	AES	乙醇	乙二醇丁醚	乳化时间	温度	新洁尔灭
1	6	2	4	6	10	7	120	40	3
2	5	3	5	7	12	5	90	45	4

表 12-22　复配的正交实验及结果分析

实验号	A	B	C	D	E	F	G	去污比值 K
1	1	1	1	1	2	1	1	1.08
2	1	1	1	2	1	2	2	1.03
3	1	2	2	1	2	2	2	1.34
4	1	2	2	2	1	1	1	1.45
5	2	1	2	1	1	2	1	1.11
6	2	1	2	2	2	1	2	1.05
7	2	2	1	1	1	1	2	1.23
8	2	2	1	2	2	2	1	1.01
K_1	4.9	4.27	4.35	4.54	4.72	4.81	4.65	
K_2	4.4	5.03	4.95	4.76	4.58	4.49	4.65	
R	0.5	0.76	0.6	0.22	0.14	0.22	0	

从上述结果的极差可知，对去污力影响的顺序为 $B>C>A>F>D>E>G$，从各因素对产品指标影响的不同数据可以分析出：表面活性剂在配方中的作用为洗涤，去除污垢，其用量直接影响产品的去污力，若用量多，虽然有好的去污力，但会提高成本并使溶液碱性偏高，不适宜于手洗；乳化时间的长短对洗涤剂溶液的稳定性及均匀度有一定的影响，乳化时间太短，溶液不均匀并且稳定性会减弱；溶剂的用量也有一定的选择性，用量过多会使产品的黏度降低，降低去污能力；用量过少又会使溶液黏度过大，不利于搅拌，各组分将不能充分混合接触，得不到透明均匀的溶液。另外阴离子表面活性剂 AES 在高温下较容易分解，因此，整个操作温度不宜过高。

综合上述对实验结果的分析，可以选出较佳的配方为 $A_1B_2C_2D_2E_1F_1G_1$，结果见表12-23。

表 12-23　复配的较佳配方组合

项目	AEO-9/%	AEO-3/%	6501/%	AES/%	乙醇/%	乙二醇丁醚/%	乳化时间/min	温度/℃	新洁尔灭/%
条件	6	2	5	7	12	5	120	40	3

（3）配方的进一步优化

通过正交实验已选出较好的实验方案，是否为最好的实验条件，需要进一步验证。将表12-23进一步做延伸实验，结果相差不大。实验中可以看出，此配方在性能方面比较完善，但在组成及成本方面，又存在些不足。归纳为：①采用去离子水使成本不太乐观。②色泽方面与同类产品不同，不能符合大众眼光，因此需要对配方进行进一步优化。首先，改用自来水代替去离子水进行复配，结果溶液中有细小悬浮物，不太澄清透明，稳定性也不好，出现沉淀物，可能是硬水中 Ca^{2+}、Mg^{2+} 带来的负面影响，选用价格适宜的柠檬酸钠作为螯合剂，来减少水中离子的影响，同时，柠檬酸钠又作为一种助剂，使此配方的组成更加完善。其次，色泽方面选用油酸钠既可以起到调色作用又兼作助洗剂。再次，配方中柠檬酸钠用量占1.5%、油酸钠占0.5%，其他条件不变，结果得到浅黄色透明溶液，黏度适中，为弱碱性，稳定性、去污力符合标准。

综上，配方的最佳组合为：AEO-9 6%、AEO-3 2%、6501 5%、AES 7%、乙醇 12%、乙二醇丁醚 5%、新洁尔灭 3%、柠檬酸钠 1.5%、油酸钠 0.5%、防腐剂及香精适量，其余为水，乳化时间 120min，复配温度 40℃。所得产品测定的各项指标见表12-24。

表 12-24　洗涤液的各项指标

项　　　　目	指　　标	项　　目	指　　标
外观	不分层，无沉淀，均匀	泡沫[（25±1）℃]/mm	82
气味	无其他异味	表面活性剂含量/%	≥20
pH 值	8	黏度/Pa·s	0.98
去污力比值	>1	冷热稳定性	均匀，不分层

（4）放大实验

在上述配方的基础上进行了放大实验，放大到 5 倍，实验结果显示与少量复配时结果相同，达到各项检测指标的要求。

（本项研究已在《河北化工》2003 年第 5 期上发表论文。）

12.3.5 固体酒精的配制

随着人民生活水平的日益提高,火锅已经成为人民在冬季餐桌上的美味佳肴。以酒精做火锅燃料,易点燃,燃烧升温快,易挥发,无毒害。但液体酒精在使用时既不方便,也不安全。在添加时,必须将酒精炉熄灭或燃烧完全后再添加并点燃,否则容易引起火灾或烧伤事故。为了解决这个问题,将液体酒精固化,研制一种安全、卫生、方便的新型燃料——固体酒精,便具有安全、实用、方便的意义。

固体酒精的合成工艺已有较多研究,制备方法也很多。但固体酒精的制备工艺与性能的研究还未见报道。本研究在前人工作的基础上,参照文献的研究方法,对固体酒精的配制工艺进行了优化,在此基础上研究了固体酒精的制备工艺与性能的关系。

12.3.5.1 产品性能特征的确定

预研制的固体酒精为固体燃料,所制成的产品,硬度应适中、外观均匀透明、燃烧时间较长、残渣量小;同时,制备过程中凝固温度较高(>30℃)、凝固时间较短(<15min)。

12.3.5.2 固体酒精的配方原理与组成

固体酒精,即让酒精从液体变成固体,是一个物理变化过程,其主要成分仍是酒精,化学性质不变。其配方原理为:用一种可凝固的物质来承载酒精,包容其中,使其具有一定形状和硬度。硬脂酸与氢氧化钠混合后将发生下列反应:

$$C_{17}H_{35}COOH+NaOH \longrightarrow C_{17}H_{35}COONa+H_2O$$

反应生成的硬脂酸钠是一个长碳链的极性分子,室温下在酒精中不易溶。在较高的温度下,硬脂酸钠可以均匀地分散在液体酒精中,而冷却后则形成凝胶体系,使酒精分子被束缚于相互连接的大分子之间,呈不流动状态而使酒精凝固,形成了固体状态的酒精。

配方组成:主成分为酒精(工业级),其量固定;固化剂:硬脂酸、氢氧化钠。

12.3.5.3 实验中采用的测试方法

(1)燃烧性能测定

称取一定质量的固体酒精制品,放入燃烧钵中,采用固定装置,点燃样品,测定开始燃烧至燃烧完全所需的时间,记录水温的升高值,计算热值,称量燃烧后的残渣量。

(2)凝固性能测定

将达到反应时间的酒精与硬脂酸钠混合液放入模具中,上悬温度计,测定产品达到凝固的时间和凝固时的温度。

(3)产品外观

主要考察透明度和硬度。

12.3.5.4 研究的内容和方法

(1)实验操作

取一定量酒精溶解硬脂酸,另取适量酒精溶解氢氧化钠,分别将两种溶液加入反应器中混合后,进行回流反应合成固化剂并将酒精混于其中,出料,经自然冷却的方法进行固体酒精的制备。具体工艺流程如下:原料混合 → 加热溶解 → 回流反应 → 冷却 → 成型。

(2)配方优化

在文献资料基础上,采用 $L_9(3^4)$ 正交表进行配方优化实验。$L_9(3^4)$ 正交实验因素水平见表 12-25,正交实验结果见表 12-26,正交实验的实验条件对产品主要性能影响的直观分析见表 12-27。

表 12-25　固体酒精正交实验因素水平表

水平	因素			
	硬脂酸(A)/g	氢氧化钠(B)/g	混合后反应时间(C)/min	混合后反应温度(D)/℃
1	1.5(A_1)	0.2(B_1)	30(C_1)	60(D_1)
2	2.0(A_2)	0.3(B_2)	40(C_2)	70(D_2)
3	2.5(A_3)	0.4(B_3)	50(C_3)	80(D_3)

表 12-26　$L_9(3^4)$ 正交实验及性能测定结果

实验号	因素				燃烧时间/ s·g^{-1}	凝固温度/ ℃	凝固时间/ min	透明度	残渣量/ %	硬度
	A	B	C	D						
1	A_1	B_1	C_1	D_1	35.8	24	35~40	均匀透明	5.00	3
2	A_1	B_2	C_2	D_2	29.7	24	35~40	均匀透明	5.00	2
3	A_1	B_3	C_3	D_3	30.8	28	40~50	均匀透明	4.50	4
4	A_2	B_1	C_2	D_3	28.8	无	无	絮状沉淀	4.50	无
5	A_2	B_2	C_3	D_1	29.9	26	8~12	均匀透明	5.00	5
6	A_2	B_3	C_1	D_2	32.7	34	10~15	均匀透明	4.75	4
7	A_3	B_1	C_3	D_2	28.7	无	无	絮状沉淀	5.00	无
8	A_3	B_2	C_1	D_3	33.0	20	28~32	不透明	6.00	4
9	A_3	B_3	C_2	D_1	26.1	36	8~14	均匀透明	5.75	5

表 12-27　正交实验条件对产品主要性能影响的直观分析

水平	残渣量/%				燃烧时间/s·g^{-1}				热值/℃·g^{-1}			
	A	B	C	D	A	B	C	D	A	B	C	D
1	4.80	5.25	4.80	5.25	32.1	31.1	30.5	30.6	0.18	0.18	0.188	0.19
2	4.75	5.02	5.30	4.92	30.9	30.9	28.2	30.4	0.19	0.195	0.190	0.18
3	5.58	4.80	5.00	5.00	29.3	29.9	29.8	30.9	0.19	0.188	0.188	0.19
极差	0.83	0.45	0.50	0.33	2.8	1.2	2.3	0.5	0.01	0.007	0.002	0.01

　　根据前述产品的性能要求(硬度应适中、外观均匀透明、燃烧时间较长、残渣量小;制备过程中凝固温度较高、凝固时间较短),由表 12-26 可知,九组正交实验中,4 号和 7 号根本不凝固,1 号、2 号、8 号凝固温度较低(<26℃),9 号燃烧时间最短,此 6 组配方与工艺条件组合未达到产品性能要求。余者 3 号、5 号、6 号相比,3 号虽残渣量较小(4.5%)、燃烧时间较长,但凝固时间较长(40~50min);5 号虽凝固时间最短(8~12min),但硬度太大且残渣量较高(5.00%);综合分析,6 号实验效果较优,其残渣量虽比 3 稍高些(4.75%),但凝固温度高(34℃),凝固时间短(10~15min),且硬度适中、外观均匀透明,因此 6 号实验配方与工艺条件较优。

　　由表 12-27 实验条件对产品主要性能影响的直观分析可知,对残渣量的影响极差顺序是硬脂酸用量>反应时间>氢氧化钠用量>反应温度;极差最大的因素是硬脂酸(极差为 0.83),其次是反应时间和氢氧化钠用量(极差分别为 0.50 和 0.45);所以影响残渣量的主要因素是硬脂酸,其次是反应时间和氢氧化钠用量。

表 12-27 中数据同时显示，对燃烧时间的影响极差顺序也是硬脂酸>反应时间>氢氧化钠>反应温度；极差最大的因素是硬脂酸（极差为 2.8），其次是反应时间和氢氧化钠用量（极差分别为 2.3 和 1.2）；所以影响燃烧时间的主要因素也是硬脂酸，其次是反应时间和氢氧化钠用量。

由表 12-27 数据还表明，所选四个因素对热值的影响很小；其中极差大的是硬脂酸和反应温度（极差均为 0.01），即硬脂酸用量和反应温度对热值稍有影响。

由以上分析可以看出，在采用硬脂酸与氢氧化钠反应生成硬脂酸钠作为固化剂的固体酒精制备过程中，对制品的燃烧残渣量和燃烧时间影响的主要因素是硬脂酸用量，其次是反应时间和氢氧化钠用量；硬脂酸用量和反应温度对热值稍有影响。

综合上述正交实验所得各指标的直观分析结果，得出 6 号配方为最佳配方。即：硬脂酸 2g，氢氧化钠 0.4g，反应时间 30min，反应温度 70℃，酒精总用量 90mL。

（3）重复实验与放大实验

为考察正交试验所得的最佳配方的稳定性，对 6 号配方进行了 3 次重复实验，并进行 3 倍和 5 倍放大实验，实验结果分别见表 12-28、表 12-29。

表 12-28 重复实验及性能测定结果

实验号	指 标						
	残渣/%	燃烧时间/s·g⁻¹	热值/℃·g⁻¹	硬 度	凝固温度/℃	凝固时间/min	透明度
1	5.00	33.1	0.200	4	34	8~10	均匀透明
2	4.75	32.7	0.190	4	35	9~12	均匀透明
3	4.50	32.9	0.195	4	35	7~10	均匀透明

表 12-29 放大实验及性能测定结果

实验号	指 标						
	残渣/%	燃烧时间/s·g⁻¹	热值/℃·g⁻¹	硬 度	凝固温度/℃	凝固时间/min	透明度
1（3 倍）	3.75	29.2	0.205	4	34.5	9~11	均匀透明
2（5 倍）	3.75	29.8	0.195	4	35.0	8~10	均匀透明

由表 12-28 可以看出，重复实验结果与正交试验结果中 6 号实验组相比，在各项性能指标方面相差无几，表明 6 号配方所制得的固体酒精性能稳定。

由表 12-29 明显看出，按比例放大 3 倍、5 倍后，制得的产品其各项指标与正交实验、重复实验的各项指标相差无几，说明此配方适合批量生产，其制品性能均稳定。

（本项研究已在《精细石油化工进展》2006 年第 10 期上发表论文。）

12.4 配方设计

配方设计的前提：开发新的精细化学品过程中，配方设计之前，必须对构成产品的原材料、产品要求的新功能和生产工艺的现实性等充分地了解和掌握，以便使新产品的性能、成本、工艺等达到最优。对构成产品原材料的了解包括原材料的作用和性质，原材料之间的近似性、相容协同作用，原材料的质量要求和检验方法，原材料的用量与产品性能、工艺间的关系，原材料的价格等；对产品性能的了解包括产品规格的各项性能和指标，产品使用环境及可能出现的问题，新功能在应用市场中受众和趋势；对生产工艺的掌握包括现有工艺条件、生产设备的性能，达成新性能的工艺现实性等。

配方设计的基本原则包括配方的适用性、经济性和生产工艺可行性。配方的适用性指产品的功能要求和质量目标要明确，配方中各组分间的配伍性和协同性要好，不能降低主要组分或高成本原料的功效，配方结构要符合系统工程的思想，使产品总体功能最佳。配方的经济性指配方的价格定位应合理，在保证性能质量的前提下，采用低值高效的原则进行配方研究和剂型加工。生产工艺可行性要确保工艺简单、可行、高效、节能、稳定的最优工艺。

下面以常用剂型的配方设计分别进行说明。

12.4.1 液体洗涤剂配方设计

洗涤剂产品中，无论固体剂、液体剂或是气雾剂，都含有去污成分（即表面活性剂）、洗涤助剂和溶剂或填充剂。设计洗涤剂配方时需要考虑经济性、产品形式和功能要求、原料易得性、制造工艺可行性和消费群体地域性。

液体洗涤剂是由表面活性剂、洗涤助剂和溶剂（水或有机溶剂）通过复配加工而成的混合体系，其配方基本结构为表面活性剂占 15%~30%，洗涤助剂占 5%~20%，溶剂占 50%~80%，功能性添加剂占 0.1%~5%。

洗发香波配方设计要求及配方组成：

① 对头皮、眼睑和头发要有高度安全性和低刺激性；

② 具有适当洗净力及柔和脱脂作用，高档洗发香波宜选择低刺激及性能温和表面活性剂；

③ 重点考虑产品发泡与稳泡性，使产品使用中形成的泡沫适当持久；

④ 具有良好梳理性（如湿发和干后头发的梳理性）、有光泽和柔顺感；

⑤ 适合常温洗涤，耐硬水，易清洗。

洗发香波配方中提供泡沫和去污作用的主表面活性剂以阴离子表面活性剂为主，辅助表面活性剂要能增进去污力和促进泡沫稳定性。添加剂通常有去头屑剂、固色剂、稀释剂、螯合剂、防腐剂、染料和香料等。产品 pH 值在 6~9，黏度适当，有效物含量大于 10%，各项质量指标达到国家标准。洗发香波的配方结构及常用原料见表 12-30。

表 12-30　洗发香波的配方结构及常用原料

配方成分	作用	用量/%	常用原料
去污剂	起泡、洗净	10~20	LAS（直链烷基苯磺酸钠）、AES（聚氧乙烯月桂醇醚硫酸钠）、α-烯基磺酸盐、咪唑啉、甜菜碱等
增泡剂	稳泡	1~5	6501（椰子油脂肪酸二乙醇酰胺）、MEA（乙醇胺）
增黏剂	调整黏度	小于 5	非离子表面活性剂、水溶性高分子、电解质
助溶剂	提高溶解度	小于 5	烷基苯磺酸盐、醇、尿素
珠光剂	赋予光泽	小于 3	硬脂酸乙二醇酯、动植物胶
调理剂	保护头发	小于 2	硅油、阳离子聚合物、蛋白质
防头屑剂	防止头皮屑	小于 1	硫化硒、有机锌

配方成分	作用	用量/%	常用原料
杀菌剂	提高稳定性	小于 1	对羟基苯甲酸酯(尼泊金酯)、脱氢乙酸、苯甲酸
螯合剂	调整水硬度	适量	EDTA(乙二胺四乙酸二钠)、STPP(三聚磷酸钠)
紫外线吸收剂	防止褪色	适量	二苯甲酮衍生物、苯并噻唑衍生物
缓冲剂	调节 pH 值	适量	磺酸、柠檬酸
香精、色素	添色赋香	适量	水溶性香精和染料
去离子水	溶剂，调整浓度	补充至 100	

12.4.2　胶黏剂配方设计

胶黏剂工艺设计一般经过原理选用、配方设计、组成设计和组分配比优化等步骤。

12.4.2.1　无机胶黏剂配方设计原则

（1）酸碱相协规则

即软酸软碱亲和规则或硬酸硬碱亲和规则。体系中 PO_4^{3-} 是硬碱，对金属亲和性差，可以加入硬酸 Mn^{2+} 和偏硬酸 Zn^{2+}，使其更亲和于单键上的氧，改善胶黏强度；也可以在磷酸成盐前，将其加入浓缩成多磷酸，使单键上的硬碱性氧减少，双键上软碱性氧增加，以提高胶黏强度。

（2）结构相似规则

无机胶黏剂配方设计的结构相似规则指根据无机物晶体结构的相似相溶，配合添加结构相似的组分以提高胶黏强度。$CuO-H_3PO_4$ 体系的固化物为多元离子晶体，按结构相似规则，根据 Zn 在黄铜中的增韧作用，将 Zn 引入 $CuO-H_3PO_4$ 体系中，胶黏剂膜层的韧性能获得明显改善。

（3）离子半径比与配位数相近规则

如果胶黏剂体系中存在配合物结构，就要使中心的阴阳离子半径比与配位数相近，如常用胶黏剂体系中的阳离子 Cu^{2+}、Mn^{2+}、Zn^{2+} 和 O^{2-} 阴离子的半径比分别为 0.514、0.571、0.529，十分接近，它们在胶黏剂体系中采用与 O^{2-} 配位数接近于 6 的更有利于胶接。P^{5+} 的 O^{2-} 配位数是 4，所以选 Mn^{2+} 和 Zn^{2+} 作中心离子可以改善 $CuO-H_3PO_4$ 胶黏剂的强度。

12.4.2.2　合成树脂胶黏剂配方设计

（1）基本程序

① 根据胶黏剂用途和主要功能指标，选择基料树脂或合成新型高分子。

② 根据基料交联反应机理，选择固化剂或引发剂，以及相应的促进剂、助剂等。

③ 根据反应计量关系，确定原理性配方方案。

④ 以胶黏剂主要功能指标作为目标函数，进行配方试验。

⑤ 测试指标，通过方案设计评价系统，最终确定原理性配方的主成分及比例。

（2）环氧树脂黏合剂的配方设计

根据环氧树脂的开环聚合原理选择固化剂，并结合胶黏剂强度、操作工艺、环境应力等要求，选择胺类或者羧酸类化合物作固化剂。其中伯胺、仲胺可引发环氧基开环自聚而交联，因有机胺类易挥发，所以用量应适当过量，一般取化学计量比量的 1.3～1.6 倍。根据功能互补原理选择配方组分，根据对胶接构件的功能要求加入必要助剂，使原功能获得改善，完善所需功能。组分的选择应遵循以下原则：

① 溶解度参数相近，使各组分间有良好的相溶性。

② 不参与固化反应的组分搭配应遵循酸碱配位原则，其本质即电子转移，组分搭配即电子受体(酸)与电子给体(碱)的搭配。在胶黏剂–被黏物、聚合物–填料等的搭配上均应遵循酸碱匹配原理，体系才能稳定且具有较高的黏附力。

12.4.3　涂料配方设计

12.4.3.1　涂料成膜机理

涂料的成膜过程就是将涂覆到基材表面的涂料由液态(或粉末状)转化成无定形固态薄膜的过程。这一过程也称作涂料的固化或干燥，其干燥速度和程度由涂料本身结构、成膜条件(温度、湿度、涂膜厚度)和被涂物的材质特性所决定。

涂料成膜是一个复杂的物理化学过程，因成膜机理不同而分为溶剂挥发型、乳液凝聚型、氧化聚合型、缩合反应型。

① 溶剂挥发型　其成膜过程不发生显著化学反应，溶剂挥发后残留涂料组分形成涂膜。

② 乳胶凝聚型　乳胶是聚合物粒子在水中的分散体系，其成膜过程即是这些聚合物粒子的凝聚过程。随着分散介质(主要是水和共溶剂)的挥发，聚合物粒子相互靠近、接触、挤压变形而凝聚，最后由粒子状态变成分子状态凝聚而形成连续的涂膜。粒子变形而相互融合需要聚合物分子间的相互扩散，因此要求乳胶粒子的玻璃化转变温度较低，使其具有较大的自由体积供分子运动。通过这种扩散融合(又称自黏合)作用最终使粒子融合成均匀的薄膜。

③ 氧化聚合型　主要是油脂或油基改性涂料，通过与空气中的氧发生氧化交联生成网状大分子结构而成膜。其氧化交联速度与树脂分子中的 $C=C$ 双键数目、共轭双键数目及双键上取代基几何构型有关。加入可溶的 Mn、Pb、Co、Fe、Ca、Zn 等的辛酸盐、环烷酸盐、亚油酸盐等催干剂可加快交联速度。

④ 缩合反应型　由大相对分子质量的线型分子链结构的树脂通过缩合反应形成交联网状而固化成膜，如酚醛树脂涂料、氨基醇树脂涂料、脲醛树脂涂料等皆属于此类型。

12.4.3.2　涂料配方结构组成

涂料配方结构一般由成膜物质、溶剂、颜料与/或填料、助剂四类组分组成。

① 成膜物质　是使涂料牢固附着于被涂物表面、形成连续薄膜的主要物质，是构成涂料的基础，决定涂料的基本特征，主要由树脂组成，有时还包括部分不挥发的活性稀释剂。

② 有机溶剂或水　是分散介质。

③ 颜料与/或填料　用于涂料着色、改善涂膜性能、增强涂膜保护、涂装和防锈作用。

④ 助剂　是涂料的辅助材料，如固化剂、增塑剂、催干剂、流平剂、防沉剂、防结皮剂、防老化剂、防霉剂等。

组成中没有颜料和填料的透明涂料称为清漆，加有颜料和体质颜料的不透明体称为色漆(如磁漆、调和漆、底漆)，加有大量体质颜料的稠厚浆状体称为腻子。

组成中没有挥发性稀释剂的称为无溶剂漆，以一般有机溶剂作稀释剂的即溶剂型漆，以水作稀释剂的即水性漆，涂料呈粉末状的即为粉末涂料。涂料配方组成及常用原料见表12-31。

表 12-31　涂料配方组成及常用原料

配方成分	组成	常用原料
主要成膜物质	油料	动物油：鲨鱼肝油、带鱼油、牛油等
		植物油：桐油、豆油、蓖麻油等
	树脂	天然树脂：虫胶、松香、天然沥青等
		合成树脂：酚醛、酚酸、氨基、丙烯酸、环氧、聚氨酯、有机硅等
次要成膜物质	颜料	无机颜料：钛白、氧化锌、铬黄、铁兰、炭黑等
		有机颜料：甲苯胺红、酞青蓝、耐晒黄
		防锈颜料：红丹、锌铬黄、偏硼酸钡
		体质颜料：滑石粉、碳酸钙、硫酸钡
辅助成膜物质	助剂	增塑剂、固化剂、引发剂、催干剂、稳定剂、润湿剂、防霉防结皮剂
挥发物质	稀释剂	石油溶剂(如 200# 油漆溶剂油)、苯、甲苯、环戊二烯、乙酸丁酯、乙酸乙酯、丙酮等

12.4.3.3　涂料配方设计与基本程序

涂料的配方设计主要是根据涂料的使用要求、环境、施工考虑配方设计内容，即考虑成膜物质、填料、溶剂、助剂的选取。

（1）涂料配方设计

涂料配方设计的核心是考虑决定涂层的三个因素：环境、涂层性能和涂料施工。如耐高温环境使用的涂料，必须考虑涂层在高温环境下可承受的温度；水下施工涂料就需要考虑可施工性和涂料的快速固化能力。

涂料配方设计关键是根据涂层性能和环境要求合理选择树脂、填料、颜料、溶剂、助剂。树脂的主要作用是黏结底材和颜料，起成膜作用；填料主要是赋予涂层以物理性能；涂层的力学性能和热力学性能主要由成膜树脂提供；而涂层的功能主要与功能填料和颜料有关。概言之，树脂赋予成膜，颜料赋予功能，溶剂改善树脂成膜性，助剂平衡和改善成膜性能。如涂料使用环境为管线内，需要考虑环境对涂层的耐腐蚀性和耐磨性两个方面要求。为此需要保证涂层具有良好的耐水性、耐盐性、耐油性和柔韧性等。耐磨性能要求涂层具有一定的柔韧性和一定的硬度；耐水性要求涂层具有一定的憎水性。为满足设计要求，需要使树脂成膜后带有一定的长链分子，既可以提高耐水性也可以满足韧性要求。此外，涂层施工时还要求涂层能低温固化；一次成型的厚浆型涂膜，涂料最好具有触变性，在保存过程中能够缓解并防止颜料沉淀。因此，成膜物质和颜料是配方设计的重要内容，如树脂、颜料类型、颜料占树脂重量的多少。其他考虑因素有溶解树脂的混合溶剂，以及改善涂层流平性、流挂性、抗氧化性、开罐率，提高贮藏性能，提高涂层附着力，控制涂层光泽度的各类助剂等。由此可见，为使涂料具有某种性能，功能颜料和填料是需要考虑的主要方面。

（2）涂料配方设计需要考虑的因素

涂料配方设计过程中需要考虑的因素见表 12-32。

表 12-32　涂料配方设计需要考虑的因素

项　目	主　要　因　素
涂料性能要求	光泽、颜色、各种耐性、力学性能、户外/户内、使用环境、各种特殊功能等
颜填料	着色力、遮盖力、密度、表面极性、在树脂中分散性、比表面积、细度、耐候性、耐光性、有害元素含量等

项　　目	主　要　因　素
溶剂	对树脂溶解力、相对挥发速度、沸点、毒性、溶解度参数
助剂	与体系的互容性、相互间的配伍性、负面作用、毒性
涂覆底材特性	钢铁、铜铝材、木材、混凝土、塑料、橡胶、底材表面张力、表面磷化、喷砂
原材料成本	用户对产品价格预期要求
配方参数	各组分比例的确定、颜基比、PVC、固体分、黏度
施工方法	空气喷涂、辊涂、UV 固化、高压无空气喷涂、刷涂、电泳、施工现场或涂装线环境

注：1. 颜基比：即颜料(包括填料)质量与树脂(油脂)质量之比，可表示涂料的大致组成。四类涂料的颜基比，低颜基比(0.25~0.9)∶1.0(面漆)，中颜基比(2.0~4.0)∶1.0(底漆和外用乳胶漆)，高颜基比(4.0~7.0)∶1.0(内用乳胶漆)。高颜基比表明基料树脂用量少，在颜料粒子周围形成的漆膜连续性较差，雨水容易渗透到漆膜内部，对建筑物难起到保护作用，因此高颜基比配方的涂料一般不用于室外。

2. PVC：即颜料体积浓度(Pigment Volume Concentration，PVC)，指颜料和填料的体积与颜料和填料的体积加上固体基料的体积之和的百分比。颜料和填料的体积可根据配方中加入的质量除以它的密度求得。

（3）涂料配方设计的基本程序

涂料配方设计的基本程序如下：

① 了解产品用途、技术要求、涂装方式、贮存条件、被涂物性质、干燥方式、使用环境、价位等情况，初步确定漆基、颜基比范围(做摸底实验)。

② 对漆基类型进行比较和选择。

③ 对颜、填料类型、比例进行比较和选择。

④ 对溶剂类型、比例进行比较和选择。

⑤ 对各种助剂类型、比例进行比较和选择。

⑥ 对所有原料相对比例进行选择，经配制与调配实验、涂膜性能检测、多次循环调整改进配方直至经综合性能检验达到设计要求。

⑦ 根据生产设备确定标准生产配方。

12.4.4　计算机在配方设计中的应用

计算机在配方设计中的应用，主要体现在三个方面：

① 计算机辅助配方实验设计　此方面是利用正交实验设计、均匀设计或其他系统设计原理，对实验方案(各因子的变化范围和水平等次组合)进行系统科学的设计，再对实验结果进行直观分析、方差分析以及数学模型化处理，以提高实验结果的快选性、准确性。

② 计算机辅助配方计算　是对精细化学品配方中各组分用量进行自动计算，如利用密度值进行原料体积与质量的相互换算，产品体积份额构成计算，从而核定各种原料的消耗、各组分配比等工作。

③ 计算机辅助配方优化　利用数据统计原理，用计算机进行回归分析，以寻求实验结果(目标函数)与某个或多个因素间的对应关系。其中最常用的计算机辅助配方优化方法有逐步回归分析、多项式回归分析、模拟识别等，这些方法能够就各个因素对目标函数的影响程度大小进行排序和筛选，通过剔除不显著的因素使数学模型更精简实用。然后利用产品性能与原料成本的数学关系寻找最适宜的组成配方，配制出具有最优性价比的产品。

12.4.5 电子化学品及其发展前景

电子化学品（Electronic chemicals）是为电子工业配套的精细化学品，是电子工业重要的支撑材料之一。电子化学品的质量不仅直接影响电子产品的质量，而且对微电子制造技术的产业化有重大影响。

目前电子化学品已成为世界各国为发展电子工业而优先开发的关键材料之一。

按照国外统计分类，电子化学品依据用途分为基板、光致抗蚀剂（国内称光刻胶）、保护气、特种气、溶剂、酸碱腐蚀剂、电子专用黏结剂、辅助材料等。

国内通常将电子化学品分为光刻胶、电子特种气体、电子封装材料、高纯试剂、平板显示专用化学品、印刷电路板材料及配套化学品等。

光刻胶是进行微细图形加工、制造微电子器件的关键化学品之一；电子特种气体包括纯气和纯气混合气；电子封装材料主要用于承载电子元器件及其相互联线；高纯试剂又称湿电子化学品，是大规模集成电路制作过程中的关键性化工材料，其中功能性湿电子化学品是电子工业中通过复配手段达到特殊功能、满足制造中特殊工艺需求的配方类或复配类化学品，如电子工业用的显影液、剥离液、清洗液、刻蚀液等。

平板显示专用化学品包括液晶显示（TFT-LCD）、等离子体显示（PDP）、有机发光显示（OLED）、电子纸显示（E-Paper）等显示技术涉及的电子专用化学品。印刷电路板材料及配套化学品包括电路基材、树脂、油墨、抗蚀工艺用化学品、腐蚀剂及镀敷化学品等。

近年来开发的微电子机械系统中耐酸型光刻胶和耐碱型光刻胶将有广阔的发展前景。

随着集成电路的集成度越来越高，布线日益精细化，对环氧树脂和有机硅类塑封材料提出高耐热性、耐湿性，高纯度、低应力、低线膨胀系数、低 α 射线和更高的玻璃化转变温度等特性要求。为此需开发高品质的原材料，如邻甲酚线型酚醛环氧树脂的水解氯含量需降至 $45\mu g/g$ 以下，钠离子和氯离子的含量也要降低至 $1\mu g/g$；开发研制的新型环氧树脂有二苯基型环氧树脂、双环戊二烯型低黏度环氧树脂和萘系耐热环氧树脂等。

利用有机颜料密度小、容易稳定悬浮、色系全的特点，将有机颜料电泳基液进行微胶囊化的电子墨水实用性和柔性显示研究已取得一定成果，E Ink Spectra™ 3100 四色电子墨水系统可提供鲜艳饱和的四种色彩，展现多样信息与内容；先进彩色电子纸显示屏（Advanced Color ePaper，ACeP™）包含多色电子墨水系统，可在微胶囊（Microcapsule）或微杯（Microcup）架构下执行，实现全色域显示效果，具有优异的耗电低、类纸视觉、阳光下可视等特性。

思 考 题

1. 配方设计的主要依据有哪些？
2. 配方设计的前提有哪些？
3. 配方实验研究中常用的优选法是什么？该法能解决哪些问题？
4. 简述液体洗涤剂配方的基本结构。
5. 胶黏剂工艺设计一般经过哪些步骤？
6. 无机胶黏剂配方设计有哪三个主要原则？
7. 简述环氧树脂胶黏剂的配方设计时，固化剂和助剂组分的选择依据。
8. 简述涂料配方的结构组成和涂料配方设计的核心。
9. 综述新型精细化学品的开发过程与发展趋势。

附　录

附录一　一些表面活性剂的 CMC 值

表面活性剂	温度/℃	CMC 值/($mol \cdot L^{-1}$)
$C_{11}H_{23}COONa$	25	2.6×10^{-2}
$C_{12}H_{25}COOK$	25	1.25×10^{-2}
$C_{15}H_{31}COOK$	50	2.2×10^{-3}
$C_{17}H_{35}COOK$	55	4.5×10^{-4}
$C_{17}H_{33}COOK$（油酸钾）	50	1.2×10^{-3}
松香酸钾	25	1.2×10^{-2}
$C_8H_{17}SO_4Na$	40	1.4×10^{-1}
$C_{10}H_{21}SO_4Na$	40	3.3×10^{-2}
$C_{12}H_{25}SO_4Na$	40	8.7×10^{-3}
$C_{14}H_{29}SO_4Na$	40	2.4×10^{-3}
$C_{15}H_{31}SO_4Na$	40	1.2×10^{-3}
$C_{16}H_{33}SO_4Na$	40	5.8×10^{-3}
$C_8H_{17}SO_3Na$	40	1.6×10^{-1}
$C_{10}H_{27}SO_3Na$	40	4.1×10^{-1}
$C_{12}H_{25}SO_3Na$	40	9.7×10^{-3}
$C_{14}H_{29}SO_3Na$	40	2.5×10^{-3}
$C_{16}H_{33}SO_3Na$	50	7×10^{-4}
$p-n-C_6H_{13}C_6H_4SO_3Na$	75	3.7×10^{-2}
$p-n-C_7H_{15}C_6H_4SO_3Na$	75	2.1×10^{-2}
$p-n-C_8H_{17}C_6H_4SO_3Na$	35	1.5×10^{-2}
$p-n-C_{10}H_{21}C_6H_4SO_3Na$	50	3.1×10^{-3}
$p-n-C_{12}H_{25}C_6H_4SO_3Na$	60	1.2×10^{-3}
$p-n-C_{14}H_{29}C_6H_4SO_3Na$	75	6.6×10^{-4}
$C_{12}H_{25}NH_3 \cdot HCl$	30	1.4×10^{-2}
$C_{16}H_{33}NH_3 \cdot HCl$	55	8.5×10^{-4}
$C_{18}H_{37}NH_3 \cdot HCl$	60	5.5×10^{-4}
$C_8H_7N(CH_3)_3Br$	25	2.6×10^{-1}
$C_{10}H_{21}N(CH_3)_3Br$	25	6.8×10^{-2}
$C_{12}H_{25}N(CH_3)_3Br$	25	1.6×10^{-2}
$C_{14}H_{29}N(CH_3)_3Br$	30	2.1×10^{-3}
$C_{16}H_{33}N(CH_3)_3Br$	25	9.2×10^{-4}
$C_{12}H_{25}(NC_5H_5)Cl$	25	1.5×10^{-2}
$C_{14}H_{29}(NC_5H_5)Br$	30	2.6×10^{-3}
$C_{16}H_{33}(NC_5H_5)Cl$	25	9.0×10^{-4}
$C_{18}H_{37}(NC_5H_5)Cl$	25	2.4×10^{-4}
$C_8H_{17}CH_2(COO^-)N^+(CH_3)_3$	27	2.5×10^{-1}
$C_{10}H_{21}CH_2(COO^-)N^+(CH_3)_3$	27	9.7×10^{-2}
$C_{12}H_{25}CH_2(COO^-)N^+(CH_3)_3$	60	8.6×10^{-2}
$C_{18}H_{17}N^+(CH_3)_2CH_2COO^-$	27	1.3×10^{-3}
$C_6H_{13}(OC_2H_4)_6OH$	27	7.4×10^{-2}
$C_6H_{13}(OC_2H_4)_6OH$	40	5.2×10^{-2}
$C_8H_{17}(OC_2H_4)_6OH$		9.9×10^{-3}

続表

表面活性剂	温度/℃	CMC 值/(mol·L⁻¹)
$C_{10}H_{21}(OC_2H_4)_6OH$		9×10^{-4}
$C_{12}H_{15}(OC_2H_4)_6OH$		8.7×10^{-5}
$C_{14}H_{29}(OC_2H_4)_6OH$		1.0×10^{-5}
$C_{16}H_{33}(OC_2H_4)_6OH$		1×10^{-6}
$C_{12}H_{25}(OC_2H_4)_6OH$	25	4×10^{-5}
$C_{12}H_{25}(OC_2H_4)_7OH$	25	5×10^{-5}
$C_{12}H_{25}(OC_2H_4)_9OH$		1×10^{-4}
$C_{12}H_{25}(OC_2H_4)_{12}OH$		1.4×10^{-4}
$C_{12}H_{25}(OC_2H_4)_{14}OH$	25	5.5×10^{-4}
$C_{12}H_{25}(OC_2H_4)_{23}OH$	25	6.0×10^{-4}
$C_{12}H_{25}(OC_2H_4)_{31}OH$	25	8.0×10^{-4}
$C_{16}H_{33}(OC_2H_4)_7OH$	25	1.7×10^{-6}
$C_{16}H_{33}(OC_2H_4)_9OH$	25	2.1×10^{-6}
$C_{16}H_{33}(OC_2H_4)_{12}OH$	25	2.3×10^{-6}
$C_{16}H_{33}(OC_2H_4)_{15}OH$	25	3.1×10^{-6}
$C_{16}H_{33}(OC_2H_4)_{21}OH$	25	3.9×10^{-6}
$p\text{-}t\text{-}C_8H_{17}C_6H_4O(C_2H_4)_2H$	25	1.3×10^{-4}
$p\text{-}t\text{-}C_8H_{17}C_6H_4O(C_2H_4)_3H$	25	9.7×10^{-4}
$p\text{-}t\text{-}C_8H_{17}C_6H_4O(C_2H_4)_4H$	25	1.3×10^{-4}
$p\text{-}t\text{-}C_8H_{17}C_6H_4O(C_2H_4)_5H$	25	1.5×10^{-4}
$p\text{-}t\text{-}C_8H_{17}C_6H_4O(C_2H_4)_6H$	25	2.1×10^{-4}
$p\text{-}t\text{-}C_8H_{17}C_6H_4O(C_2H_4)_7H$	25	2.5×10^{-4}
$p\text{-}t\text{-}C_8H_{17}C_6H_4O(C_2H_4)_8H$	25	2.8×10^{-4}
$p\text{-}t\text{-}C_8H_{17}C_6H_4O(C_2H_4)_9H$	25	3.0×10^{-4}
$p\text{-}t\text{-}C_8H_{17}C_6H_4O(C_2H_4)_{10}H$	25	3.3×10^{-4}
$C_8H_{17}OCH(CHOH)_5$（辛基-β-D-葡萄糖苷）	25	2.5×10^{-2}
$C_{10}H_{21}OCH(CHOH)_5$	25	2.2×10^{-3}
$C_{12}H_{25}OCH(CHOH)_5$	25	1.9×10^{-4}
$C_6H_{13}[OCH_2CH(CH_3)]_2(OC_2H_4)_{9.9}OH$	20	4.7×10^{-2}
$C_6H_{13}[OCH_2CH(CH_3)]_3(OC_2H_4)_{9.7}OH$	20	3.2×10^{-2}
$C_6H_{13}[OCH_2CH(CH_3)]_4(OC_2H_4)_{9.9}OH$	20	1.9×10^{-2}
$C_6H_{13}[OCH_2CH(CH_3)]_3(OC_2H_4)_{9.7}OH$	20	1.1×10^{-2}
$n\text{-}C_{12}H_{25}N(CH_3)_2O$	27	2.1×10^{-3}
$C_9H_{19}C_6H_4O(C_2H_4O)_{9.5}H^{**}$	25	$7.8\times10^{-3}\sim9.2\times10^{-3}$
$C_9H_{19}C_6H_5O(C_2H_4O)_{10.5}H^{**}$	25	$7.5\times10^{-5}\sim9\times10^{-5}$
$C_9H_{19}C_6H_5O(C_2H_4O)_{15}H^{**}$	25	$1.1\times10^{-4}\sim1.3\times10^{-4}$
$C_9H_{19}C_6H_5O(C_2H_4O)_{20}H^{**}$	25	$1.35\times10^{-4}\sim1.75\times10^{-4}$
$C_9H_{19}C_6H_5O(C_2H_4O)_{30}H^{**}$	25	$2.5\times10^{-4}\sim3.0\times10^{-4}$
$C_9H_{19}C_6H_5O(C_2H_4O)_{100}H^{**}$	25	1.0×10^{-3}
$C_9H_{19}COO(C_2H_4O)_{7.0}CH_3^{*}$	27	8.0×10^{-4}
$C_9H_{19}COO(C_2H_4O)_{10.0}CH_3^{*}$	27	1.05×10^{-3}
$C_9H_{19}COO(C_2H_4O)_{11.3}CH_3^{*}$	27	1.4×10^{-5}

表面活性剂	温度/℃	CMC 值/(mol·L^{-1})
$C_9H_{19}COO(C_2H_4O)_{16.0}CH_3$ *	27	$1.6×10^{-6}$
$(CH_3)_3SiO[Si(CH_3)_2O]Si(CH_3)_2CH_2(C_2H_4O)_{8.2}CH_3$	25	$5.6×10^{-5}$
$(CH_3)_3SiO[Si(CH_3)_2O]Si(CH_3)_2CH_2(C_2H_4O)_{12.2}CH_3$	25	$2.0×10^{-5}$
$(CH_3)_3SiO[Si(CH_3)_2O]Si(CH_3)_2CH_2(C_2H_4O)_{17.3}CH_3$	25	$1.5×10^{-5}$
$(CH_3)_3SiO[Si(CH_3)_2O]_9Si(CH_3)_2CH_2(C_2H_4)$	25	$5.0×10^{-5}$
$H(CF_2)_6COONH_4$	室 温	$2.5×10^{-1}$
$H(CF_2)_8COONH_4$	室 温	$3.8×10^{-2}$
$H(CF_2)_{10}COONH_4$	室 温	$9×10^{-3}$
$H(CF_2)_6COOH$	室 温	$1.5×10^{-1}$
$H(CF_2)_8COOH$	室 温	$3×10^{-2}$
$H(CF_2)_{10}COOH$	20	$2.7×10^{-1}$
C_4F_9COOK	20	$3.7×10^{-1}$
C_4F_9COONa	20	$5.6×10^{-1}$
$C_6F_{13}COONa$	20	$7.6×10^{-2}$
$C_8F_{17}COONa$	20	$1.65×10^{-2}$
$C_6F_{13}COOK$	30	$1.29×10^{-1}$
$C_6F_{13}COONa$	30	$1.71×10^{-1}$
$C_7F_{15}COOK$	26	$2.7×10^{-2}$
$C_7F_{15}COONa$	8	$8.6×10^{-2}$
$C_8F_{17}COOK$	50	$6.3×10^{-3}$
$C_8F_{17}COONa$	30	$9.1×10^{-3}$
$C_{10}F_{217}COONa$	60	$4.3×10^{-4}$
$C_{19}F_{21}COOK$	60	$3.4×10^{-4}$
$C_8F_{17}COONH_4$	30	$6.7×10^{-3}$
$C_8F_{17}COONH(C_2H_4OH)_3$	30	$6.1×10^{-3}$
$C_7F_{15}COOH$	20	$9×10^{-3}$
$C_3F_{17}COOH$	60	$2.8×10^{-3}$
$C_9F_{19}COOH$		$8×10^{-4}$
$C_5F_{11}COOH$		$5.1×10^{-2}$
$(CF_3)_2CF(CF_2)_4COOH$	25	$8.5×10^{-3}$
$C_7F_{15}SO_3Na$	56	$1.75×10^{-2}$
$C_8F_{17}SO_3Na$	75	$8.5×10^{-3}$
$C_8F_{17}SO_3K$	80	$8.0×10^{-3}$
$C_8F_{17}SO_3Li$	25	$6.3×10^{-3}$
$C_8F_{17}SO_3NH_4$	41	$5.5×10^{-3}$
$C_8F_{17}SO_3NH_3C_2H_4OH$	25	$4.6×10^{-3}$
$H(CF_2)_2OCOCHSO_3K$ | $H(CF_2)_2OCOCH_2$	20	$1.6×10^{-2}$
$H(CF_2)_2OCOCHSO_3Na$ | $H(CF_2)_2OCOCH_2$	20	$1.38×10^{-2}$
$H(CF_2)_4OCOCHSO_3K$ | $H(CF_2)_4OCOCH_2$	20	$1.0×10^{-2}$
$H(CF_2)_4OCOCHSO_3Na$ | $H(CF_2)_4OCOCH_2$	20	$7×10^{-2}$

注：＊氧乙烯数为平均值，故为小数，产品经蒸馏提纯。

＊＊商品未经蒸馏提纯。

附录二　部分商品乳化剂的 HLB 值

商品名称	化学成分	类型	HLB 值
Span-85	失水山梨醇三油酸酯	N	1.8
Arlacel 85	失水山梨醇三油酸酯	N	1.8
Atlas G-1706	聚氧乙烯山梨醇蜂蜡衍生物	N	2.0
Pluronic L81	聚醚 L81	N	2.0
Span-65	失水山梨醇三硬脂酸酯	N	2.1
Arlacel 65	失水山梨醇三硬脂酸酯	N	2.1
Atlas G-1050	聚氧乙烯山梨醇六硬脂酸酯	N	2.6
Emcol EO-50	乙二醇脂肪酸酯	N	2.7
Emcol Es-50	乙二醇脂肪酸酯	N	2.7
Atlas G-1704	聚氧乙烯山梨醇蜂蜡衍生物	N	3.0
Pluronic L61	聚醚 L61	N	3.0
Emcol Po-50	丙二醇脂肪酸酯	N	3.4
Atlas G-922	丙二醇单硬脂酸酯	N	3.4
Atlas G-2158	丙二醇单硬脂酸酯	N	3.4
Emcol PS-50	丙二醇脂肪酸酯	N	3.4
Pluronic L31	聚醚 L31	N	3.5
Emcol EL-50	乙二醇脂肪酸酯	N	3.6
Emcol PP-50	丙二醇脂肪酸酯	N	3.7
Arlacel C	失水山梨醇倍半油酸酯	N	3.7
Arlacel 83	失水山梨醇倍半油酸酯	N	3.7
Atlas G-2859	聚氧乙烯山梨醇 4.5 油酸酯	N	3.7
Atmul 67	甘油单硬脂酸酯	N	3.8
Atmul 82	甘油单硬脂酸酯	N	3.8
Tegin 515	甘油单硬脂酸酯	N	3.8
Aldo 33	甘油单硬脂酸酯	N	3.8
Atmul 67	甘油单硬脂酸酯	N	3.8
Atlas G-1727	聚氧乙烯山梨醇蜂蜡衍生物	N	4.0
Emcol pM-50	丙二醇脂肪酸酯	N	4.1
Span-80	失水山梨醇单油酸酯	N	4.3
Arlacel 80	失水山梨醇单油酸酯	N	4.3
Atlas G-917	丙二醇单月桂酸酯	N	4.5
Atlas G-3851	丙二醇单月桂酸酯	N	4.5
Emcol PL-50	丙二醇脂肪酸酯	N	4.5
Span-60	失水山梨醇单硬脂酸酯	N	4.7
Arlacel 60	失水山梨醇单硬脂酸酯	N	4.7
Atlas G-2139	二乙二醇单油酸酯	N	4.7
Emcol DO-50	二乙二醇脂肪酸酯	N	4.7
Atlas G-2145	二乙二醇单硬脂酸酯	N	4.7
Emcol DS-50	二乙二醇脂肪酸酯	N	4.7
Atlas G-1702	聚氧乙烯山梨醇蜂蜡衍生物	N	5.0
Emcol DP-50	二乙二醇脂肪酸酯	N	5.1
Aldo 28	甘油单硬脂酸酯	N	5.5

商品名称	化学成分	类型	HLB 值
Tegin	甘油单硬脂酸酯	N	5.5
Emcol DM50	二乙二醇脂肪酸酯	N	5.6
Atlas G-1725	聚氧乙烯山梨醇蜂蜡衍生物	N	6.0
MS	甲基葡萄糖硬脂酸酯	N	6.0
Atlas G-2124	二乙二醇单月桂酸酯	N	6.1
Emcol DL-50	二乙二醇脂肪酸酯	N	6.1
Glaurin	二乙二醇单月桂酸酯	N	6.5
Pluronic L72	聚醚 L72	N	6.5
Span-40	失水山梨醇单棕榈酸酯	N	6.7
Arlacel 40	失水山梨醇单棕榈酸酯	N	6.7
Pluronic L62	聚醚 L62	N	7.0
Atlas G-2242	聚氧乙烯二油酸酯	N	7.5
Atlas G-2147	四乙二醇单硬脂酸酯	N	7.7
Atlas G-2140	四乙二醇单油酸酯	N	7.7
Atlas G-2800	聚氧乙烯甘露醇二油酸酯	N	8.0
Atlas G-1493	聚氧乙烯山梨醇羊毛脂油酸酯衍生物	N	8.0
Atlas G-1425	聚氧乙烯山梨醇羊毛脂衍生物	N	8.0
Atlas G-3608	聚氧丙烯硬脂酸酯	N	8.0
Pluronic L42	聚醚 L42	N	8.0
Span-20	失水山梨醇单月桂酸酯	N	8.6
Arlacel-20	失水山梨醇单月桂酸酯	N	8.6
EmulphorvN-430	聚氧乙烯脂肪酸	N	9.0
Atlas G-1734	聚氧乙烯山梨醇蜂蜡衍生物	N	9.0
Atlas G-2111	聚氧乙烯氧丙烯油酸酯	N	9.0
Atlas G-2125	四乙二醇单月桂酸酯	N	9.4
Brij 30	聚氧乙烯月桂醚	N	9.5
Tween-61	聚氧乙烯失水山梨醇单硬脂酸酯	N	9.6
Atlas G-2154	六乙二醇单硬脂酸酯	N	9.6
Tween-81	聚氧乙烯失水山梨醇单油酸酯	N	10.0
Atlas G-1218	混合脂肪酸和树脂酸的聚氧乙烯酯类	N	10.2
Atlas G-3806	聚氧乙烯十六烷基醚	N	10.3
Tween-65	聚氧乙烯失水山梨醇三硬脂酸酯	N	10.5
Atlas G-3705	聚氧乙烯月桂醚	N	10.8
Tween-85	聚氧乙烯失水山梨醇三油酸酯	N	11.0
Atlas G-2116	聚氧乙烯氧丙烯油酸酯	N	11.0
Atlas G-1790	聚氧乙烯羊毛脂衍生物	N	11.0
Atlas G-2142	聚氧乙烯单油酸酯	N	11.0
Pluronic L63	聚醚 L63	N	11.0
Myrj 45	聚氧乙烯单硬脂酸酯	N	11.1
Atlas G-2141	聚氧乙烯单油酸酯	N	11.4
P.E.G.400 单油脂酸	聚氧乙烯单油酸酯	N	11.4
Atlas G-2086	聚氧乙烯单棕榈酸酯	N	11.6

商品名称	化学成分	类型	HLB 值
S-541	聚氧乙烯单硬脂酸酯	N	11.6
P.E.G.400 单硬脂酸酯	聚氧乙烯单硬脂酸酯	N	11.6
Atlas G-3300	烷基芳基硫磺酸	N	11.7
—	三乙醇胺油酸酯	N	12.0
Atlas G-2127	聚氧乙烯单月桂酸酯	N	12.8
Igepal CA-630	聚氧乙烯烷基酚	N	12.8
Atlas G-1431	聚氧乙烯山梨醇羊毛脂衍生物	N	13.0
Atlas G-1690	聚氧乙烯烷基芳基醚	N	13.0
S-307	聚氧乙烯单月桂酸酯	N	13.1
P.E.G.400 单月桂酸酯	聚氧乙烯单月桂酸酯	N	13.1
Atlas G-2133	聚氧乙烯月桂醚	N	13.1
Atlas G-1794	聚氧乙烯蓖麻油	N	13.3
Emulphor EL-719	聚氧乙烯植物油	N	13.3
Tween-21	聚氧乙烯失水山梨醇单月桂酸酯	N	13.3
Renex 20	混合脂肪酸和树脂酸的聚氧乙烯酯类	N	13.5
Atlas G-1441	聚氧乙烯山梨醇羊毛脂衍生物	N	14.0
Atlas G-75963 J	聚氧乙烯失水山梨醇单月桂酸酯	N	14.9
Tween-60	聚氧乙烯失水山梨醇单硬脂酸酯	N	14.9
Tween-80	聚氧乙烯失水山梨醇单油酸酯	N	15.0
Myrj 49	聚氧乙烯单硬脂酸酯	N	15.0
MSE	聚氧乙烯甲基葡萄糖苷硬脂酸酯	N	15.0
Pluronic L64	聚醚 L64	N	15.0
Atlas G-2144	聚氧乙烯单油酸酯	N	15.1
Atlas G-3915	聚氧乙烯油基醚	N	15.3
Atlas G-3720	聚氧乙烯十八醇	N	15.3
Atlas G-3920	聚氧乙烯油醇	N	15.4
Emulphor ON-870	聚氧乙烯脂肪醇	N	15.4
Atlas G-2079	聚乙二醇单棕榈酸酯	N	15.5
Tween-40	聚氧乙烯失水山梨醇单棕榈酸酯	N	15.6
Atlas G-3820	聚氧乙烯十六烷基醇	N	15.7
Atlas G-2162	聚氧乙烯氧丙烷硬脂酸酯	N	15.7
Atlas G-1471	聚氧乙烯山梨醇羊毛脂衍生物	N	16.0
Myrj 51	聚氧乙烯单硬脂酸酯	N	16.0
Atlas G-7596 P	聚氧乙烯失水山梨醇单月桂酸酯	N	16.3
Atlas G-2129	聚氧乙烯单月桂酸酯	N	16.3
Atlas G-3930	聚氧乙烯油基醚	N	16.6
Tween-20	聚氧乙烯失水山梨醇单月桂酸酯	N	16.7
Brij 35	聚氧乙烯月桂醇醚	N	16.9
Myrj 52	聚氧乙烯单硬脂酸酯	N	16.9
Myrj 53	聚氧乙烯单硬脂酸酯	N	17.9
	油酸钠	A	18.0
Pluronic L35	聚醚 L35	N	18.5
Atlas G-2159	聚氧乙烯单硬脂酸酯	N	18.8
	油酸钾	A	20.0
Pluronic L88	聚醚 L88	N	24.0
Pluronic L108	聚醚 L108	N	27.0
Pluronic L68	聚醚 L68	N	29.0
Atlas G-263	N-十六烷基-N-乙基吗啉硫酸乙酯盐	C	25~30
	纯月桂醇硫酸钠	A	约 40

油/药名	W/O 乳状液	O/W 乳状液	油/药名	W/O 乳状液	O/W 乳状液
苯甲酮		14	氯化石蜡		8
酸(二聚体)		14	煤油		14
月桂酸		16	芳烃矿物油		12
十六烷基酸		16	烷烃矿物油		10
亚油酸		16	矿油精		14
蓖麻醇酸		16	矿脂		7~8
油酸		17	松油		16
硬脂酸		17	蜂蜡(药用)	5	10~16
鲸脂酸		13	小烛树脂	5	14~15
十六醇		14	巴西棕榈蜡		12
十碳醇		14	微晶蜡		10
十二醇		14	石蜡	4	10
十三醇		15	乙酰化羊毛脂		10
苯		16	羊毛酸异丙酯		9
四氯化碳		14	乙酰化羊毛醇		8
环己烷		15	无水羊毛脂	8	15
甲苯		15	凡士林		10.5
乙酰苯		14	硬化油		10
二甲苯		14	椰子油		7~9
丙烯(四聚物)		14	棉籽油		—
液体石蜡(重质)	4	10.5	牛脂		7~9
液体石蜡(轻质)	4	10~12	硅油		10.5

附录四 常用溶剂的物理常数

溶剂名称	熔点/℃	沸点/℃	溶剂名称	熔点/℃	沸点/℃
石油醚		30~70	乙二醇一甲醚	−85.1*	124.6
轻汽油		50~90	乙二醇一乙醚	−70	135.6
溶剂汽油		75~120	乙酸甲酯	−98.05	57.80
己 烷	−95.3	68.7	乙酸乙酯	−83.8	71.11
环己烷	6.54	80.72	乙酸戊酯	−70.8	149.55
庚 烷	−90.6	98.4	邻苯二甲酸二丁酯	−35	339
苯	5.53	80.10	丙 酮	−94.7	56.12
甲 苯	−94.99	110.63	甲乙酮	−86.69	79.64
二甲苯(混合)		137~140	甲 醇	−97.49	64.51
异丙苯	−93.0*	152.39	乙 醇	−114.5	78.32
四氯化碳	−22.95	76.75	异丙醇	−89.5	82.40
二氯甲烷	−95.14	39.75	丁 醇	−89.8	117.7
三氯甲烷	−63.55	61.15	丙三醇(分解)	18.18	290.0
1,2-二氯乙烷	−35.4	83.48	甲 酸	8.27	100.56
三氯乙烯	−86	87.19	乙 酸	16.66	118.11
四氯乙烯	−22.35	121.20	苯 胺	−6*	184.7
乙 醚	−116.3	34.6	吡 啶	−42*	115.3
四氢呋喃	−108.5	66	二硫化碳	−111.57	46.23
丁 醚	−98	142.4	二甲基亚砜	18.54	189.0

注：*代表凝固点。

溶　剂	溶解度参数	溶　剂	溶解度参数
新戊烷	12.85	甲基硅氧烷	15.85
正丁烷	13.50	甲基环己烷	15.91
丁二烯	13.91	二异丁基酮	15.91
异戊烷	13.97	正丁酸异丁酯	15.91
异丁烷	13.67	正丁酸异丙酯	15.91
矿油精	14.08	正辛烷	15.91
正戊烷	14.42	十四烷	16.06
己　烯	15.10	二异丙酮	16.32
乙　醚	15.10	二甲醚	16.32
正庚烷	15.16	松节油	16.57
二异丁酯	15.71	环己烷	16.78
正己烷	15.82	甲基丙烯酸丁酯	16.78
三乙胺	15.82	1,1,1-三氯乙烷	16.98
乙酸异丁酯	16.98	间二甲苯	18.00
乙酸异戊酯	16.98	戊　酸	18.20
甲基异丙烯基甲酮	17.18	丁基溶纤剂	18.20
甲基异丙酮	17.18	甲　苯	18.21
戊基苯	17.38	癸二酸二丁酯	18.21
乙酸戊酯	17.39	1,1-二氯乙烷	18.25
乙酸丁酯	17.49	正丁醛	18.41
四氯化碳	17.59	邻二甲苯	18.41
苯乙烯	17.72	三氯乙醛	18.41
乙　苯	17.78	丁　醛	18.41
溶纤剂乙酸酯	17.78	1,2-二氯丙烷	18.56
甲基丙烯酸甲酯	17.80	乙酸乙酯	18.62
乙酸乙烯酯	17.90	双丙酮醇	18.77
对二甲苯	17.90	乙硫醇	18.87
乙酸正丙酯	17.95(18.77)	苯	18.82
二乙酮	17.95	三氯乙烷	18.97
甲基环己酮	18.97	1,2-二氯乙烷	19.85
甲乙酮	19.02	二氯乙烷	19.85
丁　酮	19.03	二氯甲烷	20.01
三氯乙烯	19.03	环己酮	20.26
三氯甲烷	19.03	溶纤剂	20.26
甲硫醇	19.18	四氢呋喃	20.26
五氯乙烷	19.18	乳酸乙酯	20.40
乳酸丁酯	19.18	乙　胺	20.40

溶　剂	溶解度参数	溶　剂	溶解度参数
四氯乙烷	19.22	硝基苯	20.45
四氢化萘	19.38	三溴乙烯	20.45
氯　苯	19.44	二噁烷	20.45
甲基异丁酮	19.44	二硫化碳	20.45
甲丁酮	19.43	邻二氯苯	20.45
乙酸甲酯	19.63	二氧六环	20.45
卡必醇	19.71	丙　酮	20.45
乙　酸	20.60(25.78)	甲基溶纤剂	22.09
甲酸甲酯	20.76	正戊醇	22.24
正辛醇	21.01	环丁二酮	22.44
苯乙酮	21.17	环氧乙烷	22.64
苯　胺	21.01(22.10)	二甲基乙酰胺	22.71
乙酰丙酮	21.22	硝基乙烷	22.71
环戊酮	21.22	正丁醇	23.32
四氯乙烷	21.27(19.18)	间甲醇	23.32
丙烯腈	21.38	环己醇	23.26
丁　腈	21.42	异丙醇	23.53
叔丁醇	21.62	乙　腈	24.34
吡　啶	21.89	正丙腈	24.35(24.74)
正己醇	21.83	二甲基甲酰胺	24.76
丙　腈	21.83	亚磷酸二甲酯	25.50
硝基甲烷	25.78	糠　醇	25.56
乙　醇	25.98(28.97)	碳酸二乙酯	29.65
二甲基亚砜	26.39	丁内酯	31.62
甲　酚	27.21	间苯二酚	32.53
甲　酸	27.62	氨	33.66
乙二醇	28.97(32.12)	丙三醇	33.76(30.63)
苯　酚	29.67	水	47.88
甲　醇	29.67		

注：本数据分别摘自不同文献，因各文献的数据来源不同，数值常有差异，故本表只供参考。

参 考 文 献

1　赵国玺．表面活性剂物理化学(第二版)．北京：北京大学出版社，1991

2　张光华．精细化学品配方技术．北京：中国石化出版社，1999

3　余爱农．精细化工制剂成型技术．北京：化学工业出版社，2002

4　梁梦兰．表明活性剂和洗涤剂制备、性质、应用．北京：科学技术文献出版社，1990

5　Hans Mollet. 杨光译．乳液、悬浮液、固体配合技术与应用．北京：化学工业出版社，2004

6　Lomax Eric G. Amphoteric Surfactants. New York：Marcel Dekker Inc，1997

7　Lomax Eric G. Amphoteric Surfactants. New York：Marcel Dekker Inc，1997

8　北京日用化学工业学会．化工产品手册．北京：化学工业出版社，1989

9　王建明，王和平，田振坤．分散体系理论在制剂学中的应用．北京：北京医科大学出版社，1995

10　黄玉媛．精细化工配方研究与产品配制技术．广州：广东科技出版社，2003

11　章莉娟，郑忠．胶体与界面化学(第二版)．广州：华南理工大学出版社，2006

12　天津大学物理化学教研室．物理化学(第四版)．北京：高等教育出版社，2001

13　夏清，陈常贵．化工原理(修订版)．天津：天津大学出版社，2005

14　Lomax Eric G. Amphoteric Surfactants. New York：Marcel Dekker Inc，1997

15　Drew Myers. Surfactant Science and technology. New York：VCH，1988

16　Bluestein B R，Hitton C L. Amphoteric Surfactants. New York：Marcel Dekker Inc，1982

17　孙杰编．表面活性剂的基础和应用．大连：大连理工大学出版社，1992

18　刘程．表面活性剂应用大全．北京：北京工业大学出版社，1992

19　迪斯塔肖 JI. 金静芷译．油田化学剂新发展．北京：石油工业出版社，1988

20　钟静芬．表面活性剂在药学中的应用(第一版)．北京：人民卫生出版社，1999

21　屠锡德，张钧寿，朱家壁．药剂学(第三版)．北京：人民卫生出版社，2004

22　张兆旺．中药药剂学．北京：中国中医药出版社，2002

23　顾良莹．日用化工产品及原料制造与应用大全．北京：化学工业出版社，1997

24　钟振声，章莉娟．表面活性剂在化妆品中的应用．北京：化学工业出版社，2003

25　朱洪法，朱玉霞．精细化工产品制造技术．北京：金盾出版社，2002

26　肖进新，赵振国．表面活性剂应用原理．北京：化学工业出版社，2003

27　徐燕莉．表面活性剂的功能．北京：化学工业出版社，2000

28　郑忠，胡纪华．表面活性剂的物理化学原理．广州：华南理工大学出版社，1995

29　Mittal K L，Bothorel P. Surfactants in Solution Volume 5. New York：Plenum Press，1986

30　Cutler W G，Kissa E. Dtergents and Textile Washing. New York：Marcel Dekker，1987

31　崔正刚，殷福珊．微乳化技术及应用．北京：中国轻工业出版社，2002

32　Rosen M J. Surfactants and Interfacial Phenomena(2nd ed). New York：John Wiley & Sons，1989

33　梁治齐．微胶囊技术及其应用．北京：中国轻工业出版社，1999

34　宋健，陈磊，李效军．微胶囊化技术及应用．北京：化学工业出版社，2001

35　徐宝财，郑福平．日用化学品与原材料分析手册．北京：化学工业出版社，2002

36　郑斐能．农药使用技术手册．北京：中国农业出版社，2001

37　剧正理．菜园新农药 151 种及其使用方法．北京：中国农业出版社，2001

38　韩丽．实用中药制剂新技术．北京：化学工业出版社，2002

39　陆彬．药剂学．北京：中国医药科技出版社，2003

40　郑富源．合成洗涤剂生产技术．北京：中国轻工业出版社，1996

41　慕立义．植物化学保护研究方法．北京：中国农业出版社，1994

42　颜红侠，张秋禹．日用化学品制造原理与技术．北京：化学工业出版社，2004

43 孙绍曾. 新编实用日用化学品制造技术. 北京：化学工业出版社，1996

44 江永飞. 浇注聚氨酯用喷雾型脱模剂. 聚氨酯工业，1995，(2)：54

45 张圣龙. 我国气雾剂产品的发展方向. 精细与专用化学品，1999，(1)：3~5

46 程秀梅，阎青山，张立梅. 微乳型洗车液的研制. 河北化工，2002，(1)：30~31

47 刘大中. 一种微乳液的制备. 山东轻工业学院学报，2001，15(4)：45~47

48 朱步瑶. 表面活性剂复配规律. 日用化学工业，1988，(4)：37~43

49 陈振东. 表面活性剂的协同效应. 表面活性剂工业，1990，(4)：21~25

50 方云，夏咏梅. 两性表面活性剂：(三)两性表面活性剂与其他表面活性剂的相互作用. 日用化学工业，2000，30(5)：55~58

51 杨锦宗，张淑芬. 表面活性剂的复配及其工业应用. 日用化学工业，1999，(2)：26~32

52 张雪勤，蔡怡，杨亚江. 两性离子/阴离子表面活性剂复配体系协同作用的研究. 胶体与聚合物，2002，20(3)：1~4

53 裴炳毅. 乳化作用及其在化妆品工业的应用. 日用化学工业，1999，(6)：50~55

54 Palaniraj W R, Sasthav M, Cheung H M. Polymeriration of single-phase microemulsions dependence of polymer morphology on microemulsions structure. Polymer, 1995, 36：26~37

55 王正平，马晓晶，陈兴娟. 微乳液的制备及应用. 化学工程师，2004，(2)：61~62

56 王延平，孙新波，赵德智. 微乳液的结构及应用进展. 辽宁化工，2004，33(2)：96~99

57 相宝荣. 精细化工的深加工产品——气雾剂. 化工商品科技情报，1997，(3)：44

58 楼东平. 家用气雾杀虫剂及其配方. 日用化学工业，1999，(2)：58~60

59 熊远钦. 精细化学品配方设计. 北京：化学工业出版社，2020

60 A Bahgat Radwan, Cheirva A Mannah, Mosafa H Sliem, etc. Elecrtospun highly corrosion-resistant polystyrene-nickel oxide superhydrophobic nanocomposite coating. Journal of Applied Elecrtochemistry, 2021, 51：1605~1618

61 Adrian Krzysztof Antosik, Karolina Mozelewska, Marta Piatek, etc. Silicone pressure sensitive adhesives with increased thermal resistant. Journal of Thermal Analysis and Calorimetry. 2021, 10：http//doi. org/10.1007/s10973-021-11048-y.

62 Yuanyuan Cao, Shaobo Yang, Yongsheng Li, Jianlin Shi. Cooperative organizations of small molecular surfactants and amphiphilic block copolymers：Roles of surfactants in the formation of binary co-assemblies. Aggregate, 2021, 03 May, https：//doi.org/10.1002/agt2.49

63 邢宏龙，杜水，潘向萍. 微胶囊相变材料及其在热红外隐身中的应用. 山西化工，2006，10，26(5)：29~32

64 吴泽玲，龙惟定. 相变储热微胶囊技术在建筑节能中的应用. 建筑热能通风空调，2006，12，25(6)：20~23

65 王俊华，蔡再生. 角鲨烷微胶囊在织物护肤整理中的应用. 纺织学报，2010，31(1)：76~90

66 电子化学品-MBA 智库

67 左朝阳，赵晓鹏. 单色微米胶囊电子墨水及其显色性能研究. 西北工业大学，2006

68 Eink 元太科技. 四色电子墨水-E Ink Spectra™ 3100